"十二五"普通高等教育本科国家级规划教材
高等院校石油天然气类规划教材

管道及储罐强度设计

(第二版)

帅 健 编著

石油工业出版社

内 容 提 要

本书首先阐述了管道和储罐强度的力学基础，并重点阐述了管道的应力与柔性分析的理论与方法；然后分别介绍了线路管道、穿跨越管道、站场管道、海底管道等的应力分析方法与设计标准，并对管道抗震、输气管道止裂、管道振动等专门问题进行了深入分析与探讨，特别是管道止裂，是目前高压大口径管道设计的关键技术；最后，储罐部分包括罐壁、罐顶、罐基础、储罐抗风与抗震等的强度设计内容，对罐壁边缘效应、罐基础的土力学基础、浮顶的结构强度等理论问题也进行了详尽阐述。

本书可作为高等院校油气储运工程专业教师、研究生和高年级学生的教材，也可供相关领域的技术人员、研究人员参考。

图书在版编目（CIP）数据

管道及储罐强度设计/帅健编著. —2 版. — 北京：石油工业出版社，2016.11（2024.3 重印）

"十二五"普通高等教育本科国家级规划教材·高等院校石油天然气类规划教材

ISBN 978-7-5183-1352-5

Ⅰ.①管… Ⅱ.①帅… Ⅲ.①石油管道-强度-设计-高等学校-教材 ②储罐-强度-设计-高等学校-教材 Ⅳ.①TE973.1

中国版本图书馆 CIP 数据核字（2016）第 144200 号

出版发行：石油工业出版社
（北京市朝阳区安华里 2 区 1 号楼　100011）
网　　址：www.petropub.com
编辑部：（010）64523612
图书营销中心：（010）64523633　（010）64523731
经　　销：全国新华书店
排　　版：北京密东文创科技有限公司
印　　刷：北京中石油彩色印刷有限责任公司

2016 年 11 月第 2 版　2024 年 3 月第 11 次印刷
787 毫米×1092 毫米　开本：1/16　印张：20
字数：485 千字

定价：40.00 元
（如出现印装质量问题，我社图书营销中心负责调换）
版权所有，翻印必究

第二版前言

强度是结构本质安全的技术屏障之一。基于力学理论建立起管道或储罐结构强度的概念，既是发现工程实际问题的认识基础，也为解决这些问题提供了技术方法，无论对油气管道的设计者，还是对运行管理人员，都是必备的专业素养。

本书的第一版是在我国著名管道工程专家潘家华、郭光臣、高锡祺于1986年编写的《油罐及管道强度设计》的基础上编写而成的。潘家华等老专家编写的《油罐及管道强度设计》教材，是国内油气储运工程教材中内容最为丰富的版本之一。2006年编写本书的第一版时，基于当时西气东输等一批管道工程已建成投产、长输管道在油气储运系统中的比重越来越大的现实，大幅增加了与长输管道相关的设计内容，并对储罐强度设计的部分内容进行了调整。在使用过程中，还是感到存在知识体系不尽合理、知识点不突出以及新的设计方法未及时反映等问题。本次修订，参考了国内外的相关著作、新发布的标准规范以及编者多年的科研和教学实践成果，重新构建了知识体系，其目的是使本书更有系统性，让学生更容易掌握管道与储罐强度的理论和方法，培养学生在工程实际中发现问题并加以解决的能力。

首先，增加了力学基础，包括金属材料的应力应变曲线、应力分析、强度条件、梁的变形等材料力学的基础知识，也包括有限元法、梁和薄壳的屈曲这样一些比较专门但又和管道及储罐强度密切相关的力学问题，以增强读者对后续管道和储罐强度中力学问题的理解。

增加了管道应力与柔性一章，这是管道力学分析中的共性问题，譬如自限性应力、弯管柔性、管系柔性以及内压引起的管道应力等，此外，还包括对管道及薄壳力学分析中常用的Winkler地基梁理论，这些都是管道力学分析中非常有用的方法，对于认识管道的应力并进行分析非常有帮助。

增加了输气管道止裂韧性设计一章，这是目前高压输气技术的关键问题。随着我国油气管道大范围使用高钢级管材，断裂控制问题显得越来越重要。本章阐述了管道裂纹动态扩展的特征、止裂判据和止裂韧性设计方法以及富气对管道断裂后气体减压的影响，为掌握输气管道的止裂设计乃至管道安全评定奠定基础。

由于储运专业主要关心的是油气长输管道，这和一般的工厂内的管道是有较大区别的，所以，按长输管道的特点对管道强度部分的内容进行了重组。考虑到油气长输管道系统一般分为线路和站场，线路管道中一般都是埋地，特殊地段分别有多种穿跨越的方式，所以分别按线路管道、穿跨越管道、站场管道设置了三章的内容，并考虑到管道抗震、输气管道止裂韧性及管道振动问题的复杂性和重要性，也分别设置了三章的内容。海底管道是独立的系统，海底管道内容实际上非常多，限于课时，本书只涉及海水作用下的管道稳定性及屈曲传播这样一些海底管道应力分析中的基本问题，更多的内容可参考专门的书籍。

储罐部分设置的章节基本没变，但内容及阐述方式上进行了较大调整，既反映最新的设计标准，又对储罐应力分析中的基础理论问题进行重点论述，如罐壁板的边缘应力、罐基础中土的变形、圈梁的设计理论等。罐体抗风和抗震设计以我国设计标准要求的内容为主。尽管储罐部分内容的篇幅较上一版有所减少，但内容的针对性和实用性有所增强。

在本次修订过程中，长江大学顾晓婷、北京石油化工学院李汉勇、常州大学周宁、西安石油大学闫凤霞等兄弟院校的老师提出了许多有益的建议；中国石油大学的吕英民教授认真审阅了本书的编写计划和原稿。在此一并表示衷心感谢！

限于编者的水平和编写的时间要求，书中难免有错误及不少不足之处，恳请兄弟院校的教师及读者批评指正。

帅　健

2016 年 2 月

第一版前言

"管道与储罐强度"是油气储运工程专业本科生的一门重要专业课。开设该课程的目的是使学生对油气管道与储罐强度及其他相关问题有比较全面的认识和了解,并且掌握各类压力管道及储罐强度分析与设计的基本概念、基本原理与基本方法。

近年来,我国油气储运系统的建设得到了空前发展,对油气储运设施的安全可靠性提出了越来越高的要求,油气管道与储罐强度设计的新技术、新方法不断发展,需要将油气管道和储罐强度设计的基础理论、设计计算方法和标准规范予以总结,为油气储运工程技术人员提供较为全面的参考资料。

编者根据自己在中国石油大学讲授"管道与储罐强度"课程的教学经验编写了本书。在编写过程中,力求阐明管道和储罐强度的基本概念、基本理论,并反映最新的设计方法。

本书第一章是地下管道。地下管道是油气输送管道的主要部分,有关内容也是本书后续内容的基础。本章介绍了管道的环向、轴向以及弯曲应力分析与校核的基本理论,油气管道的壁厚、埋地管道的固定支墩、地下弯管、管道穿越和管道在水击压力下的设计计算方法,以及管道的重要附件——弯头和三通的应力分析与设计计算。并且介绍了近年来在国际上管道设计标准中已采用的新理念——基于可靠性的设计方法,拓展读者的视野。

第二章是地上管道。地上管道是油气管道系统的重要组成部分。本章介绍了地上管道的结构型式、载荷计算、跨度计算、振动分析和管道跨越结构的设计与计算,以及平面管系的热应力分析理论与方法。

第三章是海底管道。我国的海底管道也发展很快,而且一些陆地管道在跨越大型河流时也有采用水下敷设的方法,因此海底管道的设计也应该是油气储运专业本科生需要掌握的内容。本章介绍了海水对管道的动力作用、海底管道的稳定性设计、管道—土壤体系的稳定性分析、管道悬空段的涡激分析等基础理论,也介绍了水下双层管的结构与强度、海底管道铺管时的应力分析方法。

第四章是管道的屈曲分析。管道的屈曲是管道施工和运行期间容易遇到的实际问题。管道屈曲的形式很多,理论分析上有一定的难度,本章着重介绍了管道的轴向失稳、集中载荷下管道的凹陷、外压管道的屈曲和海底管道的屈曲传播的基本概念与理论分析方法。

第五章是地下管道的抗震设计计算。近年来大型管道的抗震设计受到了高度关注，本章介绍了管道工程抗震的基本知识，着重介绍了地下管道在场地液化、地质断层和地震波动作用下的管道的应力与应变分析方法。

第六章是关于含缺陷管道的剩余强度评价。含缺陷管道的剩余强度是油气管道长期安全性的核心问题，一直受到管道设计和运营部门的高度重视。本章介绍了含缺陷管道剩余强度评价的断裂力学基础、管道上两种常见缺陷（裂纹和体积型缺陷）管道剩余强度评价的工程方法以及含缺陷管道的修复措施。

第七章至第十二章系统介绍了立式圆柱形储油罐的罐壁、罐顶（固定顶和浮顶）、罐底的结构与强度设计知识，以及立式圆柱形储油罐的抗风和抗震设计的基本概念和分析方法。

按照上述编排方式，能满足对不同类型管道和储罐的工程分析要求，且各章有一定的相对独立性，教师可根据教学时数、学生的基础状况和后继课程的需要，作适当的取舍。本书的编写还兼顾了油气储运工程技术人员的参考需要。

与石油工业出版社1986年出版的我国著名管道专家潘家华教授等编写的同类教材相比，本书在编排方式、内容取舍上已作了很大变化，但仍保留了一部分章节内容和例题。

本书的第八章至第十一章由合作编写者于桂杰执笔，帅健编写了其余各章并负责全书的统稿。

中国石油大学的吕英民教授认真审阅了本书的编写计划和书稿。在本书的编写过程中，中国石油大学的博士研究生陈福来和硕士研究生冯建有、王晓明、谷志宇、刘梅玲等承担了本书初稿的打印和绘图工作。一并表示衷心感谢！

限于编者的水平，书中难免有错误及不足之处，恳请兄弟院校的教师及读者批评指正。

帅　健

2006年1月

目 录

1 力学基础 …………………………………………………………………… 1
　1.1 应力—应变曲线 …………………………………………………… 1
　1.2 材料失效模式 ……………………………………………………… 4
　1.3 力矩作用应力 ……………………………………………………… 8
　1.4 应力状态 …………………………………………………………… 11
　1.5 强度理论 …………………………………………………………… 13
　1.6 梁的变形 …………………………………………………………… 14
　1.7 有限元方法 ………………………………………………………… 16
　1.8 稳定性 ……………………………………………………………… 18

2 管道应力与柔性 …………………………………………………………… 21
　2.1 管道中的应力 ……………………………………………………… 21
　2.2 热应力 ……………………………………………………………… 23
　2.3 自限性应力 ………………………………………………………… 25
　2.4 热应力补偿 ………………………………………………………… 28
　2.5 弯管 ………………………………………………………………… 30
　2.6 管件应力 …………………………………………………………… 34
　2.7 弹性中心法 ………………………………………………………… 37
　2.8 弹性地基梁 ………………………………………………………… 39
　2.9 柱壳分析的弹性地基梁模型 ……………………………………… 42

3 线路管道 …………………………………………………………………… 44
　3.1 管道埋设方法 ……………………………………………………… 44
　3.2 土壤力学性质 ……………………………………………………… 46
　3.3 环向应力校核 ……………………………………………………… 50
　3.4 轴向应力与变形 …………………………………………………… 52
　3.5 锚固墩 ……………………………………………………………… 55
　3.6 埋地弯头 …………………………………………………………… 58
　3.7 轴向屈曲 …………………………………………………………… 62
　3.8 弹性弯曲 …………………………………………………………… 65
　3.9 覆盖土层对管道的作用 …………………………………………… 67
　3.10 组合应力校核 ……………………………………………………… 69
　3.11 分项安全系数法 …………………………………………………… 70
　3.12 基于可靠性的设计方法 …………………………………………… 72

4 穿跨越管道 …… 75
4.1 穿跨越的一般要求 …… 75
4.2 挖沟法穿越 …… 76
4.3 定向钻穿越 …… 80
4.4 公路穿越 …… 83
4.5 隧道穿越 …… 89
4.6 悬索桥跨越 …… 93
4.7 拱形管道跨越 …… 97

5 站场管道 …… 102
5.1 支座形式 …… 102
5.2 支座间距 …… 103
5.3 支座摩擦力 …… 106
5.4 三通 …… 109
5.5 与静设备的连接 …… 111
5.6 与旋转机械的连接 …… 113
5.7 法兰连接 …… 116
5.8 管架载荷 …… 119

6 海底管道 …… 124
6.1 波流及其对管道的作用 …… 124
6.2 海底管道稳定性 …… 128
6.3 海底管道的埋设 …… 135
6.4 海底管道的涡激振动 …… 137
6.5 海底管道的上浮屈曲 …… 139
6.6 海底管道的屈曲传播 …… 142
6.7 铺管船法铺管的应力分析 …… 145
6.8 挖沟法铺管的应力分析 …… 147

7 管道抗震 …… 150
7.1 地震常识 …… 150
7.2 管道场地划分 …… 155
7.3 应变准则 …… 157
7.4 通过断层管道 …… 159
7.5 土层的地震液化 …… 163
7.6 滑坡体的抗震验算 …… 166
7.7 地震波动作用下管道的应变 …… 168
7.8 有限元法 …… 170

8 输气管道的止裂设计 …… 174
- 8.1 裂纹动态扩展的特征 …… 174
- 8.2 管道止裂判据 …… 176
- 8.3 管道止裂韧性测试 …… 178
- 8.4 管道止裂设计 …… 182
- 8.5 富气的减压行为 …… 187

9 管道的振动 …… 190
- 9.1 单自由度振动 …… 190
- 9.2 多自由度系统 …… 195
- 9.3 管道振动模态 …… 197
- 9.4 管内流动激振 …… 200
- 9.5 谐振分析 …… 202
- 9.6 振型分解反应谱法 …… 206

10 立式储罐罐壁 …… 210
- 10.1 罐壁的受力分析 …… 210
- 10.2 定点法 …… 213
- 10.3 变点法 …… 215
- 10.4 罐壁开孔补强 …… 221
- 10.5 罐壁与底板连接的边缘应力 …… 227
- 10.6 罐壁层间边缘应力 …… 233

11 立式储罐罐底和基础 …… 235
- 11.1 储罐底板 …… 235
- 11.2 储罐基础的形式 …… 237
- 11.3 基础环墙设计 …… 241
- 11.4 储罐沉降评价 …… 243
- 11.5 地基土中应力 …… 248
- 11.6 地基土的承载能力 …… 251
- 11.7 地基土沉陷量的计算 …… 255

12 立式储罐罐顶 …… 258
- 12.1 固定顶的一般要求 …… 258
- 12.2 拱顶的设计 …… 261
- 12.3 锥顶的设计 …… 266
- 12.4 浮顶的结构 …… 269
- 12.5 浮顶不沉没的设计计算 …… 273
- 12.6 浮顶的强度 …… 281
- 12.7 浮船稳定性 …… 282

13 立式储罐的抗风和抗震 ································ 285
13.1 储罐风载荷 ···································· 285
13.2 顶部抗风圈 ···································· 288
13.3 中间抗风圈 ···································· 289
13.4 地震作用 ······································ 292
13.5 储罐振动周期 ·································· 294
13.6 储罐倾覆弯矩 ·································· 296
13.7 储罐轴向压力验算 ······························ 297
13.8 储液晃动高度 ·································· 299
附录　符号说明 ······································ 301
参考文献 ·· 308

1 力 学 基 础

强度是材料抵抗永久变形或断裂的能力,是衡量结构构件或机械零部件本身承载能力的重要指标,也是其应满足的基本要求。油气长输管道和储罐的许多泄漏与爆炸事故都是由材料强度不够造成的,所以,在管道和储罐的工程设计中,强度常列为最重要的问题之一。管道或储罐强度设计的内容就是分析其在施工建设和运行期间可能受到的载荷条件,优选其合理的结构型式和尺寸,并为其选材提供参考,目的是使管道或储罐的运行既经济合理又安全可靠。

强度设计的先决条件就是需要具备一定的材料力学基础。本章将讨论与管道或储罐强度密切相关的一些问题,如金属材料的应力—应变曲线、应力分析、强度条件、梁的变形、有限单元法、薄壳的屈曲等,其他一般性问题还可参考材料力学教科书。

1.1 应力—应变曲线

了解管道或储罐在外力作用下的强度和变形方面的各种性能,首先需要认识材料应力—应变曲线的一般特征。

材料的应力—应变曲线通过简单拉伸试验获得。这种试验是在试样的两端施加拉力,考察试样在破坏之前的应力与应变的关系。在简单拉伸试验中,试样中的应力 σ 和应变 ε 按下式计算:

$$\sigma = \frac{P}{A} \tag{1.1}$$

$$\varepsilon = \frac{\Delta L}{L} \tag{1.2}$$

式中 P——作用于试样两端的轴向作用力;
 A——试样的横截面积;
 L——试样的长度;
 ΔL——试样的伸长。

不同材料的应力—应变曲线是不同的,但是它们也有一些共同的特点。对于制造管道和储罐的金属材料,典型的应力—应变曲线如图 1.1 所示,根据其试样的变形发展,可以将其分为 4 个阶段:(1)弹性阶段,A 点以下,应力与应变之间的关系为线性,从 A 点到 B 点,应力与应变之间的关系不再是直线,但是解除拉力后变形仍可完全消失,这种变形称为弹性变形;(2)屈服阶段,当应力超过 B 点,应变有明显的增加,出现了近似水平的线段,B 点到 C 点这种应力基本保持不变而应变显著增加的现象,称为屈服或流动;(3)强化阶段,C 点以后,材料又恢复了抵抗变形的能力,要使它继续变形,必须增加拉力,在材料的屈服阶段或强化阶段卸载,卸载线 $B'O'$ 和 $C'O'$ 平行于弹性线 OA,材料存在残余塑性变形,如果在 O' 点重新加载,则加载过程仍沿 $C'O'$ 线进行,直到 C' 点后材料才开始屈服,即在强化阶段卸载后,屈服极限升高;(4)颈缩阶段,过 D 点后,在试样的某一局部范围内,横向尺寸突然急剧减小,形成缩颈。由于在缩颈部分横截面面积迅速减小,使试样继续伸长所需要的拉力也相应减少,试样在 E 点迅速断裂。

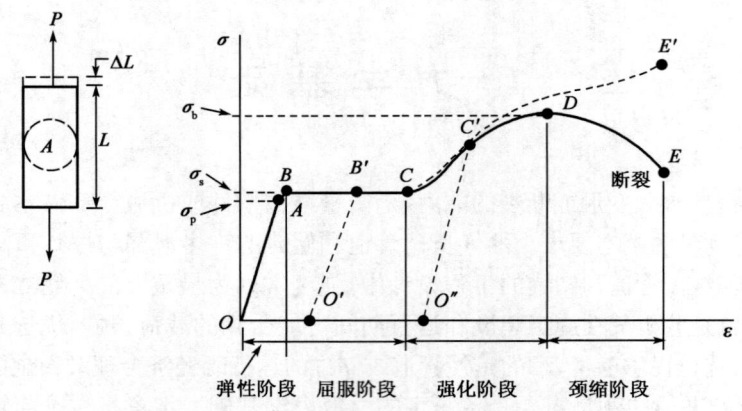

图 1.1 应力—应变曲线的基本特征

如果在试验中,不单是全部卸去拉伸载荷,而是在相反方向上逐渐加上压缩载荷(图 1.2),则反向加载时的屈服点对应的应力 σ'_s 小于屈服极限 σ_s,这是由于经过拉伸塑性变形改变了材料内部的微观结构,使得在压缩时的屈服应力有所降低;同样,在压缩时,经过压缩塑性变形提高压缩的屈服应力后,拉伸的屈服应力有所降低,这种现象称为包辛格效应。

包辛格效应对管线钢管的力学性能产生了很大影响。在制管过程中,轧制、卷板等机械加工产生的加工硬化与包辛格效应,不仅导致板材的纵向和横向力学性能的差异,而且沿管道的环向和轴向的性能也存在差异。

管线钢管的应力—应变关系曲线还分为 Lüders 伸长型和"圆屋顶"型。Lüders 伸长型应力—应变曲线如图 1.1 所示,有明显的屈服平台,大多数低强度等级管线钢管应力—应变曲线为 Lüders 伸长型;"圆屋顶"型应力—应变曲线没有明显的屈服点,如图 1.3 所示,一些高强度等级的管线钢管的应力—应变曲线呈"圆屋顶"型。研究表明,有无屈服平台,对管道的应变能力影响很大。与具有连续屈服型应力—应变曲线的管道相比,Lüders 伸长型管道的屈曲应变能力较低。

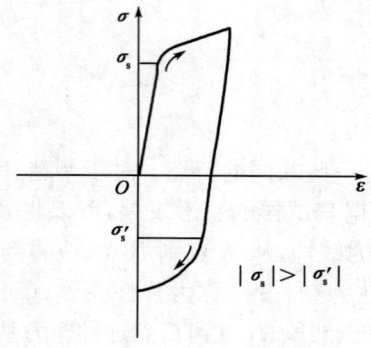

图 1.2 包辛格效应

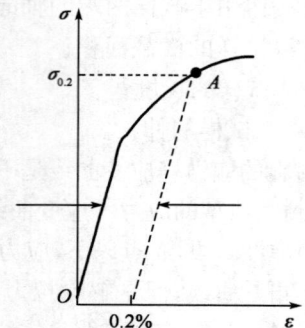

图 1.3 "圆屋顶"型应力—应变曲线

应力—应变曲线定义的重要设计参数如下:

(1)弹性模量:应力—应变曲线刚开始部分是直线。在这个阶段,应力与应变之比是恒定的,这个恒定的比值称为弹性模量或杨氏模量,并表示如下:

$$E = \frac{\sigma}{\varepsilon}$$

(1.3)

这就是著名的胡克定律。

(2) 比例极限:应力—应变曲线直线段的最高点,称为比例极限,记为 σ_p。比例极限以下,材料严格服从胡克定律,弹性模量就是在此段直线部分定义的。

(3) 屈服强度:在没有附加任何载荷情况下,试样产生大变形时的点称为屈服点。相应的应力称为屈服应力或者屈服强度,记为 σ_s。屈服点在 Lüders 伸长型应力—应变曲线中很容易识别,见图 1.1。对于没有明显的屈服点的"圆屋顶"型应力—应变曲线,确定屈服强度的方法是所谓的补偿方法,一般规定为补偿应力的 0.2%,如图 1.3 所示。对于一些很难确定永久变形点的材料,可以用总变形来定义屈服应力。例如,API 5L 采用 0.5% 的总伸长来规定高强度等级管道钢的屈服强度。

(4) 拉伸强度:应力—应变曲线上的最高应力称为拉伸强度,即材料的极限应力,记为 σ_b。由于材料被拉伸,横截面积会减小。然而,曲线上给出的应力是通过作用力和未拉伸试样的原始横截面积的比来确定的。这就解释了为什么在快结束的曲线部分出现了应力的下降,因为在所有的设计计算中,都是使用原始横截面积的。

(5) 泊松比:当试样在 x 方向受拉伸时,如图 1.4 所示,在相同的方向产生了伸长 ΔL_x,产生的应变 $\varepsilon_x = \Delta L_x/L_x$,$L_x$ 是在 x 方向上试样的长度。然而,当 x 方向产生伸长的同时,在 y 方向上产生了收缩 ΔL_y,压缩应变 $\varepsilon_y = -\Delta L_y/L_y$。试验表明,$\varepsilon_y$ 和 ε_x 之比的绝对值是个常量,称为泊松比,定义如下:

$$\nu = \left| \frac{\varepsilon_y}{\varepsilon_x} \right| = \frac{\Delta L_y/L_y}{\Delta L_x/L_x} \tag{1.4}$$

ε_y 也称为泊松应变,这个应变源于金属的自然属性,它不产生任何应力。然而,如果变形受到约束,就会产生应力。对于一般的三维应力情况,一个方向上的应变需要由所有三个方向上的应力来表示:

$$\varepsilon_x = \frac{\sigma_x}{E} - \nu \frac{\sigma_y}{E} - \nu \frac{\sigma_z}{E}, \varepsilon_y = \frac{\sigma_y}{E} - \nu \frac{\sigma_z}{E} - \nu \frac{\sigma_x}{E}, \cdots \tag{1.5}$$

(6) 剪切应变和模量:剪切应变实际上是由剪应力产生的角变形。如图 1.5 所示,单元 $abcd$ 受到切向作用力 F_x 产生变形。剪应力 τ 是与转角 γ 同时产生,它们之间的比称为剪切弹性模量。剪切模量在弹性阶段维持恒定值,这就是说,剪切应力与剪切应变服从胡克定律,剪切模量与弹性模量有如下关系:

$$G = \frac{\tau}{\gamma}, G = \frac{E}{2(1+\nu)} \tag{1.6}$$

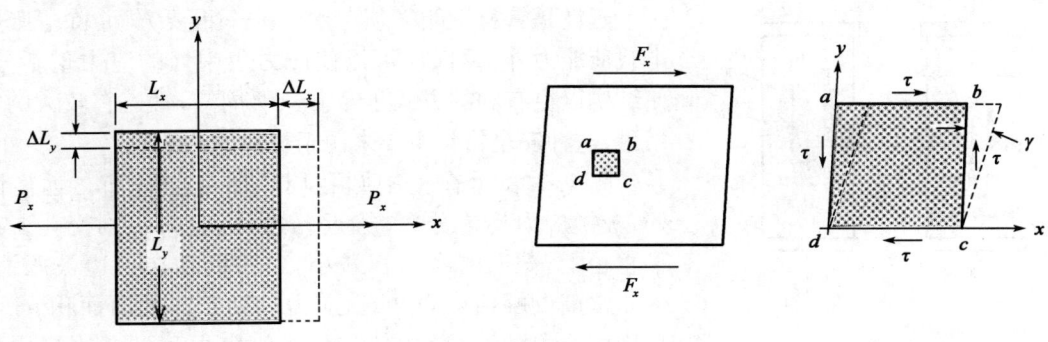

图 1.4　泊松应变　　　　　　图 1.5　剪切变形

1.2 材料失效模式

管道和储罐强度分析的主要目的是防止失效,因此了解管道怎样失效是重要的。管道或储罐材料在其服役期间可能具有不同的失效模式或失效机理,以下是几种常见的失效模式。

1.2.1 静力失效

当管道的应力超出它在试验中测得的拉伸强度时,管道将失效,这也是材料强度的定义。静力失效意味着与时间因素无关,只要应力达到极限,失效就发生。由于管道材料不能承受高于此极限的应力,这一极限也称为材料的最终极限。材料的失效也可能发生在远低于材料的最终应力的时候。当材料加载时,它开始发生变形,如图1.6所示,曲线以下的面积代表材料吸收的能量,或者说是韧性。一般来讲,静力失效可以进一步分成两类:延性断裂与脆性断裂。

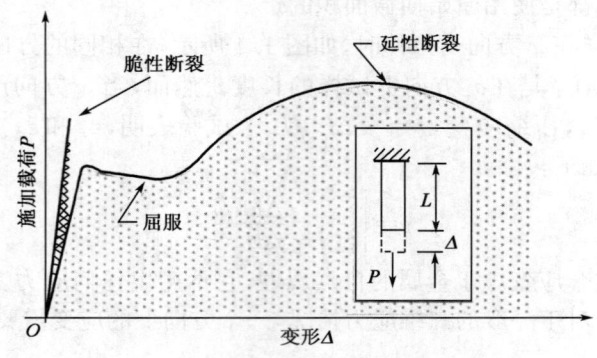

图1.6 静力失效

1.2.1.1 延性断裂

在延性断裂中,随着载荷增加,材料屈服并产生大量塑性变形。失效发生时,允许相当大的伸长或截面收缩。这样的材料称为延性材料。延性材料在失效前大约可以伸长25%,即原来长度的四分之一,因此,延性材料有非常好的能量吸收能力。这种能量吸收能力对于缓慢施加的静力载荷可能没多大影响,但对材料抵抗冲击载荷的能力非常重要。如果没有这种能量吸收能力,很小的冲击载荷可能转换成非常高的危害应力。

延性是管材性能必须考虑的一个重要方面,除了吸收冲击载荷能力外,延性还可以使应力集中处的应力重新分布,使结构以更有利的方式承载。众所周知,管道有较大的安全裕量,这种安全裕量主要来源于材料的延性。

图1.7表示在板中圆孔周围的应力分布。远离圆孔处,板中应力均匀分布;接近孔边处,应力急剧变化。在水平直径上,截面的净面积最小,应力流动在孔边被压缩,产生非常高的峰值应力,峰值应力远高于净截面面积 b—d 的平均应力。随着载荷的增加,峰值应力达到屈服极限。在屈服点,应力不能再增加,导致附近区域的应力持续增加,

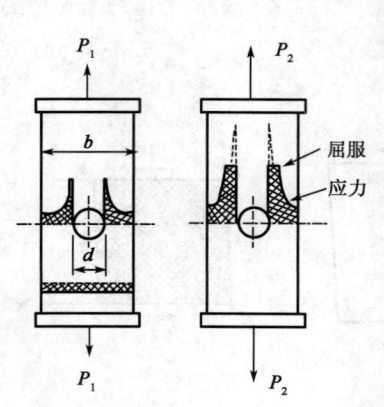

图1.7 孔边应力集中

直到颈部区域的所有应力都达到屈服应力,这就限制了截面上的最高应力在屈服应力水平,材料屈服防止了应力达到图中虚线所示的弹性峰值应力,因此,延性材料比脆性材料具有更低的缺口敏感性。

由于屈服,延性管道系统可以将屈服区域的载荷转移到系统的其他部分。这种载荷转移能力使整个管道系统抵抗载荷的能力更为有效,而不仅仅是取决于某个局部区域抵抗载荷的能力。这提高了系统的可靠性,以及对异常工况的容错能力。

应该强调的是,管道和储罐材料的延性是许多设计规范和标准的前提,没有材料的延性性质,许多设计计算都将毫无意义。

1.2.1.2 脆性断裂

如果管道不屈服或不产生塑性变形,由位移—力曲线下所包围的面积表示的能量吸收能力将非常小,如图1.6所示。没有任何屈服的材料称为脆性材料。

脆性失效经常是出人意料和突然发生的。这是由于两方面的因素。首先,因为低的能量吸收能力,任何轻微的冲击都会产生非常高的应力而引起失效。例如,用一个坚硬的物体轻轻撞击玻璃杯的边缘,可以很容易使玻璃杯破碎。另外一个原因是因为没有屈服,材料不能够降低裂纹尖端非常高的应力集中。许多人可能观察到冬季水面上薄冰的裂纹扩展。如果微小的坚硬物体,如小石子,撞击在冰面上,将会形成星状分布的裂纹,即使在冰面上施加很小的重量,裂纹也能扩展。

脆性是如玻璃、铸铁这样一些材料的一种内在性质。使用这些材料要求格外控制应力和载荷的性质,它们不能用于有热和机械冲击的载荷条件中。脆性材料的使用要求格外小心,例如,玻璃杯可以在一次非常不起眼的事件中破碎,如不小心的撞击。

还应该注意的是,一些材料由于温度变化而变脆,多数管道材料在温度低到一定程度时将损失它们的延展性。例如,大多数碳钢在温度低于-30℃时,将非常容易脆性破坏。而另外一些材料在温度低于-255℃时,如奥氏体不锈钢、铝、铜和青铜等,也不会变脆。一些材料还可能在高温时由于金相变化而变脆。如低碳钢在427℃以上时,可能易于石墨化而损失它们的延展性。在管道工程中,人们主要关心的是材料的低温脆性。许多管道标准将-30℃作为材料不需要做冲击试验的最低温度(规范中要求的除外)。虽然如此,管道标准对于材料的低温应用设置了非常详细的规则。

管道系统的延性损失是非常严重的问题,因此,标准规定的最低可接受温度、冲击试验要求、应力降低的规定等均应严格遵守。

1.2.2 疲劳失效

如果应力是交变的,管道也可能在低于材料屈服强度的应力作用下失效。交变应力是指随时间周期性变化的应力。疲劳失效由交变应力的变化幅度和交变次数的组合决定,施加的应力变化幅度越大,失效所需的交变次数就越少。图1.8表示的是一般疲劳设计曲线,许用应力幅度逐渐降低到所谓的持久极限。对于抛光的试样,持久极限可能达到的循环次数在10^6～10^7之间。从这个曲线上,人们可能想知道,为什么在交变次数为10次时的许用应力几乎高达7000MPa,高于普通管道材料强度极限的10倍。这是因为疲劳试验的许用应力幅度是用应变测量的,根据应变计算得出的这个应力是所谓的弹性等效应力,由应变直接与弹性模量相乘得到,当应变超出屈服应变时,所得应力实际上是虚拟的,换句话说,当应力超出屈服强度时,它就已经不是真实应力了。

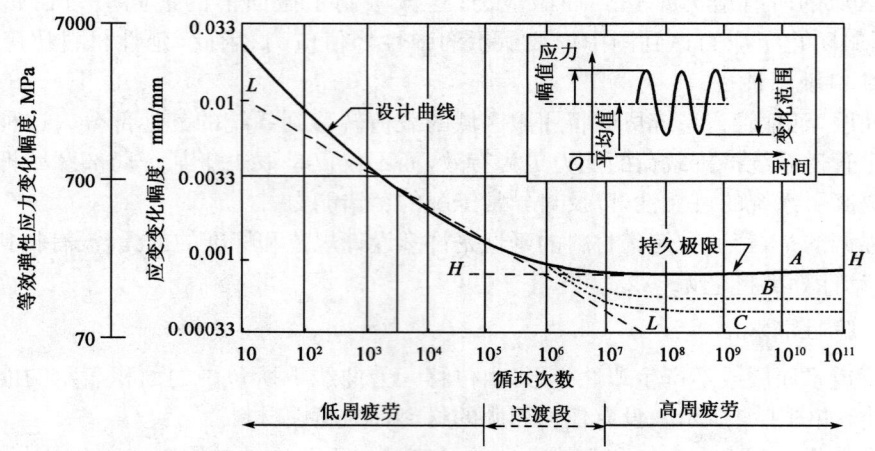

图 1.8 低周疲劳和高周疲劳曲线

在疲劳中,人们关心应力变化范围。应力变化范围的一半称为应力幅度。应力幅度的应用主要是因为数学公式,它将应力表达为典型的正弦函数 $A\sin\omega t$,其中 A 是应力幅度,ω 是交变频率。

疲劳失效通常分为低周疲劳和高周疲劳,之所以这样分类,主要是因为两种疲劳有本质差别。实际上,疲劳曲线可以简化分为两段直线。L—L 表示低周疲劳,H—H 表示高周疲劳。L—L 在对数尺度上是直线,而 H—H 是等于持久极限的常数,两者之间的转变区域是圆形曲线,它很少在实际中使用。由于不同的标准在计算应力时有不同的应力,所以,一个标准中的疲劳曲线不能应用于其他标准。

低周疲劳主要是由正常的启停机、主要载荷波动以及偶然的交变载荷等引起的。热膨胀应力可能是最为常见和众所周知的产生低周疲劳失效的应力。应该记住,低周疲劳管道的使用寿命有限,应在设计中考虑。在低周疲劳中,应力变化范围和失效循环次数在对数坐标系中成直线关系:

$$\Delta\sigma N_f^n = C \tag{1.7}$$

式中 $\Delta\sigma$——交变应力的变化幅度;
N_f——失效时的循环次数;
n, C——材料常数,由试验确定。

高周疲劳的原因有稳态振动、频繁的热冲击等。高周疲劳的交变循环次数非常高,例如,如果管道每秒钟循环 1 次,1 天就累计 86400 次,1 年就是 3.15×10^7 次。这个值落入持久极限范围内,因此,在抗高周疲劳设计中总是使用持久极限。

在高周疲劳中,应力不仅低于最终极限,也低于屈服极限,由于没有屈服,峰值应力一直存在,这加快了失效。静应力大小、高的局部应力及残余应力等,对低周疲劳可能没什么影响,但对高周疲劳影响很大。高周疲劳设计曲线可以分成 A、B、C。曲线 A 可用于低平均应力的材料,曲线 C 用于高平均应力的材料。在给定应力变化范围情况下,高的平均应力导致高的静态应力。

1.2.3 蠕变断裂

在高温环境中,即使应力远低于材料的最终强度,管道在应力保持不变的情况下也可能变形,在一定时间后,管道可能失效,这种现象称为蠕变,这种失效称为蠕变断裂。蠕变大部分是发生在高温条件下,或者准确地说,在高温情况下,蠕变是可检测的。在蠕变温度下,材料寿命是有限的。

蠕变的力学特征可以用图1.9中的典型蠕变曲线来解释,此图表明在一定温度下,同类试件在不同载荷水平下的变形随时间的变化关系,只要施加载荷,试件就会立即发生变形,这时的变形与蠕变无关,有可能是弹性的,也有可能是弹性加塑性的,但大约与载荷成正比。随时间延长,试件继续变形,导致断裂,这种依赖于时间的变形才是蠕变的本质。

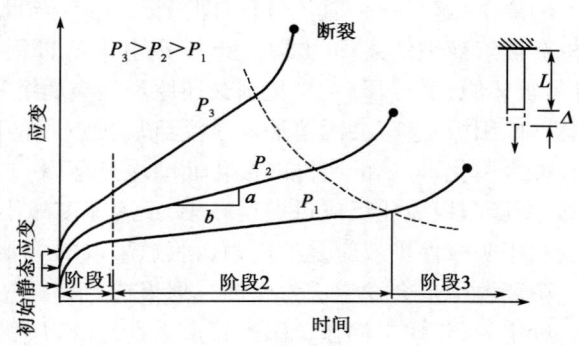

图1.9 典型蠕变曲线
L—杆长;P—轴向力;Δ—伸长

蠕变可以分成三个阶段。阶段1,也称为初始阶段,包含蠕变的起始。试件刚开始有非常高的变形速率,以后逐步减小到结束时的最低水平,这是唯一的蠕变速率减小的阶段。最低蠕变速率维持到阶段2。阶段2的蠕变速率或增大或减小,直到阶段3。阶段2是蠕变试验中的平台区域。阶段3是以横截面的减小和蠕变速率的增加为特征的。阶段3是失效区域,应在管道的服役期内避免。

在抗蠕变失效设计中,经常使用两个判据,一个是蠕变速率,即阶段2平台区域的斜率a/b,另一个是服役寿命结束时的断裂应力,两种判据均由实验确立。然而,在实验室中完成30～40年服役寿命的实验室模拟不太现实,因此,可以适当外推持续1～2年的实验数据。尽管外推的正确性总是令人怀疑,但蠕变的几个一般趋势使得这种外推是合理而可接受的。

从大量的实验数据来看,可以观察到蠕变的几个趋势:
(1)在对数尺度上,阶段2的应力和变形速率基本成正比直线关系;
(2)在对数尺度上,断裂应力和断裂的时间基本成反比直线关系;
(3)在对数尺度上,断裂时的伸长和断裂的时间成反比直线关系。

建立在对这些一般趋势认识的基础上,每种材料仅仅要求三种实验数据,就可以确定合理外推的直线,标志性的参数是100000h的断裂应力,另一个参数是每1000h产生0.01%蠕变速率的应力,后者在100000h大约产生1%的变形。对这两个参数应用安全系数,可以给出在给定温度下材料的许用应力,这些许用应力就是管道系统设计的主要依据。

1.2.4 其他

除力学因素外,油气管道服役过程的失效还与腐蚀密切相关,这也是设计者需要了解的。管道的内外表面均存在一定的腐蚀因素。由于土壤环境的腐蚀性,管道外表面可能发生腐蚀、应力腐蚀等；由于介质的腐蚀性，管道内部也会腐蚀。由于管道内、外腐蚀环境因素的多样性，管道腐蚀的机理相当复杂且多样。管道的腐蚀防护在设计时需单独考虑，本节只简单介绍。

金属材料以及由它们制成的结构物，在自然环境中或者在工况条件下，与其所处环境介质发生化学或者电化学作用而引起的变质和破坏，称为腐蚀，其中也包括上述因素与力学因素的共同作用。关于腐蚀和金属腐蚀，还有一些其他形式的定义。由于金属和合金遭受腐蚀后又回复到了矿石的化合物状态，所以金属腐蚀也可以说是冶炼过程的逆过程。金属在水溶液中的腐蚀是一种电化学反应。在金属表面形成一个阳极和阴极区隔离的腐蚀电池，金属在溶液中失去电子，变成带正电的离子，这是一个氧化过程，即阳极过程。与此同时，在接触水溶液的金属表面，电子有大量机会被溶液中的某种物质中和，中和电子的过程是还原过程，即阴极过程。常见的阴极过程有氧被还原、氢气释放、氧化剂被还原和贵金属沉积等。随着腐蚀过程的进行，在多数情况下，阴极（或阳极）过程会因溶液离子受到腐蚀产物的阻挡，导致扩散被阻而腐蚀速度变慢，这个现象称为极化，金属的腐蚀随极化而减缓。金属—电解质溶解腐蚀体系受到阴极极化时，电位负移，金属阳极氧化反应过电位减小，反应速度减小，因而金属腐蚀速度减小，称为阴极保护效应。利用阴极保护效应是油气输送管道采取的主要防护措施。

除腐蚀外，管道在土壤环境中也会发生应力腐蚀。据报道，第一个出现在天然气管道上的外部应力腐蚀案例是20世纪60年代中期在美国的管道上发现的，从那时以来，油气管线外部应力腐蚀断裂时有发生。人们现在认识到，有两种形式的外部应力腐蚀断裂，即高pH值的应力腐蚀断裂和近中性pH值的应力腐蚀断裂（也称为低pH值的应力腐蚀断裂）。它们的区别在于与管道接触的环境酸碱度不同。

高pH值应力腐蚀断裂只发生在浓碳酸盐和碳酸氢盐溶液环境中一个范围相对窄的阴极电位下。在这种高pH值应力腐蚀开裂所要求的阴极电位范围和环境里，钢材的表面形成一个保护膜，此膜是一薄层氧化物，它是在电化学反应发生时形成的。高pH值应力腐蚀开裂可以由阳极溶解机理解释，在这一机理中，外加的应力促进了裂纹尖端的塑性变形，导致保护膜破裂。裂纹尖端可能产生钝化，取决于金属的溶解速率、钝化速率和载荷条件，导致不连续的裂纹扩展。如果有足够的塑性变形维持裸露的裂纹尖端，裂纹扩展将继续下去。

然而，近中性pH值应力腐蚀断裂现象大大不同于已知的高pH值的应力腐蚀断裂。现场调查表明，这种应力腐蚀断裂的最可能环境是低碳酸盐含量的地下水，其裂纹是穿晶的，而不像在高pH值的应力腐蚀断裂中，裂纹是晶间的。

作为一种"环境诱发的裂纹"的形式，管道的外部应力腐蚀开裂的发生既在管道涂层破损或剥离处形成应力腐蚀开裂的环境，也要求存在拉应力。高的应力水平和应力的波动有利于管道应力腐蚀裂纹的萌生。在几乎所有应力腐蚀开裂所引起的管道断裂事故中，大都存在腐蚀、凹陷或焊缝尖端等应力集中所引起的高应力情况。

腐蚀或应力腐蚀导致的管壁缺陷，是管道性能裂纹的主要原因，所以，在管道服役期间，要求定期对管道的腐蚀或应力腐蚀进行定期检测与评估，以便及时采取维护措施，预防发生管道事故。

1.3 力矩作用应力

物体由于受力、温度变化等外界因素的作用而发生变形时，在构件内部各部分之间产生相互作用的内力，以抵抗这种外因的作用，并试图使物体从变形后的位置恢复到变形前的形状，所考察的截面某一点单位面积上的内力称为应力。

作用在管道横截面的上力矩有三个分量,分为两种类型:弯矩和扭矩。假定管道的轴向方向为 x 轴,则弯矩 M_y、M_z 沿着管道横向,而 M_x 为扭矩,沿着 x 方向。弯矩和扭矩产生的应力类型和分布规律都不一样。

1.3.1 弯矩应力

如图 1.10 所示作用在梁截面上的弯矩为 M,梁截面为矩形,力矩有使梁弯曲成弧形的趋势,假定梁弯曲后的横截面仍然保持为平面,且和梁的纵向纤维垂直,如图中的平面 m—m 和 p—p 在弯曲变形仍保持平面 m'—m' 和 p'—p',发生的应力与由 m—m' 表示的移动成正比,按图中的力矩方向,拉应力发生在横截面的顶部,压应力发生在底部。进一步假定材料有相同的拉伸和压缩性能,这样拉伸应力和压缩应力的分布是相同的,这也是与轴向力平衡所要求的。由于相同的拉应力和压应力分布,在截面中点应力为零,梁中零应力的平面也称为中性层,中性层和横截面的交点称为中性轴。

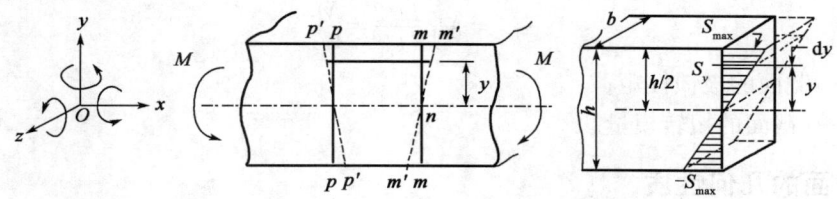

图 1.10 梁横截面上弯曲应力分布

梁的弯曲应力的大小可通过截面应力的合成弯矩与作用在截面上的弯矩的平衡条件来得到。在图 1.10 中,假定在外层纤维上的最大应力为 σ_{max},那么在距中性轴距离为 y 的一点的应力为 $\sigma_y = \sigma_{max} y/(h/2) = 2\sigma_{max} y/h$,对中性轴取矩,由应力发生的弯矩包括由于拉应力和由于压应力两部分产生的弯矩。因此,弯矩的和等于拉伸应力发生弯矩的 2 倍:

$$M = 2\int_0^{h/2} b\sigma_y \cdot y \cdot dy = 2\int_0^{h/2} b(2\sigma_{max}/h) \cdot y^2 dy = \frac{2\sigma_{max}}{h} \times 2\int_0^{h/2} by^2 dy = \frac{2\sigma_{max}}{h} \times I$$

即
$$\sigma_{max} = M\frac{h}{2I} = \frac{M}{W} \tag{1.8}$$

式中 I——矩形截面对 z 轴的惯性矩;

W——相应的截面抗弯模量。

1.3.2 扭矩应力

非圆截面的扭转非常复杂,本书只讨论管道(即圆截面)的扭转。如图 1.11 所示,当圆形杆件被扭矩 M_x 扭转时,圆柱体表面的矩形单元 $abcd$ 将变成斜的平行四边形。为计算扭转应力,假定扭转后圆形截面仍保持为圆形截面,和轴向垂直的平面仍保持与轴向垂直,这是因为圆形截面是轴对称的,这种假设的合理性已被试验所证实。在这种假设的前提下,垂直于轴线的横截面上只有剪应力而没有轴向应力,对于图中的矩形单元 $abcd$,剪应力与图中虚线所示的角变形成正比,角变形随着到圆柱中心线的距离减小,在中心线处为零。记表面处的最大剪应力为 τ_{max},那么距圆柱中心 r 处的剪应力为 $\tau = \tau_{max} r/R$,剪应力的合力矩与截面上的扭矩平衡,即:

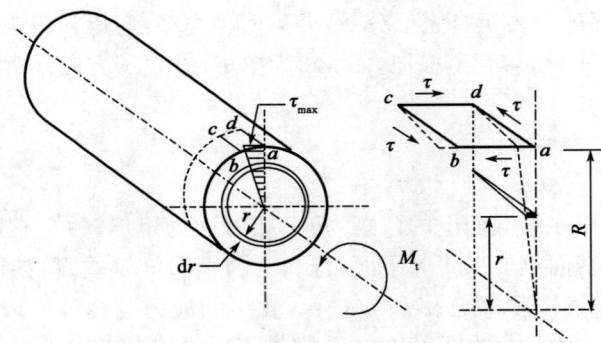

图 1.11 圆截面上的剪应力

$$M_t = \int_0^{\frac{D}{2}} \tau \times 2\pi r dr \times r = \int_0^{\frac{D}{2}} \frac{\tau_{max} r}{\frac{D}{2}} \cdot 2\pi r dr \times r = \frac{\tau_{max}}{\frac{D}{2}} \int_0^{\frac{D}{2}} 2\pi r^3 dr = \frac{\tau_{max}}{\frac{D}{2}} \times I_p$$

即
$$\tau_{max} = M_t \frac{D/2}{I_p} = \frac{M_t}{W_p} \quad (1.9)$$

式中　I_p——截面的极惯性矩；
　　　W_p——截面的扭转模量。

1.3.3 截面的几何性质

在弯曲应力和扭转应力的计算中,引入截面惯性矩和截面模量等几何性质。绕给定轴的截面惯性矩定义为截面上微元面积与这块面积到给定轴的距离的平方的和,极惯性矩定义为截面上微元面积与这块面积到给定点的距离的平方的和。如图 1.12 所示,绕 z 轴和 y 轴的截面惯性矩的定义为:

$$I_z = \int_A y^2 dA, \quad I_y = \int_A z^2 dA \quad (1.10)$$

极惯性矩定义为:

$$I_p = \int_A r^2 dA = \int_A (y^2 + z^2) dA = I_z + I_y \quad (1.11)$$

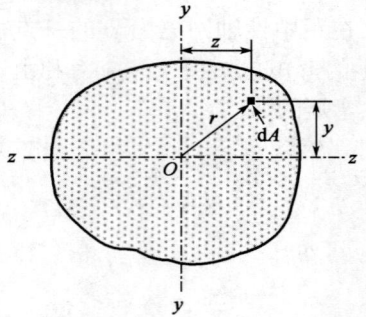

图 1.12 横截面的惯性矩

圆形截面的极惯性矩可以通过圆环 $2\pi r dr$ 对圆心取矩并积分得到:

$$I_p = \int_0^R r^2 \times 2\pi r dr = 2\pi \int_0^R r^3 dr = \pi \frac{R^4}{2} = \frac{\pi D^4}{32}$$

由于圆形截面的对称性,I_z、I_y 是相等的,因此可以得到:

$$I = I_z = I_y = \frac{I_p}{2} = \frac{\pi R^4}{4} = \frac{\pi D^4}{64} \quad (1.12)$$

相对于 z 轴和 y 轴的惯性矩 I_z、I_y 分别表示了抵抗弯矩 M_z 和 M_y 的能力,而极惯性矩 I_p 表示了抵抗扭矩的能力。相应地,截面抗弯模量和扭转模量定义为:

$$W = \frac{I}{R} = \frac{\pi D^3}{32}, \quad W_p = \frac{I_p}{R} = \frac{\pi D^3}{16} \quad (1.13)$$

1.4 应力状态

一点的应力与截面的方向有关,存在无限多的组合形式。人们把一点处所有方位截面上应力的集合称为该点处的应力状态。研究管道或储罐中某点的应力情况,必须了解该点各方向的应力情况,即通常说的该点的应力状态,并建立起通过一点不同方向的截面上的不同应力之间的相互关系。

对于受力物体中的任意点,为了描述其应力状态,一般是围绕这一点作一个微六面体。当六面体在三个方向的尺度趋于无穷小时,六面体便趋于所考察的点。这时的六面体称为微单元体,简称为微元。一旦确定了微元各个面上的应力,过这一点任意方向面上的应力均可由平衡条件确定,进而还可以确定这些应力中的最大值和最小值以及它们的作用面。因此,一点处的应力状态可用围绕该点的微元及其各面上的应力描述。图 1.13 为一般受力物体中任意点处的应力状态,所有面上均有应力者,称为空间应力状态,如图 1.13(a)所示。如果单元体一对截面上没有应力,即不等于零的应力分量均处于同一坐标平面内,则称为平面应力状态,如图 1.13(b)所示。

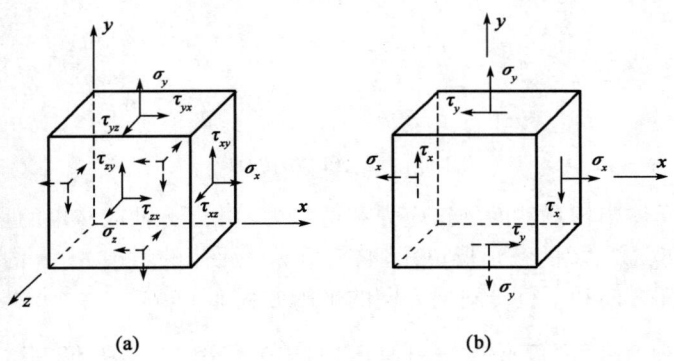

图 1.13 一点的应力状态之一

根据弹性力学的研究,任何应力状态,总可找到三对互相垂直的面,在这些面上剪应力等于零,而只有正应力[图 1.14(a)]。这样的面称为应力主平面(简称主平面),主平面上的正应力称为主应力,一般以 σ_1、σ_2、σ_3 表示(按代数值 $\sigma_1 \geqslant \sigma_2 \geqslant \sigma_3$)。如果三个主应力都不等于零,称为三向应力状态[图 1.14(a)];如果只有一个主应力等于零,称为双向应力状态[图 1.14(b)];如果有两个主应力等于零,称为单向应力状态[图 1.14(c)]。

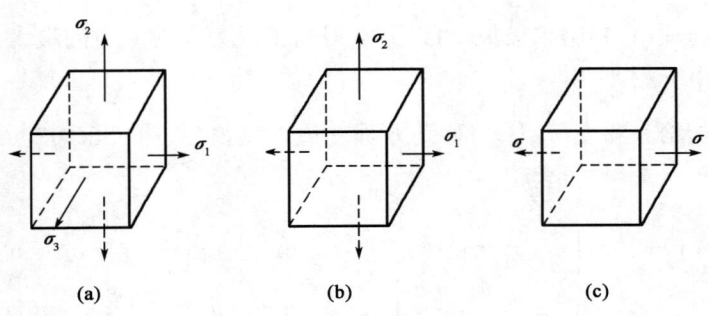

图 1.14 一点的应力状态之二

三维应力状态的分析非常复杂,以下给出二维应力状态的分析方法,三维应力状态分析也可以采用与二维应力状态分析中相类似的方法。

1.4.1 平面应力状态分析

图 1.15 为平面应力状态的一般情形,垂直于纸面的方向可以认为是管道的厚度方向。单元体每侧都作用有正应力和剪应力。正应力的正负号规定为,拉伸应力为正,压缩应力为负;剪应力的正符号规定有不同情况,此处不作讨论,在图 1.15 单元体中,所有应力的符号规定为正。

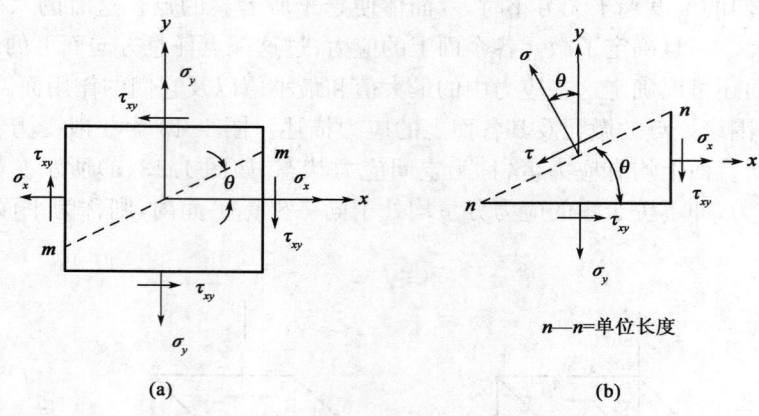

图 1.15 二维应力转换

为了确定此单元体中任意斜面的正应力和剪应力,用与 x 轴成 θ 角的平面 $m—m$ 切开单元体,得到如图 1.15(a)所示的三角形单元,取三角形单元体的斜边 $n—n$ 的长度为单位长度,分别列出垂直于斜面方向和平行于斜面方向的平衡方程如下:

$$\sigma_\theta = \sigma_x \sin\theta\sin\theta + \sigma_y \sin\theta\cos\theta + \sin\theta\tau_{xy}\cos\theta + \tau_{xy}\cos\theta\sin\theta$$

$$= \sigma_x \frac{1-\cos2\theta}{2} + \sigma_y \frac{1+\cos2\theta}{2} + \tau_{xy}\sin2\theta$$

$$= \frac{1}{2}(\sigma_x + \sigma_y) - \frac{1}{2}(\sigma_x - \sigma_y)\cos2\theta + \tau_{xy}\sin2\theta \tag{1.14a}$$

$$\tau_\theta = \sigma_x \sin\theta\cos\theta - \sigma_y \cos\theta\sin\theta - \tau_{xy}\sin\theta\sin\theta + \tau_{xy}\cos\theta\cos\theta$$

$$= \frac{1}{2}(\sigma_x - \sigma_y)\sin2\theta + \tau_{xy}\cos2\theta \tag{1.14b}$$

对式(1.14a)与式(1.14b)求极值,可以分别得到正应力和剪应力的最大值和最小值及其所在的平面,由 θ 角决定。

将式(1.14a)的第 1 项 $\frac{1}{2}(\sigma_x + \sigma_y)$ 移到方程左边,然后将式(1.14a)、式(1.14b)平方并相加,得到:

$$\left[\sigma_\theta - \frac{1}{2}(\sigma_x + \sigma_y)\right]^2 + \tau_\theta^2 = \left[\frac{1}{2}(\sigma_x - \sigma_y)\cos2\theta - \tau_{xy}\sin2\theta\right]^2 + \left[\frac{1}{2}(\sigma_x - \sigma_y)\sin2\theta + \tau_{xy}\cos2\theta\right]^2$$

即

$$\left[\sigma_\theta - \frac{1}{2}(\sigma_x + \sigma_y)\right]^2 + \tau_\theta^2 = \left(\frac{\sigma_x - \sigma_y}{2}\right)^2 + \tau_{xy}^2 \tag{1.14c}$$

1.4.2 莫尔圆

式(1.14c)在 $\sigma - \tau$ 坐标系中是一圆的方程,这表明斜截面上的正应力 σ_θ、剪应力 τ_θ 的关系可以用圆来表示,圆心在 σ 轴上距原点 $\frac{1}{2}(\sigma_x+\sigma_y)$ 处,圆的半径是式(1.14c)右边项的平方根,这个关系可以用图1.16中莫尔(Mohr)圆来表示。

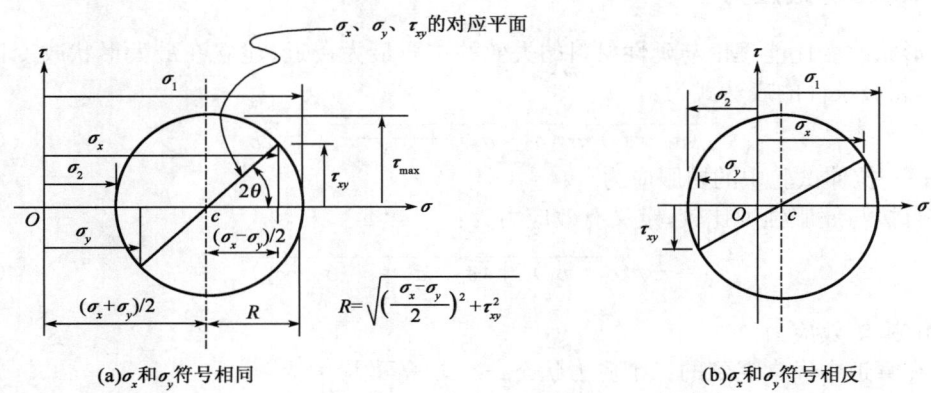

图1.16 二维应力转换的莫尔圆

莫尔圆的作图步骤为:(1)以正应力 σ 为水平轴,剪应力 τ 为垂直轴;(2)在 σ 轴上定出 σ_x、σ_y 两点,这里假定 σ_x 大于 σ_y;(3)过 σ_x、σ_y 两点分别画长度为 τ_{xy} 的垂线;(4)以 σ_x 和 σ_y 两点中心为圆心,过 τ_{xy} 点画圆。

从莫尔圆中可以看到,当 $\tau=0$ 时,可以得到正应力的最大值和最小值:

$$\sigma_{1,2}=\frac{\sigma_x+\sigma_y}{2}\pm\sqrt{\left(\frac{\sigma_x-\sigma_y}{2}\right)^2+\tau_{xy}^2} \tag{1.15}$$

最大剪应力等于圆的半径,即:

$$\tau_{\max}=\sqrt{\left(\frac{\sigma_x-\sigma_y}{2}\right)^2+\tau_{xy}^2}=\frac{\sigma_1-\sigma_2}{2} \tag{1.16}$$

1.5 强度理论

判断结构或材料是否失效的判据有多种,常用的有以下四种:(1)最大应力理论,认为任何一个主应力达到材料的屈服强度时,材料破坏;(2)最大应变理论,认为任何一个方向的主应变达到屈服点的应变时,材料屈服;(3)最大剪应力理论,认为最大剪应力达到屈服点中屈服应力时,材料屈服;(4)最大形状改变比能理论,认为材料中的形状改变比能达到简单拉伸材料屈服时的形状改变比能时,材料屈服。

最大应力理论适用于混凝土、铸铁等脆性材料。而制造管道优先采用的是延性材料,比较适用于最大剪应力理论、最大形状改变比能理论。相比较而言,最大形状改变比能理论较为精确,但最大剪应力理论简单易用。

1.5.1 Tresca 等效应力

最大剪应力理论认为当最大剪应力达到拉伸试验屈服点的最大剪应力时,材料发生屈服。

拉伸试验中的最大剪应力是拉伸强度的一半,换句话说,拉伸试验中,屈服点处的最大剪应力的2倍等于拉伸屈服强度,在强度理论中,定义最大剪应力的2倍为应力强度:

$$\sigma_i = \sigma_1 - \sigma_3 \tag{1.17}$$

这里,记单元体的三个主应力为 $\sigma_1 \geq \sigma_2 \geq \sigma_3$。在 Tresca 应力条件中,第二(中间)主应力对应力强度不起作用。

1.5.2 Mises 等效应力

最大形状改变比能理论与延性材料的失效的本质最为接近,建立在最大形状改变比能理论基础上,屈服条件的表达式为:

$$\sqrt{(\sigma_1-\sigma_2)^2+(\sigma_2-\sigma_3)^2+(\sigma_3-\sigma_1)^2} = 2\sigma_s \tag{1.18}$$

式中 σ_s——拉伸试验中的屈服应力。

为了直接与屈服强度比较,定义有效应力为:

$$\sigma_M = \frac{1}{\sqrt{2}}\sqrt{(\sigma_1-\sigma_2)^2+(\sigma_2-\sigma_3)^2+(\sigma_3-\sigma_1)^2} \tag{1.19}$$

这就是 Mises 等效应力。

对于在管道中经常遇到的二维应力状态,$\sigma_3=0$,等效应力为:

$$\sigma_M = \sqrt{\sigma_1^2 - \sigma_1\sigma_2 + \sigma_2^2} \tag{1.20}$$

如果是一般应力状态,等效应力则为:

$$\sigma_M = \sqrt{(\sigma_x-\sigma_y)^2+\sigma_x\sigma_y+3\tau_{xy}^2} \tag{1.21}$$

只有 σ_2 等于最大或最小主应力时,方程(1.19)才与 Tresca 条件式(1.17)相同,两种屈服条件出现最大的差别是在 $\sigma_2 = \frac{1}{2}(\sigma_1+\sigma_3)$ 时,式(1.18)变为:

$$\frac{2}{\sqrt{3}}\sigma_s = \sigma_1 - \sigma_3 \approx 1.15\sigma_s$$

也就是说,根据 Mises 条件给出的屈服时的最大主应力比 Tresca 条件给出的最大主应力高15%,这就是两种屈服条件的最大差别。

1.6 梁的变形

从受力与变形分析的特点来看,管道大多数情况下都可以看成是梁,因此,梁弯曲理论对管道应力分析特别重要。

表1.1表明了一组简支梁的变形公式,这些公式有以下重要特征:

(1)对于给定载荷,弯矩与梁的长度成正比,但位移是与梁的长度的立方成正比。梁长度上的少许增加可导致位移急剧增大,这也导致梁的柔度增大。

(2)对于给定的梁的构型,位移与梁的弯曲刚度 EI 成反比。EI 与梁的横截面的刚度系数有关,如果需要模拟如水泥管等非标准截面,那么,模拟管道的 EI 必须与被模拟管道的组合 EI 相匹配。

(3)位移公式中仅包括 EI 项,与剪切变形相关的剪切模量 G 和横截面 A 并未包括在这些公式中,因此,这些公式对于短梁(梁长度短于截面尺寸的10倍)是不精确的。许多计算软件中已经包括了剪切变形,采用软件比用表中公式使短梁更具柔性。这也是计算软件和公式计算之间的差别所在,在这些情况下,计算软件更精确。

表 1.1　简支梁的公式

梁 结 构	反力、应力、变形公式
(a)简支梁——均布载荷	$R=\dfrac{qL}{2}$ $M_{max}=\dfrac{qL^2}{8}, \Delta_{max}=\dfrac{5qL^4}{384EI}$（中间）
(b)简支梁——集中载荷	$R=\dfrac{F}{2}$ $M_{max}=\dfrac{FL}{4}, \Delta_{max}=\dfrac{FL^3}{48EI}$（中间）
(c)固支梁——均布载荷	$R=\dfrac{qL}{2}, M_{max}=\dfrac{qL^2}{12}$（两端） $\Delta_{max}=\dfrac{qL^4}{384EI}$（中间）
(d)固支梁——集中载荷	$R=\dfrac{F}{2}, M_{max}=\dfrac{FL}{8}$（两端） $\Delta_{max}=\dfrac{FL^3}{192EI}$（中间）

(4)表中(a)项和(c)项常用于重量引起的悬空管道的应力,由于实际管道的约束介于简支和固定支座之间,可应用以下公式来评估管道的应力和变形:

$$\sigma = \frac{M}{W} = \frac{wL^2}{10W}, \Delta = \frac{3wL^4}{384EI} \tag{1.22}$$

在管道的柔性分析中,滑动悬臂梁是经常使用的方法。表 1.2 给出了两种悬臂梁的相关公式。其中(a)是常规悬臂梁,它实际上是中点受集中力的简支梁的一半,其固定端相当于简支梁的中点;(b)中的导向悬臂梁实际上是表 1.1(d)中心受集中力的固定支座梁的一半。导向悬臂梁经常用于热膨胀的管道的力和力矩的分析与计算。

表 1.2　悬臂梁的公式

梁 结 构	反力、应力、变形公式
(a)悬臂梁	$\Delta = \dfrac{FL^3}{3EI}, F = \dfrac{3EI}{L^3}\Delta$ $\Delta = \dfrac{FL^2}{2EI}, M = FL = \dfrac{3EI}{L^2}\Delta$
(b)导向悬臂梁	$\Delta = \dfrac{FL^3}{12EI}, F = \dfrac{12EI}{L^3}\Delta$ $\theta = 0, M = \dfrac{FL}{2} = \dfrac{6EI}{L^2}\Delta$

1.7 有限元方法

管道系统的分析非常复杂,通常用计算软件来完成。一般情况下,并不要求分析人员具有软件中采用的计算方法的知识,然而,关于分析方法的一般常识可以帮助分析人员更好地理解软件并解释结果。

管道系统由在不同方向敷设的部分构成,采用直管单元和弯管单元离散,换句话说,采用直管和弯管两种单元完成管道系统的分析。

1.7.1 单元

结构体的应力和应变分布非常复杂,虽然说不是不可能,但精确计算这些应力和应变也是非常困难的。然而,为了得到比较实用的结果,可以将物体分成许多具有有限尺寸的小块物体,可以认为每个小的物体的应力与应变分布是可预测的,这些小的物体就称为有限元。管道分析中,采用直管和曲管两种类型的梁单元,每个单元有两个节点,如图1.17所示。

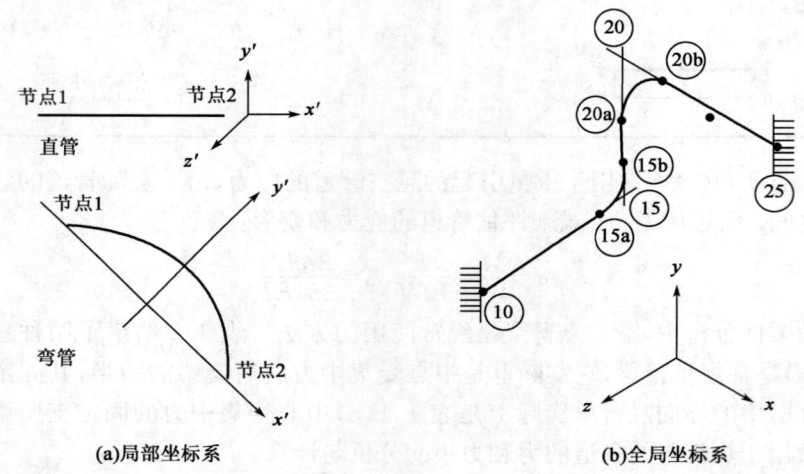

图1.17 坐标系

单元的特性根据固连于单元本身的局部坐标系来描述。对于直管单元,局部坐标系的 x 轴就是沿单元的轴线方向从节点1到节点2,y 轴和 z 轴方向和单元轴线方向垂直。对于弯管单元,局部坐标系有不同的定义方式。一种较普遍的定义方式如图1.17(a)所示,局部坐标系的 x 轴是两个节点的连线,方向为从节点1到节点2,y 轴垂直于 x 轴,并通过节点1和节点2处切线的交点。

在三维一般情形,每个节点有六个自由度、三个位移和三个转角。对每个单元,在其局部坐标系中,力和位移有固定关系。单元的每个节点都有三个位移 D_x、D_y、D_z 和三个转角 R_x、R_y、R_z,相应地,每个节点有三个力 F_x、F_y、F_z 和三个力矩 M_x、M_y、M_z。一般来讲,位移向量中包括转角,同样,力向量中也包括力矩。有限单元法之所以成立,是因为单元的力向量和位移向量之间存在一定关系:

$$\{F'\}=[K']\{D'\} \tag{1.23}$$

其中,$\{F'\}$ 是力向量,代表在两个节点的12个力和力矩,即 $\{F'\}=\{F'_{x1},F'_{y1},F'_{z1},M'_{x1},M'_{y1},$

$M'_{z1}, F'_{x2}, F'_{y2}, F'_{z2}, M'_{x2}, M'_{y2}, M'_{z2}\}^T$，下标 1 代表节点 1，下标 2 代表节点 2，上标 T 代表转置，即为列向量；$\{D'\}$ 是位移向量，代表 2 个节点的 12 个位移分量，即 $\{D'\} = \{D'_{x1}, D'_{y1}, D'_{z1}, R'_{x1}, R'_{y1}, R'_{z1}, D'_{x2}, D'_{y2}, D'_{z2}, R'_{x2}, R'_{y2}, R'_{z2}\}^T$；$[K']$ 是 12 阶对称矩阵，其表达式较为复杂，这里不再赘述，感兴趣的读者可参考一些教科书。

1.7.2 数据点和节点

在分析管道之前，必须辨识系统中的每一个单元。习惯上讲，单元都是用点号表示的，这些点号就像现实生活中的房屋门牌号码作为通信地址一样。一次分析，可能用到三套不同的点号。例如，图 1.17(b)中，第 1 套点数是用于描述系统几何特征的，以下是需要分配点数的位置：

(1)锚固端、自由端、连接容器和罐等终端点，例如，图 1.17(b)中的点 10、25 就属于这类点；

(2)弯头的切线交叉点(工作点)，图 1.17(b)中的点 15、20 属于这类点；

(3)分支交叉点；

(4)关键法兰面点；

(5)约束和加载点；

(6)有意义的系统响应的一些点。

以上的数据点都是需要精确描述这个系统所要求的，从这些基本的数据点，计算机程序还会产生一些为分析所要求的数据点。例如，在弯头处的切线交叉点是 15 点，但是，分析所要求的点是弯头的端点 15a 和 15b。点 15 并不是管道系统上的任何物理点，因此，并不在分析中应用。

根据数据点提供的信息，计算机将对整个管道系统重新排号，分析的节点号必须是从 1 开始并且是连续的。在上例中，节点 1=10，节点 2=15a，节点 3=15b，等等。在实际的分析中，这些连续发生的节点数可能重新排号，以达到所谓的带宽最优化。带宽实际上是节点编号和它相邻的节点编号的差值。对于多带宽系统，带宽通常取决于节点数，这种重新编号的结果是另一套节点编号，最后的编号是为了尽可能地达到最小带宽。带宽越小，要求的数据存储就越少，计算时间就越短。这几套不同的编号非常容易令人混淆，但它们都是软件产生的，分析者可不用太过操心，所有分析结果都是按原来的节点编号给出的。

1.7.3 单元组合

所有单元需组合以完成节点位移的求解。为了对单元进行组合，需建立一个统一的坐标系，也称为整体坐标系，而固连于单元自身的坐标系称为局部坐标系。每个单元的刚度矩阵和载荷向量都是在局部坐标系中建立的，它们需要转换到整体坐标系，即：

$$\{F'\} = [L]\{F\}, \{D'\} = [L]\{D\} \tag{1.24}$$

式中 $[L]$——转换矩阵；

$\{F\}$——整体坐标系中的力向量；

$\{D\}$——整体坐标系中的位移向量。

式(1.24)代入式(1.23)，得到：

$$[L]\{F\} = [K'][L]\{D\} \quad \text{或} \quad \{F\} = [L]^{-1}[K'][L]\{D\}$$

通过转换，可得到整体刚度矩阵 $[K]$，即：

$$[L]\{F\}=[K]\{D\}$$

其中
$$[K]=[L]^{-1}[K'][L]=[L]^{T}[K'][L] \tag{1.25}$$

式中 $[L]^{-1}$——$[L]$的逆矩阵；

$[L]^{T}$——$[L]$的转置矩阵。

对于坐标转换矩阵，$[L]^{-1}$和$[L]^{T}$是相同的。

对于 n 个结点的系统，自由度的总数是 $N=6n$，N 是总的自由度数，因此，总体刚度矩阵是 NN 矩阵。式(1.23)表示的单元刚度矩阵需组装到总体刚度矩阵中的合适位置，所有单元刚度矩阵组装完毕后，就形成了总体刚度矩阵。管道系统的刚度矩阵是一个元素基本沿对角线分布的窄带矩阵，这个带的宽度也称为带宽，由于带宽直接影响存储和计算工作量，通常通过优化结点编号减小带宽。最终的整体平衡方程为：

$$\begin{vmatrix} F_1 \\ F_2 \\ \vdots \\ F_N \end{vmatrix} = \begin{vmatrix} K_{11} & K_{12} & \cdots & K_{1N} \\ K_{21} & K_{22} & \cdots & K_{2N} \\ \vdots & \vdots & & \vdots \\ K_{N1} & \cdots & \cdots & K_{NN} \end{vmatrix} \begin{vmatrix} D_1 \\ D_2 \\ \vdots \\ D_N \end{vmatrix} \tag{1.26}$$

1.8 稳定性

稳定性是指结构保持其原有平衡状态的能力。承受载荷的结构在内外力的作用下保持平衡状态，但这种平衡状态具有稳定和不稳定两种不同的性质。当结构的平衡状态不稳定时，外界的轻微扰动就会引起结构很大的变形，使之丧失继续承受载荷的能力，造成结构的破坏，则称为结构失去稳定性，简称失稳。失稳时，结构从初始平衡状态转变为另一平衡状态的突变现象称为屈曲。失稳是结构屈曲路径不稳定造成的结果，由此认为屈曲分析就是稳定性分析。

稳定性问题主要是由压缩载荷导致的。由于管道的细长、薄壁的结构特性，在其受到压缩载荷时，容易丧失稳定性而破坏。管道的失稳既有梁式失稳，也有壳体失稳。壳体失稳的原因为管道受到外压或轴向压缩。相对于管道，储罐似乎壁更薄，壳体失稳的情况同样也发生于储罐。

1.8.1 梁式失稳

梁式失稳属压杆稳定问题，这是经典的稳定性问题，可以用图 1.18 的受压杆件来说明。为判断平衡的稳定性，可以加一横向干扰力，使杆件发生微小的弯曲变形[图 1.18(a)]，然后撤销此横向干扰力。当轴向压力较小时，撤销横向干扰力后杆件能够恢复到原来的直线平衡状态[图 1.18(b)]，则原有的平衡状态是稳定平衡状态；当轴向压力增大到一定值时，撤销横向干扰力后杆件不能再恢复到原来的直线平衡状态[图 1.18(c)]，则原有的平衡状态是不稳定平衡状态。压杆由稳定平衡过渡到不稳定平衡时所受轴向压力的临界值称为临界压力，或简称临界力，用 P_{cr} 表示。

稳定性问题中，平衡方程的特征根具有多值性。两端铰支梁的临界载荷为：

$$P_{cr}=\frac{j^2\pi^2}{l^2}EI \qquad (j=1,2,3,\cdots) \tag{1.27}$$

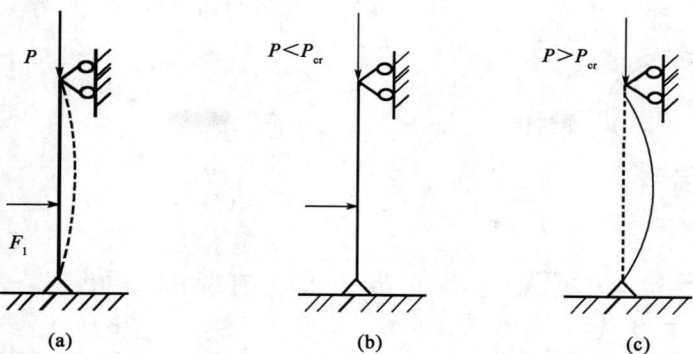

图1.18 受到压缩力作用的杆件

式中 EI——梁的弯曲刚度；
l——梁的跨长。

图1.19示出了$j=0,1,2$时,两端铰支梁的模态形状。$j=0$时,梁未受到压缩载荷,不存在稳定问题。$j=1$时,得到最小的临界载荷：

$$P_{cr}=\frac{\pi^2}{l^2}EI \quad (1.28)$$

式(1.28)就是著名的压杆稳定的欧拉(Eular)载荷公式。

稳定性的临界载荷与边界条件相关。对于不同的边界条件,压杆稳定的临界载荷可写成以下形式：

$$P_{cr}=\frac{\pi^2}{(\mu l)^2}EI \quad (1.29)$$

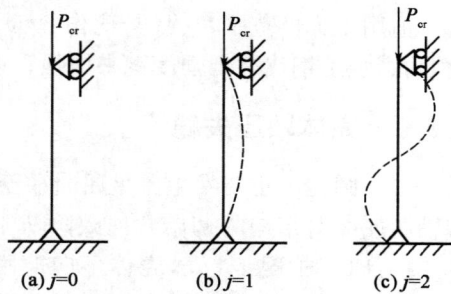

图1.19 两端铰支梁的屈曲模态

式中 μ——长度系数,其值取决于压杆的边界条件,见表1.3。

表1.3 压杆稳定的长度系数取值

杆端约束情况	两端固定	一端固定,另一端铰支	两端铰支	一端固定,另一端自由
长度系数 μ	0.5	≈0.7	1.0	2.0
压杆的挠曲线形状				

1.8.2 壳体外压失稳

管道在外压下,优先考虑其稳定性问题。图1.20给出了圆筒外压失稳时的前几阶模态形状。当外压达到临界压力时,管道会出现失稳而不能正常工作,甚至会引起破坏并造成损失。

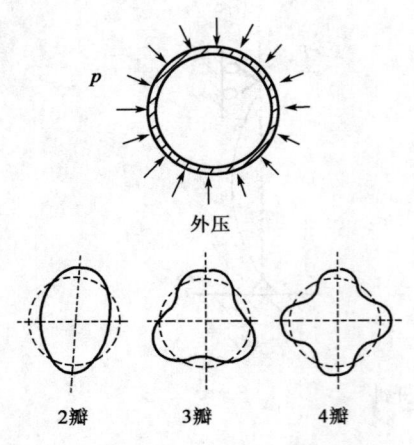

图 1.20 管道在外压下的失稳

受外压圆筒的临界载荷公式为：

$$p_{cr}=(j^2-1)\frac{2E}{3(1-\nu^2)}\left(\frac{\delta}{D}\right)^3$$

式中 E——弹性模量；
  ν——泊松比；
  δ——筒体壁厚；
  D——管道直径。

若 $j=2$，p_{cr} 有最小非零值：

$$p_{cr}=\frac{2E}{1-\nu^2}\left(\frac{\delta}{D}\right)^3 \tag{1.30}$$

对于金属材料，$E=200\text{GPa}$，$\nu=0.3$，则式(1.30)变为：

$$p_{cr}=2.2E\left(\frac{\delta}{D}\right)^3 \tag{1.30a}$$

式(1.30a)就是在外压容器中常用的 Bresse 公式。这个公式适用于弹性范围，它只与比值 δ/D、E、ν 有关，与材料的屈服极限、强度极限均无关。因此，用高强度钢代替低强度钢来增强管道的稳定性是无效的。

1.8.3　壳体轴压失稳

薄壳圆柱体主要发生象足屈曲和菱形屈曲两种类型的屈曲模式，如图 1.21 所示。圆柱壳的轴压屈曲对结构的初始几何缺陷非常敏感。对于承受内压的轴压圆柱壳，壳体环向薄膜应力的存在将降低缺陷的影响，使屈曲临界载荷增大。当内压较低时，圆柱壳将会发生菱形屈曲；随着内压的升高，菱形沿着轴向逐渐缩小，当内压足够大时，屈曲模式转变为象足屈曲。

关于壳体失稳的临界应力，著名材料力学家铁摩辛柯(Timoshenko)给出的小挠度理论解为：

$$\sigma_{cr}=1.21\frac{E\delta}{D}\sim 0.6\frac{E\delta}{D} \tag{1.31}$$

而伏尔米尔给出的临界压缩应力：

$$\sigma_{cr}=0.44\frac{E\delta}{D}\sim 0.22\frac{E\delta}{D} \tag{1.32}$$

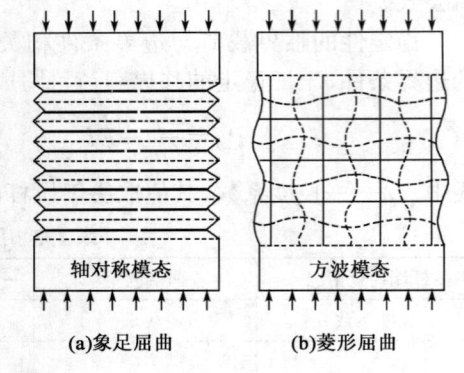

图 1.21　轴压下的屈曲模式

可以看出，壳体失稳的许用临界应力均与材料弹性模量 E 及壁厚与直径之比相关。需要注意的是，上述许用压缩应力仅仅是理论屈曲应力的十分之一，这是出于对实际管道存在缺陷、潜在的方波屈曲以及安全系数等方面的考虑。

2 管道应力与柔性

管道中的应力是载荷、温度变化等因素作用的结果。应力分析不仅仅是计算结构某一位置处的应力,实际上包括了管道系统的受力与变形的分析。通过应力计算,人们可以了解管道系统的应力分布,从而优化相关设计参数,并判断管道是否安全。而管道柔性是反映管道变形难易程度的概念,它表示管道通过自身变形吸收热胀冷缩或其他位移的能力,是管道系统的重要特征之一。柔性设计的目的是保证管道在设计条件下具有足够的柔性,防止管道因温度变化、端部位移、支承设置不当等原因造成应力过大而损坏管道及与之相连的机械或设备,确保系统的结构完整性与可操作性。

本章介绍管道应力和柔性分析的各种方法。

2.1 管道中的应力

管道受到的载荷有不同的形式,一类是压力,即介质以压强的形式作用于管道表面,包括内压和外压;另一类是作用于管道上的力和力矩,这些力或力矩通常由重力、热膨胀、风或地震等产生。两类载荷在管道中产生的应力是不相同的。

2.1.1 内压作用

内压是管道受到的最常见也是最主要的载荷,对于长输管道尤其如此。输送介质在管道内被加压后,以压强的形式作用于管道内表面,管道内表面每一点处的压力都是垂直于表面的。图2.1是管路中的一部分管段,管道受到的内压为 p。由于内压的作用,管壁在每个方向上都受到拉伸。从直管段中取出一单元体,如图2.1(a)所示,作用在此单元体上应力分别为

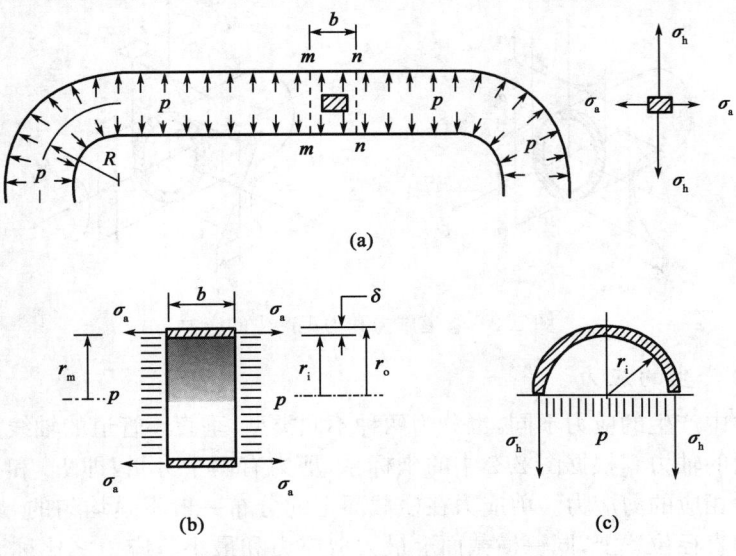

图 2.1 受内压作用的管道应力

环向应力和轴向应力。为了计算这些应力,从管道中截取一圆环 mmnn。根据圆环的平衡条件,可以分别确定管道的轴向应力与环向应力。

2.1.1.1 环向应力

如图 2.1(c)所示,假定管环 mmnn 的长度为 b,则内压作用在管道上的垂直合力为 pD_ib,而在管壁上作用均布应力 σ_h,由平衡条件,得:

$$pD_ib = 2\delta\sigma_h b$$

$$\sigma_h = \frac{pD_i}{2\delta} \approx \frac{pD}{2\delta} \tag{2.1}$$

该式也称为 Barlow 等式。

因为采用了管壁环向应力均匀分布的假设,式(2.1)实际上是近似的。一般认为,当径厚比 D/δ 大于 20 时,采用式(2.1)计算管道的环向应力是足够精确的。

2.1.1.2 轴向应力

由内压引起的作用于管端的轴向合力约为 $F_a = p\dfrac{\pi D_i^2}{4}$,该力和管横截面上的作用力平衡,横截面的面积大约为 $\pi D_m\delta$,所以轴向应力 σ_a 为:

$$\sigma_a = \frac{F}{A} = \frac{pD_i^2}{4D_m\delta} < \frac{pD_m^2}{4D_m\delta} = \frac{pD_m}{4\delta} < \frac{pD}{4\delta} \tag{2.2}$$

式(2.2)实际上是管道轴向应力表达式的几种不同形式,其中第一种最精确,但由于管道属于薄壁结构,几种表达式的差别并不大。

2.1.2 力和弯矩作用

除内压外,作用在管道上的其他载荷如重力、温度变化、风、地震或其他作用到管道系统的载荷,都在管道的横截面上产生内力和力矩,如图 2.2 所示。内力和内力矩的各个分量分别产生不同的应力分量。

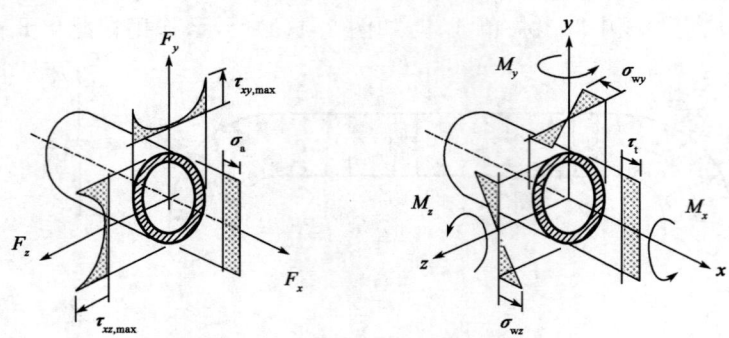

图 2.2 管道中力和力矩产生的应力

2.1.2.1 内力产生的应力

管道或管件中产生的应力不同,也分为两种不同类型:垂直于管道的轴线方向的剪力和沿着管道轴线方向的轴力。根据图 2.2 中的坐标系,剪力有两个分量,即 F_y 和 F_z,每个都在管道横截面上产生相应的剪应力。剪应力在横截面上的分布一般不是均匀的,最大剪应力发生在垂直于剪力的直径位置上,同一横截面上最大剪应力和最小剪应力之比称为剪力系数。对于管道的圆形横截面,剪力系数大约等于 2,因此,剪应力为:

$$\tau_{xy,\max}=2\frac{F_y}{A},\tau_{xy,\max}=2\frac{F_z}{A},A=\pi(r_a^2-r_i^2)=2\pi r_m\delta \tag{2.3}$$

τ_{xy}表示剪应力的作用面垂直于x轴,方向沿着y轴。一般情况下,人们主要关心的是横截面上的总的剪应力。这种情况下,剪力往往取其合力的形式,即$F_s=\sqrt{F_y^2+F_z^2}$。

对于轴向力,$F_a=F_x$,取决于轴力的符号,在管道横截面上产生拉应力或压应力。轴力在管道横截面上产生的应力是均匀分布的。因此,在管道横截面上,由力产生的应力如下:

$$\sigma_a=\frac{F_a}{A},\tau_s=2\frac{F_s}{A},A=2\pi r_m\delta \tag{2.4}$$

式中 σ_a——由于轴力产生的轴向正应力;
τ_s——由于剪力产生的剪应力。

这两个应力作用于相同的横截面上。但与由力矩产生的应力相比,由力产生的应力的数量较小,一般情况下都可以忽略不计。

2.1.2.2 力矩产生的应力

力矩也分成两类:弯矩和扭矩,如图2.2所示。弯矩又分解为M_y和M_z两个分量,分别绕着y轴和z轴转动。弯矩在横截面上产生的应力是线性分布的,最大应力发生在距弯曲中性轴最远处,表达式如下:

$$\sigma_{wy}=\frac{M_y}{W},\sigma_{wz}=\frac{M_z}{W},W=\frac{\pi}{32D}(D^4-D_i^4) \tag{2.5}$$

σ_{wy}和σ_{wz}发生在管道的外表面,它们发生的位置相互分开90°。这两个应力也可以合成为:

$$\sigma_w=\sqrt{\sigma_{wy}^2+\sigma_{wz}^2}=\frac{1}{W}\sqrt{M_y^2+M_z^2} \tag{2.6}$$

扭矩$M_t=M_x$,在横截面上产生沿直径线性分布剪应力,但沿环向是均匀分布的,最大剪应力发生在外表面,为:

$$\tau_t=\frac{M_t}{W_p}=\frac{M_t}{2W} \tag{2.7}$$

式中 τ_t——剪应力,在管道强度校核时,需要与弯曲应力等进行组合。

对于管道,由于其薄壁特性,可以认为其横截面为平均半径为r_m的圆环,这样可以得到其简化的截面模量:

$$I_p=\pi D_m\delta\left(\frac{D_m}{2}\right)^2=\frac{1}{4}\pi D_m^3\delta,W_p=\frac{I_p}{\frac{D_m}{2}}=\frac{1}{2}\pi D_m^2\delta,W=\frac{W_p}{2}=\frac{1}{4}\pi D_m^2\delta$$

式中 I_p——管道横截面的极惯性矩;
W_p——扭转模量;
W——弯曲模量。

在管道应力计算中,经常用到这些管道横截面的几何性质。

2.2 热应力

温度变化引起管道的膨胀或收缩,导致管道移动。整个管道系统需要为它的移动腾出空间,并且在管道和与它连接的装置处产生力和应力。如果管道系统没有足够的柔性吸收这些膨胀,所产生的力或应力可以大到足以损毁管道或与之相连的装置。图2.3(a)、(b)、(c)是用于计算因膨胀产生的力或应力的理想直管道模型。

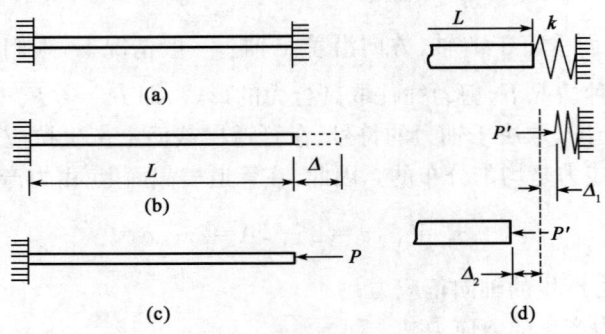

图 2.3 热胀应力

图 2.3(a)表示两端理想锚固的直管道。这里之所以强调理想锚固,是假设锚固的刚度无穷大,这样不管作用力有多大,理想锚固端都不会产生任何位移。当直管段发生温度变化时,引起管道膨胀,然而,锚固端阻止了管道的膨胀,由此产生的力反作用于管道。图 2.3(b)表示管道一端自由,管道可产生自由膨胀 $\Delta=\alpha L(T_2-T_1)$,这里 α 是管道热膨胀系数,T_2-T_1 是温度变化。如果管道能自由膨胀,就不会产生力和应力,然而,本例中的管道两端锚固,而不是自由的,锚固端产生的力等于推动自由膨胀端返回到原来位置所需的力,因此,推力产生的位移等于应变与管长的乘积,即:

$$\Delta=\alpha L(T_2-T_1)=\varepsilon L=\frac{\sigma}{E}L=\frac{P}{EA}L$$

或

$$P=EA\alpha(T_2-T_1),\sigma=E\alpha(T_2-T_1) \tag{2.8}$$

式中 E——管道材料的弹性模量;
A——管道横截面面积;
P——锚固力;
σ——轴向应力。

理想锚固所产生的力和应力与管道长度无关。即使是横截面小的管段,只要温度发生变化,由此产生的力和应力也是巨大的。例如,直径为 150mm 的标准壁厚碳钢管道,如果温度由环境条件 20℃增加到工作条件的 150℃,在管道和锚固端分别会产生 310MPa 的轴向应力和 1MN 的轴力。

常用钢材的杨氏弹性模量、泊松比和热胀系数的取值范围见表 2.1。

表 2.1 常用钢材特性系数

特性	弹性模量 E,GPa	泊松比 ν	热膨胀系数,℃$^{-1}$
取值范围	190~210	0.25~0.30	1.2×10^{-5}~1.9×10^{-5}

方程(2.8)表示管道由于温度变化产生的力及其相对应的应力,其数值与管道长度无关。这是通过理论处理得到的结论。然而,在实际工程中,锚固墩的刚度总会是有限的,由于结构、基础及其附件的柔性,得到 100MN/m 的刚度已经非常困难。取决于管道尺寸,实际锚固墩的刚度大多在 $10^6\sim10^9$N/m 范围之间。

图 2.3(d)表示实际锚固墩的柔性的影响,其中,管道的一端连接的实际锚固墩的刚度为 k,另一端仍然是刚度无穷大的理想锚固。记实际锚固墩由于柔性吸收管道的部分膨胀为 Δ_1,管道自身吸收的膨胀为 Δ_2,管道和锚固墩受到的力为 P',Δ_1 与 Δ_2 之和即是总膨胀 Δ,因此,

可以得到：

$$\Delta_1 = \frac{P'}{k}, \Delta_2 = \frac{P'L}{EA}$$

$$\Delta = \alpha L(T_2 - T_1) = \Delta_1 + \Delta_2 = \frac{P'}{k} + \frac{P'L}{EA} = P'\left(\frac{1}{k} + \frac{L}{EA}\right)$$

或

$$P' = \frac{\alpha L(T_2 - T_1)}{L\left(\frac{1}{kL} + \frac{1}{EA}\right)} = \frac{\alpha(T_2 - T_1)EA}{\frac{EA}{kL} + 1} \tag{2.9}$$

方程(2.9)表示根据管道长度和锚固墩的刚度得出的真实锚固力。对短管道，力与管道长度大致成正比，其方程包括一个附加项 $EA/(kL)$。处理短管道非常重要的另一个等价表述同样包括管道两端连接真实锚的情况。以之前的直径为 150mm 的标准壁厚管道为例：长度为 1.5m 的管道一端连接有刚度 10^7N/m 的锚固墩时，产生的力为 40kN，应力为 10MPa。而当两端都连接实际锚固墩时，力和应力分别进一步降低至 20kN 和 5MPa，大约只是理想锚固计算结果的 1/30 和 1/40。

综上所述，可以看到锚固墩的刚度对力和应力的产生有很大的作用，在中等温度变化范围内，对密集布局的管道尤其如此。实际分析中，尽可能准确地获得锚固约束的刚度非常重要，但这是一个非常复杂的过程，它涉及支撑结构、基础和附件的结构分析。常规管道应力分析中，要想得到精确的锚固墩的约束刚度并不可行，通常，用理想锚固和约束分析来配合工程判断。

2.3 自限性应力

温度变化的热应力是系统自我限制产生的，这种自限性应力特征与重力或压力等导致的持续应力有很大的不同，其失效模式也与持续应力引起的失效模式不一样。

2.3.1 自限性应力特征

图 2.4 说明自限性应力与持续应力特征的不同。

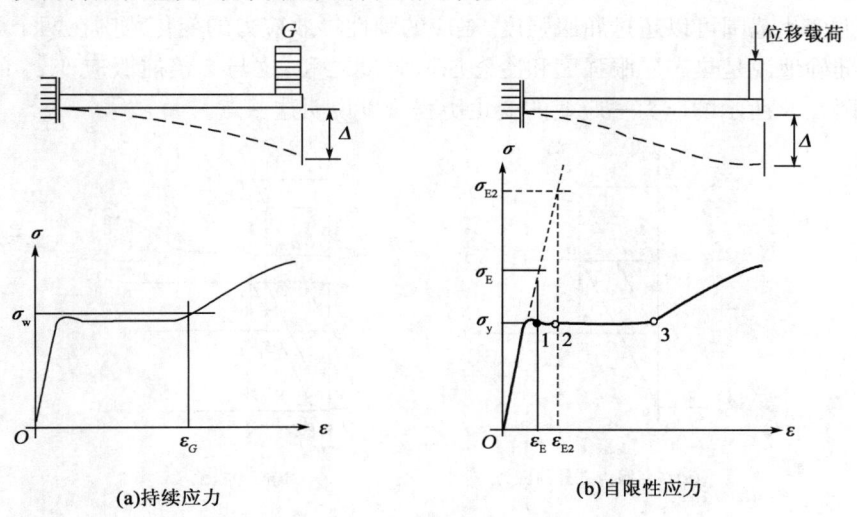

图 2.4 持续应力与自限性应力

图 2.4(a)表示管道受重力载荷作用而产生的持续应力。这种情况下，随着重量的逐渐增加，应力和位移会同时增加。当应力达到材料的屈服点，应力不能再增大，只能维持在同样的大小，但是位移会突然增大。在持续加载过程中，产生的应力与施加的载荷总是静态平衡的，即应力总是与载荷成正比，而位移与材料的性质有关。本例中，如果应力 σ_G 略微超过屈服极限一些，就会产生较大的应变 ε_G，产生的应变足以导致系统大变形，通常需要限制持续载荷产生的应力低于材料的屈服强度，否则系统会产生相当大的变形而致损毁。

图 2.4(b)是自限性应力的模型。当管道受热膨胀或受其他位移载荷作用时，平衡的机制转换为应变，也就是应变总是与热膨胀位移对应。一旦位移达到极限值，由于位移受限，之后的一切变化都会停止。产生的应力与材料性质有关。例如，与位移对应的应变即使超过屈服应变，由于位移受到限制，它会停留在那里不发生任何进一步的突变。当达到或超过屈服强度时，应该用应变幅度而不是应力幅度来评估失效。

自限性应力的真实应力很少超过屈服强度。如图 2.4(b)所示，即使自限性应变超过屈服应变，真实应力仍然等于屈服强度。这种性质使得用真实应力估算自限性应力的作用效果变得困难。例如，图中 1、2 和 3 点尽管都对应相同的应力，但 3 点更关键。因此，可以很自然地想到应该用应变而不是应力来估算自限性应力。因为习惯上把分析设置为用弹性方法计算应力，使得真实应变的确定非常复杂。为了克服这些缺点，用等效弹性应力来度量应变，等效弹性应力根据从应力—应变曲线的初始直线部分延伸出来的直线计算，即等效应力是弹性模量与应变的乘积，相对于应变 ε_E 的等效弹性应力是 σ_E，相对于应变 ε_{E2} 的等效弹性应力是 σ_{E2}。这样等效的弹性应力可能高出屈服应力的数倍，而真实应力还与屈服应力相同。

2.3.2 热胀应力的允许范围

管道受到温度变化作用时最可能的失效模式是疲劳。估算疲劳失效时，需要考虑每个循环中应力从最小到最大的变化范围，这就是估算热膨胀和其他位移应力时所要考虑的是应力范围而不是应力水平的原因。至于许用应力，Rossheim 和 Markl 提出了确定热胀应力允许范围的基本方法，并为多种规范所采用。

如上所述，当自限应力达到管道的屈服应力时，并不会引起结构变形的突变，因此，如果疲劳允许，应力变化范围可以超过屈服强度，对应的弹性等效应力的变化范围在两个屈服强度范围之间，更准确地说是热态屈服强度和冷态屈服强度之和，这与 2 倍屈服应变 ε_E 的应变变化范围等效，图 2.5 所示的应力—应变的变化历程可以说明这一点。

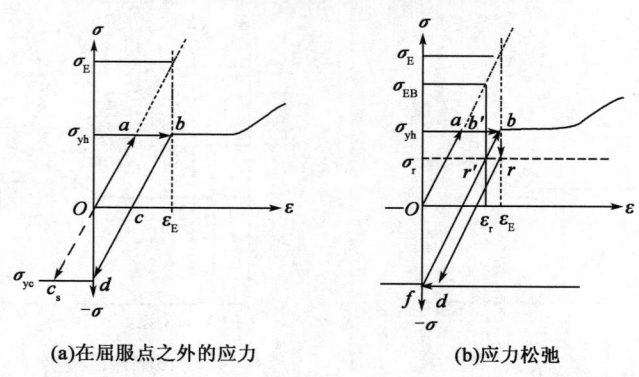

(a)在屈服点之外的应力　　(b)应力松弛

图 2.5　屈服点以外的应力和应力松弛

如图 2.5(a)所示，管道系统从应力—应变为 0 的点升温，逐渐膨胀达到热状况下的屈服点 a，并持续到终点 b。终点的应变 ε_E 与冷态屈服强度和热态屈服强度之和的等效弹性应力对应。不考虑应力松弛或者预期应力松弛很小，管道在整个运行期间停留在 b 点。

当系统冷却时，管道收缩，弹性阶段应力从 b 点降低到应力为 0 的 c 点，但是，此时冷却过程只完成一半。温度冷却到一定的时候，应力反向，从这点起，初始的拉伸应力变为压缩应力，循环在 d 点结束，此时温度恢复到运行前的温度。总收缩应变与总膨胀应变相同。假设管材压缩和拉伸时的应力—应变曲线相同，管道的最终应力等于冷态屈服强度。下一个循环从 d 点开始，弹性变化到 b 点，不产生任何屈服，随后的循环全部服从 d—b 和反向 b—d 的弹性线。除第一个循环产生初始屈服外，随后的循环中不产生屈服。这意味着只要热膨胀应力范围低于热态屈服强度和冷态屈服强度之和，对理想材料而言，不会产生疲劳失效。

高温环境下，当管道发生屈服或蠕变时应力会随时间松弛。图 2.5(b)表示运行条件下产生应力松弛的管道系统。运行温度达到 b 点时，由于温度的影响，运行中应力逐渐松弛到 r 点。当管道冷却时，应力和应变按弹性关系从点 r 降低到点 d，在冷却完成前达到冷态屈服极限。继续冷却到环境温度，产生塑性应变 d—f。后续的循环服从 f—b—r—d—f，重新产生塑性应变 d—f。因为是以避免在每个循环中产生塑性应变为目的，所以冷态屈服强度和热屈服强度之和的应力变化范围并不适用于应力松弛的情况。

为防止应力松弛条件下每个循环中产生塑性应变，应力变化范围应降低为冷态屈服强度加上稳定松弛的残余应力 σ_r。应力变化范围在图 2.5(b)中用 σ_{EB} 表示。通过修改参考应力范围，管道会不确定地沿 f—r' 运行。然而，存在的问题是，对多数材料，并不容易得到稳定的松弛残余应力。

根据以上推断，在蠕变范围内，允许膨胀应力范围设定为管道预期寿命中的冷态屈服强度与蠕变强度之和。Markl 认为，把它定为运行温度条件下 1000h 产生 0.01％蠕变的应力的 160％与冷屈服强度之和是保守的做法，应力变化范围可以写成：

$$\sigma_{EB} = \sigma_{yc} + \sigma_{yhx} \tag{2.10a}$$

式中　σ_{yc}——冷态屈服强度；

σ_{yhx}——热态屈服强度与运行温度条件下 1000h 产生 0.01％蠕变的应力的 160％中的较小者。

而在蠕变范围内，允许应力范围设定为冷态屈服强度和蠕变强度之和。ASME B31.1 的早期判据设置为不大于相应温度下屈服强度的 5/8，所以上面的方程可以写为：

$$\sigma_A + \sigma_{pG} = 1.6\{[\sigma]^c + [\sigma]^h\} \tag{2.10b}$$

式中　σ_A——为了所计算热膨胀应力的基本许用应力范围；

σ_{pG}——内压和重力产生的持续应力；

$[\sigma]^c$——冷态许用应力；

$[\sigma]^h$——热态许用应力。

应力范围 σ_{EB} 被认为是在极限冷条件和热条件下系统不产生塑性流动时所受到的应力范围的最大值。在 ASME B31.3 规范和最新的 B31.1 规范中，由于选用基于 2/3 屈服强度的许用应力的较高值，应力范围变为：

$$\sigma_{EB} = 1.5\{[\sigma]^c + [\sigma]^h\} \tag{2.10c}$$

在应力变化范围的实际应用中，考虑到弯头、三通等管件的应力增强以及应力变化的实际循环次数，Markl 建议总的许用应力范围是：

$$\sigma_A + \sigma_{tG} = 1.25\{[\sigma]^c + [\sigma]^h\} \tag{2.11}$$

由于压力和重力产生的纵向应力可以达到热态许用应力,即 $\sigma_{tG} = [\sigma]^h$,只有热膨胀的许用应力范围是 σ_A 变为:

$$\sigma_A = f\{1.25[\sigma]^c + 0.25[\sigma]^h\} \tag{2.12}$$

式中 f——管道位移应力范围的降低系数,由表2.2确定。

表 2.2 允许应力范围的降低系数

循环数	系数 f	循环数	系数 f
$N \leq 7000$	1.0	$45000 < N \leq 100000$	0.6
$7000 < N \leq 14000$	0.9	$100000 < N \leq 200000$	0.5
$14000 < N \leq 22000$	0.8	$200000 < N \leq 700000$	0.4
$22000 < N \leq 45000$	0.7	$700000 < N \leq 2000000$	0.3

应力范围缩减系数截断于 7000 次循环。当操作循环小于 7000 次时,允许许用应力范围不增加;7000 次循环时,$f=1.0$,许用应力已经达到基准应力极限。超过极限的应力可能会使系统产生严重屈服,因而不再适用弹性分析。因此,实际安全系数随循环次数的减少而增加。7000 次循环表示每天一次的循环需要 20 年,这个次数高于现在多数管道系统经历的循环次数,因为要求每天循环一次的实际运行工况是比较罕见的。

2.4 热应力补偿

管道的热应力取决于管道的约束情况,如果在管路设置膨胀弯,则形成了弹性较大的平面管道,可以允许管系有大的变形能力,使管道的热应力或对设备的推力都大为降低。

2.4.1 膨胀弯

在直管段设置膨胀弯。有了这个膨胀弯,管道的膨胀会使支管弯曲而不是直接沿轴向挤压管道。支管越长,吸收膨胀所需的力就越小。从表 1.1 和表 1.2 中给定的简支梁和悬臂梁公式可以看出,力与支管长度的立方成反比,应力与支管长度的平方成反比。支管长度增加一点点,就能大幅度降低管道受到的力和应力。通过导向悬臂梁的方法可以估算必要的支管长度,可以用图 2.6 给出的角形弯曲示例来说明。

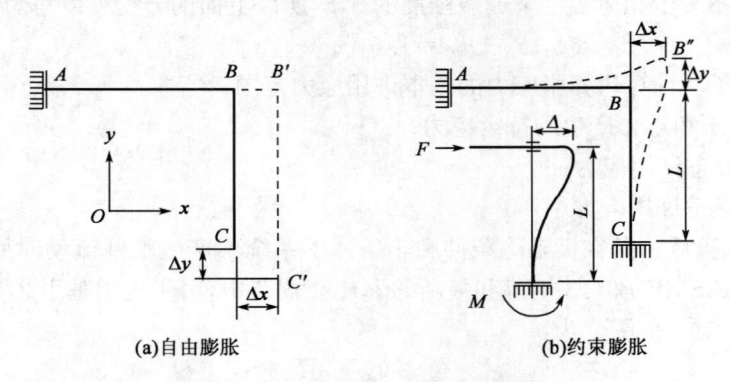

(a)自由膨胀 **(b)约束膨胀**

图 2.6 导向悬臂梁法膨胀应力计算

如图 2.6(a)所示,当管道系统无约束自由膨胀时,由于热膨胀,B 和 C 点将会移动到 B' 和

C' 点。C 点在 x 和 y 方向的移动量为 Δx 和 Δy，无约束时不产生内力和应力。然而，实际情形是管道端部始终有约束，如图 2.6(b) 所示。使自由膨胀端点 C' 移回原始点 C，B 移动到 B'' 等效。

每个支管的变形可以按表 1.2 中所示的导向悬臂梁的公式计算。从挠曲的观点来看，由于忽略端点的转动，这种计算偏于保守。对简单的角形梁，支管 AB 是受到位移 Δy 作用的导向悬臂梁，支管 CB 是受到位移 Δx 作用的导向悬臂梁。每一支管的应力主要是由膨胀位移引起的梁的弯曲应力。由悬臂梁的公式，可以估算每一支管的应力如下：

$$\sigma_w = \frac{M}{W} = \frac{1}{W} \frac{6EI}{L^2}\Delta = \frac{1}{\frac{\pi D^2 \delta}{4}} \frac{\frac{3E\pi D^3 \delta}{4}}{L^2}\Delta = \frac{3ED}{L^2}\Delta \tag{2.13}$$

式(2.13)中应用了管道横截面的截面模量和惯性矩的近似公式 $W = \frac{1}{4}\pi D^2 \delta$ 和 $I = \frac{1}{8}\pi D^3 \delta$。

ASME B31.3 标准对一般管道设定了许用应力 $[\sigma] = 140\text{MPa}$，此外，$E = 210\text{GPa}$，将其代入方程(2.13)，简化得到所需的支管长度：

$$L = \sqrt{\frac{3ED\Delta}{[\sigma]}} = 66\sqrt{D\Delta} \tag{2.14a}$$

因为膨胀应力是用力矩 M 除以截面模量 W 计算的，可能会错误地认为增加壁厚可减少膨胀应力。壁厚的增加会增大截面模量，但是同样会成比例地增大惯性矩。截面模量与惯性矩直接成正比。在一定热膨胀下，增大壁厚的首要后果是增大弯矩，增加的弯矩被同比例增加的截面模量相除，其结果是与壁厚增加前的应力相同。因此，较厚的壁厚并不一定能减少热膨胀应力，它只是不适当地增加管道和连接装置的力和力矩。因此，从热膨胀角度考虑，较薄的管道壁厚对系统来说可能更好。

2.4.2 简易公式

管道在连接到容器或旋转设备等固定点之前，通常需设置一个或数个如图 2.7 所示的膨胀弯，这些膨胀弯提供足够柔性来吸收膨胀位移，而不致在管道系统中引起过度应力。

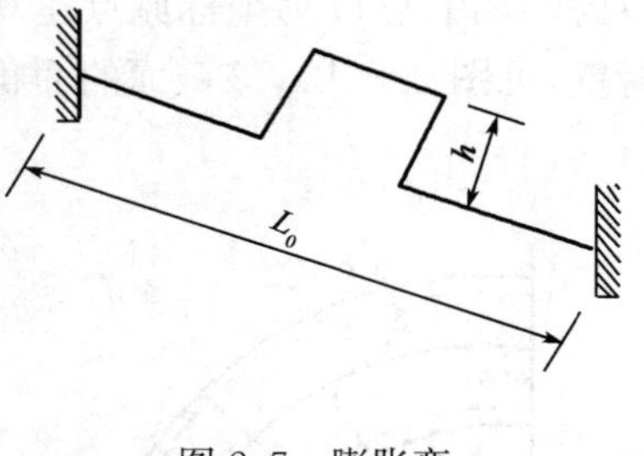

为了简化计算，ASME B31 管道规范提供了衡量管道系统柔性的简易公式。如果管道系统锚固不多于两处且没有中间约束，且本质上是为了非循环服役条件(总循环小于7000 次)，膨胀弯的尺寸应满足下列近似准则：

$$\frac{D\Delta}{(L-L_0)^2} \leqslant 208.3 \tag{2.14b}$$

图 2.7 膨胀弯

式中 D——管道直径，mm；
Δ——管道系统需要吸收的位移，mm；
L——两锚固墩之间的管道实际长度，m；
L_0——锚固墩之间的直线长度，m。

由于式(2.14b)实际上限制管道应力到 140MPa，所以方程(2.14a)和方程(2.14b)足以保护管道本身。然而，管道总是与特定的装置连接，140MPa 的应力极有可能给装置产生太多负担。此外，正如本节后面将要讨论的，尽管有显著应力增强的弯头也可能显著地增加柔性，但这些方程并没有涉及具有应力增强性质的管件。这种应力增强与柔性增加的相互补偿验证了方程的有效性。然而，值得注意的是，并不是所有应力增强都会增加柔性。

【例 2.1】 如图 2.7 所示，在相距 60m 的固定支座的管道中，假定管道直径 $D=406$mm，管道的安装温度为 15℃，而运行温度为 80℃，管道材质的弹性模量 $E=210$GPa，$\alpha=1.12\times10^{-5}$℃$^{-1}$，试确定膨胀弯的高度 h。

解：管道安装与运行时的温度变化为：
$$\Delta T = 80 - 15 = 65(℃)$$
管道热伸长量为：
$$\Delta = \alpha L_0 \Delta T = 1.12 \times 10^{-5} \times 60 \times 65 = 0.04368(m) = 43.68(mm)$$
设计膨胀弯后，管道的总长度为 $L = L_0 + 2h$，应用简易校核公式，得：
$$\frac{406 \times 43.68}{(60+2h-60)^2} \leq 208.3$$
所以
$$h = 4.6m$$

2.5 弯管

管道弹性弯曲的曲率半径有限，不能完全满足管道变化方向的需要。因此，在管道系统中，通常在管道转角处采用具有一定曲率的弯管（弯头），改变管道的走向。与直管段情况不同，弯管的应力分布是不均匀的，最大应力一般高于直管的最大应力。此外，弯管增加了管线的柔性，使管线易于变形，且有利于减小管道的温度应力。

2.5.1 内压作用应力

如同直管段一样，内压也是确定弯管壁厚的主要因素，但是弯管是一双重曲率面所限制的壳体，其在内压作用下的应力分布规律与直管段有本质的不同。

从弯管上截取夹角为 $d\beta$ 的微弯管段，见图 2.8(a)，它的侧投影为圆形管环，见图 2.8(c)，以此圆环中心 O 为坐标原点建立直角坐标系 xOy。在 x 轴到任意夹角 φ 的 A 处截取一小段管壁，见图 2.8(b)，该截面的面积 A_φ 为：

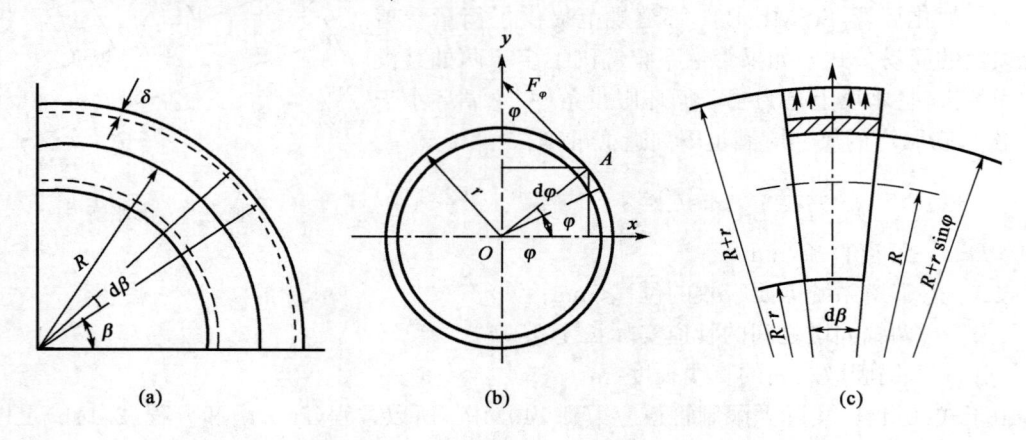

图 2.8 弯管环向应力分析图

$$A_\varphi = (R+r\sin\varphi)\delta d\beta$$

式中　R——弯管的曲率半径；
　　　r——弯管的管子半径；
　　　δ——弯管的管子壁厚。

若该截面上的环向应力为 σ_h，环向内力为 F_φ，则显然：

$$F_\varphi = A_\varphi \sigma_h = \sigma_h \delta (R+r\sin\varphi) d\beta$$

F_φ 在 x 轴上投影为：

$$F_\varphi \sin\varphi = \sigma_h \delta (R+r\sin\varphi) d\beta \sin\varphi$$

在内压 p 的作用下，作用在 $rd\varphi$ 微段上的力为：

$$pr d\varphi (R+r\sin\varphi) d\beta \cos\varphi$$

由 $\sum X = 0$，可得：

$$\sigma_h \delta (R+r\sin\varphi) d\beta \sin\varphi = \int_0^\varphi pr d\varphi (R+r\sin\varphi) d\beta \cos\varphi$$

由此可得：

$$\sigma_h = \frac{\int_0^\varphi pr(R+r\sin\varphi)d\beta\cos\varphi d\varphi}{\delta(R+r\sin\varphi)d\beta\sin\varphi} = \frac{prRd\beta\sin\varphi + pr^2 d\beta \frac{\sin^2\varphi}{2}}{\delta(R+r\sin\varphi)d\beta\sin\varphi}$$

整理，得：

$$\sigma_h = \frac{pr}{\delta} \frac{2R+r\sin\varphi}{2(R+r\sin\varphi)} \tag{2.15}$$

弯管的环向应力 σ_h 的分布如图 2.9 所示。当 $\varphi=0°$ 和 $\varphi=180°$ 时，即在弯管的中线处，也就是水平弯管的最上点和最下点处，$\sigma_h = \frac{pr}{\delta}$，和直管的环向应力相同。

当 $\varphi=270°$ 时，即在弯管的内侧弧面上，σ_h 有最大值：

$$\sigma_{h\max} = \frac{pr}{\delta} \frac{2R-r}{2(R-r)} = \frac{pr}{\delta} \frac{2\frac{R}{r}-1}{2\left(\frac{R}{r}-1\right)} \tag{2.16a}$$

当 $\varphi=90°$ 时，即在弯管外侧弧面上，σ_h 有最小值：

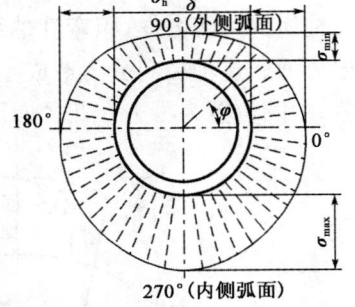

$$\sigma_{h\min} = \frac{pr}{\delta} \frac{2R+r}{2(R+r)} = \frac{pr}{\delta} \frac{2\frac{R}{r}+1}{2\left(\frac{R}{r}+1\right)} \tag{2.16b}$$

图 2.9　内压作用弯管的环向应力分布

相对于直管，弯管内弧和外弧环向应力的放大或减少的倍数分别为：

$$m_1 = \frac{2\frac{R}{r}-1}{2\left(\frac{R}{r}-1\right)}, \quad m_2 = \frac{2\frac{R}{r}+1}{2\left(\frac{R}{r}+1\right)} \tag{2.17}$$

比值 $\frac{R}{r}$ 越大，环向应力的放大系数 m_1 和减小系数 m_2 越接近 1（表 2.3）。当 $R=8r$ 时，弯管内侧的环向应力仅比直管大 7%。再增大曲率半径时，m_1 将继续减小，但减小量已不甚显著。

表 2.3　弯管的环向应力的放大或减小系数

R/r	2	3	4	6	8	10	12
m_1	1.50	1.25	1.17	1.10	1.07	1.06	1.05
m_2	0.83	0.88	0.90	0.93	0.94	0.95	0.96

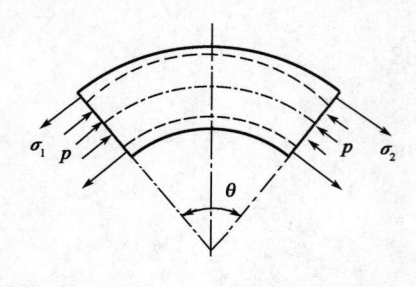

在内压作用下,弯管也产生轴向应力。取夹角为 θ 的一段弯管连同其中液压介质来分析其受力情况,如图 2.10 所示。

弯管内面上所受液压的合力和弯管两端管壁上轴向应力的合力是满足平衡条件,即：

$$2p\pi r^2 \sin\frac{\theta}{2} = 2\sigma_a \cdot 2\pi r\delta \sin\frac{\theta}{2}$$

$$\sigma_a = \frac{pr}{2\delta}$$

图 2.10　内压作用弯管的轴向应力计算

或

$$\sigma_a = \frac{pD}{4\delta} \tag{2.18}$$

可见,在内压作用下,弯管的轴向应力和直管相等。

2.5.2　椭圆化

管道系统可以依靠其弯管的弯曲柔性来吸收热膨胀和其他位移载荷。当直管道受弯曲时,与直梁类似:横截面保持为圆,应力的最大值发生在外部纤维的最外层。然而,在弯矩作用下,空心弯管单元与实体弯管单元的情况大不相同。受弯矩作用的圆截面变为椭圆形。这就是人们熟知的著名的弯管椭圆化问题。

如图 2.11 所示,当弯管在管路平面内受纵向弯矩作用(如发生热胀)时,弯曲应力平行于管弧轴线的切线方向,因弯管轴线呈弧形,沿轴线的纵向弯曲应力并不能相互平衡,必将产生径向分力。这种径向分力造成了对弯管的径向压力,此横向压力在弯管的内弧和外弧处有最大值,中间位置为零。在此径向压力的作用下,弯管的截面就由圆变成椭圆。

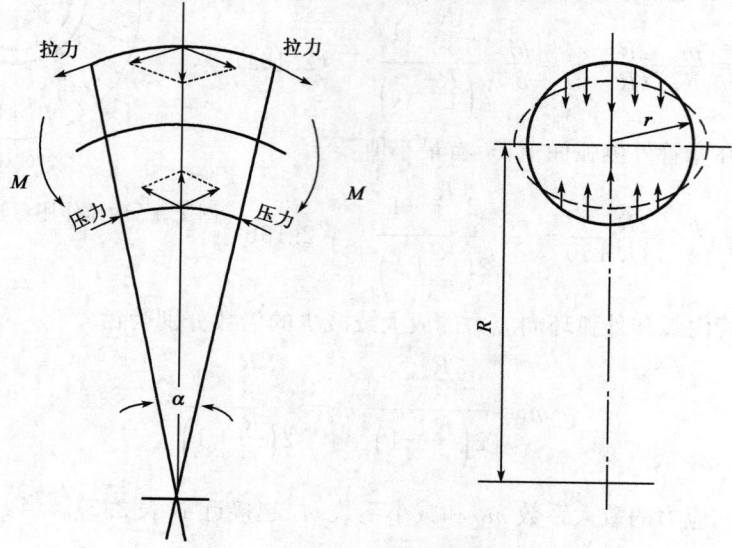

图 2.11　弯管截面椭圆化

弯管的椭圆化会导致如下特有现象,对弯管的应力和柔性造成相当大的影响:

(1)柔性增加。椭圆化是由最外层纤维受弯曲后放松所引起的。没有最外层纤维的参与,横截面的有效惯性矩减小,横截面有效惯性矩的减小增加了弯管的柔性。相对于未椭圆化的弯管,弯曲柔性增加倍数为:

$$k = 1.65/\lambda \tag{2.19}$$

$$\lambda = \delta R/r_m^2 \tag{2.20}$$

式中　k——柔度系数;

　　　λ——弯管柔性特征值。

(2)纵向弯曲应力。外层纤维的放松改变了最大弯曲应力,这是因为其没有完全弯曲到外层纤维位置。这种高应力区阻力臂的减少与横截面有效截面模量的减少是等效的。因此,最大纵向应力比由基本弯曲理论得到的最大应力值要大,这两个应力之比是应力增强因子,即:

$$i = \frac{\sigma}{M/Z} \tag{2.21}$$

纵向应力增强的理论值与弯管柔性特征值有关:

$$i_{Li} = \frac{0.84}{\lambda^{2/3}} \quad (\text{面内弯曲}) \tag{2.22a}$$

$$i_{Lo} = \frac{1.08}{\lambda^{2/3}} \quad (\text{面外弯曲}) \tag{2.22b}$$

(3)环向弯曲应力。圆形横截面挤压成椭圆会在管壁上产生弯曲,管壁上产生了较高的环向弯曲应力。环向应力的应力增强系数的理论值为:

$$i_{Ci} = \frac{1.80}{\lambda^{2/3}} \quad (\text{面内弯曲}) \tag{2.23a}$$

$$i_{Co} = \frac{1.50}{\lambda^{2/3}} \quad (\text{面外弯曲}) \tag{2.23b}$$

由于热应力的自限性,热应力作用下的弯管最可能的失效模式为疲劳损坏。为了验证应力增强系数,最直接、合理的方法就是疲劳测试。确定应力增强系数的疲劳试验方法,可以追溯到20世纪四五十年代Markl所做的工作。当时,Markl为了确定管件的应力增强系数,完成了一系列有意义的疲劳试验,奠定了一些管件的应力增强系数的理论基础。现行许多技术标准中所列应力增强系数的计算公式仍建立在Markl工作的基础之上。

Markl的试验发现,相对于光滑均质的管道疲劳失效模式,实际管道由于粗糙度、焊缝、不均质性或固定点的夹紧等多种复杂因素的作用,应力增强系数仅为方程(2.23a)与方程(2.23b)给定的理论值的一半,即:

$$i_i = \frac{0.90}{\lambda^{2/3}} \quad (\text{面内弯曲}) \tag{2.24a}$$

$$i_o = \frac{0.75}{\lambda^{2/3}} \quad (\text{面外弯曲}) \tag{2.24b}$$

方程(2.24a)与方程(2.24b)适用于弯管。对其他部件,Markl成功地用等效弯管并且调整实际分支的半径及壁厚,针对各种部件采用一个单一柔性特征系数λ,构造了一组应力增强系数。例如,拔制三通的应力增强系数同样可以用方程(2.24)表示,其中柔性特征参数λ来自于等效弯头特征参数,$\lambda = 4.4\delta/r$。与光滑弯管形成对照,面内斜弯管、焊接三通和其他连接支管的面外弯曲应力增强系数通常比面内弯曲大。

在我国的输油气设计规范中,弯头等构件平面内和平面外的应力增强系数按表2.4采用。

表 2.4 管件的应力增强系数

名称	挠性系数 k	应力增强系数 i_i	应力增强系数 i_0	柔性特征系数 λ	示意图
弯头或弯管	$\dfrac{1.65}{\lambda}$	$\dfrac{0.9}{\lambda^{2/3}}$	$\dfrac{0.75}{\lambda^{2/3}}$	$\dfrac{\delta R}{r^2}$	$R=$弯管弯曲半径
拔制三通	1	$0.75i_0+0.25$	$\dfrac{0.9}{\lambda^{2/3}}$	$4.4\dfrac{\delta}{r}$	
带补强圈的焊接支管	1	$0.75i_0+0.25$	$\dfrac{0.9}{\lambda^{2/3}}$	$\dfrac{\left(\delta+\frac{1}{2}M\right)^{5/2}}{\delta^{3/2} r}$	
无补强圈的焊制三通	1	$0.75i_0+0.25$	$\dfrac{0.9}{\lambda^{2/3}}$	$\dfrac{\delta}{r}$	

实际管道中,管道的内压可阻止管件的扁平化。考虑内压时,薄壁大直径管道的柔性系数可按下式修正:

$$\lambda_p = \frac{\lambda}{1+6\left(\dfrac{r}{\delta}\right)^{\frac{7}{3}}\left(\dfrac{R}{r}\right)^{\frac{1}{3}}\dfrac{p}{E_c}} \tag{2.25}$$

应力增强系数按下式修正:

$$\lambda_p = \frac{i}{1+3.25\left(\dfrac{r}{\delta}\right)^{\frac{5}{2}}\left(\dfrac{R}{r}\right)^{\frac{3}{2}}\dfrac{p}{E_c}} \tag{2.26}$$

式中 λ_p——考虑内压时管道的柔性系数;
E_c——管材冷态时的弹性模量。

2.6 管件应力

管道系统中的管件,如弯头、三通等,是整个管道系统的一个组成部分,其所能承受的温度和压力应同相邻直管一致,以保证管道系统安全。为了对管件进行应力分析,应首先计算在每个管件处的内力或力矩,这就是所谓的结构分析,一般采用有限元或其他合适的方法。常规的应力分析将管道看成是直梁或曲梁,这样仅处理管道系统的中心线,计算每个节点处管道横截面上总的力和力矩,然后用这些力和力矩计算应力。由于力引起应力的数值比较小,一般不予考虑,而只计算由弯矩引起的应力。

图 2.12 表示作用在弯头和三通处的力矩。由于管件的不同类型或取向,在计算应力前,必须根据管件平面,对从结构分析中得到的力矩进行重新定向。弯头或三通的支管形成一个平面,引起支管面内弯曲的力矩称为面内弯矩,引起支管在垂直于弯头或三通平面的平面内弯

曲的弯矩称为面外弯矩,使支管扭转的力矩称为扭矩。

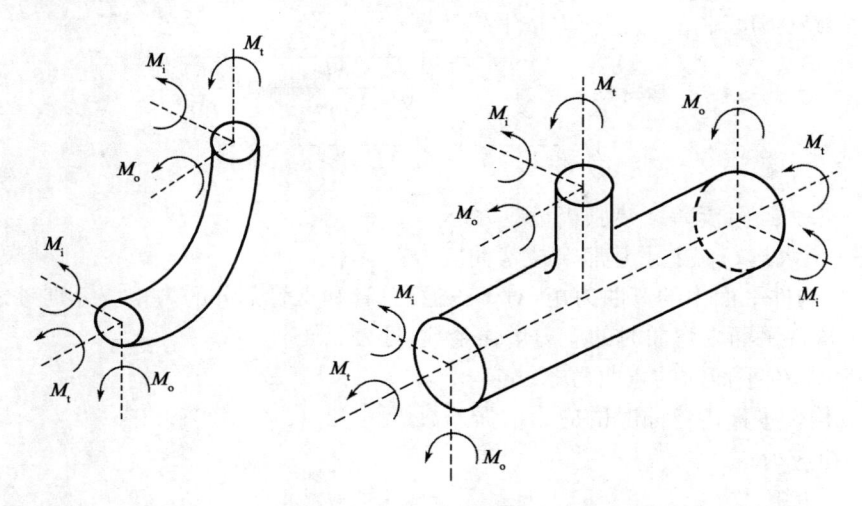

图 2.12 作用于管件的面内弯矩、面外弯矩和扭矩

由这些力矩导致的应力计算如下。

2.6.1 面内弯曲

弯曲应力在整个截面上是变化的,最大弯曲应力发生在外层纤维,表达式为:

$$\sigma_{wi} = \frac{M_i}{W} i_i \tag{2.27}$$

2.6.2 面外弯曲

最大弯曲应力为:

$$\sigma_{wo} = \frac{M_o}{W} i_o \tag{2.28}$$

2.6.3 组合应力

面内弯曲的最大应力点和面外弯曲的最大应力点在圆周上相差 90°,它们应按下式合成:

$$\sigma_w = \sqrt{\sigma_{wi}^2 + \sigma_{wo}^2} = \frac{\sqrt{(i_i M_i)^2 + (i_o M_o)^2}}{W} \tag{2.29}$$

弯曲应力沿管道的轴向,它在整个截面上是变化的,在某一点处达到的最大拉伸应力,甚至变化成负值,在与最大应力点上位置相对的位置上达到最大压缩应力。当与其他应力组合时,弯曲应力在同一截面上可以同时达到最大拉伸与最大压缩应力,这在实际的应力校核计算中需要特别注意。

2.6.4 扭转应力

扭转应力是剪应力,沿截面的环向均匀分布,沿直径方向线性变化。在外层表面处的最大剪应力为:

$$\tau_t = \frac{M_t}{W_p} i_t = \frac{M_t}{2W} i_t \tag{2.30}$$

极(扭转)截面模量 W_p 是弯曲截面模量 W 的 2 倍,大部分标准中扭转应力增强系数取为 1。对于管件,按第三强度理论,当量应力按下式计算:

$$\sigma_e = \sqrt{\sigma_w^2 + 4\tau^2} = \sqrt{\frac{(i_i M_i)^2 + (i_o M_o)^2}{W^2} + 4\left(\frac{i_t M_t}{2W}\right)^2} \tag{2.31}$$

或

$$\sigma_e = \frac{1}{W}\sqrt{(i_i M_i)^2 + (i_o M_o)^2 + (i_t M_t)^2} \tag{2.31a}$$

式中 σ_t——最大运行温差下热胀当量应力;

σ_w——最大运行温差下热胀合成弯曲应力;

M_i——构件平面内的弯曲力矩,对于三通,总管和支管部分的力矩应分别考虑;

i_i——构件平面内弯曲时的应力增强系数,见表 2.4;

M_o——构件平面内的弯曲力矩;

i_o——构件平面内弯曲时的应力增强系数,见表 2.4;

τ——扭应力;

M_t——扭矩;

W——管道截面模量。

上述方程也可以通过取 i_i、i_o、i_t 三者之中的最大值作为统一的应力增强系数得到简化,这也是保守的做法。简化的公式如下:

$$\sigma_e = i\frac{M_R}{W} \tag{2.32}$$

其中

$$M_R = \sqrt{M_i^2 + M_o^2 + M_t^2}$$

2.6.5 三通支管的应力计算

对于三通支管,使用三通中心线交点的弯矩以及支管的截面模量计算支管的应力,但是分支处的应力计算稍有不同。对于分支,力矩仍然是作用在支管的力矩,但截面模量是有效截面模量,这可以用图 2.8 说明。

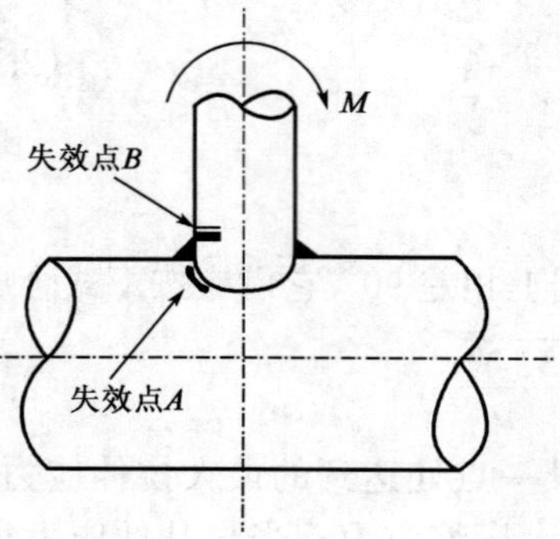

图 2.13 表示由于支管弯矩的失效位置。如果应力增强因子很大,失效应该发生在管壁交叉处立管管壁处,如图中 B 点;如果应力增强因子不大,失效应该发生在支管邻近管壁相交处位置,如图中 A 点。ASME B31G 标准中使用等效截面模量覆盖这两处失效位置。

在点 A,除应力增强因子,管道的应力和强度取决于立管的管壁厚度,因此,从逻辑上讲,应使用基于立管壁厚的截面模量,定义为:

$$W_e = \pi r_b^2 \delta_e \tag{2.33}$$

$$\delta_e = \min(\delta_h, i\delta_b)$$

图 2.13 三通支管的应力

式中 W_e——计算支管应力时的有效截面模量,而不是支管的截面模量;

r_b——支管的平均半径,对于有足够长度的整体补强,补强部分可作为支管;

δ_e——有效厚度,定义为 δ_h 和 $i\delta_b$ 中的较小者,δ_h 覆盖 A 点,$i\delta_b$ 覆盖 B 点,如图 2.13 所示;

δ_h——立管厚度,不包括补强;
δ_b——支管厚度,不包括补强;
i——适用的应力增强系数,可以保守地取所有增强系数中的最小值。

2.7 弹性中心法

当管路中出现弯头而形成平面管系时,热应力的计算就比较复杂,这时可采用材料力学或结构力学中的力法来求解。以角形管道为例,为简单起见,先不考虑弯管柔性对计算的影响,即假定角形管道是直角弯,而不是圆弯头。

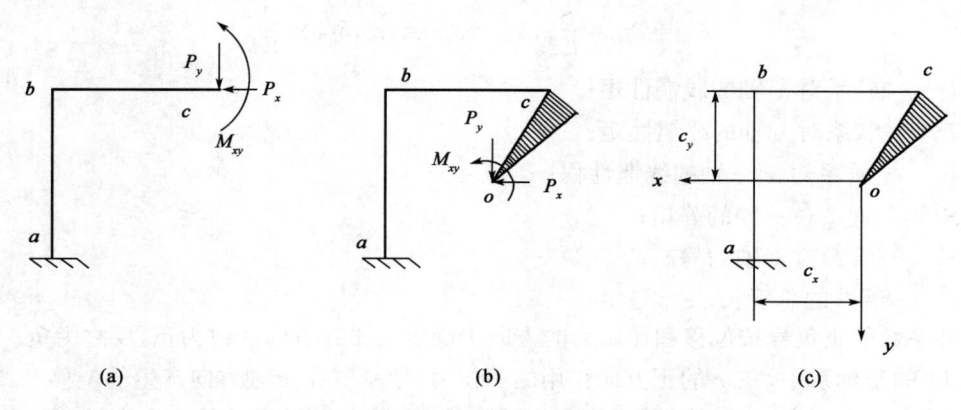

图 2.14 角形管道弹性力计算基本结构图

如图 2.14(a)所示,将 c 端的约束去掉,让管道自由膨胀,于是管道在温度作用下,c 点便移动到 c' 点,在 x 方向伸长 Δx,在 y 方向伸长 Δy。然后再在伸长端 c' 点上加上 P_x、P_y 和 M_{xy},将 c' 点推到 c 点,并令其满足 c 端的边界条件,即可得到下列方程:

$$\begin{cases} P_x\delta_{xx} + P_y\delta_{xy} + M_{xy}\delta_{xM} = \Delta x \\ P_x\delta_{yx} + P_y\delta_{yy} + M_{xy}\delta_{yM} = \Delta y \\ P_x\delta_{Mx} + P_y\delta_{My} + M_{xy}\delta_{MM} = 0 \end{cases} \quad (2.34)$$

式中 δ_{ij}——j 方向的单位力在 i 方向产生的位移($i=x,y,m;j=x,y,m$);
$\Delta x, \Delta y$——平面管系在 x、y 方向的热伸长量。

为了简化计算,假设在管道的 c 端连接一根刚臂 co,并在 o 点固定,如图 2.14(b)所示。假设刚臂有无限大的刚性($EI=\infty$),它只能传递作用力,而本身不产生任何变形,这样加上刚臂后并不改变原结构的变形特点。把 o 点视为多余未知力端,方程组(2.34)便为 o 点的变形协调方程组。将 o 点的固定端约束去掉后,用 P_x、P_y 和 M_{xy} 三个未知力来代替原有的联系。

式(2.34)中的各柔性系数 δ_{ij} 可用材料力学中的虚功法求得。假定管系中各管材和直径均相同,在 o 点加三个单位力,其方向和 Δx、Δy 方向相反,而与 P_x、P_y 和 M_{xy} 的方向一致。由图 2.14(c)可知,x 方向的单位力对管线任一点产生的弯矩为:

对管线 ab: $M_x = 1 \cdot y = y$
对管线 bc: $M_x = 1 \cdot cy = cy$

x 方向的单位力在 x 方向产生的位移为:

$$\delta_{xx} = \frac{1}{EI}\left(\int_a^b y^2 \mathrm{d}s + \int_b^c c_y^2 \mathrm{d}s\right) \quad (2.35)$$

式中，$\int_a^b y^2 \mathrm{d}s$ 和 $\int_b^c c_y^2 \mathrm{d}s$ 分别表示 ab 段、bc 段对 x 轴的惯性矩，二者之和就是整个管系对 x 轴的轴惯性矩，表示为：

$$I_x = \int_a^b y^2 \mathrm{d}s + \int_b^c c_y^2 \mathrm{d}s \tag{2.36}$$

可得：

$$\delta_{xx} = \frac{I_x}{EI}$$

同理，式(2.35)中的各项柔性系数如下：

$$\begin{cases} \delta_{xx} = \dfrac{I_x}{EI}, \delta_{yy} = \dfrac{I_y}{EI}, \delta_{xy} = \delta_{yx} = \dfrac{I_{xy}}{EI} \\ \delta_{xM} = \delta_{Mx} = \dfrac{S_x}{EI}, \delta_{yM} = \delta_{My} = \dfrac{S_y}{EI}, \delta_{MM} = \dfrac{L}{EI} \end{cases} \tag{2.37}$$

式中 I_x——管系对 x 轴的线惯性矩；

I_y——管系对 y 轴的线惯性矩；

I_{xy}——管系对 x、y 轴的线惯性积；

S_x——管系对 x 轴的静矩；

S_y——管系对 y 轴的静矩；

L——管系的总管长。

柔性系数的正负号按位移和作用力的方向来确定。二者方向一致为正，反之为负。例如，在图 2.14 的坐标系中，在 x 的正方向作用的单位力，使刚臂在 x 轴方向产生的位移 δ_{xx} 也在 x 轴的正方向，二者方向一致，故 δ_{xx} 取正号。而这个单位力使刚臂在 y 轴方向产生的位移 δ_{yx} 在 y 轴的负方向，因此 δ_{yx} 取负号。同样，这个单位力使刚臂顺时针旋转，与单位力矩使刚臂反时针旋转的方向相反，因此 δ_{Mx} 也取负号。

将式(2.37)代入式(2.34)，并考虑到各柔性系数的符号后可得：

$$\begin{cases} P_x I_x - P_y I_{xy} - M_{xy} S_x = \Delta x EI \\ -P_x I_{xy} + P_y I_y + M_{xy} S_y = \Delta y EI \\ -P_x S_x + P_y S_y + M_{xy} L = 0 \end{cases} \tag{2.38}$$

如果把刚臂的端点 o 引向管系的形心，而不是引向任意点，通过形心建立的 x、y 轴称为形心主轴。由于坐标轴通过形心，管系对 x、y 轴的静矩 S_x、S_y 均等于零。这时由式(2.38)中的最后一个式子即可求得：

$$M_{xy} = 0$$

于是，当把刚臂的端点 o 引向管系形心时，式(2.38)即可简化为：

$$\begin{cases} P_x I_x - P_y I_{xy} - M_{xy} S_x = \Delta x EI \\ -P_x I_{xy} + P_y I_y + M_{xy} S_y = \Delta y EI \end{cases}$$

形心处作用在刚臂端点 o 的弹性力为：

$$P_x = \frac{I_y \Delta x + I_{xy} \Delta y}{I_x I_y - I_{xy}^2} EI, P_y = \frac{I_x \Delta y + I_{xy} \Delta x}{I_x I_y - I_{xy}^2} EI \tag{2.39}$$

经过形心的 x、y 轴其中之一为管系的对称轴时，线惯性积为零，这时式(2.39)可进一步简化为：

$$P_x = \frac{\Delta x EI}{I_x}, P_y = \frac{\Delta y EI}{I_y} \tag{2.39a}$$

以管系的弹性中心 o 为坐标原点,如图 2.15 所示,则管系上任意点 $A_0(x_0,y_0)$ 截面上的弯矩 M_{A_0} 为:

$$M_{A_0}=-P_x y_0+P_y x_0 \tag{2.40}$$

将管系弹性中心上作用于刚臂端点 o 的弹性力 P_x 和 P_y 组合,得到一个通过弹性中心的推力 P,推力 P 的作用线便是推力线。推力线到管线上任一点的法向距离乘以推力 P,就是该点所受的因热胀引起的力矩。在图 2.15 中,弯矩图画在受拉一边。显然,离开推力线越远的点,弯矩越大,管系与推力线的交点处弯矩为零。

热胀不仅在管路中引起弯曲应力,还将产生轴向拉压应力和在管截面上的剪应力。对于 bc 段,P_x 将产生轴向应力,P_y 将产生剪应力。对于 ab 管段,P_y 将产生轴向应力,P_x 将产生剪应力。但是实际计算表明,轴向应力和剪应力均远远小于弯曲应力,因此研究平面管系的热胀问题时,热应力主要考虑热胀引起的弯曲应力。

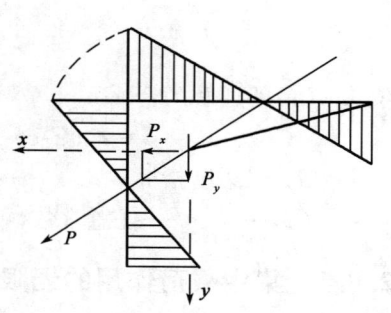

图 2.15 推力线与弯矩图

在平面管系中,实际上管道的转角处都是弯管,应该在计算平面管系温度应力的过程中,计及弯管柔性的影响,才更符合实际情况。弯管段因出现扁率,刚度为相同条件下直管段的 $1/k$,k 就是柔度系数。因此,只要将直管柔性系数公式中的刚度 EI 改用 kEI 代替即可。

2.8 弹性地基梁

弹性地基梁模型由捷克工程师文克尔(Winkler)在 1867 年提出,也称为 Winkler 地基梁模型。这种弹性地基梁模型既可用于管道的梁式变形,也可以用于管道的壳式变形分析,在管道的各种应力分析中应用广泛。

弹性地基梁模型的假设如下:地基土体和基础表面上任意一点所受的压力强度与该点的竖向位移成正比(即该点局部沉降),与土体和基础表面上其他点上的压力完全无关,即 $p=ky$。弹性地基梁模型实质上就是把地基看作由无数小土柱组成,并假设各土柱之间无摩擦力,即将地基视为刚性底座上无数独立的弹簧组成的体系,如图 2.16 所示。

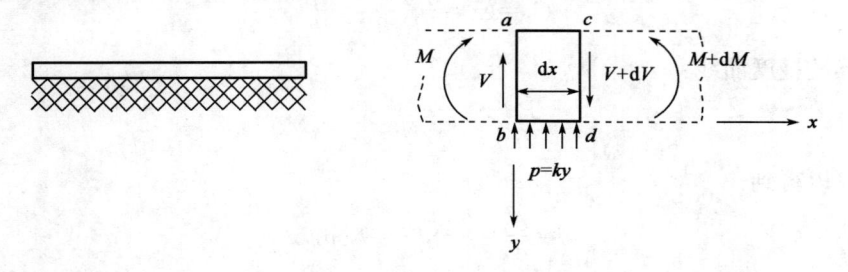

图 2.16 弹性地基梁

从弹性地基梁取一微元,根据这一微元的平衡条件,可以得到如下微分方程:

$$EI\frac{\mathrm{d}^4 w}{\mathrm{d}x^4}=-ky \quad \text{或} \quad \frac{\mathrm{d}^4 w}{\mathrm{d}x^4}+\frac{k}{EI}=0 \tag{2.41}$$

式中 EI——梁截面的抗弯刚度;
k——地基弹簧系数。

令
$$\beta = \sqrt[4]{\frac{k}{4EI}} \qquad (2.41a)$$

综合考虑了梁的挠曲刚度和弹性地基的弹性特征,则式(2.41)可写为:
$$\frac{d^4 y}{dx^4} + 4\beta^4 y = 0$$

位移 $y(x)$ 的通解为:
$$y = e^{\beta x}(C_1 \cos\beta x + C_2 \sin\beta x) + e^{-\beta x}(C_3 \cos\beta x + C_4 \sin\beta x) \qquad (2.42)$$

式中 β——柔度指标;

$C_1,\cdots,C_4$——任意常数,可由地基梁的载荷及边界条件确定。

2.8.1 集中载荷作用的无限长弹性地基梁

如图 2.16 所示,弹性地基梁上仅受一集中力的作用,取原点在集中力的作用点,由于对称性,仅考虑一半就可以。C_1、C_2 两项使得在无穷远处挠度也为无穷大,这在物理上是不可能的,所以,$C_1=C_2=0$,位移函数为:
$$y = e^{-\beta x}(C_3 \cos\beta x + C_4 \sin\beta x) \qquad (2.43)$$

式(2.43)的两个常数 C_3、C_4 由载荷点的边界条件确定。

由于对称性,转角为零,剪力为所受集中力的一半。为满足这些条件,必须
$$y' = \frac{dy}{dx} = \beta e^{-\beta x}[(-C_3+C_4)\cos\beta x + (-C_3-C_4)\sin\beta x]$$
$$y'|_{x=0} = \beta(-C_3+C_4) = 0$$

因此
$$C_3 = C_4$$

以及
$$V = -EI\frac{d^3 y}{dx^3} = -EI\beta^3 e^{-\beta x}[2(C_3+C_4)\cos\beta x + 2(-C_3+C_4)\sin\beta x]$$
$$V|_{x=0} = -EI\beta^3[2(C_3+C_4)] = -\frac{P}{2}$$

由于以上关系,得到:
$$C_3 = C_4 = \frac{P}{8EI\beta^3} = \frac{P\beta}{2k}$$

这样,得到梁的挠度曲线:
$$y = \frac{P\beta}{2k}e^{-\beta x}(\cos\beta x + \sin\beta x) \qquad (2.44)$$

由此方程,可以得到:
$$\theta = \frac{dy}{dx} = -\frac{P\beta^2}{k}e^{-\beta x}\sin\beta x \qquad (2.45)$$
$$M = -EI\frac{d^2 y}{dx^2} = \frac{P}{4\beta}e^{-\beta x}(\cos\beta x - \sin\beta x) \qquad (2.46)$$
$$\theta = \frac{dy}{dx} = -\frac{P\beta^2}{k}e^{-\beta x}\sin\beta x \qquad (2.47)$$

图 2.17 中表示了弹性地基梁的挠度、斜率、弯矩、剪力随无因次参数 βx 的变化曲线。随 βx 的增大,挠度、弯矩、剪力等最终衰减至零,这表示集中力的影响限于局部。图 2.18 是弯矩和剪力在集中力作用点近处的变化,当 $\beta x > 1.0$ 时,弯矩和剪力衰减到只有载荷点处弯矩和剪

力的 20%，所以一般将 $\beta x = 1.0$ 看作是集中载荷效应基本可以不考虑的截断点。

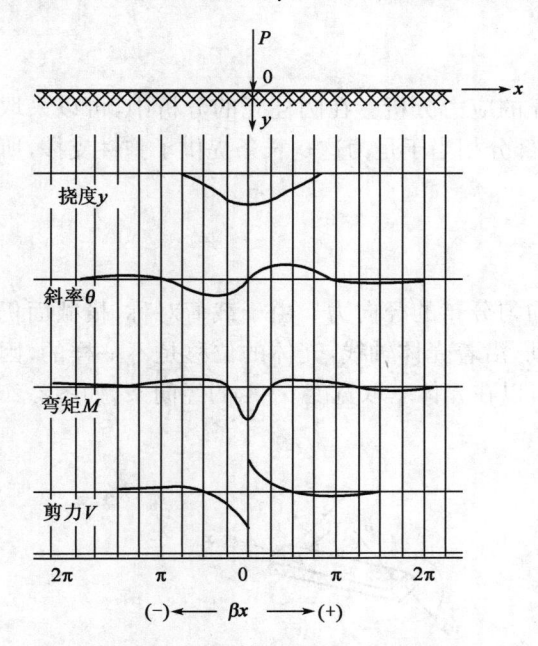

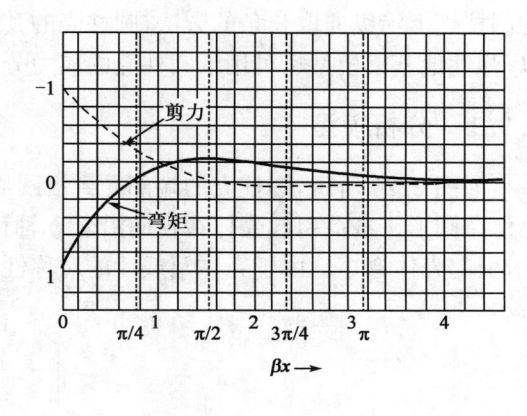

图 2.17 受集中力的无限长弹性地基梁变形与内力

图 2.18 弯矩和剪力的分布

2.8.2 集中载荷作用的半无限长弹性地基梁

如图 2.19 所示，半无限长的弹性地基梁端部作用有弯矩和剪力。弹性地基梁的一般解为式（2.42），并且远处梁的位移有限，所以，$C_1 = C_2 = 0$，式（2.43）仍然适用。端点边界条件为：

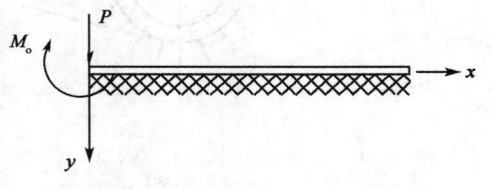

图 2.19 半无限长弹性地基梁

$x = 0$ 时，$\quad EI\dfrac{d^2 y}{dx^2} = -M_0, EI\dfrac{d^3 y}{dx^3} = -V = P$

对式（2.43）微分，并代入上述条件，得到积分常数为：

$$C_3 = \dfrac{1}{2\beta^2 EI}(P - \beta M_0) \quad \text{和} \quad C_4 = \dfrac{M_0}{2\beta^2 EI}$$

在式（2.43）中代入 C_3 和 C_4，得到挠度：

$$y = \dfrac{e^{-\beta x}}{2\beta^3 EI}[P\cos\beta x - \beta M_0(\cos\beta x - \sin\beta x)] \tag{2.48}$$

注意到 $4\beta^4 EI = k$，式（2.48）可改写为：

$$y = \dfrac{2\beta e^{-\beta x}}{k}[P\cos\beta x - \beta M_0(\cos\beta x - \sin\beta x)] \tag{2.48a}$$

对式（2.48a）连续微分，可以得到：

$$\theta = \dfrac{dy}{dx} = -\dfrac{2\beta^2 e^{-\beta x}}{k}[P(\cos\beta x + \sin\beta x)\cos\beta x - 2\beta M_0\cos\beta x] \tag{2.49}$$

$$M = -EI\dfrac{d^2 y}{dx^2} = -\dfrac{e^{-\beta x}}{\beta}[P\sin\beta x - \beta M_0(\cos\beta x + \sin\beta x)] \tag{2.50}$$

$$V = -EI\dfrac{d^3 y}{dx^3} = -e^{-\beta x}[P(\cos\beta x - \sin\beta x) + 2\beta M_0\sin\beta x] \tag{2.51}$$

2.9 柱壳分析的弹性地基梁模型

弹性地基梁理论最重要的应用之一是圆柱壳的应力分析。在圆柱壳的分析中,可以采取在圆柱壳上沿纵向取长条的方法,圆柱壳的其余部分相当于是为这一长条提供了弹性支撑,所以,弹性地基梁模型也可用于圆柱壳的应力分析。

2.9.1 分析模型

如图 2.20 所示,圆柱壳的端部受到沿圆周均匀分布的径向力。由于载荷对称,横截面仍然保持圆形。载荷引起壳体在径向沿着 y 轴移动,沿着壳体轴线,壳体的位移是不一样的,因此,引起壳体弯矩。由于壳体及载荷的对称性,可以在壳体上取宽度 $b=1$ 的经向条,如图2.20所示。

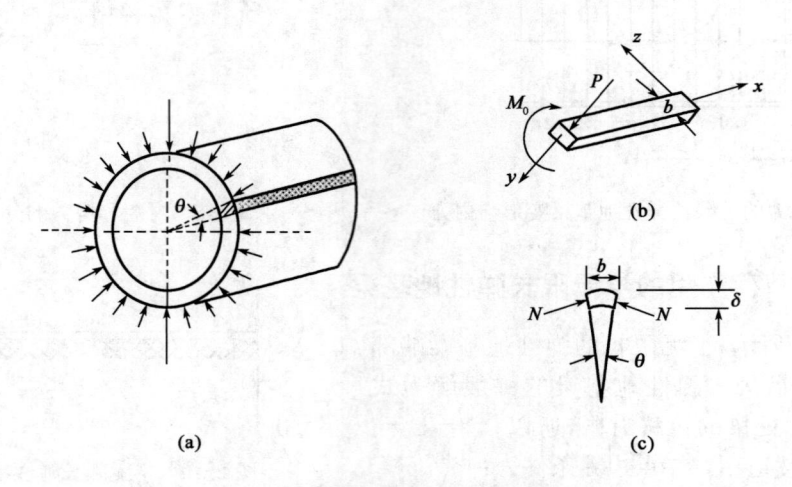

图 2.20 均布集中载荷作用的圆柱壳

径向位移 y 的产生伴随环向的压缩,这种情形类似于受到外压的壳体。伴随半径的减小,壳体周长也缩短。压缩应变与半径的变化率 y/r 相同。这样,单位长度条受到的周向压缩力表示如下:

$$N=\frac{E\delta}{r}y$$

宽度 $b=r\theta$ 的径向条可以认为是由壳体的其余部分 $(2\pi-\theta)$ 的力 N 所支持。这些力的合力有径向分量:

$$P=2N\sin\frac{\theta}{2}\approx 2N\frac{b/2}{r}=\frac{N}{r}b=\frac{1}{r}\left(\frac{E\delta}{r}y\right)b=\frac{E\delta}{r^2}y \quad (b=1)$$

由于支持力 P 与位移 y 成正比,所以,所取得的经向条被认为是弹性地基上的梁。对于单位宽度的梁,单位长度梁的弹簧常数由下式确定:

$$k=\frac{P}{y}=\frac{E\delta}{r^2} \tag{2.52}$$

如图 2.21 所示,当这一条状梁受到弯矩作用时,将产生在横截面上线性变化的应力,应力的方向沿经线方向,这也在经线方向产生了线性变化的应变。如果条状梁的侧面能自由移动,也会在环向产生线性变化的环向应变,然而,由于圆柱壳及其受力的轴对称条件,条状梁的侧面不可能发生变形,仍然保持为平面,沿着径向方向,且在圆周上还是位于原来的位置。这表示在实际状态下,由于经向弯矩产生的环向应变必须为零。在方程(1.5)中,令 $\varepsilon_z=0$,并忽略径向应力,即 $\sigma_y=0$,则得:

$$\varepsilon_x=\frac{\sigma_x}{E}-\nu\frac{\sigma_z}{E};\varepsilon_z=\frac{\sigma_z}{E}-\nu\frac{\sigma_x}{E}=0$$

合并以上两个方程,可以得到这一条状梁的弯曲应力与应变的关系如下:

$$\varepsilon_x=\frac{1}{E}(\sigma_x-\nu\sigma_z)=\frac{1-\nu^2}{E}\sigma_x$$

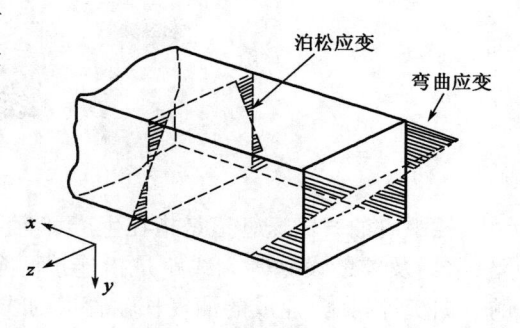

图 2.21 梁的侧向约束

这说明对于侧向受到约束的梁,应变或位移是侧面自由梁的 $1-\nu^2$,侧面受到约束的梁更刚性一点。为了简单起见,一般可以修改截面惯性矩为:

$$I'=\frac{I}{1-\nu^2}=\frac{\delta^3 b}{12(1-\nu^2)}=\frac{\delta^3}{12(1-\nu^2)}$$

对于单位宽度($b=1$)的矩形截面梁,将上述公式的 I' 和式(2.52)的 k 代入式(2.41a),得到:

$$\beta=\sqrt[4]{\frac{k}{4EI'}}=\sqrt[4]{\frac{3(1-\nu^2)}{r^2\delta^2}}=\frac{1.285}{\sqrt{r\delta}} \quad (\text{取 }\nu=0.3) \tag{2.53}$$

式(2.53)是管壳应力分析的一个重要特征参数,尽管这种弹性地基梁模型严格适用于轴对称和沿圆周均匀分布载荷的情况,然而,它也可以推广到圆柱壳上受局部载荷的情况。

2.9.2 应力与变形

如图 2.20 所示,沿圆周均匀分布载荷为 q,相应地,这一载荷产生的位移为 Δy,这与受集中力作用的弹性地基上的无限梁模型等效。取环向宽度单位长度的梁,并取 $\nu=0.3$,根据式(2.46)和式(2.53),在施力点 $x=0$ 处的弯矩最大,表达式为:

$$M=\frac{q}{4\beta}=\frac{q}{4\times1.285}\sqrt{r\delta}=0.1946q\sqrt{r\delta}$$

弯矩除以截面抗弯模量 $W=\delta^2/6$,就得到施力点的最大应力:

$$\sigma_w=\frac{M}{W}=\frac{0.1946q\sqrt{r\delta}}{\delta^2/6}=1.167\frac{\sqrt{r}}{\delta^{1.5}}q \tag{2.54}$$

此外,由于沿圆周均匀分布的径向压缩载荷产生压缩位移,也将产生薄膜应力,根据式(2.44)和式(2.52),可以得到施力点的位移:

$$\Delta y=\frac{q\beta}{2k}=\frac{q}{2}\frac{1.285}{\sqrt{r\delta}}\frac{r^2}{E\delta}=0.643\left(\frac{r}{\delta}\right)^{1.5}\frac{q}{E}$$

这一位移产生环向应变 $\Delta y/r$,因此,产生环向薄膜应力:

$$\sigma_m=E\frac{\Delta y}{r}=0.643\frac{\sqrt{r}}{\delta^{1.5}}q \tag{2.55}$$

上述应力和位移公式广泛用于管道局部附加应力的分析中。

3 线 路 管 道

长距离油气输送管道是指在生产、储存、使用企业之间输送商品油气的管道系统,包括线路、站场及辅助设施等。线路是指连接两个站场之间的管道,绝大部分线路管道是埋地敷设的。据统计,在已建成的油气长输管道的线路总长度中约有98%左右是埋地敷设的。管道埋于地下的好处是管道受到覆盖土层的保护,不影响交通和农业耕作,并且施工简单,占地面积小,节省投资。管道过沼泽、高地下水位和重盐碱土地区时,经技术经济比较后,可采用土堤敷设。

由于油气管道安全可靠性方面的要求,管道设计规范对线路管道的应力、稳定性分析都作了具体规定。本章反映了一些技术标准中规定的内容,也有一些应力分析方法,并阐述了分项安全系数和基于可靠性的现代管道设计理念。

3.1 管道埋设方法

埋地管道采用开挖管沟的方式敷设,如图3.1所示。管道的埋设深度,应综合考虑管道所经地段的农田耕作深度、冻土深度、地形和地质条件、地下水深度、地面车辆所施加的载荷及管道稳定性的要求等。埋地管道覆盖层的最小厚度应符合表3.1的规定。覆盖层应从管顶算起,对需平整地地段应按平整后的标高计算,旱地和水田轮种的地区或旱地规划需要改为水田的地区应按水田确定埋深。季节性冻土区的埋地管道宜埋设在最大冰冻线以下。穿越鱼塘或沟渠的管线,应埋设在清淤层以下不小于1.0m。在不能满足要求的覆盖层最小厚度或外载荷过大、外部作业可能危及管道之处,均应采取保护措施。

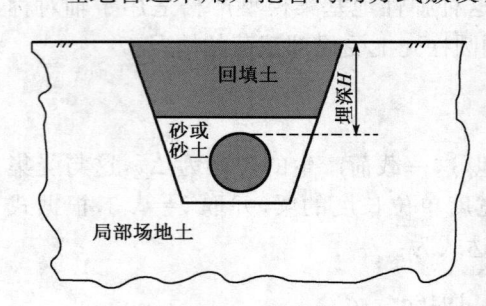

图3.1 管沟示意图

表3.1 最小覆盖层厚度　　　单位:m

地区等级	土壤类		岩石类
	旱地	水田	
一级	0.6	0.8	0.5
二级	0.8	0.8	0.5
三级	0.8	0.8	0.5
四级	0.8	0.8	0.5

注:地区等级见3.3.1。

管沟沟底宽度应根据管道外径、开挖方式、组装焊接工艺及工程地质等因素确定。深度在5m以内时,沟底宽度是管道外径与沟底加宽裕量之和。沟底加宽裕量按表3.2确定。

表3.2 沟底加宽裕量　　　　　　　　　　　　　　　　　　　　　　单位：m

条件因素	沟上焊接 土质管沟 沟中有水	沟上焊接 土质管沟 沟中无水	岩石爆破管沟	弯头、冷弯管处管沟	沟下手工电弧焊接 土质管沟 沟中有水	沟下手工电弧焊接 土质管沟 沟中无水	沟中有水	沟下半自动焊接处管沟	沟下焊接弯头、弯管及碰口处管沟
沟深3m以内	0.7	0.5	0.9	1.5	1.0	0.8	0.9	1.6	2.0
沟深3～5m	0.9	0.7	1.1	1.5	1.2	1.0	1.1	1.6	2.0

采用机械开挖，当计算的沟底宽度小于挖斗宽度时，沟底宽度按挖斗宽度计算。沟下焊接弯头、弯管、碰口以及半自动焊接处的管沟加宽范围为工作点两边各1m。当管沟深度大于5m时，应根据土壤类别及物理力学性质确定沟底宽度。若管沟需要支撑，在决定底宽时，应计入支撑结构的厚度。岩石、砾石区的管沟，沟底应比土壤区管沟深挖0.2m，并用细土或砂将深挖部分垫平后方可下管。管沟回填时，应先用细土回填至管顶以上0.3m，方可用土、砂或粒径小于100mm的碎石回填并压实，管沟回填土应高出地面0.3m。管道出土端及弯头两侧，回填时应分层夯实。

管沟边坡坡度应根据土壤类别及物理性质确定，无土壤物理性质资料时，对土壤构造均匀、无地下水、水文地质良好、深度不大于5m且不加支撑的管沟，其边坡可按表3.3确定；深度超过5m的管沟，可将边坡放缓或加筑平台。

表3.3 深度5m以内管沟最陡边坡坡度

土壤类别	坡顶无载荷	坡顶有静载荷	坡顶有动载荷
中密的砂土	1：1.00	1：1.25	1：1.50
中密的碎石类土（充填物为砂土）	1：0.75	1：1.00	1：1.25
硬塑的粉土	1：0.67	1：0.75	1：1.00
中密的碎石类土（充填物为黏性土）	1：0.50	1：0.67	1：0.75
硬塑的粉质黏土、黏土	1：0.33	1：0.50	1：0.67
老黄土	1：0.10	1：0.25	1：0.33
软土（经井点降水后）	1：1.00	—	—
硬质岩	1：0	1：0	1：0

当采用土堤埋设时，土堤设计应符合下列规定：

(1)输油管道在土堤中的径向覆土厚度不应小于1.0m，土堤顶宽度不应小于1.0m；输气管道在土堤中的覆土厚度不应小于0.6m，土堤顶部宽度应大于管道直径两倍且不得小于0.5m。

(2)土堤的边坡坡度，应根据土壤类别和土堤的高度确定。管底以下为黏性土土堤时，压实系数宜为0.94～0.97。堤高小于2m时，边坡坡度宜采用1：0.75～1：1；堤高为2～5m时，宜采用1：1.25～1：1.5。土堤受水浸淹没部分的边坡，宜采用1：2的坡度。

(3)土堤受水淹部分的边坡应采用1：2的坡度，并应根据水流情况采取保护措施。

(4)位于斜坡上的土堤，应进行稳定性计算。当自然地面坡度大于20%时，应采取防止填土沿坡面滑动的措施。

(5) 在沼泽和低洼地区,土堤的堤间高度应根据常水位、波浪高度和地基强度确定。

(6) 当土堤阻碍地表水或地下水泄流时,应设置泄水设施。泄水能力根据地形和汇水量按防洪标准重现期为 25 年一遇的洪水量设计,并应采取防止水流对土堤冲刷的措施。

(7) 土堤的回填土,其透水性能宜相近;土堤用土,应满足填方的强度和稳定性要求;软弱地基上的土堤,应防止填土后的基础的沉陷。

(8) 沿土堤基底表面的植被应清除干净。

3.2 土壤力学性质

对于地下管道,所有分析都与土壤—管道的相互作用相关,这既要求理解土壤力学特征,也要求知道土壤的性能表征参数。本节只介绍土壤力学基础。土壤力学是非常专业的研究领域,它的深度研究超出本书范围,感兴趣的读者可参考合适的书籍。

3.2.1 土壤类型

土壤当中有很多成分,这些成分根据其粒径分类如下:

(1) 砾石(粒径 76.2~2.0mm):在土壤分类中,砾石是除岩石以外的具有最大粒径尺寸的土壤,它有较大的空隙容纳砂子、水和其他小粒径的土壤。砾石因有较大的有效接触面积而具有自锁能力,特制的纯砾石常在管道路由中使用,以增加管沟对管道的支撑能力。

(2) 粗砂(粒径 2.0~0.42mm)和细砂(粒径 0.42~0.074mm):粗砂一般在河底常见,而细砂常见于海滩、沙丘,砂子也有很大空隙容纳水和其他质地更细的土壤,砂子的剪切阻力非常低,因而,一般认为其是无黏性的。

(3) 粉土(粒径 0.074~0.05mm)和黏土(粒径<0.05mm):粉土和黏土是黏性土壤,有较大的剪切阻力,尽管粉土和黏土被认为是具有吸水能力,但由于它们的颗粒很细,它们的吸水和脱水过程都是很缓慢的。

土壤的分级往往根据上面成分的分布来确定,常见的是上述土壤成分一种或两种的组合,分为砾石、砾砂、砂、粉砂、粉土等。一般认为,砾石、砾砂和粉砂是无黏性的,在实际设计计算中可以忽略其剪切阻力;粉土和黏土具有很大的剪切阻力,被认为是黏性土壤。

3.2.2 摩擦角和剪切应力

所有的土壤都具有内摩擦力,抵抗内部两表面之间的相对滑动。对于黏性土壤,摩擦和剪切阻力的混合是非常复杂的。而对于无黏性土壤,由于缺乏剪切阻力,内摩擦倒是很容易想象的。

图 3.2 是土壤摩擦的物理说明。当无黏性土从上而下倒在地面上,由于重力作用,它将散布在地面上,然而,由于摩擦力,散布的面积有限,创造了一个堆角,维持静力平衡状态。以这个角度,泥土的堆积重量将发生一个沿着表面的滑动力 $T=w\sin\varphi$,垂直于表面的法向力 $N=w\cos\varphi$,对于在稳定状态土堆,摩擦力需要平衡滑动力。由于摩擦力等于正压力与摩擦系数的乘积,即:

$$f=\mu N=\mu w\cos\varphi \tag{3.1}$$

摩擦力与滑动力平衡,式(3.1)成为:

$$\mu w\cos\varphi=w\sin\varphi$$

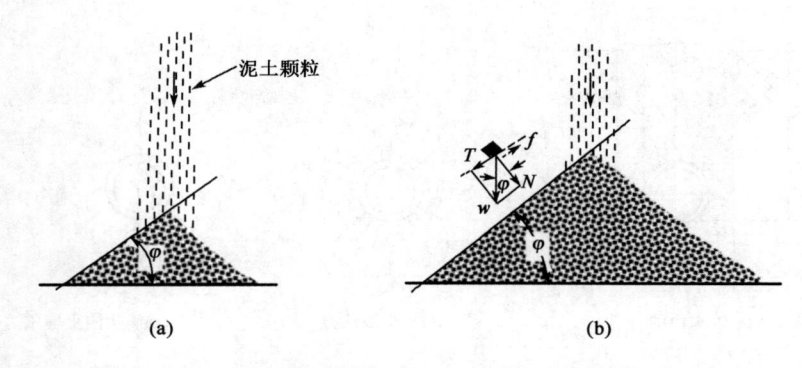

图 3.2 无黏性土的内摩擦角
φ=响应角；$\tan\varphi$=摩擦系数

即
$$\mu=\frac{w\sin\varphi}{w\cos\varphi}=\tan\varphi \quad (3.2)$$

式中　μ——摩擦系数。

按照式(3.2)，堆角称为内摩擦角，在土力学中，通常指定内摩擦角，而不是摩擦系数。对于无黏性土壤，内摩擦角大约在 30°左右。

剪应力也是土壤产生阻力的机制，土壤中任一截面的剪应力可以通过库伦(Coulomb)方程计算：

$$\tau_s=c+\sigma_n\tan\varphi \quad (3.3)$$

式中　σ_n——垂直于平面的正压力，不考虑拉应力的情况；
　　　c——内聚力，为 $\sigma_n=0$ 时单位面积上的剪应力。

对于无黏性土壤，$c=0$，方程(3.3)变为：

$$\tau_s=\sigma_n\tan\varphi \quad (3.4)$$

参数 c 和 φ 由试验得到，或查相关的技术手册。

3.2.3 轴向阻力

土壤对管道的阻力确定了管道能否运动，阻力的准确计算对管道的应力分析非常重要。阻力越大，管道的运动趋势就越小，因此，低估土壤对管道的阻力对埋地管道的应力计算是保守的。

管道敷设在管沟中，覆盖层深度如表 3.1 所示。

土壤轴向阻力是管道表面总的剪应力。如前所述，剪切阻力由两部分组成：黏性力和摩擦力。实际应用中，这两部分结合成一个经验系数。在管沟中，管道的正应力分布如图 3.3 所示。理论上说，如果正应力和摩擦系数已知，摩擦力可简单地表示为两者的乘积，事实上这两项值并不能容易确定，实用的方法是将包覆土层的力简化为一个集中力 w_s，如图 3.3(c)所示，因此，理想化的模式是作用在管道表面的力有主动力和与之相等的反作用力，以及管道重量 w_p 等，所以，沿管道的轴向阻力变为：

$$f_s=\mu(w_s+w_p+w_s)=\mu(2w_s+w_p) \quad (3.5)$$

主动土压力为图 3.3 中管道上方土的重量减去两条虚线所示表面的剪应力，可以表示为：

$$w_s=\rho_{so}gDH-\mu kH\times H$$

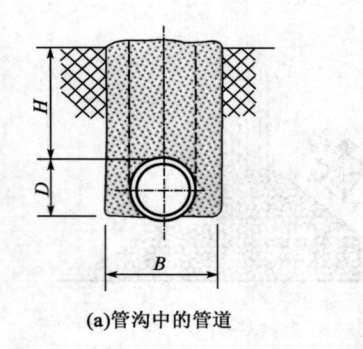

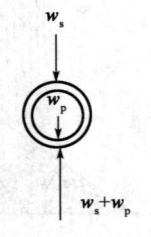

(a)管沟中的管道   (b)土壤压力   (c)简化的土壤压力

图 3.3　管沟中管道的土壤压力

即

$$\frac{w_s}{\rho_{so}gDH}=1-\frac{\mu kH^2}{\rho_{so}gDH}=1-k'\frac{H}{D} \tag{3.6}$$

式中　k'——未知常数；

　　　$\rho_{so}gDH$——管道上方土的重量；

　　　$k'H/D$——由于剪应力而使主动土压力的减少,它表明有效土重量的剪切效应与覆盖
　　　　　　　土层的深度成正比,与管道直径成反比。

一般来讲,如果 $H/D<3$,可以忽略剪切阻力,即：

$$f_s=\mu(2\rho_{so}gDH+w_p) \tag{3.7}$$

如果 $H/D>3$,或者希望得到更精确的结果,可以使用马斯顿(Marston)公式。

式(3.7)忽略了剪切作用因而高估了土的阻力,然而,它在管道的工程设计中被广泛使用。实际工程中,可通过取略低的摩擦系数来补偿高估了土的正压力的作用。

管壁与周围土壤之间的摩擦系数,视管表面粗糙度和土壤性质等因素确定,一般可取 0.25~0.6,具体参见表 3.4。

表 3.4　管道与土壤之间的摩擦系数 μ

土 壤 种 类		摩 擦 系 数 μ
砂土	密实和中等密实的砾质砂和粗砂	0.70/0.65
	密实的中等粒度的砂子	0.72/0.60
	中等密度的中粒砂	0.65/0.60
	密实细砂	0.65/0.55
	中等密度的细砂	0.57/0.55
	密实粉砂	0.62/0.50
	中等密实的粉砂	0.53/0.40
亚黏土	密实的亚黏土	0.55/0.35
	塑性亚黏土	0.47/0.25
黏土	密实的黏土	0.60/0.40
	塑性黏土	0.50/0.25

注：分子上的数据用于干燥土,分母上的数据用于水分饱和的土。

3.2.4 横向阻力

管道周围的土壤限制了管道的横向运动。土壤对管道横向运动的阻力影响管道抗局部鼓胀和过量应力的稳定性,横向阻力还决定了管道的最小弯曲半径。

本部分只讨论土的最终阻力,在管道分析中需要用到的土壤弹性(或弹簧)系数将在以后讨论。

3.2.4.1 向上运动

向上运动模式如图 3.4(a)所示。向上运动阻力包括管道上方覆盖土的重量,以及沿着管道上方土柱体两侧面上的剪力,此外,还包括土的重量。三者之中,土柱体两侧面上的剪力是最难以预测的。理论上讲,单位长度上土的阻力是式(3.7)给定的剪应力在覆盖层两侧垂直截面上的合成,黏性力由试验确定,而摩擦力由正应力与摩擦系数的乘积确定:

$$\tau_f = \sigma_n \tan\varphi = \rho_{so} g H K_A \tan\varphi \quad \text{和} \quad K_A = \tan^2\left(45° - \frac{\varphi}{2}\right) \tag{3.8}$$

式中 K_A——主动横向土压力系数。

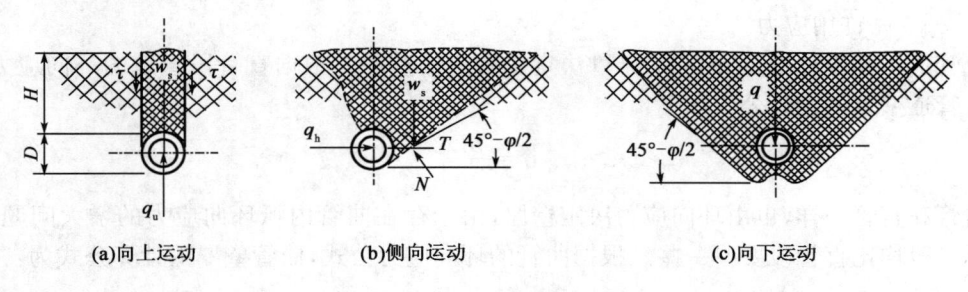

(a)向上运动　　　**(b)侧向运动**　　　**(c)向下运动**

图 3.4　横向土壤阻力

式(3.8)是无黏性土的朗肯(Rankine)公式,因为黏性倾向于减少土的主动横向土压力系数,对于黏性土壤,取略小的 K_A 值,总的剪应力是两个竖向截面上的剪应力相加:

$$\tau = 2cH + 2\int_0^H \rho_{so} g h K_A \tan\varphi \, dh = 2cH + 2\left|\frac{1}{2}h^2 \rho_{so} g K_A \tan\varphi\right|_0^H = 2H\left(c + \frac{1}{2}\rho_{so} g H K_A \tan\varphi\right)$$

总的阻力为:

$$q_u = \rho_{so} g D H + 2H\left(c + \frac{1}{2}\rho_{so} g H K_A \tan\varphi\right) + w_p \tag{3.9}$$

式中 c——黏性系数,对于无黏性土,该值取为零。

3.2.4.2 水平阻力

当管道水平移动时,在它的前方创造了被动土压力,背面创造了主动土压力。由于管道移动时后面将形成空穴,因此,主动土压力可以被忽略,仅作用有被动阻力,采用无黏性土的朗肯公式计算:

$$q_h = \frac{1}{2}\rho_{so} g (H+D)^2 \tan^2\left(45° + \frac{\varphi}{2}\right) \tag{3.10}$$

式(3.10)是针对无黏性土,它的失效平面大约与水平线成 $45° - \varphi/2$ 角,对于黏性土,阻力要高一些,失效平面与水平线的夹角要小一些。

在朗肯公式中使用的楔形体失效模式仅当覆盖土层的深度小于管道直径时是成立的。如果覆盖土层较深,它将高估土壤的阻力。对于三倍管径深度的致密颗粒状土层,高估约 10%。

对于更深的覆盖土层,失效的本质是随着压入管道的凸进,这种情况下的阻力比式(3.10)给定的阻力要小。

3.2.4.3 向下阻力

对于无黏性的浅覆盖土层,管道向下运动时的土壤运动如图 3.4(c)所示。在管道建设施工中,这涉及未扰动的土层,需要详细的土壤力学评估。一般来讲,向下的阻力大约是水平阻力的 2 倍。

3.3 环向应力校核

内压是长输油气管道受到的最主要载荷之一,因此,内压产生的环向应力是管道上的主要应力。如前所述,环向应力的大小由式(2.1)计算,为保证管道的安全可靠性,要求管道的环向应力必须小于许用应力:

$$\sigma_h < [\sigma]$$

式中 σ_h——环向应力;
$[\sigma]$——许用应力。

在管道工程设计中,环向应力条件决定了管道的壁厚。根据直管段管道的环向应力公式(2.1),管道壁厚的设计公式如下:

$$\delta = \frac{pD}{2[\sigma]} \tag{3.11}$$

曲管和直管一样,也由环向应力决定壁厚,由于存在曲管内弧环向应力的增大问题,曲管的壁厚一般均比直管段要厚一些。根据曲管的环向应力公式,曲管壁厚的计算公式为:

$$\delta = \frac{m_1 pD}{2[\sigma]} \tag{3.12}$$

许用应力的确定需要考虑到管道所经过地区的人口密度和社会活动情况。在输气管道的设计中,这是通过对管道沿线划分地区等级来考虑的。

3.3.1 地区等级

在输气管道的设计中,保障其安全性的指导思想有两种。一是控制管道自身的安全性,它的原则是严格控制管道及其构件的强度和严密性,并贯穿到从管道设计、材料选用、施工、运行、维护到更新改造的全寿命过程。用控制管道的强度来确保管线系统的安全,从而对周围建构筑物提供安全保障。目前欧美各国多采用这种设防原则。二是控制安全距离,它虽对管道系统强度有一定的要求,但主要是控制管道与周围建构筑物的距离,以此对周围建构筑物提供安全保证。

由于我国人口众多,地面建筑物稠密,按安全距离进行管道设计建设,不仅选线难度大,而且即使保证了安全距离,未必就能保证周围建构筑物和居民的安全。参照欧美国家输气管道设计采取的主要安全措施,是随着公共活动的增加而降低管道应力水平,即增加管道壁厚,以强度确保管道自身的安全,从而对管道周围建筑物提供安全保证。这种"公共活动"的定量方法就是确定地区等级,并使管道设计与相应的设计系数相结合。按不同的地区等级,采用不同的设计系数来保证管道周围建构筑物的安全。显然,这种做法比采取安全距离适应性更强,线路选择比较灵活,也较经济合理。

美国机械工程师协会(ASME)最早提出对输气管道划分地区等级。ASME B31.8 按不同的居民(建筑物)密度指数将输气管道沿线划分地区等级。该标准规定,沿管道中心线两侧各1/8mile(200m)范围内,任意划分成长度为1mile(1.6km)并能包括最大聚居户数的若干地段,按划分地段内的户数划分为四个等级,其中一类地区又划分为两个类别。任意多户住宅应以每一独立户作为一个供人居住的建筑物计算。划分地区等级的标准如下:

(1)一级一类地区:不经常有人活动及无永久性人员居住的区段。

(2)一级二类地区:户数在10户或以下的区段。

(3)二级地区:户数在10户以上,46户以下的区段。

(4)三级地区:户数在46户或以上的区段。

(5)四级地区:四层及四层以上楼房普遍集中、交通频繁、地下设施多的地段。

我国国家标准GB 50251—2015《输气管道工程设计规范》与ASME B31.8略有不同,具体规定如下:

沿管线中心线两侧各200m范围内,任意划分成长度为2km并能包括最大聚居户数的若干地段,按划定地段内的户数应划分为四个等级,在乡村人口聚集的村庄、大院及住宅楼,应以每一独立户作为一个供人居住的建筑物计算。地区等级应按下列原则划分:

(1)一级一类地区:不经常有人活动及无永久性人员居住的区段。

(2)一级二类地区:户数在15户或以下的区段。

(3)二级地区:户数在15户以上100户以下的区段。

(4)三级地区:户数在100户或以上的区段,包括市郊居住区,商业区、工业区、规划发展区以及不够四级地区条件的人口稠密区。

(5)四级地区:四层及四层以上楼房(不计地下室层数)普遍集中、交通频繁、地下设施多的区段。

输气管道的强度设计系数应符合表3.5的规定。

表3.5 强度设计系数

地区等级	一级一类地区	一级二类地区	二级地区	三级地区	四级地区
强度设计系数	0.8	0.72	0.6	0.5	0.4

注:一级一类地区的线路管道可采用0.8或0.72强度设计系数。

3.3.2 许用应力

我国输气管道工程设计规范GB 50251和输油管道工程设计规范GB 50253分别规定了输油、气管道环向应力校核的许用应力:

$$[\sigma] = \varphi F \sigma_s \quad \text{(输油管道)} \tag{3.13a}$$

$$[\sigma] = \varphi F \varphi_t \sigma_s \quad \text{(输气管道)} \tag{3.13b}$$

式中 σ_s——钢管的最低屈服强度;

F——设计系数;

φ——焊缝系数;

φ_t——温度折减系数。

3.3.2.1 设计系数

设计系数小于1,它实际上是将管材的屈服强度适当降低,保证结构有足够的安全裕量。设计系数需要考虑具体管段的运行特性、可能出现的破坏后果、检修的难度、安全和环保要求等。在管道线路中,除穿跨越外,输油管道设计系数一般取 0.72,输气管道根据地区等级选用,见表 3.5。

3.3.2.2 规定最低屈服强度

所谓规定最低屈服强度(Specified Minimum Yield Stress,SMYS)是指在钢管制造标准中规定的某一强度级别钢管的最低屈服强度,国际上比较知名的 API 5L,我国油气输送用的钢管制造标准 GB/T 9711—2011 对最低屈服强度的要求见表 3.6。对于给定强度等级的钢管,屈服强度也不能太高,所以,表 3.6 中也给出了一定钢级管道的屈服强度的最高限值。

表 3.6 无缝和焊接钢管的屈服强度

钢管钢级	屈服强度,MPa		钢管钢级	屈服强度,MPa	
	最低	最高		最低	最高
L245/X35	245	450	L450/X65	450	600
L290/X42	290	495	L485/X70	485	635
L320/X46	320	525	L555/X80	555	705
L360/X52	360	530	L625/X90	625	775
L390/X56	390	545	L690/X100	690	840
L415/X60	415	565	L830/X120	830	1050

注:钢管钢级中的数字为规定的最低屈服强度。"L"后的数字为国际单位制,MPa;"X"后的数字为英制单位,kpsi。

3.3.2.3 焊缝系数

油气输送管道大量使用焊接钢管,根据其焊接形式的不同分为直缝焊管和螺旋焊管两种。焊缝系数反映由于焊接材料、焊接缺陷和焊接残余应力等因素使焊接接头强度被削弱的程度,是焊接接头力学性能的综合反映,也表示焊缝质量的可靠程度。

凡符合国家现行标准 GB/T 9711《石油天然气工业 管线输送系统用钢管》的有关规定,取焊缝系数 $\varphi=1.0$。

3.3.2.4 温度折减系数

考虑到随着工作温度升高,材料强度有所降低,因此,在许用应力中考虑了温度折减系数。当温度低于 120℃时,$\varphi_t=1.0$。

3.4 轴向应力与变形

管道在温度变化和内压的作用下,在其轴向会产生热胀或冷缩,此外,内压引起的环向应力的泊松效应也会导致管道缩短,但是,覆盖土层对管道移动会产生较大的摩擦阻力,阻碍管道的自由伸缩。取决于管道的摩擦阻力,当管道受到的摩擦力之和等于或大于管道的热伸缩力时,管道在土中处于嵌固状态;在入土段或出土段,管道的摩擦阻力小于管道热伸缩力,管道在上述两力之差作用下产生伸缩变形。

3.4.1 嵌固段

温度变化引起的轴向应变为:

$$\varepsilon_t = \frac{\Delta L_t}{L} = \alpha(T_2 - T_1)$$

管道出现温度变化的主要原因是,管道在敷设施工时的温度由外部气温决定,而在运行过程中则由输送产品的温度决定,两者之间必然存在差别,不可避免地在管道运行过程中产生应力或伸缩变形。当管道工作温度高于安装温度时,热应力为压应力;当管道工作温度低于安装温度时,热应力为拉应力。应该注意,管道应力分析中的温度变化是相对于安装温度而言的,准确来讲,T_1 是管道现场施工时的最后一道焊口施焊时当地的环境温度,T_2 是管道运行期间的最高温度。

由环向应力的泊松效应产生的轴向应变为:

$$\varepsilon_p = -\nu \frac{\sigma_h}{E}$$

负号表示受到的环向应力的泊松效应产生的是压缩应变。

总的轴向应变为:

$$\varepsilon_L = \varepsilon_p + \varepsilon_t = -\nu \frac{\sigma_h}{E} + \alpha(T_2 - T_1) \tag{3.14}$$

假设管道在嵌固段受到完全约束,则管道中的轴向应力为:

$$\sigma_a = \nu \frac{pD}{2\delta} - \alpha E(T_2 - T_1) \tag{3.15}$$

如果管道的两端受到固定,则作用在固定墩上的推力为:

$$P_0 = \left[-\nu \frac{pD}{2\delta} + \alpha E(T_2 - T_1) \right] A \tag{3.16}$$

式中　P_0——轴向力;
　　　A——管壁横截面积;
　　　D——管道直径;
　　　E——管道弹性模量;
　　　δ——管道壁厚;
　　　α——膨胀系数;
　　　ν——泊松系数;
　　　T_2——运行温度,℃;
　　　T_1——安装温度,℃。

3.4.2　过渡段

图 3.5 为地下管道在出土处的轴向应力和轴向应变示意图。A 处为一清管器收发筒(或连接某一设备),管道经弯头入土,在弯头处破坏了土壤与管道表面间摩擦力的连续性,形成活动端。管道在 B 点受到土壤反力的约束。由 B 向 C,土壤与管表面间的摩擦力逐渐积累,约束力逐渐增加,到 C 点时管道的轴向位移完全被约束住,该处截面轴向应变为零。C 点以后称为嵌固段。轴向应变不受约束的管段 AB 称为自由段,自由段与嵌固段之间的 BC 管段称为过渡段。

AB 段管道由于可以自由伸缩,因此,不存在温度应力和泊松应力,只有内压作用于封闭端引起的轴向应力:

$$\sigma_{a(AB)} = \frac{pD}{4\delta} \tag{3.17}$$

由于 AB 段可以自由伸缩,A 点轴向应变为:

$$\varepsilon_A = \alpha(T_2 - T_1) + \frac{\sigma_{a(CD)}}{E} - \nu \frac{\sigma_{h(CD)}}{E} = \alpha(T_2 - T_1) + \frac{1-2\nu}{E} \frac{pD}{4\delta} \tag{3.18}$$

管道在 B 点处受土壤约束,土壤反力 Q 可近似地按折点处的被动土压力计算:

$$Q = \rho_{so} g H_0 D^2 \tan^2\left(45° + \frac{\varphi}{2}\right) \tag{3.19}$$

在 B 点处,管道由过渡段转为自由段,轴向应力由 $\sigma_{a(B)}$ 转变为 $\sigma_{a(AB)}$,应力发生突变,如图 3.5 所示。

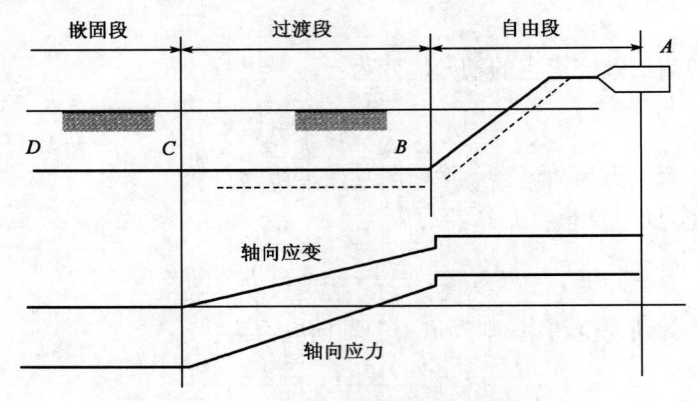

图 3.5 管道出土处的轴向应力与轴向应变

管道升温时,过渡段有热伸长,B 点发生位移,土壤在 B 点处有反力 Q,土壤与管道间有摩擦力 f。由 B 点到 C 点的过渡段上,摩擦力不断积累,管道的位移逐渐减小。到 C 点处,积累起来的摩擦力足以完全阻止管道发生热伸缩位移。在 C 点处,轴向应变 $\varepsilon_C = 0$。自 C 点以后,管道完全被约束住,不再有轴向位移,在嵌固段内的管道轴向应力 $\sigma_{a(CD)}$ 将包括温度应力和泊松应力:

$$\sigma_{a(CD)} = \nu \frac{pD}{2\delta} - E\alpha(T_2 - T_1) \tag{3.20}$$

过渡段长度由下式确定:

$$[\sigma_{a(AB)} - \sigma_{a(CD)}]A = fL + Q$$

代入式(3.17)和式(3.20),并取泊松系数 $\nu = 0.3$,可求得:

$$L = \frac{\left[\alpha E(T_2 - T_1) + 0.2 \dfrac{pD}{2\delta}\right]A - Q}{f} \tag{3.21}$$

式中 f——单位长度管道的摩擦阻力,按式(3.5)或式(3.7)计算。

下面再计算过渡段 BC 的热伸长量。A 点的轴向应变由式(3.18)求得。B 点的轴向应变应考虑弯头受土壤反力的作用,可得:

$$\varepsilon_B = \varepsilon_A - \frac{Q}{EA} \tag{3.22}$$

过渡段的平均轴向应变为取 A 处和 B 处应变的平均值:

$$\varepsilon_{a(BC)} = \frac{1}{2}(\varepsilon_B + \varepsilon_C) = \frac{1}{2}\varepsilon_B = \frac{1}{2EA}\left[\alpha EA(T_2 - T_1) + 0.2 \frac{pD}{2\delta}A - Q\right]$$

此处,取 $\varepsilon_C = 0$。过渡段的热伸长量为:

$$\Delta L_{(BC)} = \varepsilon_{a(BC)} L = \frac{1}{2EAf}\left[\alpha EA(T_2 - T_1) + 0.2 \frac{pD}{2\delta}A - Q\right]^2 \tag{3.23}$$

由此可见,长度为 L 的过渡段将产生热伸长量。过渡段存在热伸长,将造成很不利的后果,如地下管道出土进入阀室或泵房等处将发生管道推挤设备,造成设备严重变形甚至损坏。为了限制出土处过渡段的热伸缩位移,通常设置锚固墩,在条件许可时也可以设置补偿器,利用补偿器充分吸收管道的热伸缩变形。

从式(3.23)可以看出,过渡段的热伸长和温度变化、运行压力乃至管径都有关系,所以,如果不设置锚固墩,高压大口径管道在收发球筒处可发生较大位移。

3.5 锚固墩

为了防止因管道热胀推挤设备、阀门、弯头等而造成它们的破坏或过量的变形,在地下管道出土进入泵房或阀室的地方和某些地下管道弯头的两侧,常需设置锚固墩来加以保护。图3.6和图3.7是一种设计有一定斜度的异型支墩,这种支墩可以充分利用原状土的抗力,限制管道的轴向位移。

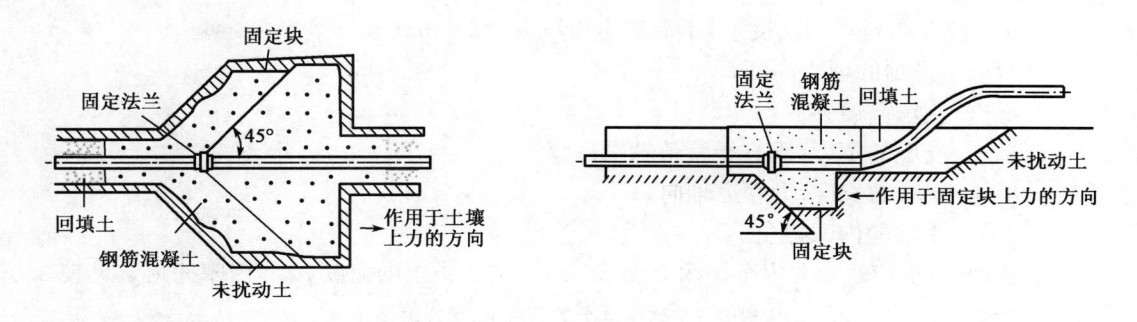

图 3.6 固定墩平面图   图 3.7 固定墩立面图

锚固墩可视为把过渡段缩减至零的措施。在过渡段,土壤与管道之间的摩擦力是逐渐积累的,土壤对管道的约束是随着摩擦力的积累而不断增大的。如果锚固墩给予管道的力为过渡段给予管道摩擦力的总和,管道就被锚固墩嵌固住了。支墩的作用是限制管道的热伸长量。在有锚固墩的情况下,支墩到设备或管件的管道距离很短,这一段管道的热伸长量很小,这时垫片的压缩、设备或管件的微小位移或变形都可吸收管道的热伸长,从而使推力大大降低。所以设计锚固墩时,应考虑到设备和管件能承受一定的推力和可以吸收少量的管道热伸长,允许支墩有微小的变形,这样可使支墩的尺寸大为减小。

锚固墩混凝土或钢筋混凝土结构,管道通过止推构件被锚固在支墩上。一种做法是将管道置于支墩上面,与止推构件焊接,而止推构件与预埋的混凝土墩中的钢构件焊在一起。这种做法施工方便,但支墩的抗倾覆能力差,而且要特别注意管道与止推构件之间的焊接强度,以防受力时焊缝被撕裂。另一种做法是在管道上焊接止推板,然后,将管道埋设在固定墩中。这种做法支墩的抗倾覆能力大,但管道与混凝土之间的防腐层要做好,一旦埋置在支墩中的管道受到损坏,将很难修理。

锚固墩的设计主要是决定它的长、宽、高尺寸。决定尺寸时主要从支墩的受力平衡、支墩不倾覆、支墩下面的土壤有足够的地耐压三个方面考虑。

3.5.1 锚固墩的受力平衡计算

管道作用在支墩上的推力 P_0 靠土壤与支墩间的摩擦力和土壤对支墩的抗力 F 来平衡。当锚固墩一侧的管道可视为嵌固,另一侧可以伸缩时,管道作用在支墩上的推力为(当 $T_2 > T_1$):

$$P_0 = A\left[\frac{pD}{4\delta} - \nu\frac{pD}{2\delta} + E\alpha(T_2-T_1)\right] = A\left[0.2\frac{pD}{2\delta} + E\alpha(T_2-T_1)\right] \quad (3.24)$$

当支墩有微小滑动的趋势时,则在支墩上下和左右(按管道推力方向而言)四个面上发生与土壤的摩擦力。

支墩上部的垂直压力为墩顶土重$\rho_{so}gHab$,墩底的垂直反力应等于墩顶土重和墩本身自重之和,即$\rho_{so}gHab+\rho_cghab$,左右面上所受的土压力(主动土压力)的合力均为$\frac{1}{2}\rho_{so}gh(2H+h) \cdot \tan^2\left(45°-\frac{\varphi}{2}\right)b$,由此可求得土壤与支墩间的摩擦力为:

$$F=\mu\left[2\rho_{so}gHab+\rho_cghab+\rho_{so}gh(2H+h)\tan^2\left(45°-\frac{\varphi}{2}\right)b\right] \quad (3.25)$$

式中 μ——支墩与土壤间的摩擦系数,一般取$\mu=0.5\sim0.6$;

ρ_{so}——土壤密度;

ρ_c——支墩材料的密度,对于混凝土可取$\rho_c=2400\text{kg/m}^3$;

H——墩顶的埋土高度;

h——支墩高度;

a——支墩的宽度(垂直于管道轴向);

b——支墩的长度(沿管道轴向);

φ——土壤的内摩擦角。

砂土类土的密度ρ_{so}和内摩擦角φ见表3.7。黏土类土的密度ρ_{so}和内摩擦角φ见表3.8。

表 3.7 砂土类土的密度 ρ_{so} 和内摩擦角 φ

名称		孔隙比	稍湿的		很湿的		饱和的	
			ρ_{so}, kg/m³	φ, (°)	ρ_{so}, kg/m³	φ, (°)	ρ_{so}, kg/m³	φ, (°)
黏质砂土	松散	1.13~0.43	1450~1600	24	1650~1750	21	1800~1900	16
	中密		1600~1800	27	1750~1900	23 25	1900~2050	18
	密实		1800~2000	30	1900~2050		2050~2150	20
粉砂	松散	1.00~0.43	1500~1600	27	1700~1800	22	1850~1900	18
	中密		1600~1800	30	1800~1900	25	1900~2050	20
	密实		1800~2000	33	1900~2050	25	2050~2150	22
细砂	松散	1.00~0.43	1500~1600	27	1650~1750	22	1850~1900	22
	中密		1600~1750	30	1750~1900	27	1900~2000	25
	密实		1750~1900	33	1900~2000	30	2000~2100	28
中砂	松散	0.82~0.43	1600~1700	30	1700~1850	27	1900~2000	25
	中密		1700~1800	33	1850~1950	30	2000~2050	28
	密实		1800~1950	33	1950~2050	30	2050~2150	28
粗砂与砾砂	松散	0.61~0.33	1850~1900	33	1950~2050	30	2050~2100	30
	中密		1900~2000	35	2050~2100	33	2100~2200	33
	密实		2000~2100	37	2100~2150	35	2200~2250	35
砾石与卵石	松散	0.43~0.32	2000~2100	40	2050~2200	40	2150~2250	40
	中密							
	密实							

表 3.8　黏土类土的密度 ρ_{so} 和内摩擦角 φ

名　称	孔隙比	天然含水量时土的密度 ρ_{so}, kg/m³	内摩擦角 φ,(°)
黏土	1.5～1.13	1700～1800	13
	1.13～0.82	1800～1850	26
	0.82～0.45	1850～2050	38
砂质黏土	1.04～0.85	1800～1900	15
	0.85～0.64	1900～2000	26
	0.64～0.39	2000～2100	35

如果考虑在管道推力作用下允许支墩可向前有微小的位移,此时支墩的后面受主动土压力的作用,前面将受被动土压力的作用。支墩所受的摩擦力和土压力之总和(与推力 P_0 方向相反)仍以 T 表示,则 T 应为:

$$T = \mu\left[2\rho_{so}gHab + \rho_c ghab + \rho_{so}gh(2H+h)\tan^2\left(45°-\frac{\varphi}{2}\right)b\right]$$
$$+ \frac{1}{2}\rho_{so}gh(2H+h)a\left[\tan^2\left(45°+\frac{\varphi}{2}\right) - \tan^2\left(45°-\frac{\varphi}{2}\right)\right] \quad (3.26)$$

校核的条件为:

$$T > \eta P_0 \quad (3.27)$$

式中　η——折减系数。

折减系数是考虑到锚固墩不能绝对固定,稍有位移将使推力减小。为了方便起见,用一个折减系数来决定的。折减系数一般取 $\frac{1}{3}\sim\frac{1}{2}$。根据实际经验,对于重要出土处取 $\frac{1}{3}\sim\frac{1}{2}$,跨越或架空管出土处取 $\frac{1}{2}$,水下穿越两端的弯头处取 $\frac{1}{3}$,地下埋土弯头(拐角＞15°)视角度大小取 $\frac{1}{3}\sim\frac{1}{2}$。

3.5.2　支墩的倾覆作用

另外,还要对锚固墩进行倾覆校核,即要求支墩在水平推力的作用下不沿着支墩的前沿倾覆。如图 3.8 所示,对于上托式锚固墩,促使支墩倾覆的力矩为 PH,抗倾覆的反向力矩是土重和支墩自重对支墩前边缘的力矩,其值为 $(\rho_{so}gHab + \rho_c ghab)\frac{b}{2}$,要求满足下式:

$$(\rho_{so}gHab + \rho_c ghab)\frac{b}{2} \geq 1.2PH \quad (3.28)$$

式中,1.2 为安全系数。

3.5.3　地耐压验算

在推力 P 和土重及支墩自重的联合作用下,相当于偏心受压载荷,给地基的压力是不均匀的,如图 3.9 所示。

支墩作用在地基上的垂直总载荷 G_B 为:

$$G_B = \rho_{so}gHab + \rho_c ghab \quad (3.29)$$

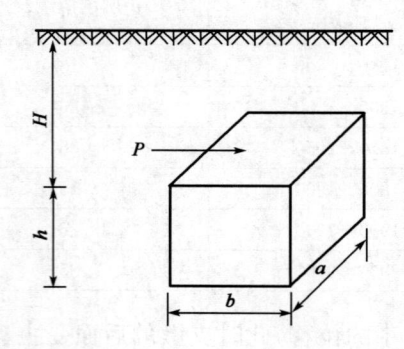

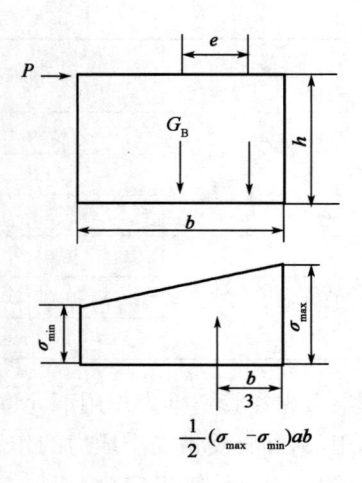

图 3.8 固定墩倾覆稳定情况　　　　图 3.9 固定墩地基反力分布

在管道水平推力 P 的作用下，对于支墩地基，相当于使垂直载荷产生了一个偏心，偏心距 e 为：

$$e=\frac{P}{G_B}h \tag{3.30}$$

支墩的前边缘对地基的压力最大，以 σ_{max} 表示，后边缘压力最小，以 σ_{min} 表示，则有：

$$\frac{\sigma_{max}+\sigma_{min}}{2}ab=G_B$$

对支墩中点取力矩平衡可得：

$$\frac{\sigma_{max}-\sigma_{min}}{2}ab\left(\frac{b}{2}-\frac{b}{3}\right)=G_B e$$

联立上两式可解得：

$$\sigma_{max}=\frac{G_B}{ab}\left(1+\frac{6e}{b}\right) \tag{3.31a}$$

$$\sigma_{min}=\frac{G_B}{ab}\left(1-\frac{6e}{b}\right) \tag{3.31b}$$

校核的条件为：

$$\sigma_{max}\leqslant [\sigma_0],\sigma_{min}>0$$

式中　$[\sigma_0]$——允许的地耐压力。

各类土质的允许地耐压为：对于砾砂、粗砂，$[\sigma_0]=550$ kPa；对于中砂，$[\sigma_0]=450$ kPa；对于细砂，$[\sigma_0]=300\sim350$ kPa；对于粉砂，$[\sigma_0]=200\sim300$ kPa；对于黏性土，$[\sigma_0]=100\sim450$ kPa。

3.6　埋地弯头

当管道温度变化时，地下管道中的曲管段（弯头）将受到热胀弯矩的作用，而且将发生横向位移。如果在管道计算时不考虑这种情况且未采取相应的措施，就有可能造成弯头的破裂或者发生严重的变形（产生扁率）而影响清管器的通过。但是，地下弯头的温度变化载荷计算相当困难,它不仅与曲管的材料、结构尺寸、温度变化等因素有关,而且和周围土壤的性质、施工情况(回填土夯实程度)等因素有关。

蔡强康、吕英民对此问题提出了简化的分析法,他们把地下管道中的水平弯头当作一个点来看待,弯头所起的力学作用相当于如图 3.10 所示的"弹性抗弯铰"。

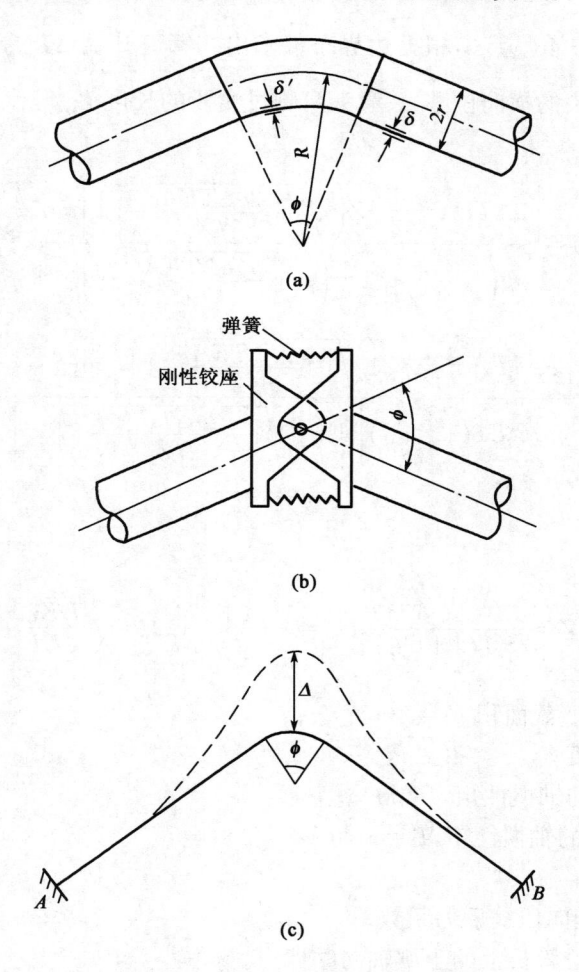

图 3.10 地下弯管热应力分析模型

若弯头的夹角为 ϕ,在轴向弯矩 M 的作用下,夹角变形增量为 $\Delta\phi$,则:

$$\Delta\phi = \frac{kR\phi M}{EI'} \tag{3.32}$$

$$I' = \pi r^3 \delta'$$

式中　R——弯头的曲率半径;
　　　ϕ——弯头夹角,即管道的拐弯角度;
　　　E——管材的弹性模量;
　　　I'——弯头截面的轴惯性矩;
　　　k——弯头柔度系数;
　　　r——管道半径;
　　　δ'——弯头壁厚。

在埋土管道的出土过渡段,埋地弯头两侧一定长度的直管段将发生轴向位移,只有当摩擦力 f 逐渐积累到足以完全限制其轴向位移时,管道才被嵌固住。曲管两侧可以发生轴向位移的直管段也就是过渡段,用符号 L_{go} 表示其长度。

根据上述埋土弯头及其两侧直管段的受力情况和弯矩与弯曲变形的关系,可利用弹性基础上梁的挠度方程 $\dfrac{d^4 y}{dx^4}+4\beta^4 y=0$,根据边界条件求出在管道升温 ΔT 的情况下埋地水平弯头所受的热胀弯矩 M、弯头的横向位移 Δ、弯头两侧过渡段的长度 L_{go} 等值。经过必要的简化和整理后,所得公式如下:

$$M=\frac{\left[\alpha\Delta TEA-\dfrac{1}{2}fZ\left(\sqrt{1+\dfrac{2\alpha\Delta TEA}{fZ}}-1\right)\right]\tan\dfrac{\phi}{2}}{\beta\left(1+\dfrac{1}{C_M}\right)\left[1+\left(\sqrt{1+\dfrac{2\alpha\Delta TEA}{fZ}}-1\right)^{-1}\right]} \quad (3.33a)$$

$$\Delta=\frac{\left[\alpha\Delta TEA-\dfrac{1}{2}fZ\left(\sqrt{1+\dfrac{2\alpha\Delta TEA}{fZ}}-1\right)\right]\tan\dfrac{\phi}{2}\sec\dfrac{\phi}{2}}{2\beta^3 EI(1+C_M)\left[1+\left(\sqrt{1+\dfrac{2\alpha\Delta TEA}{fZ}}-1\right)^{-1}\right]} \quad (3.33b)$$

$$L_{go}=\sqrt{Z^2+\dfrac{2Z}{f}\alpha\Delta TEA}-Z \quad (3.33c)$$

此处 $Z=\dfrac{A\tan^2\dfrac{\phi}{2}}{2\beta^2 I(1+C_M)}, C_M=\dfrac{1}{1+k\beta R\phi\dfrac{I}{I'}}, \beta=\sqrt[4]{\dfrac{DK_0}{4EI}}$

式中 A——直管的管壁截面积,$A=2\pi r\delta$;

ϕ——弯头的角度;

I——直管截面的轴惯性矩,$I=\pi r^3\delta$;

I'——弯头截面的轴惯性矩,$I'=\pi r^3\delta'$;

D——管道外径;

K_0——土壤的侧向压缩反力系数;

f——作用在单位管长上的土壤轴向摩擦力。

对于回填不密实的土,$K_0=1\sim 8kN/m^3$;对于人工夯实回填的土,$K_0=10\sim 30kN/m^3$;对于机械夯实回填的土,$K_0=80\sim 100kN/m^3$。

弯头两侧的过渡段和管道出土处的过渡段有不同的情况,弯头两侧过渡段的长度 L_{go} 并不和升温值成简单的正比关系,也不是和摩擦力 f 成简单的反比关系,而是非线性关系,它与 ΔT、f、K_0、ϕ 等许多因素有关。L_{go} 与 ϕ 的关系很大,ϕ 大则 L_{go} 大,ϕ 小则 L_{go} 小。当 ϕ 趋于零时,L_{go} 也趋于零,这符合实际情况。计算表明,弯头两侧的过渡段长度比管道出土处的过渡段长度小得多。

管道通过山区和丘陵地带时,常要用许多纵向弯头。纵向弯头有两类,一类是弯头顶朝下,曲率中心在上,这类弯头的计算方法与水平弯头相同,只是土壤压缩反力系数 K_0 值要取得大一些,因为垂直于沟底压缩土壤所得的压缩反力要比垂直于沟壁侧面压缩土壤所得的压缩反力要大;另一类是弯头顶朝上,曲率中心在下,升温时弯头及其两侧的一段管道向上顶土,受到的土壤反力基本上等于或稍大于被顶土的重量,因此弯头两侧直管段上所受土压力 q 可视为常数,不再和弯曲挠度成正比关系,这是与水平弯头受力情况的主要区别所在。顶朝上的对称布置的纵向弯头的变形与受力分析如图 3.11 所示。

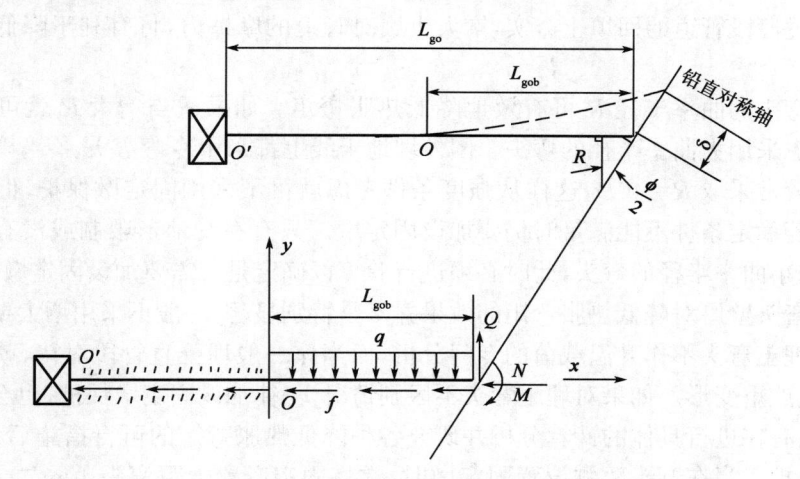

图 3.11 顶朝上纵向弯头

图 3.11 中的 L_{go} 表示过渡段长度,L_{gob} 为升温后发生弯曲变形的弯曲段长度,在弯曲段的末端处热胀弯矩为零。根据上面受力分析,并仍把弯头作为弹性铰处理,可求出弯头的热胀弯矩 M、弯头的向上位移 δ 和弯曲段长度 L_{gob}、过渡段长度 L_{go}:

$$M = \frac{1}{2}\xi q L_{gob} \tag{3.34a}$$

$$\Delta = \frac{qL_{gob}}{72EI\cos^2\frac{\phi}{2}} \frac{L_{gob}+3kR\phi\frac{I}{I'}}{L_{gob}+KR\phi\frac{I}{I'}} \tag{3.35a}$$

$$L_{go} = \frac{L_{gob}^2}{r}\sqrt{\frac{(0.5-\xi)q\tan\frac{\phi}{2}}{3f}} \tag{3.35b}$$

$$L_{gob} = \frac{(1+\xi)r}{4\tan^{3/2}\frac{\phi}{2}}\sqrt{\frac{3q}{(0.5-\xi)f}}\left[\sqrt{1+\frac{16\tan^{5/2}\frac{\phi}{2}}{(1+\xi)^2 Pr}\sqrt{\frac{(0.5-\xi)f}{3q}}\alpha\Delta TEA}-1\right] \tag{3.35c}$$

此处 $\xi = \dfrac{L_{gob}}{3\left(L_{gob}+KR\phi\dfrac{I}{I'}\right)}$, $q = \rho_{so}gHD$

式中 H——管顶覆土厚度。

计算 ξ 式中弯头夹角 ϕ 用弧度。利用上述公式计算时,先假设弯曲段长度 L_{gob}(一般取 11~15m)代入公式求 ξ,再将 ξ 值代入求出 L_{gob},与原先假设的数值比较,如不同,就要重新假设并计算,直到假设的 L_{gob} 值和计算求得的值相差不超过 2% 为止。求得 L_{gob} 和 ξ 值后,就可算出 M、Δ 和 L_{go}。

不论是水平弯头还是纵向弯头,求得热胀弯矩 M 后,需要考虑应力增强,即可按公式 $\sigma_L^{max} = i_l\dfrac{Mr}{I}$ 和 $\sigma_q^{max} = i_c\dfrac{Mr}{I}$ 求出最大轴向应力 σ_L^{max} 和最大环向应力 σ_q^{max}。

通过上述公式的计算结果的分析可知:

(1)埋地弯头的热胀弯矩 M 与弯头的拐角 ϕ 有关,90°弯头的 M 值比中小角度弯头的 M

值反而小,$\phi=15°\sim35°$时热胀弯矩比较大,当$\phi<15°$时M又变小,5°以下的弯头M值将显著减小,因此弯头拐角应尽量避开$\phi=15°\sim35°$的范围。

(2)如将过渡段管道的回填土夯实,增大土壤对管道的摩擦力,将有利于降低弯头的热胀弯矩。

(3)加大弯头的曲率半径R可有效地降低热胀弯矩。如果适当增大R就可不采用锚固墩,应优先考虑采用大曲率半径的弯头。国外埋地干线上都采用冷弯弯头,冷弯弯头在现场由弯管机弯制,较常采取$R=40D$,这样从强度条件考虑就可不采用固定墩保护,但还应进行轴向稳定验算,若稳定条件不能满足时仍要加设固定墩。只有在受地形限制或没有大曲率半径弯头时才采用小曲率半径的弯头,此时必须进行验算以确定是否需要加设固定墩保护。

(4)增大弯头壁厚对降低热胀弯矩的效果并不是特别显著,一般不采用增大壁厚的方法。

可见,对埋土弯头不作升温载荷的专门分析,而当作一般埋土直管段对待,就有可能导致弯头的破坏或严重变形。如果对埋土弯头不区别情况,一律加设固定墩保护,也会造成材料的严重浪费。只有在进行具体的计算分析并研究各种降低热胀弯矩的可行措施后,不得已时才采用固定墩保护。当在弯头两侧设置固定墩时,常将固定墩置于距弯头10m左右处,因为这样一段距离所产生的管道位移一般可被弯头吸收的。这就利用了固定墩与弯头之间这段管道上的土壤摩擦力,使固定墩所受的推力减小。

上述公式的分析还表明,顶朝上的纵向埋土弯头在自锚状态下的热应力随弯头拐角ϕ的变化情况与水平弯头大致相仿,也是在中小拐角的情况下热胀弯矩大。因此,纵向弯头也应尽量不采用中小拐角。同样,增大曲率半径R,也是降低纵向弯头热胀弯矩的有效措施。

3.7 轴向屈曲

当轴向力P达到或超过某一临界值P_{cr}时,埋地管道将丧失轴向(纵向)稳定性,管道产生波浪形弯曲,拱出地面而造成管道破坏事故。因此,必须对埋地管道的轴向稳定性进行验算。我国油气管道工程设计规范规定管道轴向稳定性验算的条件为:

$$P_0 \leqslant \frac{P_{cr}}{n_s} \quad (3.36)$$

式中 P_0——由温差、内压产生的轴向力,MN;

n_s——安全系数,公称直径大于500mm的钢管$n_s=1.33$,公称直径小于或等于500mm的钢管$n_s=1.11$;

P_{cr}——管道开始失稳时的临界轴向力,MN。

当管道的轴向稳定性得不到保证时,应采用增加埋深、夯实回填土、设置锚固墩等方法,来提高P_{cr}值。

3.7.1 直线管道

为了确定埋在土壤中管道失稳的临界轴向力,需对管道进行屈曲分析。如图3.12所示,假设土壤为弹性体,它对管道横向位移的抗力通过土壤压缩抗力系数K_0来表示,对管道轴向位移的抗力通过土壤剪切抗力系数K_u来表示,这样,管道的弯曲微分方程式为:

$$EI\frac{d^4y}{dx^4}+\left[P-2K_u D\left(1+\frac{1}{\beta D}\right)\right]\frac{d^2y}{dx^2}+K_0 D\left(1+\frac{2}{\beta D}\right)y=0 \quad (3.37)$$

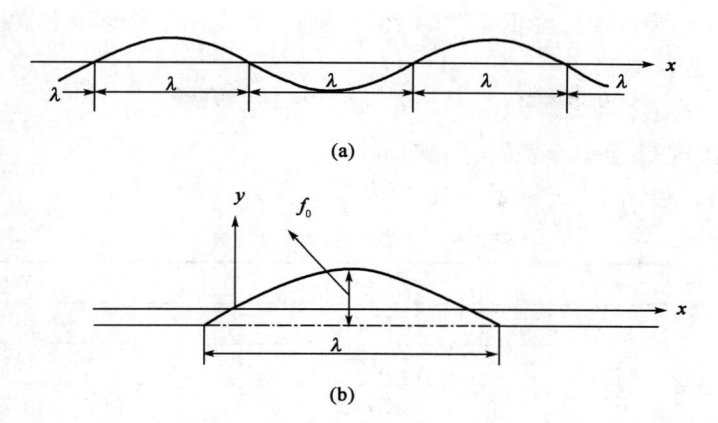

图 3.12 管道轴向屈曲时的弯曲形状

对于图 3.12 的弯曲形状，y 可表示为

$$y = f_0 \sin \frac{\pi x}{\lambda} \tag{3.38}$$

$$\beta = \sqrt{\frac{K_0}{2K_u}} \tag{3.39}$$

式中　y——管道横向产生的挠度；
　　　EI——管道的弯曲刚度；
　　　λ——管道屈曲后挠曲线的波长。

将式(3.39)代入式(3.37)，得：

$$EI\left(\frac{\pi}{\lambda}\right)^4 + \left[P - 2K_u D\left(1 + \frac{1}{\beta D}\right)\right]\left(\frac{\pi}{\lambda}\right)^2 + K_0 D\left(1 + \frac{2}{\beta D}\right)y = 0$$

对 λ 微分，取 $\dfrac{dP}{d\lambda} = 0$，可求得管道轴向失稳时的临界轴向力 P_{cr} 和屈曲变形曲线的波长 λ 值：

$$\lambda = \sqrt{\frac{EI}{K_0 D\left(1 + \dfrac{2}{\beta D}\right)}} \tag{3.40a}$$

$$P_{cr} = 2\left[K_u D\left(1 + \frac{1}{\beta D}\right) + \sqrt{EIK_0 D\left(1 + \frac{2}{\beta D}\right)}\right] \tag{3.40b}$$

埋地管道发生轴向屈曲时，它的轴向位移与横向位移相比只是一个二阶小数。例如，直径为 0.5m 的管道，当横向位移达到 0.2～0.3m 时，轴向位移不超过 0.01m。因此，可在式(3.37)和式(3.40b)中认为 $K_u = 0$，则式(3.40a)和式(3.40b)简化为：

$$\lambda = \pi \sqrt[4]{\frac{EI}{K_0 D}} \tag{3.41a}$$

$$P_{cr} = 2\sqrt{K_0 DEI} \tag{3.41b}$$

土壤的压缩抗力系数 K_0 可从表 3.9 查得或由式(3.42)计算确定：

$$K_0 = \frac{0.12 E_{so} \eta_{so}}{(1 - \nu_{so}^2)\sqrt{L_0 D}}(1 - e^{-2h/D}) \tag{3.42}$$

式中　E_{so}——回填土的弹性模量(结构未被破坏时)，数值见表 3.10，N/m；
　　　ν_{so}——回填土的泊松系数，砂土取 0.2～0.25，坚硬的和半坚硬的黏土、粉质黏土(亚黏土)取 0.25～0.30，塑性的取 0.30～0.35，流性的取 0.35～0.45；

η_{so}——土壤的弹性模量降低系数,根据土壤中含水量的多少和土壤结构破坏程度选取,见表3.11;

L_0——单位管道长度,$L_0=1m$;

h——管道中心线至填土表面的距离,m;

D——管道外径,m。

表3.9 土壤的压缩抗力系数

土壤性质	土壤名称	K_0,10^5 N/m
密度小的土壤	泥煤土	0.05~0.1
	流沙	0.1~0.5
	软湿土	0.1~0.5
	新填砂	0.1~0.5
中等密度的土壤	压实砂	0.5~5.0
	砾石	0.5~5.0
	湿黏土	0.5~5.0

表3.10 土壤有关的物理参数

土壤种类	密度 ρ_{so} kg/m³	黏着力 C 10^5 N/m²	内摩擦角 ϕ,(°)	弹性模量 E_{so} MPa
粗中砂	1600~2000	0~0.01	30~40	30~50
细粉砂	1600~2000	0.02~0.05	26~34	18~48
亚黏土	1910~2060	0.03~0.08	20~28	5~30
黏土	1720~2000	0.08~0.36	13~20	7~28

表3.11 土壤弹性模量降低系数

土壤状况	非破坏性结构	饱水的	富水的
η_{so}	1.0	0.6	0.3

3.7.2 向上弯曲管道

必须指出,式(3.41b)求得的管道轴向失稳临界压力只适用于直线管道(或曲率半径 $\rho \geqslant 1000D$ 的弯曲管道)。弯曲管道的 P_{cr} 值要比计算结果小。尤其是向上弯曲的埋地管道,更易发生轴向失稳,要特别注意予以验算。

向上弯曲的埋地管道的轴向失稳临界压力可按下式求得:

$$P_{cr}=0.375q_u R_0 \tag{3.43}$$

$$q_u = q_0 + \eta_0 q_1 \tag{3.43a}$$

$$q_1 = \rho_{so}gD(h-0.39D) + \rho_{so}gh_0^2\tan0.7\phi + \frac{0.7Ch}{\cos0.7\phi} \tag{3.43b}$$

式中 q_u——管道向上位移时的土壤极限阻力,MN/m,当管道有压重物或锚栓锚固时,应计入压重物的重力或锚栓的拉脱力,在水淹区域还应计入浮力作用;

R_0——管道计算曲率半径,m;

q_0——单位长度管道及其内容物的重力,MN/m;
η_0——土壤临界支承能力的折减系数,$\eta_0=0.8\sim1.0$;
q_1——管道向上位移时土的临界支承力,MN/m;
ϕ——土壤内摩擦角,见表 3.13;
C——土壤黏着力,见表 3.13,N/m²。

3.7.3 土堤内管道

对于埋设在土堤内水平弯曲的管道,管道失稳时的临界轴向力按下式计算:

$$P_{cr}=0.212q_hR_0 \tag{3.44}$$

$$q_h=q_f+\eta_0 q_2 \tag{3.44a}$$

$$q_f=q_0\tan\phi \tag{3.44b}$$

式中 q_h——管道横向位移时的极限阻力,MN/m;
q_f——单位长度管道的摩擦力,MN/m;
q_2——管道横向位移时土的临界支承力,MN/m。

管道横向位移时的临界支承力取下两式的最小值:

$$q_2=\rho g\tan\varphi\left[\frac{Dh_1}{2}+\frac{(b_1+b_2)h_1}{4}-D^2\right]+\frac{c(b_2-D)}{2} \tag{3.45a}$$

$$q_2=\rho ghD\left[\tan^2\left(45°+\frac{\phi}{2}\right)+\frac{2c}{\rho gh}\tan\left(45°+\frac{\phi}{2}\right)\right] \tag{3.45b}$$

式中 h_1——土堤顶至管底的距离,m;
b_1——土堤顶宽,m;
b_2——土堤底宽,m。

3.8 弹性弯曲

当要求管道的平面走向或高程发生变化时,可采用弹性敷设或弯头(曲管)。弹性敷设是利用管道在外力或自重作用下产生弹性弯曲变形来改变管道的走向或适应高程的变化。弹性敷设的管道,曲率半径不宜小于钢管外直径的 1000 倍,并应满足管道强度要求。竖向下凹的弹性弯曲管段,尚应满足管道自重作用下的变形条件。在相邻的反向弹性弯曲管段,尚应满足管道自重作用下的变形条件。此外,在相邻的反向弹性弯曲管段之间及弹性弯曲管段与人工弯管之间,应采用直管段连接,直管段的长度不应小于钢管的外径,且不应小于 0.5m。当管道平面和竖向同时发生转角时,不宜采用弹性弯曲。

3.8.1 弯曲半径

当埋地管道按弹性弯曲敷设时,弹性弯曲的弯曲半径大于钢管的外直径 1000 倍,且曲线的弦长大于或等于管道的失稳波长,管道的计算弯曲半径取管道的实际弯曲半径。

当管道曲线的弦长小于失稳波长且满足式(3.46)时,若管道发生轴向失稳,弯管段两侧的直管部分也将产生横向位移,此时,计算弯曲半径按式(3.47)计算。

$$L+\frac{L_0}{2}\geqslant\frac{L_{cr}}{2} \tag{3.46}$$

$$R_0 = \frac{2L_{cr}^2 \cos\frac{\alpha}{2}}{\pi^2\left[L_{cr}\sin\frac{\alpha}{2} - 2R\left(1-\cos\frac{\alpha}{2}\right)\right]} \qquad (3.47)$$

$$\begin{cases} L_{cr}^2 = \dfrac{265EI}{q_u R_0\left(1+\sqrt{1+\dfrac{80EIC_P}{q_u^2 R_0^2}}\right)} & \text{(向上弯曲时)} \\[2ex] L_{cr}^2 = \dfrac{93.5EI}{q_u R_0\left(1+\sqrt{1+\dfrac{80EIC_P}{q_u^2 R_0^2}}\right)} & \text{(土堤内水平弯曲时)} \end{cases} \qquad (3.48)$$

其中
$$C_P = \frac{q_1}{h_1} \qquad (3.48a)$$

式中 L——与弯曲管段两侧连接的每一直管段的长度;
L_0——弯曲管段的弦长;
L_{cr}——管道的失稳波长,按式(3.48)计算;
R_0——管道的计算弯曲半径;
R——管道轴线的弯曲半径;
α——在垂直平面内管道的转角;
C_P——土的卸载系数,按式(3.48a)计算;
h_1——地面(或土堤顶)至管底的距离。

当设计管段由两个冷弯段组成且弯管之间的直线管段满足式(3.49)时,计算曲率半径由式(3.50)计算。

$$R_1\sin\frac{\theta_1}{2} + R_2\sin\frac{\theta_2}{2} + L \leqslant L_{cr} \qquad (3.49)$$

$$R = \frac{2L_{cr}^2}{\pi^2\left[L_{cr}\tan\dfrac{\theta_1+\theta_2}{2} + \left(L+R_1\tan\dfrac{\theta_1}{2}+R_2\tan\dfrac{\theta_2}{2}\right)\left(\sin\dfrac{\theta_2-\theta_1}{2}-\tan\dfrac{\theta_1+\theta_2}{2}\cos\dfrac{\theta_2-\theta_1}{2}\right)\right]}$$
$$(3.50)$$

式中 R_1, R_2——两个弯管的弯曲半径,m;
θ_1, θ_2——两个弯管的转角,(°);
L——两个弯管之间的直管段长度,m。

当设计管段内为一弯曲半径不大于钢管外直径 5 倍的弯头时,其弯曲半径按下式计算:

$$R_0 = \frac{2L\tan}{\pi^2\tan\dfrac{\theta}{2}} \qquad (3.51)$$

3.8.2 下沉弯曲

管道发生弯曲的一种常见情形是地基沉陷。这种情况发生在有严重的地表土层侵蚀或当管道在新的公路或铁路穿越处,就有必要使直管道从原来的位置降低;或者由于地基土的原因,管道发生沉陷,即从原来的直线位置降低,形成弯曲形状。管道线路的这一变动,会在管道上产生两种新的应力:一是管道偏离原来的直线位置产生弯曲而产生的弯曲应力,二是管道弯曲而使管道的长度有所增加而产生的拉伸应力。

如图 3.13 所示,假定管道的直径相同,根据几何原理,可以导出:

$$\left(R-\frac{h}{2}\right)\times\frac{h}{2}=\frac{l}{4}\times\frac{l}{4} \qquad (3.52)$$

可得：

$$R=\frac{1}{h}\left[\left(\frac{l}{4}\right)^2+\left(\frac{h}{2}\right)^2\right] \qquad (3.53)$$

图 3.13 管线沉降的纵断面图

式中 R——弯曲部分的半径；
　　　h——降低高度；
　　　l——降低部分的穿越长度。

确定弯曲段的曲率半径后，产生的弯曲应力为：

$$\sigma_w=\frac{ED}{2R} \qquad (3.54)$$

管道弯曲产生的管道长度上的变化可由下述公式近似计算：

$$\Delta l=l\left(\frac{8}{3}\times\frac{h^2}{l^2}-\frac{32}{5}\times\frac{h^4}{l^4}\right)$$

由于下沉的垂直位移相对于管道弯曲长度要小得多，因此上式的第二项可以忽略，则管道的轴向应力表达为：

$$\sigma_a=E\varepsilon=E\frac{\Delta l}{l}=\frac{8E}{3}\left(\frac{h}{l}\right)^2 \qquad (3.55)$$

管道下沉产生的联合轴向应力是弯曲应力和轴向应力的总和，即：

$$\sigma=\sigma_w+\sigma_a=\frac{ED}{2R}+\frac{8E}{3}\left(\frac{h}{l}\right)^2 \qquad (3.56)$$

3.9 覆盖土层对管道的作用

覆盖土层对管道的应力与变形有一定的影响。在上覆土垂直压力和管底地基支承反力等的作用下，埋地管道可能发生局部弯曲和截面椭圆化，即管壁产生不均匀径向变形，因此，必须对管道截面径向变形量大小进行控制，即所谓的刚度控制，使埋地管道的受压变形保持在容许范围之内。

埋设在管沟内的管道单位长度上的垂直土载荷按下式计算：

$$w_s=\rho_{so}gDH \qquad (3.57)$$

管顶土压力作用下管道的受力与变形分析采用斯普林—爱荷华（Spangler—Iowa）模型。Spangler—Iowa 方法的管道载荷如图 3.14 所示，作用于管顶的垂直载荷（土压力、地面堆放载荷等）按均布考虑，分布宽度与管道外径相同；管底承受地基垂直反力，均匀分布在管座对应的圆心角 2α 范围内；管侧承受土壤弹性抗力，其强度假定按二次抛物线规律分布，作用范围对应圆心角 2β，最大抗力 $q_h=E'\Delta/2$ 位于水平直径的两端，Δ 为管壁的最大水平位移，E' 为地基系数。

Spangler—Iowa 方法给出了埋地管道截面变形的评估公式，该公式仅在管内无压力的情况下适用。但是，埋地管道长期处于带压运行的状

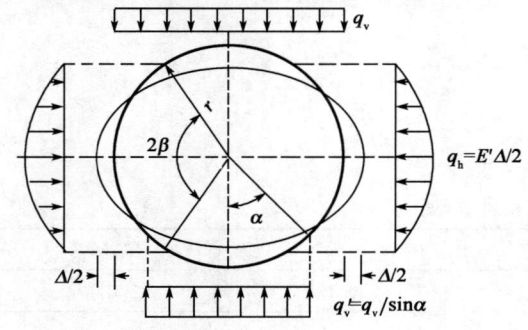

图 3.14 Spangler—Iowa 方法管道载荷示意图

态,因此应考虑有内压情况下埋地管道的截面变形。

地面占压载荷作用下,管道的危险截面通常位于载荷中心下方,由于管道的轴向尺寸一般远远大于其横截面尺寸,可按平面应变问题分析危险管道截面的应力状况。根据 Spangler—Iowa方法,将管道所受的作用力划分为管顶垂直土压力(q_v)、管底地基支反力(q'_v)和管侧土的水平抗力(q_h)。将埋地管道视为柔性管道,有内压时埋地管道的截面径向最大变形和管底最大弯曲应力分别为:

$$\Delta = \frac{k_{xv} w D^3}{8EI + 0.61E'D^3 + 2k_{xv} pD^3} \tag{3.58}$$

$$\sigma_b = \frac{3k_{bv} w D E \delta}{E\delta^3 + 0.092E'D^3 + 3k_{xv} pD^3} \tag{3.59}$$

$$k_{bv} = \frac{2}{3}k_{xv}, k_{vx} = 0.1933 + \frac{k(\alpha)}{2\pi} + \frac{\cos^2\alpha}{12} - \frac{1}{6}, k(\alpha) = \alpha\sin\alpha + \frac{3}{2}\cos\alpha + \frac{\alpha}{2\sin\alpha} - 2$$

$$k_{hx} = -k(\beta) - 0.1433\sin\beta + \frac{1}{4}\sin^2\beta - \frac{1}{15}\sin^2\beta\cos\beta - \frac{1}{3}\beta\sin\beta - \frac{14}{45}\cos\beta - \frac{2}{45}\frac{1-\cos\beta}{\sin^2\beta} + \frac{1}{3}$$

$$k(\beta) = \frac{\beta}{4}\sin^2\beta + \frac{21}{96}\sin2\beta - \frac{2}{3}\sin\beta + \frac{\beta}{4} + \frac{1}{32}\cot\beta - \frac{\beta}{32}\frac{1}{\sin^2\beta}$$

式中 p——管内压力;
D——管道直径。

从式(3.58)与式(3.59)可以看出,内压起到了抵抗管道截面变形的作用。

Spangler—Iowa 方法中($2\beta = 100°$),管壁的最大水平位移和应力按下式计算:

$$\Delta = \frac{JKwR^3}{EI + 0.61E'R^3} \tag{3.60}$$

其中
$$w = w_s + w_v$$
$$I = \delta^3/12$$

式中 Δ——管道水平径向的最大变形;
J——考虑长期载荷作用下的管道变形滞后系数,取 $J=1.5$;
K——管道基床系数;
w——单位长度管顶垂直载荷;
w_s——单位管长垂直土压力,N/m;
w_v——堆放载荷传递到管顶的垂直压力,N/m;
R——管道半径;
E——管材弹性模量;
I——单位长度管壁截面的惯性矩;
δ——管道壁厚;
E'——铺管条件参数,见表3.12。

表 3.12 铺管条件参数

铺 管 条 件	2α,(°)	K	E',MPa
敷设在未扰动的土上,回填土松散	30	0.108	1.0
敷设在未扰动的土上,管道中线以下的土轻轻压实	45	0.105	2.0

续表

铺 管 条 件	2α,(°)	K	E',MPa
敷设在厚度至少为10cm的松土垫层内,管顶以下回填土轻轻压实	60	0.103	2.8
敷设在砂卵石或碎石垫层内,垫层顶面在管底以上1/8管径处且不小于10cm;管顶以下回填土夯实,夯实密度约为80%	90	0.096	3.5
管道中线以下安放在压实的黏土内;管顶以下回填土夯实,夯实密度约90%	150	0.085	4.8

GB 50253《输油管道工程设计规范》、GB 50251《输气管道工程设计规范》都采用 Spangler—Iowa方法校核外载作用下管道截面的径向变形量,并要求管道无内压直径变化量不大于3%。

3.10 组合应力校核

管壁中任意一点处的应力状态如图 3.15 所示,由于是薄壁,可以忽略径向应力,因此,管道应力状态是典型的双轴应力状态,受到环向应力和轴向应力的组合作用。

产生环向应力和轴向应力的原因如下:

(1)环向应力:主要由管道的内压产生,在有外压的情况下,管道外压也引起环向应力。

(2)轴向应力:温度变化、内压或外压以及其他力和弯矩都可能产生轴向应力。

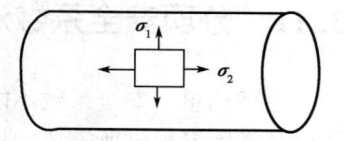

图 3.15 管壁一点的应力状态

在管道强度的设计计算中,通常用环向应力确定管道的壁厚,然后对内压、温度变化和管道弯曲在管道和管件上产生的应力进行组合。组合应力条件应考虑到各种载荷的复杂作用,即对图 3.15 中的各种应力进行综合,应力综合的依据是强度理论。对于金属材料,Tresca 屈服条件和 Mises 屈服条件都是考虑了塑性流动的强度理论,它们的计算值都能较好地符合塑性材料的实际应力状态。在工程设计计算中,考虑到 Tresca 的便捷性,多数管道工程设计规范都采用了 Tresca 屈服条件。

Tresca 屈服条件见式(1.17),它只与最大和最小主应力有关。对于管道的双轴应力状态,由于其受内压时的环向应力是拉应力,而轴向应力既存在压应力的情况,也存在拉应力的情况,因此,Tresca 屈服条件存在两种情形:第一种情形,当管道的轴向应力为压应力(负值)时,$\sigma_1 = \sigma_h, \sigma_2 = 0, \sigma_3 = \sigma_a$,Tresca 条件的当量应力为:

$$\sigma_{eq} = \sigma_h - \sigma_a \tag{3.61}$$

第二种情形,管道的轴向应力为拉应力(正值)时,$\sigma_1 = \sigma_a, \sigma_2 = \sigma_h, \sigma_3 = 0$,Tresca 条件的当量应力为:

$$\sigma_{eq} = \sigma_a \tag{3.62}$$

此组合应力应满足的强度条件为:

$$\sigma_{eq} < 0.9\sigma_s \tag{3.63}$$

式中 σ_{eq}——当量应力;

σ_s——钢管的最低屈服强度。

对于各种管件,应考虑到应力增强,其当量应力应满足的条件为:

$$\sigma_{eq}=\sqrt{\sigma_b^2+4\tau^2}=\sqrt{\frac{(i_iM_i)^2+(i_oM_o)^2}{W^2}+4\left(\frac{i_tM_t}{2W}\right)^2}<0.9\sigma_s \tag{3.64}$$

【例 3.1】 $\phi1016\text{mm}\times14.6\text{mm}$ 输气管道,管材为 X70,设计压力为 10MPa,温度变化为 55℃,试按一级二类地区校核该管道的强度。

解:分别校核管道的环向应力和组合应力。

环向应力及环向应力条件为:

$$\sigma_h=\frac{PD}{2\delta}=347.95\text{MPa}<F\sigma_s=349.2(\text{MPa})$$

轴向应力为:

$$\sigma_a=\nu\frac{PD}{2\delta}-E\alpha\Delta t=-34.23(\text{MPa})$$

式中,管材泊松系数 $\nu=0.3$,弹性模量 $E=210\text{GPa}$,管材热膨胀系数 $\alpha=1.2\times10^{-5}$。

组合应力及组合应力条件为:

$$\sigma_{eq}=\sigma_h-\sigma_a=382.13\text{MPa}\leqslant0.9\sigma_s=436.5(\text{MPa})$$

故管道强度满足要求。

3.11 分项安全系数法

考虑到单一安全系数不能对一切偶然因素或事故均提供合理的保护,因此设想用某种系数对某类因素提供所需要的保护,从而发展了一种修正的安全系数设计概念,即对于不同的设计参数,采用不同的设计系数。例如,对载荷等设计变量分别乘以一个系数,对阻力等设计变量也乘以一个系数,这种采用多项安全系数的方法称为分项安全系数法。各个分项安全系数是基于可靠性分析确定的,它反映了设计变量的散布情况以及安全性要求,根据所得的分项安全系数,能够按传统设计方法进行管道的设计。

例如,加拿大管道设计标准 CSA Z662—2007 中将载荷分类为永久载荷、工况载荷、环境载荷以及偶然载荷四类:

(1)永久载荷,一般指管道的结构重量,根据设计文件中的材料性能和几何形态决定,包括管道的接头、补强等附属结构;

(2)工况载荷,指在设计条件下管道受到的载荷,如内压、管输流体重量、运行温度变化产生的应力,以及临时装备的重量等;

(3)环境载荷环境因素所致的载荷,如滑坡、地面塌陷、断层等所致土体位移、地震、风、波浪和海流等。

(4)偶然载荷,指由偶然事件所致的载荷,如施工和运行时的外力、火灾与爆炸等。

这四类载荷组合后的设计方程如下:

$$\phi_R R\geqslant\gamma_s(\alpha_G G+\alpha_Q Q+\alpha_E E+\alpha_A A) \tag{3.65}$$

式中 ϕ_R——抗力(强度)分项安全系数,取 0.9;

R——特征抗力或强度;

γ_s——安全类别因子;

$\alpha_G,\alpha_Q,\alpha_E,\alpha_A$——用于 G、Q、E 和 A 等类型载荷的分项安全系数;

G, Q, E, A——永久载荷、运行载荷、环境载荷以及偶然载荷。

在这一设计方程中,分别对四类载荷、强度及安全类别取了分项安全系数,允许对几类因素分别考虑不同的安全系数,以满足复杂情况下管道的安全性要求。这种设计方法的流程如图 3.16 所示,包括定义设计载荷、选择载荷因子、设计负载计算系数,最后检查各种极限状态下的管道是否安全。表 3.13 中给出了安全类别因子 γ_s,表 3.14 中给出部分载荷分项安全系数。

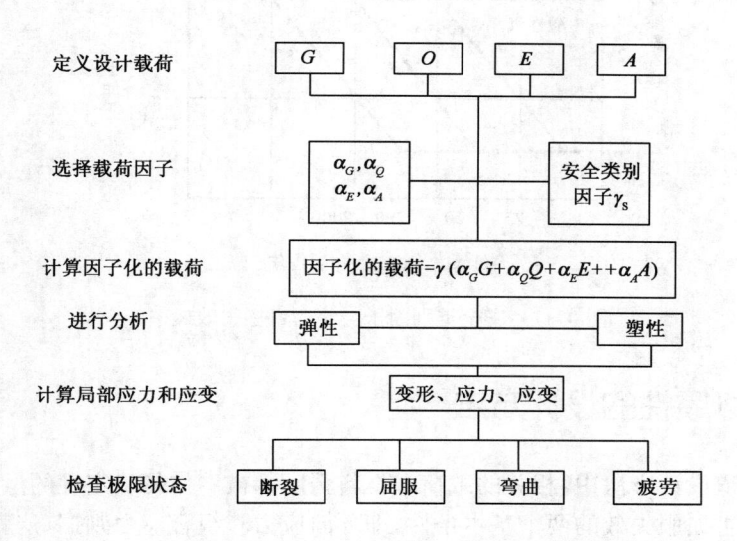

图 3.16 分项安全系数的设计流程

表 3.13 最终极限状态的安全类别因子

安全类级因子	酸性气体	非酸性气体	高蒸气压气体以及 CO_2	低蒸气压气体
1	1.1	1.0	1.0	1.0
2	1.3	1.1	1.2	1.0
3	1.6	1.4	1.2	1.0
4	2.0	1.8	1.2	1.0

表 3.14 载荷分项安全系数(参见 CSA Z662)

载荷组合	α_G	α_Q		α_E	α_A
		压力	其他		
最大工况	1.25	1.13	1.25	1.07	0
最大环境	1.05	1.05	1.05	1.35	0
偶然	1.0	1.0	1.0	0	1.0
疲劳	1.0	1.0	1.0	1.0	0
输送能力	1.0	1.0	1.0	1.0	0

安全类别与管道失效后果以及人员暴露于危险的情况有关。安全类别因子的取值是用来确保较高安全类别的失效事件的概率较低。基于这个原因,安全类别是以管道线路的位置及其输送介质为基础的。Zimmerman 等人在 1996 年在对 CSA Z662 附录 C 的讨论中以图 3.17 表示了安全类别因子、人员暴露于危险的情况和目标失效概率之间的相互关系。

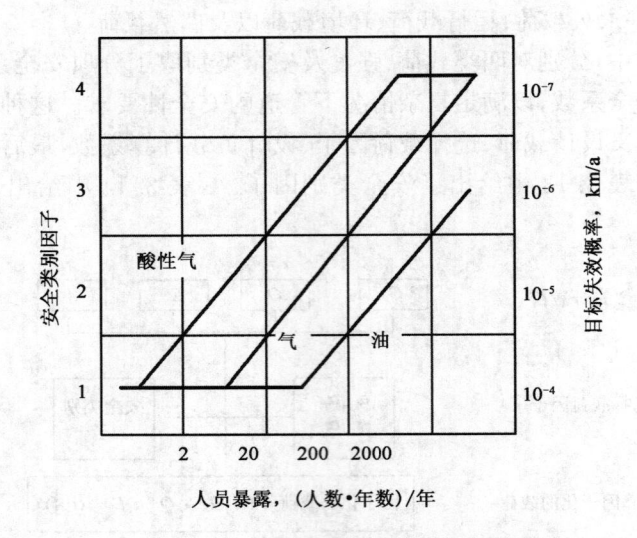

图 3.17　安全类别因子与年度目标失效概率

3.12　基于可靠性的设计方法

在传统的管道设计方法中,相关的载荷和材料强度都被看作是确定性的量,并明确规定了用于检验管道是否屈服失效的两个基本条件,即环向应力和组合应力判据,这就满足了管道的强度要求,因而认为管道在工作中不会失效。考虑到管道制造和运行中的不确定性因素,由规定的最低屈服应力乘以设计系数,就能保证管道的承载能力。这种设计系数是在大量工程实践基础上得出的,它反映了一定的统计特性,但是,由于这种设计系数(本质还是安全系数)的方法把各种参数都当作定值,没有分析设计参数的随机性,因此,安全系数(或设计系数)的方法不能考虑管道运行中出现的随机性和不确定性,这也反映在安全系数的确定有较大的主观随意性,取值偏大和偏小的可能性都存在。

基于可靠性的设计方法可以适当考虑诸项影响因素的不确定性,限制出现不可接受的风险后果。国际上像挪威 DNV、加拿大 Z662 和荷兰 NEN3650 等一些管道的设计标准中已经采用了基于可靠性的设计方法,这也是管道设计理念的变化。

在结构可靠性的一般理论中,为了正确描述结构的工作状态,必须明确规定结构安全、适用和失效的界限,这样的界限称为结构的极限状态。国标(GB 50153—2008)对结构极限状态的定义为:整个结构或结构的一部分超过某一特定状态就不能满足结构的某一功能要求,此特定状态为该功能的极限状态。挪威船级社(DNV)标准 DNV-OS-101 将管道的极限状态划分为服役极限状态、最终极限状态、疲劳极限状态和偶然极限状态等,其中,服役极限状态指管道的椭圆化、凹陷和未产生破裂的材料屈服等,最终极限状态指管道的屈曲、断裂和塑性坍塌等,疲劳极限状态指疲劳裂纹扩展或损伤累积引起的失效,偶然极限状态是指偶然因素导致的管道失效。

在可靠性理论中,对于给定的极限状态,其功能函数可以由广义意义上的载荷和阻力描述,广义载荷如应力、力或力矩等,广义阻力如应力、力和力矩的容许值。用广义载荷 S 和阻力 R 表示的极限状态为:

$$g(x)=R-S=0 \tag{3.66}$$

式(3.66)就是可靠性理论中的极限状态方程，$g(x)$为极限状态函数。可靠性用下式计算：

$$P_r = P(g(x) > 0) = P(R - S > 0) \tag{3.67}$$

也可用失效概率表示：

$$P_f = 1 - P_r = P(g(x) < 0) = P(R - S < 0) \tag{3.68}$$

假设载荷 S 为一连续随机变量，有概率密度函数 $f(S)$；阻力 R 亦为一连续随机变量，有概率密度函数 $f(R)$。图 3.18 画出了在同一坐标系中载荷 S 和强度 R 的概率密度函数曲线，图中阴影表示两曲线的重叠部分，称为干涉区，它是管道出现失效的区域。根据干涉区情况进行管道可靠性计算的理论称为载荷—阻力干涉理论，这种模型也称为干涉模型。从干涉模型可以看出，欲确定管道的可靠度或失效概率，必须研究载荷和阻力两个随机变量中一个超过另一个的概率。

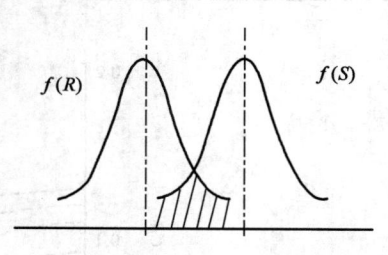

图 3.18 应力—强度干涉模型

假设广义载荷 S 和强度 R 均为正态分布，理论上可以证明功能函数 $g(x) = R - S$ 也为正态分布。记广义载荷和强度的平均值分别为 μ_S 和 μ_R，均方根分别为 σ_S 和 σ_R，定义可靠性指标：

$$\beta_r = \frac{\mu_R - \mu_S}{\sqrt{\sigma_R^2 + \sigma_S^2}} \tag{3.69a}$$

随机变量的分散性也可用变异系数表示，即 $COV_S = \sigma_S/\mu_S$ 和 $COV_R = \sigma_R/\mu_R$，这样可靠性指标也可表示为：

$$\beta_r = \frac{\mu_R - \mu_S}{\sqrt{(\mu_R \cdot COV_R)^2 + (\mu_S \cdot COV_S)^2}} \tag{3.69b}$$

则可靠度可以表示为：

$$P_r = \frac{1}{\sqrt{2\pi}} \int_{-\beta_r}^{+\infty} e^{-\frac{z^2}{2}} dz = 1 - \Phi\left(-\frac{\mu_R - \mu_S}{\sqrt{\sigma_R^2 + \sigma_S^2}}\right) = \Phi(\beta) \tag{3.70}$$

式中 $\Phi(x)$——正态函数。

这也说明，可靠性指标 β_r 实际上反映了结构的安全水平。式(3.70)将应力分布参数、强度分布参数和可靠度三者联系起来了，故称为"联结方程"。

按照设计要求，管道的强度应大于其所受应力，记为：

$$\mu_S \leq F\mu_R \tag{3.71}$$

式中 F——管道处在不同地区等级的设计系数，其值小于 1。

式(3.71)取等号，并代入式(3.69b)，可得：

$$\beta_r = \frac{1 - F}{\sqrt{COV_R^2 + (F \cdot COV_S)^2}}$$

也可写成

$$COV_R^2 + (F \cdot COV_S)^2 = \left(\frac{1 - F}{\beta_r}\right)^2 \tag{3.72}$$

式(3.72)确定了设计系数、管道强度与应力变异系数、安全水平之间的关系。如果给定设计系数，也给定管道的安全水平，则式(3.72)是一椭圆形方程，安全水平一定，实际上也就限制了应力和强度的变异系数在一定范围内。参考国内外关于输气管道地区等级划分及安全性要求，建议不同地区等级的管道目标失效概率如表 3.15 所示，则可以得到图 3.19，图中的曲线表示了不同地区等级时应力和强度的变异系数需满足的条件。

表 3.15 目标失效概率

地区等级	一级	二级	三级	四级
目标失效概率	10^{-3}	10^{-4}	10^{-5}	10^{-6}
可靠性指数	3.09	3.71	4.26	4.75

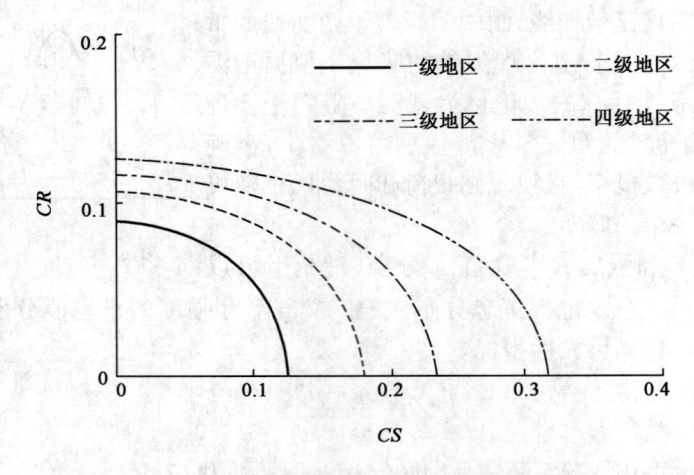

图 3.19 不同地区等级要求的管道强度与应力方差

从以上内容可以看到,设计系数一定,管道的安全水平并不是确定的,而是取决于管道强度与应力的变异系数。变异系数越大,管道的安全水平就越低。参数的变异系数实际上表示了参数分散性,它们与工程质量和运行条件的控制密切相关,这也说明,即使通过设计系数使管道留有安全裕量,但仍需保证工程质量,并控制好运行条件,而这都需要落实必要的技术措施和管理措施,才能保障管道的安全可靠性。

4 穿跨越管道

长距离输油气管道所经地形复杂多样,如低山、丘陵、岗地、盆地和平原等,在我国有西北荒漠、东南水网、东北原始森林、西南喀斯特地貌。在一般地形条件下,采取管沟开挖埋地敷设方式,而对于山川、河流、高速、铁路等特殊地段,需要采取穿越或跨越的方式敷设。穿跨越往往是长输管道施工建设和运行维护的重点和难点部位,其投资大、重要性高、维护困难。合理确定复杂地质区域条件下管道通过人工或天然障碍的穿跨越方案,是保障管道运行安全、降低工程投资的关键。

目前长输油气管道常见穿越方式有挖沟法、定向钻、隧道、顶管等,常见跨越方式有桁架、拱桥、悬索桥、斜拉索桥跨越等。取决于施工方式及结构,管道穿跨越涉及多种地下、地面工程结构,其力学分析计算的内容的差别也相当大,不宜全部包括在本书中。本章介绍管道穿跨越的主要方式,以及一些穿跨越管道及工程结构的设计计算方法等。

4.1 穿跨越的一般要求

由于穿跨越结构的重要性,在设计计算时,应选用和线路管道不同的设计系数,保障结构有足够的安全裕量。此外,作用在管道穿跨越管段或结构上的载荷多种多样,各具不同特征,这种区别造成相应的应力具有不同的性态,所造成的材料破坏形式和机理存在差异。为保障安全,应对不同的载荷组合情况进行校核计算。

4.1.1 设计系数

穿越铁路、公路、山川、水域的管道的强度设计系数,应符合表4.1中的规定。跨越管道的强度设计系数应符合表4.2中的规定,其中甲类为通航河流跨越,乙类为非通航河流及其他障碍跨越。管道跨越工程的等级划分见表4.3。

表4.1 穿越铁路、公路及输气站内管道的强度设计系数

管道及管段	输气管道地区等级				输油管道
	一	二	三	四	
Ⅲ、Ⅳ级公路套管穿越	0.72	0.6	0.5	0.4	0.72
Ⅲ、Ⅳ级公路无套管穿越	0.6	0.5	0.5	0.4	
Ⅰ级公路、Ⅱ级公路、高速公路、铁路有套管或涵洞穿越	0.6	0.6	0.5	0.4	0.6
长—中长山岭隧道、多管敷设的短山岭隧道	0.6	0.5	0.5	0.4	
水域小型穿越、短山岭隧道	0.72	0.6	0.5	0.4	0.72
水域大、中型穿越	0.6	0.5	0.4	0.4	0.6
冲沟穿越	0.6	0.5	0.5	0.4	0.72

表 4.2 管道跨越强度设计系数

设计系数 跨越工程分类	工程等级 大型		中型		小型	
	输气	输油	输气	输油	输气	输油
甲类	0.4	0.45	0.45	0.5	0.5	0.55
乙类	0.5	0.55	0.55	0.6	0.6	0.65

表 4.3 管道跨越工程等级　　　　　　　　　　单位:m

工程等级	总跨长度	主跨长度
大型	≥300	≥500
中型	100～300	50～150
小型	<100	<50

4.1.2 载荷组合

对穿跨越管道或结构,应根据结构、所处环境和运行条件,按可能同时出现的永久载荷、可变载荷和偶然载荷,经组合后进行设计。

穿跨越管段及结构的永久载荷、可变载荷和偶然载荷的作用如下:

(1)永久载荷:输送介质内压、管段自重、输送介质重、管周土压力、静水压力、动水压力、温度变化产生的温度应力、强制弹性变形产生的变形应力。

(2)可变载荷:包括试运行或试压时管内的水重与内压、清管载荷、施工托管或吊管。

(3)偶然作用:包括地震影响、落石冲击、沉船、抛锚或河道疏浚产生的撞击;管段位于设计地震动峰值加速度大于 0.1g 的地区,应计算地震造成的土压力、地基土液化作用;有活动断层时的断层位移。

穿越管段结构计算时载荷组合为:主要组合为永久载荷;附加组合为永久载荷与可变载荷之和;特殊组合为永久载荷与偶然载荷之和。不同载荷组合许用应力提高系数按表 4.4 确定。

表 4.4 许用应力提高系数

载荷组合	主要组合	附加组合	特殊组合
提高系数	1.0	1.3	1.5

4.2 挖沟法穿越

挖沟法,就是在河底挖出一条一定深度的管沟,并保证管顶位于河流的设计冲刷线或规划疏浚线以下 2m,然后将管道放入管沟内并进行回填,同时辅以管道压重、河流护底、岸坡护岸等保护措施来确保管道安全。

4.2.1 埋设要求

根据国内管道施工、运营管理经验,挖沟法穿越的埋深要求应根据工程等级与相应设计洪水冲刷深度或疏浚深度确定,并符合表 4.5 的要求。河流深泓线反复摆动时,穿越管段在深泓线摆动范围内埋深应相同。采用水下挖沟时,根据机具试挖确定管沟尺寸,若无此资料,按表4.6试挖管沟。

表4.5 沟埋穿越水域的管顶埋深 单位:m

水域冲刷情况	水域穿越工程等级		
	大型	中型	小型
有冲刷或疏浚的水域,应在设计洪水冲刷线下或规划疏浚线下,取其深者	≥1.0	≥0.8	≥0.5
无冲刷或疏浚的水域,应埋在水床面以下	≥1.5	≥1.3	≥1.0
河床为基岩,并在设计洪水下不被冲刷时,管段应嵌入基岩深度	≥0.8	≥0.6	≥0.5

表4.6 水下开挖管沟尺寸

土壤类别	沟底最小宽度,m	管沟边坡	
		沟深≤2.5m	沟深>2.5m
淤泥、粉砂、细砂	$D+2.5$	1:3.5	1:5.0
中砂、粗砂	$D+2.0$	1:3.0	1:3.5
砂土、含卵砾石土	$D+1.8$	1:2.5	1:3.0
粉质黏土	$D+1.5$	1:2.0	1:2.5
黏土	$D+1.2$	1:1.5	1:2.0
岩石	$D+1.0$	1:0.5	1:1.0

注:(1)管沟底宽指单管敷设所需净宽,不包括回淤;
(2)在深水区,管沟底宽应增加潜水员潜水操作的宽度;
(3)若遇流沙,沟底宽度和边坡由试挖确定;
(4)D为管身结构的外径。

4.2.2 水下管段稳定性

水下穿越管段在没有达到安全埋深甚至露管时,受到水流的浮力与动力的作用(关于水流对管道的作用,可参考本书6.1),可能引起管段的漂浮或移位,因此,要求水下穿越管段敷设后不应发生管段漂浮和移位。达不到表4.1埋深要求的(或裸管敷设的),水下穿越管段应按下列公式进行抗漂浮验算:

$$w \geqslant K(F_s + F_L) \tag{4.1a}$$

$$w \geqslant K\frac{F_D}{f} + F_s + F_L \tag{4.1b}$$

$$F_D = C_D \rho_w g D v^2, \quad F_L = C_L \rho_w g D v^2 \tag{4.1c}$$

$$b_p = \frac{\pi}{4} \rho_w g D^2 \tag{4.1d}$$

式中 w——单位长度管段总重量,包括管身结构自重、加重层重量,但不含管内介质重量,N/m;
K——稳定性安全系数,大、中型工程取1.3,小型工程取1.2;
b_p——单位长度管段静水浮力,N/m;
F_L——单位长度管段动水上举力,N/m;
F_D——单位长度管段动水推力,N/m;
D——钢管外径,m;

F_s——管段与河床的滑动摩擦系数,根据试验和工程经验确定,无试验时,3层PE涂层的管段与河床摩擦系数可取0.25,其他涂层的管段可取0.3;

C_L——上举力系数,取0.6;

C_D——推力系数,取1.2;

v——设计期间的洪水水流速度,m/s;

ρ_w——河水或海水的密度。

在竖向弹性敷设穿越管段时,管段总重力w还应减去管段向上的弹性抗力,即反弹力。单位长度的反弹力按下式计算:

$$q=\frac{384EIf_c}{5L^4}-0.0246615(D-\delta)\delta \qquad (4.2)$$

$$f_c=R-\sqrt{R^2-\frac{L^2}{4}} \qquad (4.2a)$$

$$R\geqslant 3600-\sqrt{1-\frac{\cos\frac{\alpha}{2}}{\alpha^4}D^2} \qquad (4.2b)$$

式中 q——弹性敷设管段单位长度抗力,N/m;

E——钢管弹性模量,取200GPa;

I——钢管面惯性矩;

δ——钢管壁厚,m;

f_c——弹性敷设的矢高,m;

L——弹性敷设起点与终点间的水平长度,m;

R——管段弹性敷设设计曲率半径,m,不应小于1000D;

α——管段弹性敷设转角,宜小于5°。

达到埋深要求的水下穿越管段,可以不计算抗移位,但应用下式进行抗漂浮核算:

$$w_1>Kb_p$$

式中 w_1——单位长度管段总重力,包括管身结构自重、加重层重、设计洪水冲刷线至管顶的土重,不含管内介质重,N/m;

K——稳定安全系数,大、中型工程取1.2 小型工程取1.1。

在竖向弹性敷设穿越管段时,w_1应减去按式(4.2)计算的弹性抗力。

4.2.3 水工保护工程

陕京输气管线、靖西输气管线、涩宁兰输气管线、兰成渝成品油管线及西气东输管道工程的运营经验表明,为防止水流危及管道安全而修筑防护工程是必要的。对于受水流沟刷或冲蚀威胁的穿越管段,可修筑导流堤或丁坝等调治构筑物,以满足水流顺畅、不产生集中冲刷的要求;为保持岸坡稳定,应修筑护坡工程。

4.2.3.1 浆砌石护坡

在设计护坡时,应提出选用护坡砌块尺寸的要求,防止因动水作用损毁护坡。依据砌块的重量要大于水流动力作用的条件,可得干砌片石护坡石块折算直径。当计算护坡石块直径$D_s\geqslant 350$mm时,可采用双层干砌,上层厚$0.6D_s$。

$$D_s=1.5\frac{p_s}{(\rho_s-\rho_w)g\cos\alpha} \qquad (4.3)$$

式中 D_s——用石块体积换算为圆球体积的折算直径,m;
α——护面斜坡与坡脚水平线的夹角;
p_s——动水作用于护坡的上举力,N/m;
ρ_s——砌石的密度,kg/m³;
ρ_w——河水的密度,kg/m³。

浆砌护坡只考虑静浮力 p_{sj1},干砌护坡还应考虑脉动上举力 p_{sj2},故

$$p_s = p_{sj1} + p_{sj2}, \quad p_{sj1} = \eta\mu\rho_w g v^2, \quad p_{sj2} = \xi\rho_w g v^2$$

式中 p_{sj1}——动水作用于护坡的静浮力,N/m;
p_{sj2}——动水作用于干砌护坡上的脉动上举力,N/m;
η——与护面结构有关的系数,浆砌护面取 1.1～1.2,干砌护面取 1.5～1.6;
μ——与护面透水性有关的系数,浆砌护面取 0.3,干砌护面取 0.1;
ξ——脉动压力系数,可按现场的实测值取用,或取用水利部门护坦脉动压力试验所得最大值 0.4;
v——河水的平均流速,m/s。

浆砌护坡厚度可按下式计算确定:

$$\delta_s = \frac{p_{sj}}{(\rho_s - \rho_w) g \cos\alpha} \tag{4.4}$$

式中 δ_s——浆砌片石(混凝土块)护坡厚度,m。

抛石(或堆石)护脚,其抛石堆顶上的石块折算直径、抛石堆斜坡上的石块折算直径和抛石位移按如下公式计算:

$$D_s = \frac{v^2}{\sqrt{\dfrac{5}{k}} \cdot 2g \dfrac{\rho_s - \rho_w}{\rho_w}} \tag{4.5}$$

$$D_1 = \frac{D_s}{\cos\alpha} \tag{4.6}$$

$$L = 0.8 \frac{D_s}{M^{1/6}} h \tag{4.7}$$

式中 D_1——斜坡上石块的折算直径,m;
$\sqrt{\dfrac{5}{k}}$——石块滑动的稳定系数,取 0.86;
L——流水作用下抛石发生位移的距离,m;
h——行进水流的水深,m;
M——所抛石块的质量,kg。

4.2.3.2 石笼

石笼是防护工程常用的措施之一,特别在已建管道工程中应用很多。如马惠宁输气管道在环江穿越中,采用石笼护基、护脚很普遍。采用石笼护基或护管时,石笼基底铺成 0.2～0.4m 的平整垫层;若地基为基岩,可将石笼用钢筋锚固定在基岩上。根据需要可对石笼进行灌浆处理,增加稳定性。

护管(河底)石笼顺水流的平铺长度应大于自石笼顶面至设计洪水冲刷线深度的 1.5 倍。

4.2.3.3 柔性混凝土板

采用柔性混凝土板防止水流冲淘、保护护坡基础或河床,是在水利部门、交通或铁道部门

经常采用的措施。当冲刷深度较大或常水位水深较大时,宜采用混凝土板之间铰连接的柔性混凝土防护板,铺设于护坡基础处或作护底(管)用。混凝土板的厚度可按式(4.4)计算,ρ_s 为混凝土板的质量,μ 值取 0.3。

柔性混凝土板的护底平铺长度可按式(4.8)计算:

$$L_c = \sqrt{1+m^2} \cdot h_{\Delta x} + L_s \tag{4.8}$$

式中 L_c——平铺长度,m;
m——边坡系数,按 1~0.5 取用;
$h_{\Delta x}$——防护深度,m,根据冲刷确定;
L_s——安全长度,可取 2.0m。

对于淹没时间不长、流速较小的河渠岸坡,如季节性的小河、人工渠道,为节省投资,可采用草皮护坡或土工格室护坡。基础可根据地质条件与水流情况选用较牢靠的防护措施,如采用浆砌、抛石、石笼或混凝土柔性护板等。

4.3 定向钻穿越

定向钻穿越原理是按照设计的轨迹,采用定向钻技术先钻一个导向孔,随后在钻杆端部接较大直径的扩孔钻头和较小直径的待敷设管道进行扩孔和管道回拖,深度一般在河流冲刷线以下 16m,如图 4.1 所示。该穿越方式主要适用于黏土、粉土等成孔条件好的地层,我国黄河、长江等大型河流多选用该穿越方式。

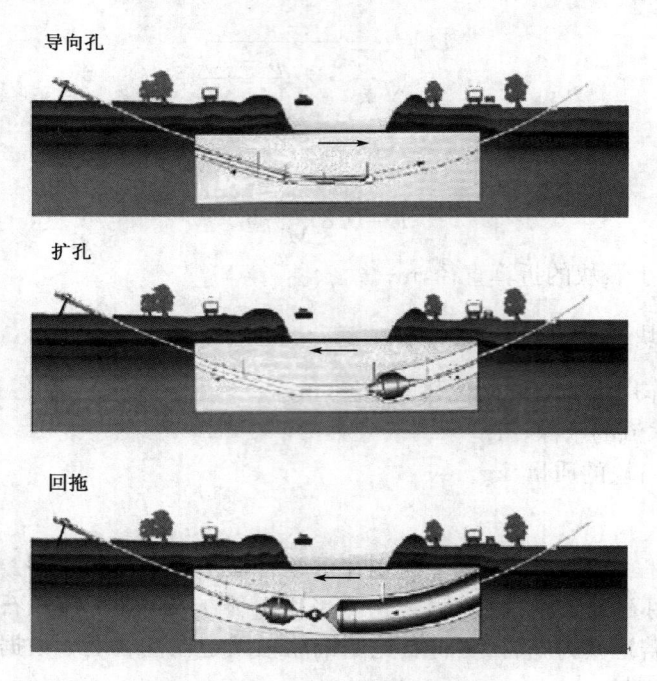

图 4.1 定向钻穿越示意

定向钻穿越处管道的壁厚计算及组合应力的校核与埋地管道部分的方法相同,但设计系数的规定不同,应按穿越的规定选取。由于穿越施工要求,还需进行管道载荷、刚度校核以及回拖力计算等。

4.3.1 施工载荷分析

定向钻施工载荷包括回拖力、顶进推力和扩孔扭矩等。

4.3.1.1 回拖力

为了拖动管道,需要克服摩擦阻力、管道自重、流动阻力和贯入阻力等。钻孔弯曲和管壁的摩擦力是回拖力的主要来源,由于定向钻穿越涉及许多复杂的工况,回拖力也是各种因素共同作用的结果。回拖力对于选型、施工工艺的确定非常重要,也是工程成败的关键。通过回拖力的计算,不但能对钻机的力学性能进行评价,而且还可对穿越管道的安装设计、穿越长度等进行评价校核,因此回拖力是定向钻穿越中的十分重要的力学参数。

为简化计算,采用 GB 50423—2013《油气输送管道穿越工程设计规范》普遍推荐的方法。推荐公式采用净浮力的计算方法,是依据穿越管段在泥浆中的浮力扣除自重后产生的摩擦力,再加上拖管前进时管段在泥浆中的黏滞力形成穿越所必要的回拖力。净浮力计算法考虑了孔道内泥浆的浮力作用,但没有考虑管顶土压力作用在管道上的压力,比较适用于孔壁稳定性较好、穿越曲率半径较大、直线段较长的定向钻穿越。

管段不充水回拖时,最大回拖力按下式计算:

$$F_{回} = L\mu\left(\frac{\pi\rho_m g D^2}{4} - \pi\rho g D\delta - W_f\right) + \pi DLK \tag{4.9}$$

式中 $F_{回}$——穿越管段回拖力,kN;

L——穿越管段长度,m;

μ——摩擦系数,一般取 0.3;

D——穿越管段的钢管外径,m;

ρ_m——泥浆密度;

ρ——钢材密度;

W_f——回拖管道单位长度配重,kN/m;

K——黏滞系数,取 $0.18kN/m^2$。

实际回拖力大小是包括地质条件、穿越曲线、孔洞规则与否、泥浆性能、发送方式等多种因素共同作用的结果。所以,实际回拖力的估算值按式(4.9)的 1.5~3.0 倍选取。

4.3.1.2 顶进推力

由于采用顶管作业隔离卵石层,顶进推力的计算按照最不利的情况进行,计算公式如下:

$$F = F_0 + fL \tag{4.10}$$

式中 F——总推力,kN;

F_0——初始推力,kN;

f——每米管子与土层之间的综合摩擦阻力,kN/m;

L——套管长度,m。

顶管作业的阻力主要是管壁的摩擦阻力,而摩擦阻力又与经过的地层有关。需要说明的是,上述计算方法,需要考虑管道外壁注浆润滑后所产生的减阻效果,而在实际实施时通常在套管前端采用注浆润滑的措施,随顶随注浆,以便降低实际顶管的阻力,便于顶管作业。

为减小顶管阻力,在钻杆上加设扶正器,并在扶正器上开几个小水眼。扶正器的外径比钻杆的外径稍大,又比钻头的外径小,在钻进过程中可以将已经收缩的导向孔扩大;扶正器上的小水眼又可喷射泥浆,使孔壁保持润滑,可有效防止因导向孔收缩抱住钻杆而造成阻力增大。在长距离岩石层穿越时,应使用泥浆马达和大钻头钻导向孔。使用泥浆马达可以有效减小钻头前进所需的推力;大钻头可以造成更大的孔壁与钻杆之间的环形空间,有利于钻杆在孔洞中穿行,也便利于泥浆的流动。

4.3.1.3 扩孔扭矩

由于加载在扩孔器上扭矩的影响因素较多,如地层的力学性质、扩孔器的直径、扩孔时进刀量大小、扩孔的速度和泥浆的排量等都影响扩孔的扭矩。计算扭矩时,首先假定泥浆的排量、扩孔速度的影响为一定值,穿越地层性质相同,这时扩孔器上产生的扭矩和其直径的平方成正比。钻杆上产生的扭矩参考油田水平定向钻井水平段扭矩计算的经验公式进行相关的校核。

水平定向钻井水平段的扭矩计算的经验公式如下:

$$M_h = \frac{1}{2}\mu DWL \tag{4.11}$$

式中 D——钻头外径;
W——钻头浮重;
L——钻杆长度;
μ——摩擦系数。

4.3.2 稳定性校核

4.3.2.1 外压稳定性

采用定向钻穿越的管道还应按无内压状态验算其在外压力作用下的管子变形,防止在高水位和泥浆压力下可能产生的局部屈曲现象。经内压计算确定壁厚后,需按铁木辛柯公式进行外压失稳校核:

$$Fp_{yp} \geqslant p_s \tag{4.12}$$

$$p_{yp}^2 - \left[\frac{\sigma_s}{m}(1+6mn)p_{cr}\right]p_{yp} + \frac{\sigma_s p_{cr}}{m} = 0 \tag{4.13}$$

$$m = \frac{D}{2\delta}, n = \frac{f_0}{2}$$

式中 F——穿越管段的设计系数,取 0.6;
p_{yp}——穿越管段所能承受的极限外压力,MPa;
p_s——泥浆压力,可按 1.5 倍的泥浆静压力或实际工作压力选取,MPa;
σ_s——钢管屈服强度,MPa;
p_{cr}——钢管弹性变形临界压力,按式(1.30)计算,MPa;
δ——钢管壁厚,mm;
D——钢管外径,mm;
f_0——钢管椭圆度,取 1.2%。

4.3.2.2 轴向稳定性

定向钻需要依靠钻机给钻杆施加的推力前进,钻机需要克服多种阻力的影响才能推动钻杆前进。当钻进长度较长且受到较大阻力时,钻杆受压易产生压杆失稳。导致钻杆压杆失稳的临界力计算公式为:

$$P_{cr}=\frac{\pi^2 EI}{(\mu L)^2} \quad (4.14)$$

式中 P_{cr}——钻杆所能承受的临界压力；

E——钻杆的弹性模量；

I——钻杆的轴惯性矩；

L——压杆的长度，即从钻机动力输出端至钳口的距离；

μ——长度系数。

4.4 公路穿越

公路穿越考虑的是埋设在公路土体中的管道承受管顶填土、道路结构本身的重量，以及公路路面车辆载荷的作用。公路车辆载荷与其他动力载荷不同，是一种长期施加的随机重复循环载荷，它通过公路路面和管道上覆土传递和扩散对穿越管道产生影响。公路上车辆载荷对管道的随机作用过程的影响因素较多，如交通量、车辆轴载、车重、车距、车速、车型、路面结构等。

根据设计规范的规定，油气管道与公路相交夹角一般为 90°，穿越形式采用路堤型穿越。最不利的工况是两辆车并排。因此，假定管线承受由在相邻车道上行驶的两辆汽车所产生的载荷，这两组双轴或单轴载荷成一直线，如图 4.2 所示。管道的外部载荷由土层压力（静载荷）和公路车辆载荷产生。参考 API RP 1102、GB 50423—2013《油气输送管道穿越工程设计规范》等规范中无套管公路穿越设计部分计算覆土和道路车辆载荷对管道产生的应力，无套管穿越设计应进行强度、疲劳、变形、稳定等方面的计算。

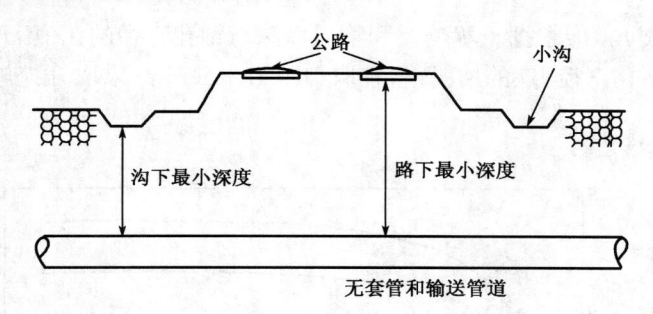

图 4.2 公路穿越

4.4.1 覆盖土层应力

在公路下的管道承受管顶填土、道路结构本身的重量，导致了管道附加应力。在公路穿越管道的应力计算中，采用经验集中系数法计算管道的环向应力，公式如下：

$$\sigma_{He}=K_{He}B_e E_e \rho_{so} g D \quad (4.15)$$

式中 K_{He}——钻孔方式土载荷产生管道环向应力的刚度系数；

B_e——土压力埋深影响系数；

E_e——土载荷挖掘系数；

ρ_{so}——土壤密度（如果有岩土试验取实际试验值，一般可取 1890kg/m³）。

土压力产生管道环向应力的刚度系数 K_{He}，应根据土壤反作用力模量 E' 和管道的壁厚与

外直径比 δ/D 确定,如图 4.3 所示,若采用钻孔施工方法,E' 应按表 4.7 取值。在无勘查资料的情况下,E' 可取 3.4MPa。采用开挖夯实沟回填方法时,E' 应高于钻孔施工方法的取值。

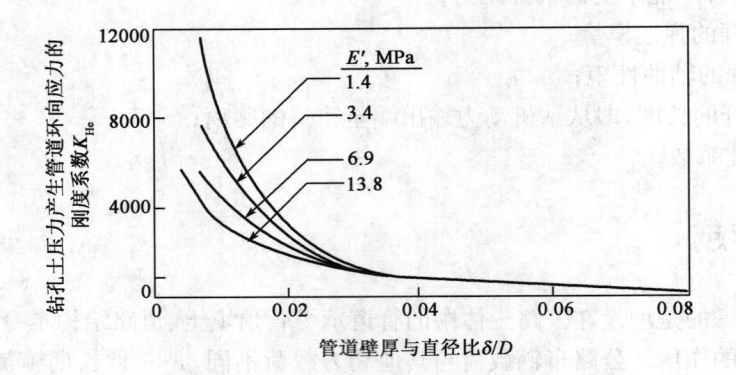

图 4.3 土载荷产生管道环向应力的刚度系数 K_{He}

表 4.7 土壤反作用模量 E'

土 壤 状 态	E',MPa
高塑性的软塑至可塑黏性土和粉土	1.4
低至中塑性的软塑至可塑黏性土和粉土、松散砂和砾石	3.4
硬塑至坚硬的黏性土和粉土、中密的砂和砾石	6.9
密实至很密实的砂和砾石	13.8

土压力埋深系数 B_e,应根据土壤分类和管道埋深与钻孔直径的比值 H/B_d 确定,如图 4.4 所示。在不能确定钻孔直径 B_d 的情况下,宜取 $B_d=D+50\text{mm}$;采取开挖施工的方法的,宜取 $B_d=D$。

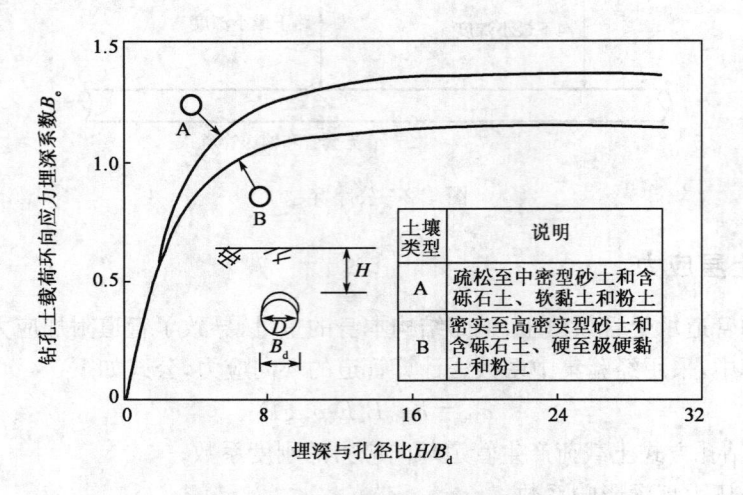

图 4.4 土载荷环向应力埋深系数 B_e

土压力挖掘系数 E_e,应根据钻孔直径与管道直径比值 B_d/D 确定,如图 4.5 所示。在不能确定钻孔直径时,宜取 $E_e=1$,对于开挖敷管施工方法,宜取 $E_e=1$。

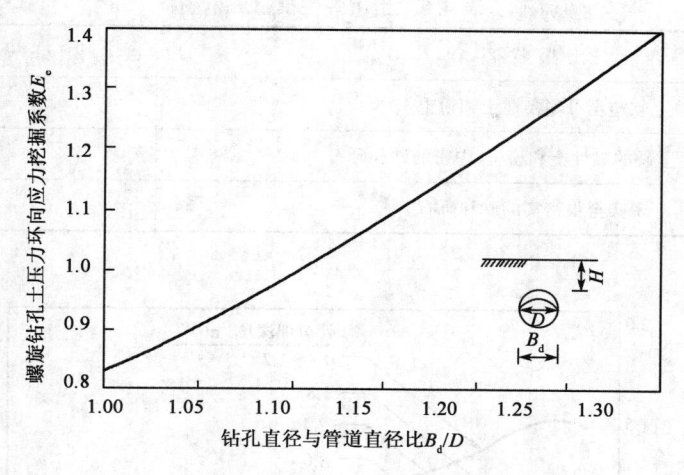

图 4.5 土载荷环向应力挖掘系数 E_e

4.4.2 车辆应力

公路车辆载荷与其他动力载荷不同,是一种长期施加的随机重复循环载荷,在管道中产生环向循环应力和轴向循环应力。

4.4.2.1 环向应力

管道在车辆载荷作用下产生循环应力,其中环向循环应力为:

$$\sigma_{Hh}=K_{Hh}G_{Hh}R_iL_iF_iw_t \tag{4.16}$$

式中 K_{Hh}——公路车辆载荷产生环向循环应力的刚度系数,根据图 4.6 确定(其中,土壤弹性模量 E_r 按表 4.8 取值),kPa;

G_{Hh}——公路环向循环应力的几何因素,它是 D 和 H 的函数,按图 4.7 确定;

R_i——公路路面类型系数,按表 4.9 确定;

L_i——公路车辆车轴类型系数,按表 4.9 确定;

F_i——冲击系数;

w_t——车辆均布载荷标准值。

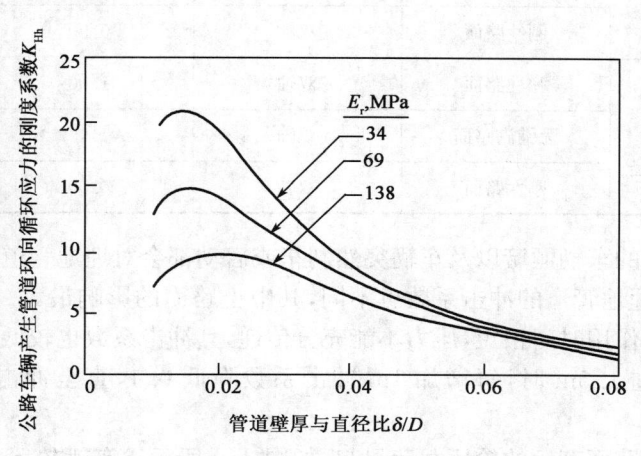

图 4.6 公路车辆载荷产生管道环向应力的刚度系数 K_{Hh}

表 4.8　土壤弹性模量 E_r

土 壤 状 态	E_r, MPa
软塑至可塑黏性土和粉土	34
硬塑至坚硬的黏性土和粉土、中密的砂和砾石	69
密实至很密实的砂和砾石	138

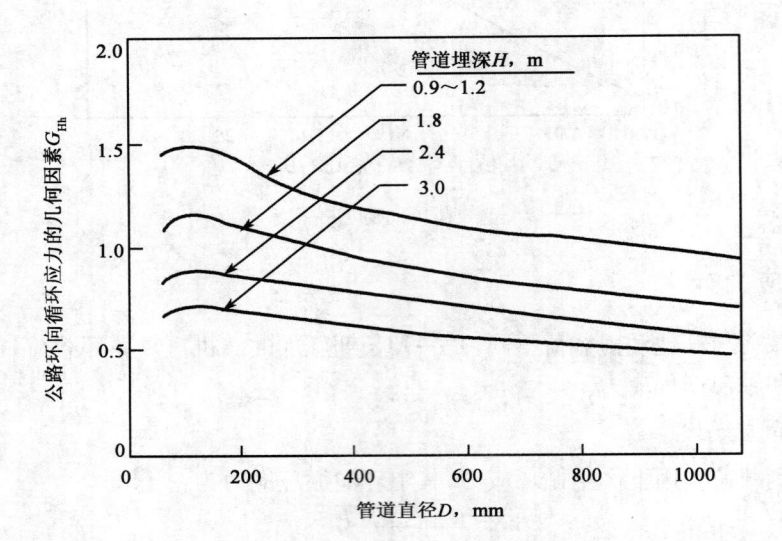

图 4.7　公路环向循环应力的几何因素 G_{Hh}

表 4.9　公路路面类型系数 R_i 和车辆车轴类型系数 L_i

	路 面 类 型	车 轴 类 型	R_i	L_i
埋深 $H<1.2m$，直径 $D\leqslant 305mm$	弹性路面	双轴	1.00	0.75
	无铺砌路面	双轴	1.20	0.80
	刚性路面	双轴	0.90	0.65
埋深 $H<1.2m$，直径 $D>305mm$；埋深 $H\geqslant 1.2m$ 的各种管径	弹性路面	双轴	1.00	0.65
	无铺砌路面	双轴	1.10	0.65
	刚性路面	双轴	0.90	0.65

路面不平整导致的车辆颠簸以及车辆突然刹车或启动都会对埋地管道产生冲击效应。路面不同，车辆载荷对埋地管道的冲击系数也不同，其中土路面的影响最大。车辆高速行驶时，由于车轮载荷对路面作用时间很短，压力不能充分传递，其冲击系数也较低。规范规定的冲击系数为 1.5，埋深超过 1.5m 时，每增加 1m 冲击系数降低 0.1，直至冲击系数等于 1.0，如图 4.8 所示。

公路车辆载荷由路面车辆的轮压载荷引起，如图 4.9 所示。车辆轮胎作用印迹近似椭圆形，轮胎印迹上的压力分布不是均匀的，按下式估算：

$$w = P/A_P \quad (4.17)$$

式中 P——单轴载荷或双轴载荷,kN;

A_P——轮荷作用面积,可取 $0.093m^2$。

同时,也可按 GB 50423—2013《油气输送管道穿越工程设计规范》中规定取车辆载荷均布标准值 $w_t = 583kPa$。

4.4.2.2 轴向应力

车辆载荷产生的管道轴向循环应力为:

$$\sigma_{Lh} = K_{Lh} G_{Lh} R_i L_i F_i w_t \quad (4.18)$$

式中 K_{Lh}——车辆载荷产生的管道轴向循环应力的刚度系数,根据图 4.10 确定;

G_{Lh}——车辆载荷产生的轴向循环应力的几何因素,由图 4.11 确定。

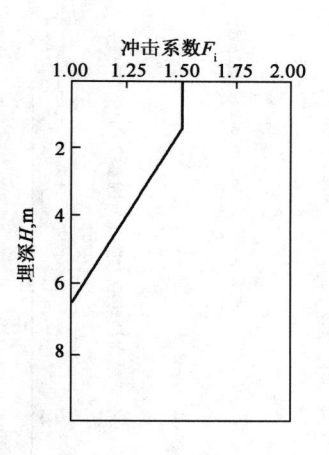

图 4.8 冲击系数 F_i

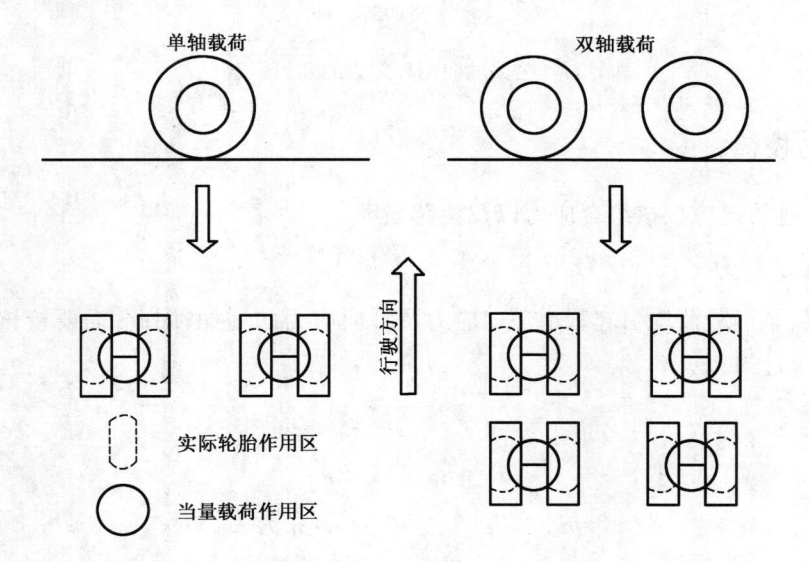

图 4.9 单轮和双轮载荷

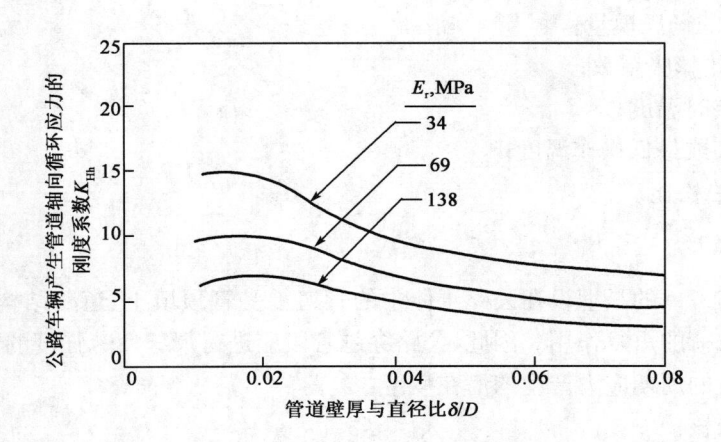

图 4.10 公路车辆载荷产生管道轴向应力的刚度系数 K_{Lh}

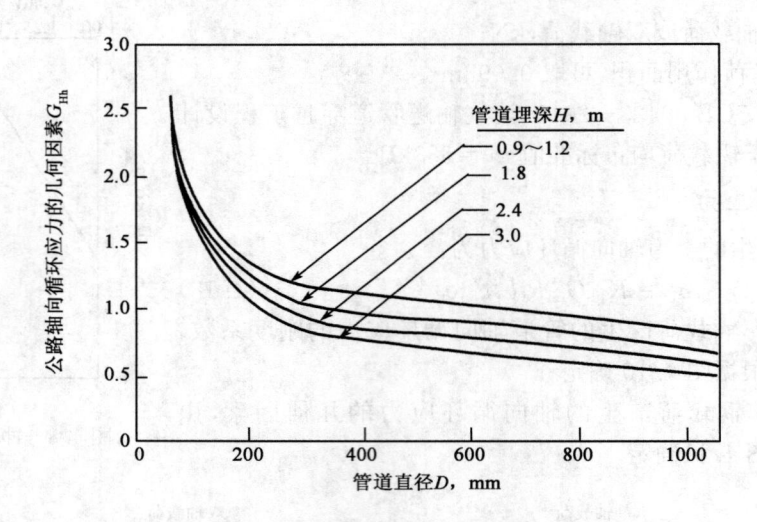

图 4.11 公路轴向循环应力的几何因素 G_{Lh}

4.4.3 应力校核

无套管穿越管道应校核组合应力以及疲劳强度。

4.4.3.1 组合应力

覆盖土层、车辆载荷均引起管道环向应力及轴向应力的增加,因此,需要校核管道的组合应力,校核的条件为:

$$\sigma_e = \sqrt{\sigma_1^2 + \sigma_2^2 - \sigma_1\sigma_2} \leqslant 0.9\sigma_s \tag{4.19}$$

$$\sigma_1 = \sigma_{He} + \sigma_{Hh} + \sigma_h$$

$$\sigma_2 = \sigma_{Lh} - E\alpha(T_2 - T_1) + \nu(\sigma_{He} + \sigma_{Hh})$$

式中 σ_1——最大环向应力;

σ_2——最大轴向应力;

E——管材的杨氏模量;

α——管材热膨胀系数;

T_1——安装时温度;

T_2——最高或最低操作温度;

ν——钢的泊松比。

4.4.3.2 疲劳强度

管道穿越公路考虑的是埋设在公路土体中的管道承受管顶填土、道路结构本身的重量以及公路路面车辆载荷的重复作用。因此,公路穿越管段应进行焊缝疲劳强度的校核,校核管道焊缝由于车辆载荷的周期应力产生的潜在疲劳:

环焊缝疲劳校核: $\sigma_{Lh} \leqslant F\sigma_{FG}$ (4.20)

纵焊缝疲劳校核: $\sigma_{Hh} \leqslant F\sigma_{FL}$ (4.21)

式中 σ_{FG}——环焊缝疲劳极限；

σ_{FL}——纵焊缝疲劳极限，按表 4.10 取值。

表 4.10 不同钢级焊缝疲劳极限 单位：MPa

钢材等级	σ_s	最小抗拉强度	所有类型焊缝的 σ_{FG}	σ_{FL}	
				电阻焊缝	埋弧焊缝
L175(A25)	175	315	83	145	83
L210(A)	210	335	83	145	83
L245(B)	245	415	83	145	83
L290(X42)	290	415	83	145	83
L320(X46)	320	435	83	145	83
L360(X52)	360	460	83	145	83
L390(X56)	390	490	83	159	83
L415(X60)	415	520	83	159	83
L450(X65)	450	535	83	1589	83
L485(X70)	485	570	83	172	90
L555(X80)	555	625	83	186	97

4.5 隧道穿越

隧道穿越是山区管道的主要穿越方式。隧道的结构设计应以地质勘查资料为依据。地质勘查应根据国家现行标准按不同设计阶段及施工方法确定隧道工程勘察的内容和范围，同时应通过施工中对地层的观察和监测反馈进行验证，并校核结构设计。隧道结构的净空尺寸应满足管道建筑限界、管道安装、检修、施工等要求，并考虑施工误差、结构变形和位移的影响，同时满足预埋件的要求。盾构、顶管法施工上部所需覆盖土层的厚度，应根据建（构）筑物、地下管线、水文地质条件、盾构形式等因素决定，不宜小于三倍设备外径或水域冲刷线以下 8m，确有技术依据时，在局部地段可适当减少。

隧道结构应就施工和正常使用进行结构强度的校核，必要时应进行刚度和稳定性验算。对于混凝土结构，应进行抗裂验算或裂缝宽度验算。在计入地震载荷或其他偶然载荷作用时，可不验算结构的裂缝宽度。

作用在隧道结构上的载荷，按表 4.11 分类。在决定载荷的数值时，应考虑施工和使用年限内发生的变化，符合现行国家标准 GB 50009《建筑结构荷载规范》及相关规范的规定。作用在结构上的水压力，宜根据施工阶段和长期使用过程中地下水位的变化区分不同的围岩条件，按静水压力把水作为土的一部分计入土压力。作用于山岭隧道衬砌上的偏压力，应根据地形、地质条件、围岩分级以及外侧围岩的覆土厚度、地面坡度确定。

表 4.11 隧道载荷分类表

载荷分类	载荷名称
永久载荷	结构自重
	围岩变形压力
	土压力
	结构上部或破坏棱体范围的设施及建筑物压力
	水压力及浮力
	预加应力
	混凝土收缩及徐变影响
	地基下沉影响
	包括管身结构自重、配重层重、保温层重、输送介质自重的自重载荷
可变载荷	地面活载
	地面活载引起的土压力
	包括千斤顶顶力、注浆压力的施工载荷
	温度变化的影响
	试运行时的水重与内压力
偶然载荷	落石冲击力
	地震影响
	沉船、抛锚或河道疏浚产生的撞击力载荷

隧道结构的载荷设计值应按下式计算：

$$F_d = \gamma_f F_k \tag{4.22}$$

式中 γ_f——作用分项系数；

F_k——作用标准值。

隧道结构的作用应根据不同的设计状态进行组合，宜按作用结构自重＋围岩压力或土压力的基本组合进行设计。基本组合中，各作用分项系数取 1.10；按偶然组合（基本组合＋偶然载荷）核算时，各作用分项系数取 1.0。

结构自重标准值宜按结构设计尺寸及材料标准密度计算确定。

4.5.1 计算深埋隧道衬砌

计算深埋隧道衬砌时，围岩压力按松散土压力考虑，其垂直均布压力及水平均布压力的作用标准值按下列规定确定。

（1）垂直均布压力按下式确定：

$$q = \rho_{so} g h \tag{4.23}$$

$$h = 0.41 \times 1.79^s \tag{4.23a}$$

式中 q——围岩垂直均布压力；

ρ_{so}——围岩密度；

h——围岩压力计算高度；

s——围岩级别。

（2）水平均布压力按表 4.12 确定。

表 4.12　围岩水平均布压力

围岩级别	Ⅰ～Ⅱ	Ⅲ	Ⅳ	Ⅴ	Ⅵ
水平均布压力	0	<0.15q	(0.15～0.30)q	(0.30～0.50)q	(0.50～1.00)q

式(4.23)及表 4.8 适用于下列条件:(1)不产生显著偏压力及膨胀力的一般围岩;(2)采用矿山法施工的隧道。

设计偏压隧道时,在假定偏压分布图形与地面坡一致载荷作用下,如图 4.12 所示,其垂直压力按下式计算:

$$q=\frac{1}{2}\rho_{so}g[(h+h')B-(\lambda h^2+\lambda' h'^2\tan\theta)] \tag{4.24}$$

$$\lambda=\frac{1}{\tan\beta-\tan\alpha}\times\frac{\tan\beta-\tan\varphi}{1+\tan\beta(\tan\varphi-\tan\theta)+\tan\varphi\tan\theta} \tag{4.24a}$$

$$\lambda'=\frac{1}{\tan\beta-\tan\alpha}\times\frac{\tan\beta'-\tan\varphi}{1+\tan\beta'(\tan\varphi-\tan\theta)+\tan\varphi\tan\theta} \tag{4.24b}$$

$$\tan\beta=\tan\varphi+\sqrt{\frac{(\tan^2\varphi+1)(\tan\varphi-\tan\alpha)}{\tan\varphi-\tan\theta}} \tag{4.24c}$$

$$\tan\beta'=\tan\varphi+\sqrt{\frac{(\tan^2\varphi+1)(\tan\varphi+\tan\alpha)}{\tan\varphi-\tan\theta}} \tag{4.24d}$$

式中　h——内侧由拱顶水平至地面的高度;

　　　h'——外侧由拱顶水平至地面的高度;

　　　B——坑道跨度;

　　　ρ_{so}——围岩密度;

　　　θ——顶板土柱两侧摩擦角,当无实测资料时,按表 4.13 选取;

　　　λ——内侧的侧压力系数;

　　　λ'——外侧的侧压力系数;

　　　α——地面坡度角;

　　　φ——围岩计算摩擦角;

　　　β——内侧产生最大推力时的破裂角;

　　　β'——外侧产生最大推力时的破裂角。

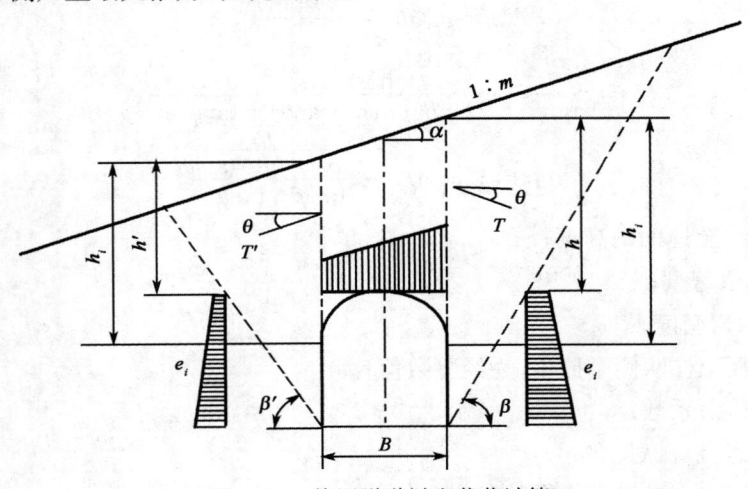

图 4.12　偏压隧道衬砌载荷计算

表 4.13　摩擦角 θ 取值

围岩级别	Ⅰ～Ⅲ	Ⅳ	Ⅴ	Ⅵ
θ	0.9φ	$(0.7\sim0.9)\varphi$	$(0.5\sim0.7)\varphi$	$(0.3\sim0.5)\varphi$

载荷作用下的水平侧压力按下列公式计算：

内侧：
$$q_h=\rho_{so}gh_i\lambda_i \tag{4.25a}$$

外侧：
$$q_h=\rho_{so}gh'_i\lambda'_i \tag{4.25b}$$

式中　h_i——内侧任一点 i 至地面的距离；

h'_i——外侧任一点至地面的距离。

4.5.2　计算浅埋隧道载荷

地面基本水平的浅埋隧道，所受载荷的作用具有对称性，如图 4.13 所示，计算应符合下列规定：

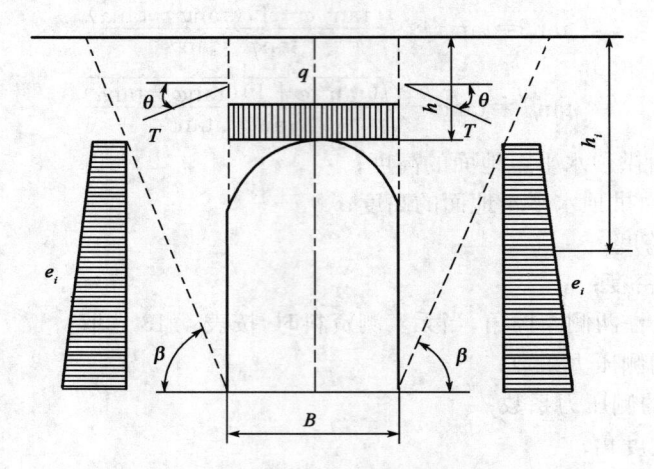

图 4.13　地面基本水平浅埋隧道载荷计算

（1）垂直压力按下列公式计算：

$$q_v=\rho_{so}gh\left(1-\frac{\lambda h\tan\theta}{B}\right) \tag{4.26}$$

$$\lambda=\frac{\tan\beta-\tan\varphi}{\tan\beta[1+\tan\beta(\tan\varphi-\tan\theta)+\tan\varphi\tan\theta]} \tag{4.27a}$$

$$\tan\beta=\tan\varphi+\sqrt{\frac{(\tan^2\varphi+1)\tan\varphi}{\tan\varphi-\tan\theta}} \tag{4.27b}$$

式中　h——洞顶至地面的高度；

B——坑道跨度；

ρ_{so}——围岩密度；

θ——顶板土柱两侧摩擦角，为经验数值；

λ——侧压力系数；

φ——围岩计算摩擦角；

β——内侧产生最大推力时的破裂角。

(2)水平压力按下式计算：

$$q_h = \rho_{so} g h_i \lambda \tag{4.28}$$

式中 h_i——内外侧任一点 i 至地面的距离。

当洞顶至地面高度小于深埋隧道垂直载荷计算高度时，取 $\theta=0$，应属超浅埋隧道；当洞顶至地面高度大于 2.5 倍深埋隧道垂直载荷计算高度时，式(4.19)不适用，应按浅埋隧道计算。

4.6 悬索桥跨越

当管线需要跨越很大跨度时，如宽阔的道路、河流等，可采用悬索管道跨越结构。管道悬索跨越结构是参照公路悬索桥形式发展起来的，其技术可靠，经济合理，桥型美观，气势恢宏。悬索桥的力学特征是：桥面系的载荷由吊杆(索)传至主索(缆)，再传至锚碇，传力途径简捷、明确。这种主要构件受拉的力学特性，由于高强钢丝的应用，使得材料的性能得到高效利用，从而凸显它构造简单、耗材少、构件易于标准化加工、质量轻、易于运输的优势，可以利用塔架架设悬索、拼装加劲梁或桥面系。施工不受地形航道和季节影响，施工方便且易于加固和改建。

4.6.1 结构及参数

悬索桥指以悬索为主要承重结构的桥，如图 4.14 所示，其主要构造有主缆(索)、抗风索、塔架、锚碇、吊杆(索)及桥面等。

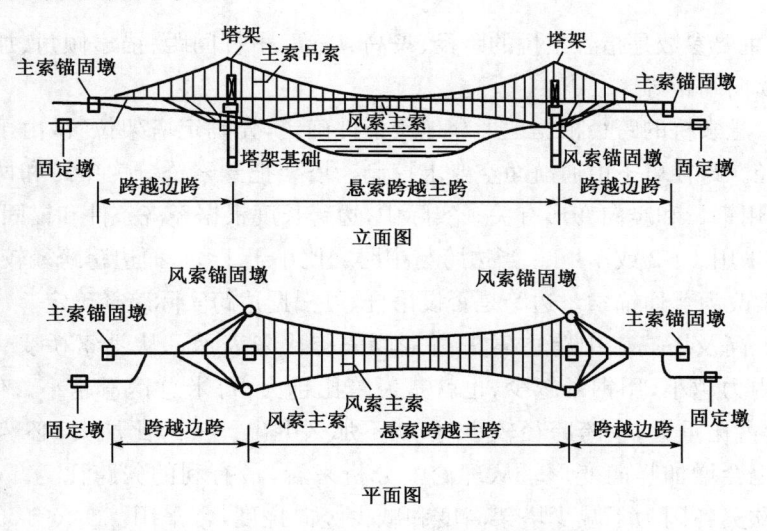

图 4.14 悬索桥结构组成

(1)主索：主索是管道跨越结构中受拉的构件，两头锚固于锚固墩上，中间支撑于主塔上，通过塔架上的索鞍或者连接板实现转角，通过吊索悬挂桥面结构，同时，主索多塔架提供纵向约束。

(2)抗风索：抗风索是悬索跨越结构的主要抗风结构，一般对称布置于桥面轴线的两侧，通过风索拉索连接于桥面结构。抗风索一般斜向上连接于桥面，与水平面有一定夹角，这样既可以承受来自水平方向的风载荷，也可以有助于跨越结构在清管、地震或风载荷等的作用下结构的竖向稳定性。

(3)塔架:塔架支撑主索和桥面结构,将载荷通过基础传递到地基。塔架除竖向作为主索的支撑外,还起到约束主索的侧向位移的作用。

(4)基础:基础主要是指塔架基础,是承受塔架传递的竖向力及弯矩并将其传递给地基的结构。一般来讲,塔架基础承受很大的竖向力,并承受一定的力矩作用,故基础应用较多的是桩基础。对于地基较好的情况,亦可以采用钢筋混凝土扩大基础。

(5)锚固墩:锚固墩包括主索锚固墩和抗风索锚固墩。锚固墩的作用是保证主索或抗风索在锚固点不动。

(6)桥面结构:桥面结构通过主索和索夹悬挂于主索上,支撑管道,并为检修人员通过提供通道。与公路悬索桥不同,管道跨越结构一般截面尺寸较小,故桥面结构对整个跨越提供的刚度有限。

(7)鞍座:鞍座为主索转角提供匀顺的支撑面。鞍座只用于主索在塔顶不断开的情况。鞍座包括主鞍座和散索鞍座,凡是主索连续平顺转角处均需设置鞍座。

(8)共轭索:共轭索是沿主索对称布置的竖向结构,布置在桥面结构下方,呈抛物线形布置,用以增加管桥的竖向刚度。

(9)稳定索:稳定索也称频率干扰索,是在主索和抗风索之间隔一定距离布置的拉索,起振动阻尼的作用,用于干扰主索和抗风索的共振频率。

4.6.2 悬索桥的主要参数

悬索桥的主要参数是指悬索桥的跨径、矢高、塔高、吊杆间距、锚索倾角、加劲梁的形式及梁高、悬索的横向间距等。

(1)跨径。悬索桥的跨径根据地形和地质条件确定,先确定塔架位置,由于悬索桥跨能力大,再确定跨径。跨径可不由通航净空要求控制。塔架把悬索桥分为中跨和两个边跨。边跨与中跨之比与用钢量和竖向变形有关。实际中,边跨长度根据经济条件和锚固位置确定,边跨与中跨之比常采用1∶2或1∶4。当边跨与中跨之比小于1∶4,而边跨跨径较小时,边跨可以不设吊杆,边索改为普通锚索。边跨是否设吊杆,可根据边跨实际跨径确定。

(2)主索矢高及塔高。中跨主索矢高常以矢跨比来表示。从悬索桥受力来看,矢高越大,主索中的内力越小,用钢量越少,也就是矢跨比越大,每米总钢量越小。但中跨较大时,主索用钢量所占比重大;中跨跨径较小时,就不那么突出。矢跨比加大,必然增加塔架高度和悬索长度,也会增加竖向变形。从理论上分析来看,最有利的矢跨比为1/7~1/6。但在工程实践中,欧美各国为了减少塔架高度和减少竖向挠度,常采用1/12~1/9。新中国成立后修建的悬索桥,矢跨比常为1/10~1/9,现规定为1/12~1/8,自锚式悬索桥可根据受力需要加大矢跨比。

在矢高确定后,塔架高度由桥面高程加上跨中吊杆高度和矢高来确定。

(3)吊杆(吊索)间距。吊杆间距直接涉及桥面构造和材料用量,应进行经济比较。跨径在80~200m范围内的悬索桥,吊杆间距一般取5~8m;随着跨径增大,吊杆间距也应增大,有时吊杆间距可达20m左右。吊杆间距过大,必然设置强大的纵梁、横桥道梁,应综合考虑用材的经济性和加劲梁运输架设条件,以及吊索运营中的受力情况确定。

(4)锚索倾角。确定锚索(边索)倾角的原则是使主索与锚索的拉力相等或相近,锚索的倾角 φ_1 与主索在塔架处的水平倾角 φ_0 应相等或相近。当考虑锚索倾角 $\varphi_1 = \varphi_0$ 时,根据刚度条件和经济条件,锚索倾角常采用30°~40°。大跨径悬索桥往往受地形限制,按 $\varphi_1 \neq \varphi_0$ 考虑,但为了减小主索和边索中的内力差,两角差值控制在10°以内。

(5)加劲梁梁高。为了保证悬索桥跨径4分点处必要的刚度要求,加劲梁的梁高应为 l/120~1/60(或1/40)。我国目前修建的悬索桥跨径较小,加劲梁高均在1/60~1/40范围内。随着悬索桥跨径的增大,自重所占的比例加大,加劲梁的梁高通常取较小的比例。对于加劲梁梁高偏小的悬索桥,相对来讲,加劲梁的刚度是小的,为保证稳定起见,必须经过风洞试验,以确保安全。

4.6.3 主索受力分析

主索是以塔架及支墩为支承,两端锚固于锚碇,并通过吊索悬挂加劲梁的缆索,应根据结构总体布置、设计载荷确定主缆材料、截面尺寸等参数。大跨径悬索跨越结构宜采用弹性模量较高的镀锌高强钢丝,钢丝直径在应4.5~5.5mm之间,钢丝抗拉强度不宜小于1570MPa,其扭转及直线性技术指标应符合现行 JT/T 395—1999《悬索桥预制主缆丝股技术条件》的规定。

悬索桥的理论研究始于18世纪末到19世纪初。1823年,法国的纳维(Navier)发表了无加劲梁的柔性吊桥的弹性理论。1858年。英国的郎肯(Rankine)对有加劲梁的悬索桥提出计算理论,后经Stainman发展成为标准的弹性理论。该理论假设悬索是完全柔性的,不受弯矩作用;悬索几何形状由满跨均布恒载决定,其线形为二次抛物线,这一线形不因作用于桥上的活载发生任何改变;吊杆排列紧密,分布均匀,受拉时并不伸长;加劲梁沿跨径悬挂于主索上,截面性质不随跨长而变化,恒载有悬索承担,此时加劲梁处于无弯矩状态,活载由索梁共同承担,按刚度分配。这种假设实质上是将悬索桥当作弹性结构对待,没考虑到恒载对悬索桥刚度的有益影响,也没有考虑缆索非线性大位移的影响,因此,计算结果偏于安全。

图4.15表示承受任意竖向分布载荷 $q(x)$ 作用下的一根悬索,索的曲线形状可由方程 $y = y(x)$ 表示。由于水平方向无载荷作用,故可知索的两端及索中任一点的张力的水平分量 H 为一常量。取索的任一微段 dx 来分析,其受力情况如图4.15所示。

由 $\sum Y = 0$,可得:

$$-H\frac{dy}{dx} + H\frac{dy}{dx} + \frac{d}{dx}\left(H\frac{dy}{dx}\right) + q(x)dx = 0$$

$$H\frac{d^2y}{dx^2} + q(x) = 0 \tag{4.29}$$

式(4.29)是单根悬索的平衡方程,其物理意义是:索曲线在某点的二阶导数与作用在该点的竖向载荷集度成正比。

假定索是理想柔性的,既不能受压,也不能受弯;索的应力与应变符合胡克定律,呈线性关系;主缆的截面面积和自重集度在外载荷的作用下的变化量十分微小,忽略不计;在悬索桥的成桥状态,因为主缆载荷集度同加劲梁相比很小,所以将其载荷分布近似看作沿跨度方向的均布载荷,计算简图如图4.16所示。

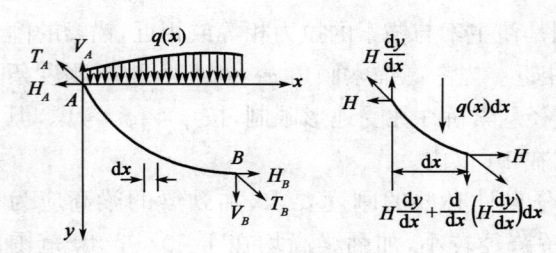

图 4.15 索微分单元及其受力 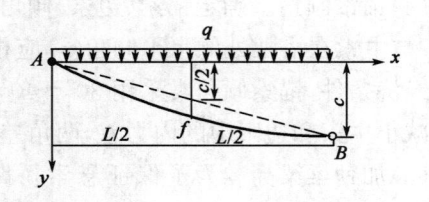　　　　图 4.16 沿跨度均匀分布的载荷

根据假设，$q(x)$ 为常量，式(4.29)成为：

$$\frac{d^2y}{dx^2}=-\frac{q}{H} \tag{4.30}$$

积分两次，可得：

$$y=-\frac{q}{2H}x^2+Ax+B \tag{4.31}$$

根据边界条件，$x=0$ 时，$y=0$，$x=L$，$y=c$，可得：

$$A=\frac{c}{L}+\frac{q}{2H}L,\ B=0$$

于是

$$y=\frac{q}{2H}x(L-x)+\frac{c}{L}x \tag{4.32}$$

两端等高，即 $c=0$，得抛物线方程为：

$$y=\frac{q}{2H}x(L-x) \tag{4.33}$$

当 $x=L/2$ 时，$y=f_0$，可知 $H=\frac{qL^2}{8f_0}$。因此，在主缆受跨度方向均布载荷作用时，主缆的水平拉力由跨径和矢高决定。

对于 f_0/L 在 $\frac{1}{20}\sim\frac{1}{10}$ 之间的小垂度悬索，可不考虑因索中的拉力而引起的索的伸长，其长度可按下式计算：

$$S=L\left[1+\frac{8}{3}\left(\frac{f_0}{L}\right)^2\right] \tag{4.34}$$

主索在塔架处的水平倾角为：

$$\tan\theta_0=\left.\frac{dy}{dx}\right|_{x=0}=\frac{4f_0}{L}$$

悬索任一截面的拉力为：

$$T_n=\frac{H}{\cos\theta_n} \tag{4.35}$$

由式(4.35)可知，悬索中最大拉力应发生在截面倾角 θ_n 最大的地方，即在两端支座处拉力最大，其值为：

$$\begin{cases}T_1=\dfrac{H}{\cos\theta_1}\\ T_{max}=H\sqrt{1+16\dfrac{f_0^2}{L^2}}\end{cases} \tag{4.36}$$

其中

$$\theta_1=\arctan\frac{4f_0}{L} \tag{4.37}$$

式(4.37)适用于悬索两端支点在同一水平面上的情况。

主索应力验算时,主要组合下安全系数不得小于 2.5。

4.7 拱形管道跨越

拱形管道跨越是利用拱管本身的强度来跨越铁路、公路、河流等障碍区的一种大跨度的管道跨越敷设方式,其特点是拱管内部输送介质,拱管本身作支承结构,因而结构简单,施工方便,造价经济。由于常用的管子都是圆形等截面的,同时考虑到圆弧形的拱形管道制作方便,因此,一般采用等截面圆弧形无铰拱的结构。

拱形管道如图 4.17 所示,拱形矢高为 f_0,弦长为 L,半径为 R,圆心角为 ψ,设计时首先要确定合理的矢跨比 $u=f_0/L$。从力学分析可知,一般来说,自重及风载时,采用矢跨比 f_0/L 值较小为宜,而温度差大时,采用矢跨比 f_0/L 值较大为好,以利于拱管本身的稳定性和冷缩热胀。当跨度和高度受到限制时,也可根据跨度和高度的特定条件来确定其矢跨比。根据选定的矢跨比,再进行强度计算。在确定矢跨比时,需考虑管子自重、风载及温度等因素。

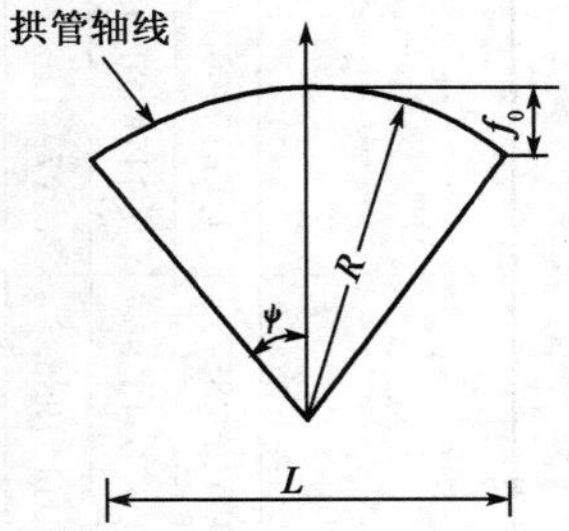

拱形管道的矢跨比选定之后,就可据此确定拱形管道的各部分几何尺寸。

图 4.17 拱管的几何尺寸

(1)拱管半径 R:

$$R^2 = \left(\frac{L}{2}\right)^2 + (R-f_0)^2$$

整理得:

$$R = \frac{L^2}{8f} + \frac{f_0}{2} = 0.5\left(\frac{0.25}{u} + u\right)L = K_R L \quad (4.38)$$

(2)拱形管道的矢高 f_0:

$$f_0 = uL = u \cdot 2\sqrt{R^2 - (R-f_0)^2}$$

整理得:

$$f_0 = \frac{8u^2}{1+4u^2}R = K_{f_0}R \quad (4.39)$$

(3)拱形管的半圆心角 ψ:

$$\sin\psi = \frac{L/2}{R} = \frac{L}{2R}$$

将式(4.38)之 R 值代入上式,整理得:

$$\sin\psi = \frac{L}{2\times 0.5\left(u+\frac{0.25}{u}\right)L} = \frac{4u}{4u^2+1}, \cos\psi = \frac{R-f_0}{R} = 1-\frac{f_0}{R} = \frac{1-4u^2}{1+4u^2}$$

故

$$\psi = \arcsin\frac{L}{2R} = \arccos\left(1-\frac{f_0}{R}\right) = \arcsin\frac{4u}{4u^2+1} = \arccos\frac{1-4u^2}{1+4u^2} \quad (4.40)$$

(4)拱形管道弧长 S:

$$S = 2\psi R = K_\psi R \quad (4.41)$$

从式(4.38)到式(4.41)中可以看出,当矢矩比 u 一定时,拱形管道的各项几何尺寸可由 u 和相应的一项其他几何尺寸确定,有的仅由矢矩比 u 即可确定,故在整理公式时,尽量化成与 u 的关系式,并将每个公式中的含 u 项整理在一起,分别以 K_R、K_φ 和 K_S 等,制成表格。拱管各种计算参数在表 4.14 中列出。

表 4.14 拱形管道计算系数

系数	矢跨比 $u=\dfrac{f_0}{L}$ 1/2	1/3	1/4	1/5	1/6	1/7	1/8	1/9	1/10
K_R	0.500000000	0.541666667	0.625000000	0.725000000	0.833333333	0.946428571	1.062500000	1.180555555	1.300000000
K_{f_0}	1.000000000	0.615384615	0.400000000	0.275862069	0.200000000	0.150943396	0.117647059	0.004117647	0.076923077
K_S	3.141592653	2.352010414	1.854590435	1.522023508	1.287072717	1.113198636	0.979914652	0.874675783	0.789582239
ψ(弧度)	1.570796327	1.176005207	0.927295218	0.761012754	0.643501109	0.556599318	0.489957326	0.437337892	0.394791120
ψ(角度)	89.999999999° (90°或 89°60′)	67°22′48″	53°7′48″	43°36′10″	36°52′12″	31°6′33″	28°4′21″	25°3′28″	22°37′12″
$\sin\psi$	1.000000000	0.923076923	0.800000000	0.689655172	0.600000000	0.528301887	0.470588235	0.423529412	0.384615385
$\cos\psi$	0.000000000	0.384615385	0.600000000	0.724137931	0.800000000	0.849056604	0.882352941	0.205882353	0.923076923
K_{H_g}	0.639490044	0.799866818	0.876163163	0.916811890	0.940611320	0.955612117	0.965527829	0.972627007	0.977701462
K_{N_g}	1.5707963	1.3931843	1.2675341	1.1887347	1.1385897	1.1054212	1.0825927	1.0663111	1.0543364
K_{Q_g}	−0.6394900	−0.2860289	−0.1445535	−0.0812059	−0.0495859	−0.0322673	−0.0220978	−0.0157595	−0.0116165
K_{M_g}	0.109555224	0.035272807	0.013801414	0.006301834	0.003234291	0.001814755	0.001091446	0.000693655	0.000461011
K_{H_t}	3.36070310	11.2651604	29.6994331	66.0517984	129.816239	232.595026	388.099443	612.149936	922.676301
K_{N_t}	0.000000000	4.33275402	17.8196598	47.8306126	103.852992	197.486343	342.440685	554.535824	851.701201
K_{Q_t}	3.36070310	10.3986096	23.7595464	45.5529644	77.8897437	122.880391	182.635037	259.763502	354.875500
K_{M_t}	2.139490044	4.509561971	7.802758989	12.027732911	17.187582573	23.283584736	30.316333239	38.286126777	47.193132480
K_{M_p}	−1.000000000	−0.545324859	−0.325963840	−0.212762046	−0.148717988	−0.109474760	−0.083838872	−0.066222507	−0.053612808
K_M	−0.297556782	−0.084784869	−0.028580338	−0.011262322	−0.005039600	−0.002494724	−0.001338592	−0.000766596	−0.000463123
K_{S_0}	2.399431022	1.482594792	1.069678294	0.837557018	0.689070848	0.585801977	0.509748421	0.451349990	0.405065408
K_{M_y}	−1.0000000	−0.4707672	−0.2436229	−0.1385770	−0.0851991	−0.0557123	−0.0382730	−0.0273527	−0.0201928
K_{M_z}	−0.297556782	−0.288003343	−0.218442578	−0.161836156	−0.121998150	−0.094268209	−0.074606284	−0.060314476	−0.049666870
$K_{Q_p}=\psi$(弧度)	1.570796327	1.176005207	0.927295218	0.761012754	0.643501109	0.556599318	0.489957326	0.437337892	0.394791120

续表

系数 \ 矢跨比 $u=\dfrac{f_0}{L}$	1/11	1/12	1/13	1/14	1/15	1/16	1/17	1/18	1/19	1/20
K_R	1.420454545	1.541666666	1.663461538	1.785714286	1.908333333	2.031250000	2.154411764	2.277777778	2.401315790	2.525000000
K_{f_0}	0.064000000	0.054054054	0.046242775	0.040000000	0.034934498	0.030769231	0.027303754	0.024390244	0.021917808	0.019801980
K_S	0.719413999	0.680594710	0.610597314	0.507582180	0.530206129	0.497419978	0.488434978	0.442628885	0.419507755	0.398674610
ψ(弧度)	0.359707000	0.330297355	0.305298653	0.283794109	0.265103065	0.248709989	0.234217489	0.221314442	0.209753877	0.199337305
ψ(角度)	20°36′35″	18°55′29″	17°29′27″	16°15′37″	15°11′21″	14°15′0″	13°25′11″	12°40′49″	12°1′15″	11°25′16″
$\sin\psi$	0.352000000	0.324324324	0.300578035	0.280000000	0.262008734	0.248153846	0.232081911	0.219512195	0.208219178	0.198019802
$\cos\psi$	0.936000000	0.943945946	0.953757226	0.960000000	0.965065502	0.969230769	0.972693246	0.975809756	0.978082192	0.980198020
K_{H_g}	0.981492909	0.984397608	0.986671076	0.988489252	0.989952760	0.991158992	0.992152044	0.992998658	0.993709485	0.994337082
K_{N_g}	1.0452942	1.0383104	1.0328108	1.0284121	1.0248286	1.0218808	1.0194201	1.0173805	1.0156044	1.0141200
K_{Q_g}	−0.0087997	−0.0068208	−0.0053909	−0.0043345	−0.0035345	−0.0029197	−0.0024380	−0.0020588	−0.0017529	−0.0015084
K_{M_g}	0.000317900	0.000226080	0.000165058	0.000123415	0.000093910	0.000072750	0.000057119	0.000045628	0.000036783	0.000030254
K_{H_t}	1339.71722	1885.42139	2584.04871	3461.96828	4547.64105	5871.66894	7466.73591	9367.67657	11611.3619	14236.9494
K_{M_t}	1253.97532	1783.50872	2464.55322	3323.48763	4388.77150	5691.00220	7262.86599	9139.19668	11356.8863	13955.0296
K_{Q_t}	471.580463	611.488018	776.707682	969.350558	1191.52167	1445.33339	1732.89434	2056.31925	2417.70823	2819.19790
K_{M_t}	57.037428609	67.819090752	79.538161418	92.194322197	106.788867182	120.320044399	135.788772546	152.195383270	189.539129477	187.821883766
K_{M_p}	−0.044284202	−0.037192169	−0.031675969	−0.027301540	−0.023774413	−0.020888180	−0.018499065	−0.016496949	−0.014803131	−0.013357542
K_{M_k}	−0.000292511	−0.000191813	−0.000129871	−0.000090392	−0.000064444	−0.000046924	−0.000034810	−0.000026256	−0.000020101	−0.000015596
K_{S_0}	0.367459685	0.336288679	0.310023190	0.287584625	0.268490026	0.251257041	0.236343390	0.223107050	0.211279306	0.200646070
K_{M_y}	−0.0153142	−0.0125415	−0.0093972	−0.0075577	−0.0061669	−0.0050964	−0.0042594	−0.0035957	−0.0030626	−0.0026298
K_{M_z}	−0.041552977	−0.035243991	−0.030250219	−0.026234789	−0.022960751	−0.020257986	−0.018002051	−0.0161003	−0.014482913	−0.013096125
$K_{Q_p} = \psi$(弧度)	0.359707000	0.330297355	0.305298653	0.283794109	0.265103065	0.248709989	0.234217489	0.221314442	0.209753877	0.199337305

4.7.1 受力分析

在计算拱形管道的受力分析时,主要考虑拱形管道承受的这几种力的作用:作用于拱平面内沿拱轴的垂直载荷,包括管子自重、输送的介质重及保温结构等;垂直于管拱平面的均布载荷,即水平风载荷;温度变化所产生的内力。受力计算包括在拱趾处的各种力(图4.18)。

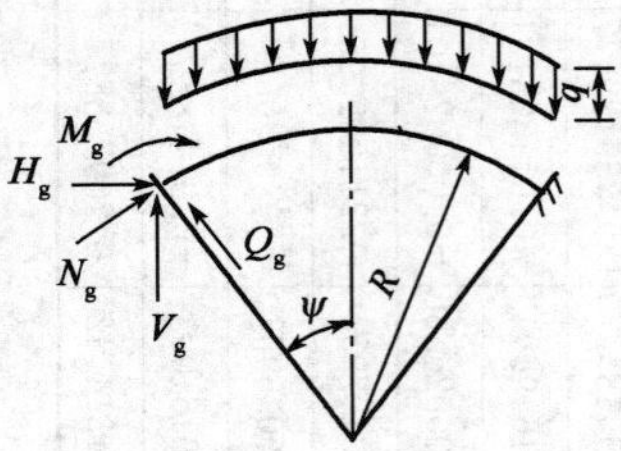

图 4.18 拱趾受力图

4.7.1.1 拱管均布垂直荷重作用

垂直载荷 q_v,包括管重、保温层及介质重量等,产生的水平推力 H_g、轴向力 N_g、剪力 Q_g 和弯矩 M_g 如下:

$$H_g = K_{H_g} q_v R \tag{4.42}$$

$$N_g = K_{N_g} q_v R \tag{4.43}$$

$$Q_g = K_{Q_g} q_v R \tag{4.44}$$

$$M_g = K_{M_g} q_v R \tag{4.45}$$

4.7.1.2 温度变化

温度变化在拱趾产生的水平推力 H_t、轴向力 N_t、剪力 Q_t 和弯矩 M_t:

$$H_t = K_{H_t} \frac{260\alpha \Delta TEI}{R^2} \tag{4.46}$$

$$N_t = K_{N_t} \frac{260\alpha \Delta TEI}{R^2} \tag{4.47}$$

$$Q_t = K_{Q_t} \frac{260\alpha \Delta TEI}{R^2} \tag{4.48}$$

$$M_t = K_{M_t} \frac{260\alpha \Delta TEI}{R^2} \tag{4.49}$$

4.7.1.3 拱轴侧向的水平均布风载荷

拱轴的侧向水平的均布风载荷 q_h 作用下,在拱趾处产生的弯矩 M_p、扭矩 M_k 和剪力 Q_p 如下:

$$M_p = K_{M_p} q_h R^2 \tag{4.50}$$

$$M_k = K_{M_k} q_h R^2 \tag{4.51}$$

$$Q_p = \psi q_h R = K_{Q_p} q_h R \tag{4.52}$$

式(4.42)~式(4.52)的各计算系数可查表4.10。

4.7.2 应力计算

轴向压应力 σ 为:

$$\sigma = \frac{N}{A} + \frac{M}{W} = \frac{N_g + N_t}{A} + \frac{\sqrt{(M_g + M_t)^2 + M_p^2}}{W} \tag{4.53}$$

式中 N——拱趾处总轴向力;
A——管壁截面积;
M——拱趾处的总弯矩;
W——管子的截面系数。

剪应力 τ 为：

$$\tau=\tau_Q+\tau_{M_k}=\frac{Q}{\pi r\delta}+\frac{M_k}{2\pi r^3\delta} \tag{4.54}$$

$$Q=\sqrt{(Q_g+Q_t)^2+Q_p^2} \tag{4.54a}$$

式中　Q——总剪力，N；
　　　r——管子半径，m。

组合应力 σ_{eq} 按下式计算并校核：

$$\sigma_{eq}=\sqrt{\sigma^2+3\tau^2}\leqslant\sigma_C \tag{4.55a}$$

$$\sigma_C=\varphi_1\varphi_2\sigma_s \tag{4.56b}$$

式中　σ_C——使用温度下材料的许用应力；
　　　φ_1——工作条件系数，一般取 0.9；
　　　φ_2——管道材料的匀质系数，A3 钢 $\varphi_2=0.9$，10 号钢、15 号钢、20 号钢、25 号钢 $\varphi_2=0.85$；
　　　σ_s——管材在使用温度下屈服强度。

4.7.3　稳定性校核

当量计算长度 S_0 为：

$$S_0=\frac{\phi\sqrt{1+K(\psi/\pi)^2}}{1-(\psi/\pi)^2}R=K_{S_0}R \tag{4.57}$$

长细比 λ 为：

$$\lambda=\frac{S_0}{i} \tag{4.58}$$

$$i=\sqrt{\frac{I}{F}} \tag{4.58a}$$

式中　i——管子截面的回转半径，m。

相对偏心距系数 e_1 为：

$$e_1=\eta_1\left[\left(\frac{M_p}{N}+\frac{2\psi R}{1000}\right)\frac{F}{R}+0.05\right] \tag{4.59}$$

式中　η_1——管子截面形状影响系数。
当 $20\leqslant\lambda\leqslant150$ 时，　　　　$\eta_1=1.2-0.003\lambda$ （4.59a）
当 $\lambda\geqslant150$ 时，　　　　$\eta_1=1.0$ （4.59b）
当 $e_1>4$ 时，按下式计算应力并校核：

$$\sigma_1=\frac{N}{F}\left(\frac{1}{\varphi_M}+e_1\theta\right)\leqslant\sigma_C \tag{4.60a}$$

式中　φ_M——纵向挠曲系数，按中心受压考虑。
　　　θ——系数，$0<\lambda<50$ 时 $\theta=0.67$，$50<\lambda<100$ 时 $\theta=0.6+0.0015\lambda$，$\lambda>100$ 时 $\theta=0.75$。

当 $e_1\leqslant4$ 时，按偏心受压验算：

$$\sigma_1=\frac{N}{F\varphi_{BH}}\leqslant\sigma_C \tag{4.60b}$$

式中　φ_{BH}——偏心受压构件承压能力降低系数。

5 站场管道

输油输气管道站场是用于对管输流体进行增压、减压、储存、计量、加热、冷却,以及进行清管等操作的场地和设施。由于工艺流程的需要,站场内分布有大量的各式管道,大部分位于地上。地上管道需要支承,且地上管道由温度变化引起的热应力情况与地下管道有很大不同,此外,站场内管道还要与压缩机、泵等动设备,以及各类静设备连接,管道施加到这些设备上的载荷不能对设备功用产生影响,这些都对管道的应力分析提出了一些特殊要求。本章内容涉及支座、与动设备和静设备的连接,以及管道施加到管架的载荷。

5.1 支座形式

支座的作用是保持管道在合适的位置,这对于管道系统非常重要,不合适的支座设计或支座功能的缺失可能导致管道移位而致管道损毁。支座一方面承受管道的重量,包括管道本身、内含流体以及保温层等附件的重量,另一方面限制管道位移,保护灵敏设备、增加系统刚度、降低管道系统的振动等。

需要注意的是,在管道的应力分析中,支座约束的影响最大。这是因为,管道上每一点有6个自由度,3个平动,3个转动。如果没有约束,管道可以在 x、y、z 方向移动,也可以绕着 x、y、z 轴转动,约束限制了管道的一个或多个自由度。在每个方向上,约束的有效性取决于支架结构的刚度,这种刚度也称为弹簧系数。理论上,刚性支座必须有无限大的刚度系数。根据其对管道的约束作用,大体上可以分为锚固、支承、限位及弹性支承等。

图 5.1 是几种形式的锚固约束形式。图 5.1(a)表示的是锚固法兰,常用于限制非常长一段埋地管道的位移,由于在土质较差情况下,即使锚固墩也很难达到绝对的固定,所以设计上有时考虑允许锚固墩微小的移动,只提供阻力,防止管道产生较大的位移,因而,有时也称为阻力锚。其他形式的固定支座如图 5.1(b)、(c)。理论上,固定约束可以限制管道的 6 个自由度。

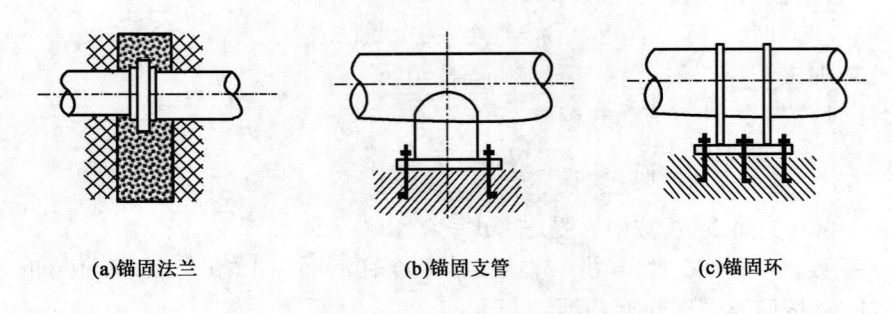

(a)锚固法兰　　(b)锚固支管　　(c)锚固环

图 5.1　固定支座

图 5.2 是一些起支承作用的管道支座形式,这些支座主要是为支撑管道重量。图 5.2(a)是最简单的支承,直接将管道放置于管架上;图 5.2(b)是 T 型管托,用于带保温层管道,这种 T 型管托适用于直径小于 250mm 的管道;对于直径稍大的管道,采用了 H 型管托,如图 5.2

(c)、(d)所示,这种管托对管道的载荷是分配在两条线上,这类管托适用于直径 300~600mm 的管道;对于直径 600mm 以上的大口径管道,推荐采用鞍座支承,如图 5.2(e)所示。

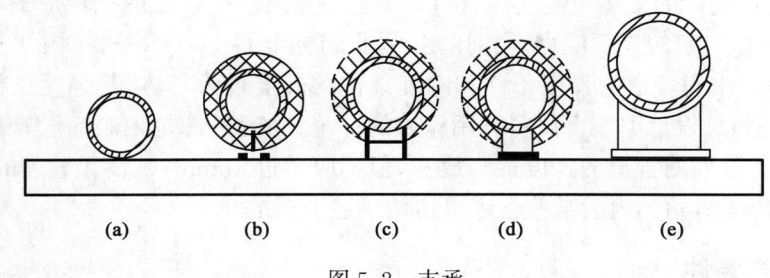

图 5.2 支承

图 5.3 是一些具有限位作用的支座。图 5.3(a)是导向支座,为了适应热胀冷缩的要求,通常每隔一定距离就设置一个固定支座,在两个固定支座中间设置一个补偿器,用这样的方法把管道划分为若干区段,每段管道的热膨胀值由每段的补偿器吸收。图 5.3(b)提供轴向限位功能,图 5.3(c)、(d)分别是提供一个方向限位、两个方向限位的方式。

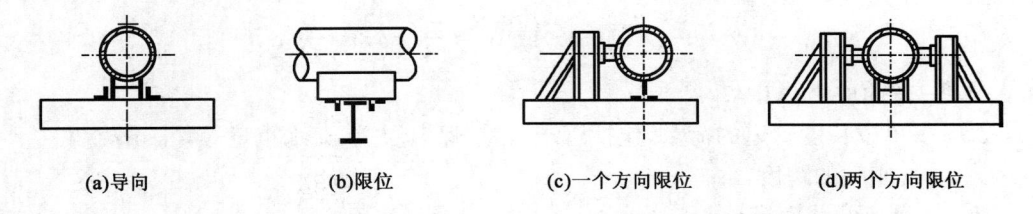

(a)导向　　(b)限位　　(c)一个方向限位　　(d)两个方向限位

图 5.3 限位支座

一般的支座都是固体构件,尽管其支承结构本质可能具有柔性,但与管道的刚度相比,有足够的支承刚度,这类支承也称为刚性支座。图 5.4 是弹簧支座,其中有类似于弹簧的柔性元件,允许在其支承方向上有较大的柔度。

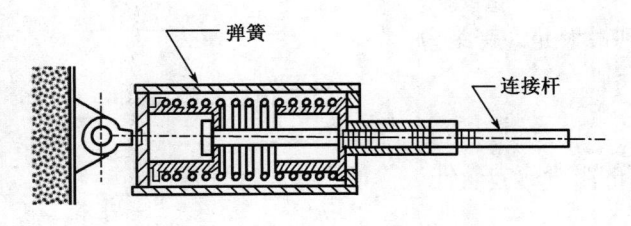

图 5.4 弹簧支座

5.2 支座间距

地上敷设管道,隔一定的距离就要用管架(管墩)、吊架、托架来支承,这个距离称为管道跨度。跨度计算是地面管道设计中的一个重要组成部分。跨度过大,将影响管道正常工作。跨度过小,则造成支承布置过密,投资费用增加,不经济。因此,在确保管道安全和正常运行的前提下,应尽可能地扩大管道的跨度。

管道跨度的大小取决于管材的强度、管子截面刚度、外载荷的大小、管道敷设的坡度以及管道允许的最大挠度。原则上讲,管道的跨度可按管道的强度和刚度两个条件来确定,但各类规范对于如何选择管道间距都少有指导。比如，ASME B31.3 中，仅对支架的设置原则作了比较详细的说明，其中与支座间距相关的原则也主要是管道中的应力不能超标。CAN/CSA Z185.M92 规定，"设计的支座应能支撑管道并不会对管道产生过度的局部应力"，因此支座设计时应能考虑支撑引起的局部应力。相比之下，我国标准 GB 50316—2000《工业金属管道设计规范》(2008 版)中对管道的强度条件和刚度条件的规定较为具体，其强度条件是控制管道自重弯曲应力不超过设计温度下材料许用应力的一半；刚度条件是限制一般管道设计挠度不应超过 15mm，装置外的管道的挠度适当放宽，但不应超过 38mm，敷设无坡度的蒸汽管道，其挠度不应超过 10mm，站场内的某些管道也适用于这个标准。

5.2.1 按强度条件

5.2.1.1 不考虑局部应力的强度条件

考虑到管道支座处的约束介于简支和固定支座之间，最大弯曲应力的近似公式为：

$$\sigma_w = \pm 0.1 \frac{w_p L^2}{W} \tag{5.1}$$

$$W = \frac{\pi}{32} D^3 (1-\alpha^4) \text{ 或 } W = \frac{\pi}{16} D^2 \delta, \alpha = \frac{d}{D}$$

式中　σ_w——弯曲应力，MPa；
　　　w_p——单位长度管道的荷重，包括管子自重、保温层重、充水重量等，N/m；
　　　L——支座间的跨度，m；
　　　W——管道的截面模量；
　　　D——管子外直径；
　　　d——管子内直径；
　　　δ——壁厚。

根据管道自重弯曲应力不应超过设计温度下材料许用应力的一半的强度条件 $\sigma_w = \frac{1}{2}[\sigma]$，由式(5.1)得到最大允许跨距为：

$$L = \sqrt{\frac{6[\sigma]W}{w_p}} \tag{5.2}$$

而按照油气输送管道的组合应力条件

$$\sigma_{eq} = \sigma_h - \sigma_w$$

考虑到环向应力条件，以及环向应力与弯曲压应力的组合是最危险的情况，可以得到下式：

$$\sigma_{eq} = \sigma_h - \sigma_w = F\sigma_s + 0.1 \frac{w_p L^2}{W} = 0.9\sigma_s$$

所以

$$L = \sqrt{10(0.9-F)\frac{\sigma_s W}{w_p}} \tag{5.3}$$

5.2.1.2 考虑管道局部应力的支座间距

加拿大著名的管道公司 Transcanada 一直使用考虑了管道局部应力的间距公式，这一公式根据美国 ASME 和加拿大的相关规范推导而得。

针对圆柱壳体承受一纵向距离很短的载荷的情况，Roark 和 Young 提出了承载点的薄膜应力和弯曲应力分别是：

$$\sigma_m = 0.13\beta P r^{0.75} b^{-1.5} \delta^{-1.25} \tag{5.4a}$$

以及

$$\sigma_w = -\beta^{-1} P r^{0.25} b^{-0.5} \delta^{-1.75} \tag{5.4b}$$

式中 r——管道半径，mm；
δ——管壁厚度，mm；
P——作用力，或外加载荷，N；
b——外加负载的宽度的一半，对应于支座的长度，通常是 $3r$；
β——系数，$\beta = [12(1-\nu^2)]^{0.125}$，对于钢材来说，$\nu=0.3$，所以，$\beta=1.348273$。

作用在管道上的载荷主要是回填土、管道本身及其输送介质的重量。对于输气管道，可忽略输送介质的重量。假定回填土密度 $\rho_{so}=1500\text{kg/m}^3$，钢材密度 $\rho=7800\text{kg/m}^3$，因此，管道承受的重量为：

$$P = 15DLH + 78\pi D\delta L \approx 15DLH \times 10^{-6} + 240D\delta L \times 10^{-6} = 15DL(H+16\delta) \times 10^{-6} \tag{5.5}$$

式中 H——土壤埋深（管顶），mm；
L——支座间距，mm；
D——管道直径，mm。

将 P 和 β 代入式(5.4a)和式(5.4b)中，可得：

$$\sigma_m = -2.41 \times 10^{-6} L(H+16\delta) D^{0.25} \delta^{-0.75} \tag{5.6a}$$

$$\sigma_w = -10.803 \times 10^{-6} L(H+16\delta) D^{0.75} \delta^{-1.75} \tag{5.6b}$$

管道的环向应力可以表示为：

$$\sigma_h = \sigma_p - \sigma_w + \sigma_m \tag{5.7}$$

管道的设计规范要求压缩机站和仪表站内管道内压产生的环向压力 σ_p 限制至 $0.5SMYS$，因此：

$$\sigma_h = 0.5\sigma_s + 10.803 \times 10^{-6} L(H+16\lambda) D^{0.75} \delta^{-1.75} \left[1 - 0.223\left(\frac{\delta}{D}\right)^{0.5}\right] \tag{5.8}$$

对于实际管道的 D/δ 值，式(5.8)的最后一项可以忽略不计，因此：

$$\sigma_h = 0.5\sigma_s + 10.803 \times 10^{-6} LHD^{0.75} \delta^{-1.75} \tag{5.8a}$$

关于弯曲和薄膜复合应力，ASME 锅炉与压力容器规范把设计应力规定为：

$$[\sigma] = 1.5\sigma_m \tag{5.9}$$

对于压缩机和仪表站的管件而言，在 CAN/CSAZ185 中规定的限值为：

$$\sigma_m = 0.8 \times 0.625 \times \sigma_s = 0.5\sigma_s \tag{5.10}$$

因此，可以从式(5.8a)和式(5.9)中得到环向应力的限值：

$$\sigma_h = [\sigma] = 1.5 \times 0.5\sigma_s = 0.75\sigma_s \tag{5.11}$$

将该值代入公式(5.8a)中，可得：

$$L = 23142 \frac{\sigma_s D}{H+16\delta} \left(\frac{D}{\delta}\right)^{-1.75} \tag{5.12}$$

式中 σ_s——规定的最小屈服强度。

对于地面支座，不需要考虑式(5.5)中的管道上覆盖土层的载荷，重新整理公式，可得：

$$L = 23142 \frac{\sigma_s D}{16\delta} \left(\frac{D}{\delta}\right)^{-1.75} \tag{5.13}$$

5.2.2 刚度条件

刚度条件包括位移限制以及振动控制。

5.2.2.1 位移限制

考虑到管道支座处的约束介于简支和固定支座之间,悬空管道中部的最大挠度近似为:

$$\Delta \approx \frac{3qL^4}{384EI}$$

即

$$L = 3.63\sqrt[4]{\frac{EI\Delta}{q}} \tag{5.14}$$

对于不允许积液并带有坡度的管道,除满足上述规定外,它与挠度及坡度之间的关系还应符合下式的规定:

$$L_s \leqslant \frac{2Y_s i_s}{\sqrt{1+i_s^2}-1} \tag{5.15}$$

式中 Y_s——管道自重弯曲挠度,mm;
L_s——支承间距,mm;
i_s——管道坡度。

5.2.2.2 振动控制

除了支撑管道及其附件的重量之外,管道支座还有另外两个作用:第一,通过限制横向以及轴向的管道位移,对与之相连的压缩机以及容器进行保护;第二,防止管道的过度振动。实现这一功能需要通过选择适当的管道悬空长度,从而使管道系统本身的振动频率避开共振。经验做法是调整管道的基频使之大于 30Hz,这是因为即使存在高于此频率的振动干扰,也很少能产生足够的能量来发生大的位移。

假设管道两端固定,单跨管道系统的基频为:

$$\omega_1 = \left(\frac{4.73}{L}\right)^2 \sqrt{\frac{EI}{\rho A}} \tag{5.16}$$

式中 ω_1——振动的基频,r/s;
A——管道的横截面,$A \approx \pi D \delta$;
I——面积 A 的惯性矩,$I \approx \pi D^3 \delta/8$。

将面积 A、惯性矩 I 及管材的材料参数 E、ρ 等代入公式(5.16)中,可得:

$$f = \frac{\omega_1}{2\pi} = 6.73 \times 10^6 \frac{D}{L^2} \tag{5.17}$$

对频率 f 进行限制,使其大于 30Hz,这样由式(5.17)可确定跨长:

$$L = \frac{D^{0.5} \times 10^3}{2.17} \tag{5.18}$$

5.3 支座摩擦力

管道系统中支座摩擦力阻止了管道的热膨胀,因此在管道系统产生了高的应力,并对相连接的设备产生高的载荷。然而,某些情况下,摩擦力有助于稳定管道系统,减少潜在的威胁。即使在处理纯粹的热膨胀问题中,摩擦力也可以充当一个缓冲,阻止较大的载荷传递到灵敏的设备。因此,并不能说忽略摩擦力是保守还是不保守。一般来讲,处理动载荷时,摩擦力倾向于减小管道和设备载荷。在这种情况下,在设计分析中忽略摩擦力可能是保守的,然而在处理静载荷时,没有这样的规则。对于静载荷,摩擦力的影响的调查和模拟需要尽可能与实际情况接近，在设计支座结构时，总是要求包括支座摩擦力。

支座摩擦力的影响有些时候是非常重要的，例如，长输管道的分析主要就是考虑管道摩擦力与潜在热膨胀的平衡，如果分析中不考虑摩擦力，这样的分析是毫无意义的。摩擦力的重要性还体现在与转动机械或其他灵敏设备的连接上。众所周知，由于转动机械因要求被管道施加的载荷应非常低，所以支座处的摩擦力有时可能完全改变一个管道系统的可接受性。

5.3.1 摩擦分析方法

分析支座摩擦力有几个一般性的步骤。摩擦的性质首先被理想化为完全弹塑性阻力，如图5.5所示。当管子受载时，由于摩擦力，管道开始并不滑动，当推力增加到一定限度后，管道才开始移动，并伴随有摩擦力的轻微下降。初始阻力称为静摩擦力，管道滑动后的摩擦力称为滑动摩擦力或动态摩擦力。由于每个支座的摩擦是在不同时期达到静摩擦力的最大值，所以在管道系统分析中常使用较小的动摩擦力。因此，摩擦力的模式非常类似于理想弹塑性的约束模式。线弹性部分代表支座柔性，这也是稳定数学模拟过程所必需的。

分析是一个包含反复试验法的迭代过程。在管道系统分析中，常包含两种主要方法：直接摩擦力法和弹性摩擦力约束法。

直接摩擦力法首先假设摩擦力完全阻止了管道在支撑面上的滑动，计算得出的阻力与全摩擦力 μN 进行比较。如果阻力小于全摩擦力，那么管道被阻止，假设成立；反之，如果阻力大于全摩擦力，那么管道可以克服摩擦力而滑动，这样违背了管道没有滑动的假设。在这一分析中，摩擦力是作为外力施加的，其方向和管道的运动方向相反。由于管道在支撑面上可以有两个自由度的滑动，因而摩擦力也是两维的。在垂直于支座的方向，有两个相互垂直的摩擦力分量 f_1 和 f_2，如图5.5所示。由于摩擦力直接抵抗位移，摩擦力分量与其相应的位移分量 d_1 和 d_2 成正比。

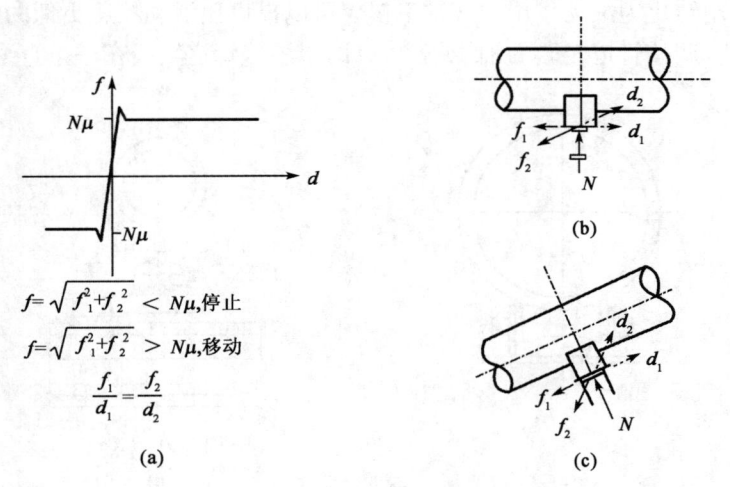

图5.5 支座的摩擦力分量

直接摩擦力法在包含简单支座且相对刚性的管道系统中比较适用，当管道系统柔性较大且包含较多的支座时，直接摩擦力法并不太适用。

弹性摩擦力约束法比较适用于柔性系统。对于这样的柔性系统，直接摩擦力法的试错过程可能偏离平衡位置越来越远，导致无法收敛。处理这种柔性系统的可行方案是模化所有的潜在摩擦力为弹性约束。摩擦力的每一分量由弹性约束表示。例如，在 y 方向的支座，两个

弹性力分量分别沿 x、z 方向。在每次试算中，这些弹性约束的弹簧系数根据前次试算中管道的潜在摩擦力和位移确定。由于模拟的摩擦力是弹性可恢复的，所以并不产生奇异的管道位移。尽管一些系统的迭代可能需要较多次数，但大多数情况下，迭代可能很快收敛到平衡位置。

弹性约束方法的计算步骤如下：

(1)给每个支座分配两个相互正交且和支座方向垂直的弹性摩擦力分量。弹性力被指定为和滑动表面的局部坐标一致，其反作用力代表预期的摩擦力。

(2)刚开始的分析不考虑摩擦，计算每一支座处的约束反力及其位移。当然，相互垂直的两个方向的位移应该相互协调，记两个位移为 d_x、d_y。

(3)每一步迭代中，对每一摩擦约束使用更新的弹簧系数，弹簧系数根据力和位移计算如下：

$$k=\frac{\mu N}{\sqrt{d_1^2+d_2^2}}=\frac{FN}{\sqrt{d_x^2+d_y^2}} \tag{5.19}$$

(4)检查迭代结果，即检查和上一次迭代结果的误差是否都在可接受的范围内。如果迭代的结果的误差不可接受，应计算新的弹簧系数，重新迭代计算。

5.3.2 减小摩擦力的方法

一些情况下，摩擦力并不是所期望的。减小摩擦力不一定能管道应力，更多地是降低设备载荷和支座载荷。人们都知道，施加到连接设备上的载荷越小越好。然而，支座结构本身也不能承受大的摩擦力。许多支座设计为可以承受垂直载荷，它们抵抗水平载荷的能力通常较弱。

两种降低摩擦力的常用方式为：设置滚轴和低摩擦的滑动板。图 5.6(a)是滚轴支座示意图，它将滑动作用转化为滚动作用。滚轴不仅仅可以提供比滑动支座更低的摩擦力，而且还具有一些对中功能，调整管道轻微的轴线偏离，有助于维持管道轴线在一条直线上。

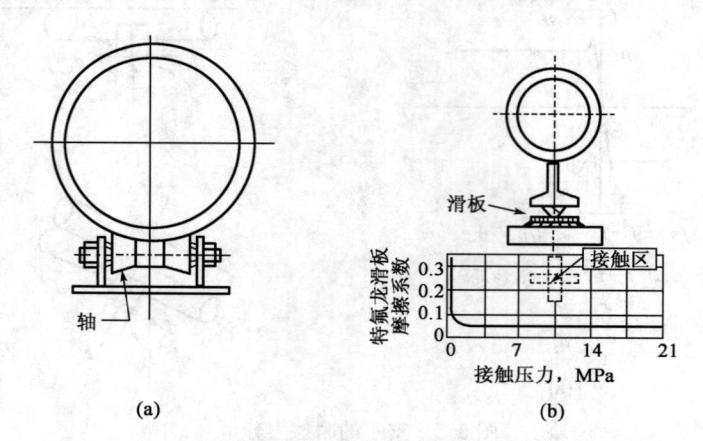

图 5.6 两种形式的低摩擦力的支座

图 5.6(b)表示低摩擦的滑动板。例如，常使用的两种材料为石墨和特氟龙。特氟龙适用于较低的温度($-200\sim150$℃)，而石墨适用于较高的温度。滑动摩擦副可以是两个低摩擦板，也可以是一个低摩擦板与抛光的不锈钢表面配对。两种情形有相同的摩擦系数。由于结构稳固，且不容易撕裂，低摩擦材料与不锈钢配对的适用范围更为普遍。

摩擦垫板的使用也有一些限制。在垫板尺寸较小且管道约束载荷较低的情况下,管道移动的范围较大,垫板可能脱离接触位置。此外,因为滑动垫板的表面要求与管道完全平行,管道的轻微转动可大大降低滑动垫板的有效性。滑动垫板的支座并不适用于大位移情况,在这些情况下,更多的是采用膨胀弯或其他补偿装置。

几种情况的摩擦系数见表5.1。

表 5.1　管道支座中的摩擦系数

支座形式	接触情况	摩擦系数 μ
滑动支座	钢与钢	0.3
	钢与混凝土	0.6
	钢与木	0.28～0.4
滚珠支座	钢与钢	0.1
滚柱支座	沿滚柱轴向移动时	0.3
	沿滚柱径向移动时	0.1
其他	管道与土壤	0.6
	管道与保温材料	0.6
	管道与橡胶填料	0.15
	管道与油浸和涂石墨粉的石棉圈	0.1
	管道与聚四氟乙烯	0.02～0.04

5.4　三通

三通是指主管与支管的连接,用于管道的分支。在油气管道的建设中,常在现场直接利用管子割孔焊制三通。三通是由两个圆柱壳体呈直角(也可以是斜角)的组合件。由于三通处曲率半径发生突然变化以及方向的改变,为了保持主支管接管处的变形协调,必将导致在主支管接管处出现相当大的应力集中,常可比完好管道的应力高出5～7倍,但这种应力集中现象只发生在局部地区,离接管处稍远就很快衰减,因此,只要将连接接处的主管或支管加厚,或两者同时加厚,或采用补强的方法,便可降低峰值应力,满足强度要求。

图5.7表明了几种形式的三通。图5.7(a)是拔制三通,其支管是从主管上拔出的一部分。图5.7(b)是未补强三通,用于压力较低的管道。通常管道的壁厚较设计压力要求的更厚,这种类型的三通允许工作压力取决于主管与支管的直径之比。对于较大的直径比,允许工作压力也仅仅是管道允许工作压力的一半。图5.7(c)是补强三通,通过在开孔处焊接补强板的方式对连接处进行补强。补强三通可以承受管道的设计压力,补强板的厚度一般与管道的壁厚一致,可以方便地从管道上截取。图5.7(d)是整体焊接三通,需要按有关设计标准制造,整体焊接三通可以承受与主管一致的压力。

当前各国有关技术标准中的开孔补强设计计算方法,主要有等面积补强法、极限分析法和安定性理论等。在我国的

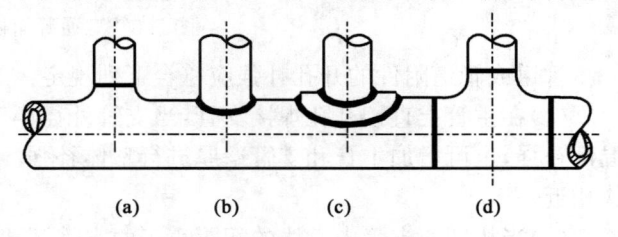

图 5.7　三通连接类型

GB 50251—2015《输气管道工程设计规范》中推荐采用等面积补强法。等面积补强法的确切定义是:补强金属在通过开孔中心线的管道纵向截面上的正投影面积。必须大于或等于主管由于开孔而在这个截面上所削弱的正投影面积。应该注意的是,这里所说的面积均为管道纵向截面上的投影面积,也就是沿壁厚方向的面积,不能误认为是开孔的面积。

如图 5.8 所示,规定在三通或直接在管道上开孔与支管连接时,其补强结果应满足下式:

$$A_1 + A_2 + A_3 \geqslant A_R \tag{5.20}$$

$$A_1 = d(\delta_H - \delta_h) \tag{5.20a}$$

$$A_2 = 2(\delta_B - \delta_h)L \quad (对于拔制三通,L = 0.7\sqrt{d\delta_B}) \tag{5.20b}$$

$$A_R = d\delta_h \tag{5.20c}$$

式中 A_1——在有效补强区内,主管承受内压所需设计壁厚外的多余厚度形成的面积,mm²;

A_2——在有效补强区内,支管承受内压所需设计壁厚外的多余厚度形成的面积,mm²;

A_3——在有效补强区内,另加的补强元件的面积,包括这个区内的焊缝截面积,mm²;

A_R——主管开孔削弱所需补强的面积,mm²;

d——支管内径,mm;

δ_b——按强度条件确定的支管管壁厚度,mm;

δ_B——支管的管壁厚度,mm;

δ_h——按强度条件确定的主管管壁厚度,mm;

δ_H——主管的管壁厚度,mm;

L——应取 $2.5\delta_H$ 或 $2.5\delta_B + M$ 之较小者,其中 M 为补强圈厚度,mm。

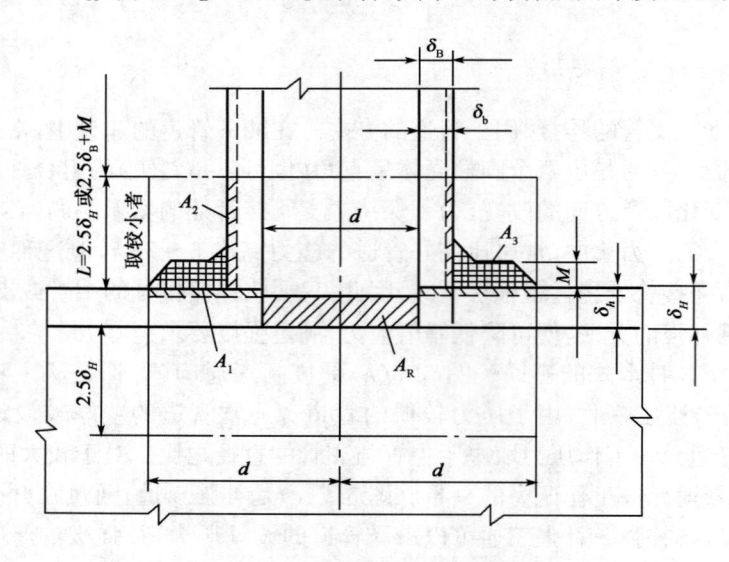

图 5.8 三通等面积补强

管道或管道附件的开孔补强应符合下列规定:

(1)在主管上直接开孔焊接支管:当支管外径小于 0.5 倍主管外径时,可采用补强圈进行局部补强,也可增加主管和支管壁厚进行整体补强。支管和补强圈的材料宜与主管材料相同或相近。

(2)当相邻两支管中心线的间距小于两支管开孔直径之和,但大于或等于两支管直径之和的 2/3 时,应进行联合补强或增大主管管壁厚度。当进行联合补强时,支管中心线之间的补强面积不得小于两开孔所需总补强面积的 1/2。当相邻两支管中心线的间距小于两支管开孔直径之和的 2/3 时,不得开孔。

(3) 当支管直径小于或等于 50mm 时,可不补强。

(4) 当支管外径等于或大于 1/2 倍主管外径时,应采用三通或采用全包型补强。

(5) 开孔边缘距主管焊缝宜大于主管壁厚的 5 倍。

三通是管道上应力最大的元件,所以必须特别注意其制造质量问题。三通元件装配不好和焊缝根部没有焊透,能够造成应力集中区,这能导致管道破坏。管道的作用力及温度越高,必须更要注意管件的补强。制造焊接三通时,除小口径三通管外,都必须采用多层焊接,且焊缝根部必须焊上。焊接三通制成后必须经有效方法检验(X 射线、超声波等)。为了消除三通的焊接应力,应进行必要热处理。

5.5 与静设备的连接

为了确保管道系统的可操作性,管道作用到设备上的力和力矩不能过量,过量的载荷将妨碍设备功能的实现。

维持系统的可操作性要求从以下三个方面考虑:

(1) 设备施加到管道上的载荷:这主要与设备的膨胀有关。例如,压力容器的膨胀可能对管道的应力有相当大的影响;偶尔的情况下,设备的振动可能对设备本身无害,但可能通过管道放大而产生问题。

(2) 设备的柔性:在管道系统分析中,一般认为设备是刚性的,然而,设备支座或设备本身的柔性可能对分析结果产生重大影响。

(3) 管道对设备的载荷的影响:设备的设计载荷通常是基于其功能的,它可能没有考虑到潜在的管道载荷。无论设备是否设计为针对管道载荷,确保管道对设备施加的载荷是可接受的相当重要。

5.5.1 设备施加到管道的载荷

由设备施加的最常见的载荷是容器接管的位移,接管位移可能源于容器的热膨胀、容器基础沉降、地震引起的位移等。除热膨胀外,其他位移都在设计规范中有所规定,主要是确定连接接管的热膨胀位移。

图 5.9 表示了卧式容器示意图,其上有 4 个接管,分别编号为①~④,为计算接管的热膨胀,应首先确定容器的固定点。

卧式容器通常由两个鞍座支撑,一个固定,而另一个滑动。固定支座确定了水平方向的零位移点。而在垂直方向,一般是假定容器的底部固定,这种假设忽略了鞍座的垂直膨胀。更精确的固定点位置可以根据鞍座的实际温度分布来确定,一旦固定点确定,每个接管的位移等于膨胀系数乘以接管和固定点的距离。

管道与接管的交接点是法兰,然而,对于管道的设计分析,管道模式延伸到接管与壳体的交叉处,如图中所示接管①的 X 点,这包括了接管颈部柔性,也加入了壳体的柔性。习惯上同时计算所有接管的热膨胀,并画在容器的图纸上,便于所有工程师参考。

X 点膨胀是沿 A—X 方向,记为 Δ,其还可以沿 x、y 方向分解为 Δ_x、Δ_y。其他接管的膨胀位移类似。

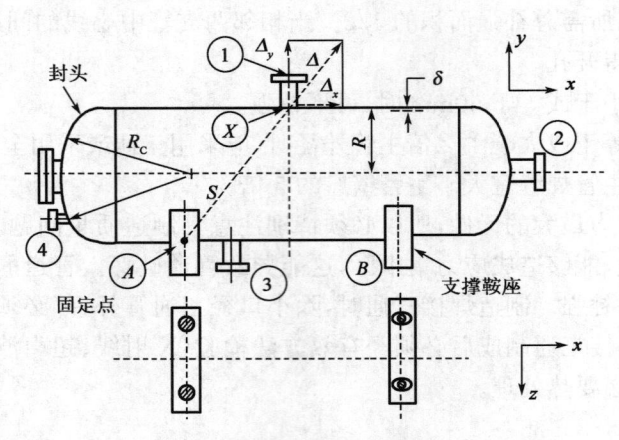

图 5.9 容器的接管连接

5.5.2 设备壳体的柔性

设备壳体的柔性对管道分析结果有重大影响。如果将设备壳体看作是刚性的,对管道的热膨胀分析可能是保守的,但导致非常不经济的设计,而在高的偶然载荷的情况下,可能又偏于不安全。

一般来讲,在设备接管的 6 个自由度中,需重点考虑两个弯曲和一个轴线方向的自由度的柔度,可以忽略扭转和两个剪力方向的柔性,或者认为它们是刚性的。容器接管的刚性仍然很难精确获得,实际做法是将现场经验与理论模型相结合,以下是一些工程中的实际做法。

Kellogg 基于弹性地基梁理论,建立了壳体支座柔性的计算模式。图 5.10 中是受到纵向平面内弯矩 M 作用的圆筒形壳体接管,在这一弯矩的作用下,接管底部发生旋转,角点 a 被提拉向上,发生位移 y,而角点 b 发生同样的向下的位移,该模式用于确定 y 的大小。

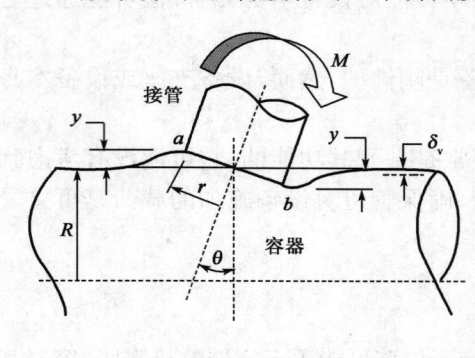

图 5.10 计算模式

应用弹性地基梁的理论,给出的位移为:

$$y = \Delta_y = 0.643 \left(\frac{R}{\delta_v}\right)^{1.5} \frac{w}{E} \tag{5.21}$$

其中,w 是绕壳体圆周的单位长度的载荷,在该模式中,假定其绕着圆周为均匀分布,于是有:

$$w = \frac{M}{\pi r^2}$$

注意到 $\theta = y/r$,有:

$$\theta = \frac{y}{r} = \frac{0.643}{r} \left(\frac{R}{\delta_v}\right)^{1.5} \frac{1}{E} \left(\frac{M}{\pi r^2}\right) = \frac{0.2047 M}{E r^3} \left(\frac{R}{\delta_v}\right)^{1.5}$$

柔度系数

$$k_R = \frac{M}{\theta} = \frac{E r^3}{0.2047} \left(\frac{\delta_v}{R}\right)^{1.5} \tag{5.22}$$

也有一些经验方法用来确定支管连接柔性,即对连接处给定一个柔度系数 k,表示管道元件的变形或旋转与同样长度的单纯管道的变形或旋转之比,由于连接的柔性实际上集中在一点,长

度是零。这个规则使用接管或支管的外径作为参考长度,转角 θ 定义为:

$$\theta = k \frac{Md}{EI_b}$$

I_b 是接管的截面惯性矩。柔度系数由以下两式计算:

$$k = 0.1 \left(\frac{D}{\delta_v}\right)^{1.5} \sqrt{(\delta_v/\delta_n)(d/D)} \frac{\delta}{\delta_v} \quad \text{(对环向弯曲)}$$

$$k = 0.2 \left(\frac{D}{\delta_v}\right)^{1.5} \sqrt{(\delta_v/\delta_n)(d/D)} \frac{\delta}{\delta_v} \quad \text{(对纵向弯曲)}$$

等效厚度 δ_n 根据支管制造详细情况常有调整。对于在容器上的焊接接管连接,等效厚度 δ_n 与支管厚度 δ 相同。为了在管道分析中应用柔度系数,柔性接头放置在接管与壳体的相交处,柔性节点的柔度系数为:

$$k_R = \frac{M}{\theta} = \frac{1}{k} \frac{EI_b}{d} \tag{5.23}$$

为了对环向弯曲和径向弯曲的差别有一个概念,可以举一个简单的例子。对于 $D/\delta_v = 100$,环向与经向的柔度之比为 100/20 等于 5;对于 $D/\delta_v = 50$,这一比值为 3.54。

5.6 与旋转机械的连接

旋转机械往往是一些精巧的设备,要求精确的轴对中、动平衡和适当的间隙。过量的力或应力施加在设备上,可能使机器部件变形而极大地影响设备的可靠性。这些力或应力来自于管道或是系统重量,可能引起轴的不对中、变形,导致机器内部运动部件相互干涉。因此,尽可能设计管道系统,使其施加在设备的载荷最小,是非常重要的。管道没有施加载荷到设备上是最理想的情况,然而,这是不可能的,实际的做法是设备制造商对施加到设备的管道载荷规定合理的允许值。尽管规定较低的允许值可能改进机器的可靠性,但同时也要求管道的布局不同寻常,带来很多意想不到的问题。

管道载荷对于设备的影响有两种类型,其一是在单个接管连接上施加的载荷,其二是所有接管施加在整台设备的载荷的组合影响。单个接管的载荷限制是确保接管的完整性,防止壳体的局部变形;而所有接管的组合效应是防止设备基座或基础的过量变形,基座或基础的变形都会影响到机器内部轴的对中,或是机器和它的驱动机械之间的轴的对中。

所有接管的组合影响评估要求规定矩心,因为力可以对不在其同一直线上的所有点取矩,矩心不同,力矩的大小就不同。由于组合效应的影响主要是防止支座的变形,因此,矩心最好取在支座或其附近。API 610 使用泵的中心作为矩心,如图 5.11 所示,在每个接管的力和力矩按下述关系合成到这一位置:

$$\begin{cases} F_{x,o} = \sum_{i=1}^{n} F_{x,i}, F_{y,o} = \sum_{i=1}^{n} F_{y,i}, F_{z,o} = \sum_{i=1}^{n} F_{z,i} \\ M_{x,o} = \sum_{i=1}^{n} (M_{x,i} - F_{y,i} z_i + F_{z,i} y_i) \\ M_{y,o} = \sum_{i=1}^{n} (M_{y,i} - F_{z,i} x_i + F_{x,i} z_i) \\ M_{z,o} = \sum_{i=1}^{n} (M_{z,i} - F_{x,i} y_i + F_{y,i} x_i) \end{cases} \quad (i=1,\cdots,n \text{ 为接管数}, o \text{ 为矩心}) \tag{5.24}$$

合力的结果是所有接管上的力的相加,在每个方向上的合力矩是所有接管在该方向的力

(a)符号　　　　　　　　**(b)载荷合成点**

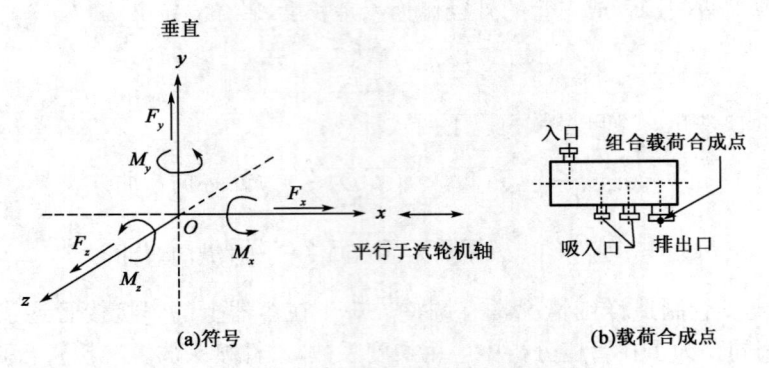

图 5.11　作用在汽轮机的力和力矩

矩与所有接管的力对矩心取矩之和。对于只有吸入/排出口的汽轮机，由于排出口往往选作为矩心，力矩的合成要简单些，因为排出口处的力不需要取矩，只需要吸入管的力对矩心取矩。

5.6.1　机械驱动汽轮机

管道系统采用涡轮驱动泵或压缩机等。美国国家电力设备制造商协会（NEMA，National Electrical Manufactures Association）是第一个提出管道对于旋转机械允许载荷的组织。它的标准 NEMA SM-23 因为对管道载荷的严格要求而著名。为了满足 NEMA SM-23 对管道载荷允许值的要求，必须评价两组载荷，分别是单个接管载荷，以及所有接管的组合载荷。

5.6.1.1　管口的允许载荷

作用在任一管口上的合力及合力矩应满足下式：

$$0.9144 F_R + M_R \leqslant 26.689 D_e \tag{5.25}$$

其中

$$F_R = \sqrt{F_x^2 + F_y^2 + F_z^2}$$

$$M_R = \sqrt{M_x^2 + M_y^2 + M_z^2}$$

式中　F_R——作用在管口的力的合力，N；

　　　M_R——作用在管口的力的合力矩，N·m；

　　　D_e——当量直径，mm，当管口直径小于等于 200mm 时，取管口的公称直径，当接管直径大于 200mm 时，取（400mm+管口公称直径）/3。

式（5.25）左边是施加在接管上的载荷，而右边是允许值。这个方程也被其他一些标准所采用，如 API 617——对离心压缩机的标准，就是其中之一。

5.6.1.2　设备上的合力和合力矩

矩心选定在排出口中心线位置，进气口、抽气口的排出口的合力和合力矩应满足下式：

$$0.6096 F_c + M_c \leqslant 13.345 D_c \tag{5.26}$$

$$F_c = \sqrt{F_{cx}^2 + F_{cy}^2 + F_{cz}^2}$$

$$M_c = \sqrt{M_{cx}^2 + M_{cy}^2 + M_{cz}^2}$$

$$D_c = \sqrt{\sum D_{ic}^2}$$

式中　F_c——合力，N；

　　　M_c——合力矩（矩心在出口接管中心线），N·m；

　　　D_c——按公称直径计算各管口面积之和得到的当量直径，mm；

D_{ic}——第 i 个接管的直径，接管直径小于等于 230mm 时，取接管的公称直径，接管直径大于 230mm 时，取（460mm＋接管公称直径）/3，mm。

合力和合力矩的分量不应超过

$$\begin{cases} F_{cx}=8.756D_c, M_{cx}=13.345D_c \\ F_{cy}=21.891D_c, M_{cy}=6.672D_c \\ F_{cz}=17.513D_c, M_{cz}=6.672D_c \end{cases} \quad (5.27)$$

图 5.11 表明了坐标取向和符号约定。通过比较式（5.27）与式（5.26）可知，对组合载荷的允许值比对单个连接的允许值更为严格，这是因为在安装管道时需要考虑各个接管连接的相互影响。

5.6.2 离心泵

离心泵承受管道作用力和力矩的允许值通常由制造厂提出。对于制造厂未提出受力要求的离心泵，一般要求其管口受力满足 API 610 的规定。该标准提出的允许值较小，偏于保守。

API 610 对于卧式泵的校核规定如下：

(1)当单个管口各分力不大于表 5.2 中的数值时，表示其受力合格，不需要进一步的校核。

(2)如单个管口各分力和力矩超过表 5.2 中的数据，但不大于其 2 倍，并且满足下列两个条件时，也认为泵受力满足条件：

$$\frac{FR_{SA}}{1.5FR_{ST2}}+\frac{MR_{SA}}{1.5MR_{ST2}}\leqslant 2 \quad (5.28a)$$

$$\frac{FR_{DA}}{1.5FR_{DT2}}+\frac{MR_{DA}}{1.5MR_{DT2}}\leqslant 2 \quad (5.28b)$$

式中　FR_{SA}——吸入口的合力，N；
　　　FR_{DA}——排出口的合力，N；
　　　MR_{SA}——吸入口的合力矩，N·m；
　　　MR_{DA}——排出口的合力矩，N·m；
　　　FR_{ST2}——表 5.2 规定的吸入口允许合力值，N；
　　　FR_{DT2}——表 5.2 规定的排出口允许合力值，N；
　　　MR_{ST2}——表 5.2 规定的吸入口允许合力矩值，N·m；
　　　MR_{DT2}——表 5.2 规定的排出口允许合力矩值，N·m。

表 5.2　API 610 的泵口允许载荷

力或力矩		管口公称直径，mm								
		50	80	100	150	200	250	300	350	400
每个顶部管口，N	F_x	710	1070	1420	2490	3780	5340	6670	7120	8450
	F_y	580	890	1160	2050	3110	4450	5430	5780	6670
	F_z	890	1330	1780	3110	4890	6670	8000	8900	10230
	F_R	1280	1930	2560	4480	6920	9630	11700	12780	14850
每个侧部管口，N	F_x	710	1070	1420	2490	3780	5340	6670	7120	8450
	F_y	890	1330	1780	3110	4890	6670	8000	8900	10230
	F_z	580	890	1160	2050	3110	4450	5340	5780	6670
	F_R	1280	1930	2560	4480	6920	9630	11700	12780	14850

续表

力或力矩		管口公称直径,mm								
		50	80	100	150	200	250	300	350	400
每个端部管口,N	F_x	890	1330	1780	3110	4890	6670	8000	8900	10230
	F_y	710	1070	1420	2490	3780	5340	6670	7120	8450
	F_z	580	890	1160	2050	3110	4450	5340	5780	6670
	F_R	1280	1930	2560	4480	6920	9630	11700	12780	14850
每个管口 N·m	M_x	460	950	1330	2300	3530	5020	6100	6370	7300
	M_y	230	470	680	1180	1760	2440	2980	3120	3660
	M_z	350	720	1000	1760	2580	3800	4610	4750	5420
	M_R	620	1280	1800	3130	4710	6750	8210	8540	9820

(3)总体合力与合力矩应满足:

$$\begin{cases} F_{RCA} < 1.5(F_{R,S}+F_{R,D}) \\ M_{zCA} < 2.0(M_{z,S}+M_{z,D}) \\ M_{RCA} < 1.5(M_{R,S}+M_{R,D}) \end{cases} \quad (5.29)$$

5.7 法兰连接

法兰泄漏是站场维护中遇到的较为普遍的问题。即使法兰系统具有结构完整性,如果不能维持法兰的严密性,法兰仍然难以正常工作。法兰的泄漏是非常复杂的问题,涉及的因素较多。不正确的压力等级、不恰当的垫片、螺栓载荷不足、温度梯度、螺栓应力松弛、管道作用的力和力矩等等,都可能引起法兰泄漏。

法兰的标准设计方法在 20 世纪 30 年代首先提出,并被 1934 年的 ASME Code for Unifired Pressure Vessel 所采用。经过几十年的实践和细化,当前的设计标准 ASME Boiler and Pressure Code, Section Ⅷ, Appendix 2(通常称为 Appendix 2 规则),已经广为法兰设计所采用,其中所采用的法兰设计方法是沿用至今达半个世纪的华脱尔斯法,这是属于以简单理论分析并带有经验性质的设计方法。

5.7.1 法兰力矩

华脱尔斯法的力学模型是把法兰被分解为法兰环、锥颈、圆筒三个部分,如图 5.12 所示。锥颈可以是等厚度的,即不带颈的整体法兰,也可以确是锥颈,即带颈的整体法兰;法兰环、圆筒端部可以不存在牢固连接关系而构成不带颈或带颈活套法兰,每个部分的应力可以通过在法兰盘施加均匀的环向弯矩得到。如果知道作用在法兰盘的环向弯矩,在法兰盘、锥颈上的应力可以应用规范中的公式计算,设计者的主要任务就是要确定在密封和运行条件下的环向弯矩。

图 5.13 表明,受到内压时,法兰受到的载荷按下式计算:

$$\begin{cases} F_D = \dfrac{\pi D_i^2}{4} p_c & \text{管道封闭端力(运行状态)} \\ F_T = \dfrac{\pi (D_G^2 - D_i^2)}{4} p_c & \text{法兰面的压力(运行状态)} \\ F_{G,2} = \pi D_G by & \text{垫片密封力(预紧状态)} \\ F_{G,1} = 2\pi D_G m b p_c & \text{垫片密封力(运行状态)} \end{cases} \quad (5.30)$$

式中　　b——垫片的有效密封宽度见 GB 150《压力容器》；

　　　　m——垫片因子见 GB 150《压力容器》；

　　　　y——要求的最低垫片密封力见 GB 150《压力容器》。

由于法兰的旋转,垫片应力是非均匀的。一般来讲,垫片外缘的应力较高,因此,垫片的外缘为有效面积,垫片的有效密封宽度大约是垫片接触宽度的一半,垫片的载荷直径指定在接触区域的外直径和平均直径之间。

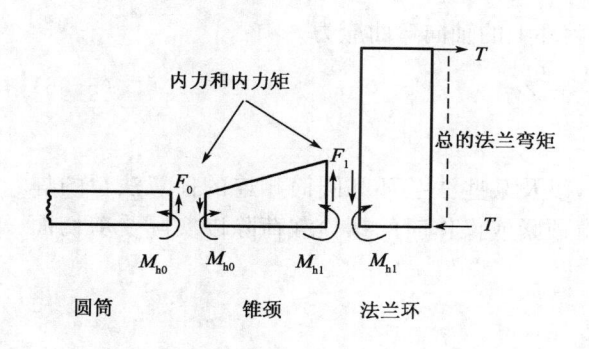

图 5.12　法兰分析模式　　　　图 5.13　法兰载荷

螺栓载荷 F 是每种条件下 F_D、F_T 和 F_G 之和。然而,为了防止螺栓过紧而致法兰应力过载,螺栓的设计载荷由总允许螺栓力调整。总的允许螺栓力为螺栓面积与螺栓许用应力的乘积。设计螺栓载荷取为总的螺栓允许力和以上要求的 F_D、F_T 和 F_G 的螺栓力的平均值。

总的法兰力矩是对螺栓中心线取矩,力臂为：

$$\begin{cases} L_D = L_A + \delta_1/2 \\ L_G = (D_b - D_G)/2 \\ L_T = L_G + (D_G - D_i)/4 \end{cases} \tag{5.31}$$

总的法兰力矩为：

$$\begin{cases} M_D = F_D L_D + F_T L_T + H_{G,1} L_D & \text{（运行状态）} \\ M_G = (F_{G,2} + L_T) h_G & \text{（预紧状态）} \end{cases} \tag{5.32}$$

5.7.2　法兰应力

尽管因为涉及法兰环、锥颈、圆筒三者的边缘连接而使求解三者的数学处理十分复杂,但作为工程应用,并不需要关注求解过程,而只需理解其原理及其求解结果,即在此三个组件上的最大应力值；也不需要关注应力表示式中各系数的意义,这些系数只是表示了求解应力所用复杂表示式中的关系,所以只需按照规范规定的系数、图表、结构尺寸符号,正确选用并代入公式即可。

对带颈或不带颈整体法兰、带颈活套法兰,所需计算并校核的三项应力为：

锥颈或圆筒上的轴向弯曲应力为：

$$\sigma_H = \frac{f M_0}{\lambda \delta_1^2 D_i} \tag{5.33}$$

其中　　　　　　　　$\lambda = \dfrac{\delta_1 e + 1}{T} + \dfrac{\delta_1^2}{d_i}, e = \dfrac{F_1}{h_0}, h_0 = \sqrt{D_i \delta_0}, d_i = \dfrac{U}{V} h_0 \delta_1^2$

系数 T、U、F_1、V_1 及 f 见 GB 150。

法兰环上的径向弯曲应力为：

$$\sigma_R = \frac{1.33\delta_1 e + 1}{\lambda \delta_1^2 D_i} M_0 \tag{5.34}$$

法兰环上的周向弯曲应力为：

$$\sigma_R = \frac{YM_0}{\delta_1^2 D_i} - Z\sigma_R \tag{5.35}$$

不带颈活套法兰所需计算并校核的仅为法兰环上的轴向弯曲应力一项：

$$\sigma_R = \frac{YM_0}{\delta^2 B} - Z\sigma_R \tag{5.36}$$

而 $\sigma_R = 0$，$\sigma_H = 0$。

对于某些和活套法兰相连圆筒的翻边部分，以及某些法兰环和圆筒相连的任意法兰的焊缝，则还应计算并校核其剪切应力。剪切应力由预紧或操作时的螺栓载荷除以实际受剪切面积而得。

5.7.3 法兰应力和刚度校核

校核法兰各部应力的目的在于控制法兰环的翻转变形以保证密封性能。从1955年开始，为更好地控制密封性能，ASME 在非强制性附录 S 中在校核各部应力的基础上，补充了与之相配套的 ASME PCC-1《承压范围螺栓法兰连接件的装配指南》，并在 2008 年增补了可免除刚度校核的条件。虽然华脱尔斯方法从理论的严密性而言确有不尽人意之处，但在补充了刚度校核后的华脱尔斯法是能够达到工程上的密封要求的，所以目前各国压力容器标准在正文所列的法兰设计方法仍然都是华脱尔斯法。

5.7.3.1 应力校核

根据法兰环、锥颈和圆筒三者组成两对边缘问题的求解原理可知，不仅三者的应力相互关联，其中任一者的变形或尺寸改变会影响另外两者，而且各部应力的性质略有不同，对导致法兰环旋转变形即引起泄漏所起的作用也略有区别。所以，在确定法兰各部应力的校核条件时，要考虑以下各项因素：

(1) 锥颈或圆筒上的轴向应力系由边缘问题引起，具有衰减性和自限性，且即使应力较高也仅是间接地影响法兰环的转动，所以其限定的范围较宽。

(2) 法兰环上的两向弯曲应力系由环板理论并根据所作用的螺栓力矩、边缘弯矩和边缘剪力导出，直接影响到法兰环的旋转变形，所以其限定较严。

(3) 鉴于锥颈或圆筒和法兰环上的弯曲应力都会间接或直接影响法兰环的旋转变形，所以，对这些应力不允许同时达到它们各自的极限状态。

(4) ASME Ⅷ-1 允许采用铸铁法兰，由于铸铁几乎没有延展性，所以不允许采用建立在延性材料基础上的对边缘应力可以放宽的限制条件。

(5) 锥颈小段和圆筒直接相连，当锥颈轴向弯曲应力的最大值位于小端时，实际上也就是在和小端相连的圆筒上，所以也要按圆筒材料的许用应力校核，而且由于小端轴向应力对法兰环旋转的影响小于大端轴向力对法兰环旋转的影响，所以，校核条件较大端轴向力宽。

ASME Ⅷ-1 对法兰各部应力校核条件如下：

(1) 锥颈或圆筒的轴向弯曲应力：对整体带颈法兰，考虑到最大值可能在大端或小端，当在大端时,用设计温度下法兰材料许用应力$[\sigma]_f^t$的1.5倍校核;当在小端时,由于离法兰环较远,对其翻转变形影响较小,故可放宽到用圆筒材料许用应力的2.5倍校核:

$$\sigma_H \leqslant \min(1.5[\sigma]_f^t, 2.5[\sigma]_n^t) \tag{5.37a}$$

对按整体法兰计算的任意法兰,其最大值总是在圆筒和法兰环的连接处。离法兰环较近,对其翻转的影响较大,故用圆筒或法兰环材料许用应力的1.5倍校核:

$$\sigma_H \leqslant (1.5[\sigma]_f^t, 1.5[\sigma]_n^t) \tag{5.37b}$$

(2)法兰环的径向弯曲应力和轴向弯曲应力:由于它们对法兰环的旋转变形都构成直接影响,所以都用法兰材料的许用应力校核:

$$\sigma_R, \sigma_T \leqslant [\sigma]_f^t \tag{5.38}$$

(3)为防止法兰环产生过量变形,不允许上述两者的校核条件同时达到各自的极限条件,所以对锥颈或圆筒与法兰环的组合应力,即平均应力加以限制,即:

$$\frac{\sigma_H + \sigma_R}{2}, \frac{\sigma_H + \sigma_T}{2} \leqslant [\sigma]_f^t \tag{5.39}$$

(4)对某些活套法兰的翻边部分,或某些由法兰环和圆筒焊接连接的任意法兰的焊缝,其剪切应力不应超过圆筒材料许用应力的0.8倍,即:

$$\tau \leqslant 0.8[\sigma]_n^t \tag{5.40}$$

5.7.3.2 法兰刚度校核

仅按许用应力极限设计的法兰,可能由于刚度不足而不能控制泄漏,所以应校核法兰刚度。对整体法兰或按整体法兰设计的任意形式法兰,刚度指数按下式计算并校核:

$$J = \frac{52.14 V_L M_0}{\lambda E \delta_0^2 h_0 K_L} \leqslant 1.0 \tag{5.41}$$

以上各式中,规范根据法兰环转角的限制,规定取$K_L = 0.2$。

5.8 管架载荷

架空管道需要管架支承。管架的结构可分为单片平面管架、空间刚架和塔架等。支架需承受管道作用的载荷,根据载荷的作用方向,有以下几种。

5.8.1 垂直载荷

垂直载荷包括管道自重、保温结构重量、管内输送介质重量、管道附件重量,气体管道在某些情况下尚应考虑水压试验时的水重,必要时考虑弹簧支吊架产生的作用载荷和位移,低支架敷设时要考虑行人的重量,明设管道要考虑冰雪载荷和积灰载荷等。

液体及浆体管道作用于支架上的总垂直载荷,可用下式计算:

$$F_V = \sum 1.2(w_z + w_w)l + \sum w_v l \tag{5.42a}$$

式中　1.2——载荷系数;
w_z——管道单位长度自重,N/m;
w_w——管道单位长度上保温层重量,N/m;
w_v——管道单位长度内所输送的液重,按充满管道截面计算,不考虑载荷系数,N/m;
l——管架间距,当管架两侧的间距不等时,取其平均值,m;
Q——作用在一个管段上的总垂直载荷,N。

式(5.42a)中的 Σ 符号,表示安装在同一管架上的各管道数值相加。

气体管道下支座上的总垂直载荷,可用下式计算:

$$Q=\sum 1.2(w_z+w_w+w_L)l \tag{5.42b}$$

式中 w_L——每米管道内冷凝液体重量,N/m。

冷凝液的重量,一般按它占管内截面积的液体量计算:当 $DN=100\sim500$mm 时,按冷凝液占管内截面积的15%计算;当 $DN>500$mm 时,按冷凝液占管内截面积的10%计算。

5.8.2 水平(横向)载荷

横向水平载荷主要是风载荷。它作用于管道上,然后沿管道以横向集中力的形式传给管架。风载荷也直接作用在管架上,但由于比通过管道传到管架上的载荷要小很多,因此直接作用在管架上的风载荷常忽略不计。但对于特别高大的管架,以及组合式管架的纵梁,应考虑管架上风载荷的影响。

结构上的风载荷的分析和计算见第13章第1节。管架承受的由管道横向风载荷施加的水平载荷按下式计算:

$$F_H=1.3KK_Zw_0Dl \tag{5.43}$$

式中 1.3——载荷系数;

K——架空管道风载体型系数,见表5.3;

K_Z——风压高度变化系数,见表13.2;

w_0——基本风压值(又称标准风压值),取决于管架所在地点,数值参见表10.1,它是指空旷地区10m高处30年一遇的10min最大平均风压值,N/m²;

D——管道外径,如有保温层则取保温层外径,多根管道并排敷设时取最大的直径,m;

l——两相邻管架的间距,管架两侧的间距不等时取其平均值,m。

表5.3 架空管道风载体型系数 K

管道排列形式	简图	K 值					
		$K_Zw_0D^2\geq2.0$		$K_Zw_0D^2\leq0.3$		$0.3<K_Zw_0D^2<2.0$	
单管		0.6		1.2		在0.6~1.2之间,用插入法求 $K_插$	
		S	K	S	K	S	K
上下双管		$\leq\dfrac{D}{4}$	1.2	$\leq\dfrac{D}{4}$	2.40	$\leq\dfrac{D}{4}$	$2K_插$
		$\dfrac{D}{2}$	0.9	$\dfrac{D}{2}$	1.80	$\dfrac{D}{2}$	$1.5K_插$
		$\dfrac{3D}{4}$	0.75	$\dfrac{3D}{4}$	1.50	$\dfrac{3D}{4}$	$1.25K_插$
		D	0.70	D	1.40	D	$1.17K_插$
		$1.5D$	0.65	$1.5D$	1.30	$1.5D$	$1.08K_插$
		$2.0D$	0.63	$2.0D$	1.26	$2.0D$	$1.05K_插$
		$\geq3D$	0.60	$\geq3D$	1.20	$\geq3D$	$K_插$

续表

管道排列形式	简图	K 值					
		$K_Z w_0 D^2 \geq 2.0$		$K_Z w_0 D^2 \leq 0.3$		$0.3 < K_Z w_0 D^2 < 2.0$	
前后双管		$\leq \frac{D}{2}$	0.68	$\leq \frac{D}{2}$	1.36	$\leq \frac{D}{2}$	$1.13K_插$
		D	0.86	D	1.72	D	$1.43K_插$
		$1.5D$	0.94	$1.5D$	1.88	$1.5D$	$1.57K_插$
		$2D$	0.99	$2D$	1.98	$2D$	$1.65K_插$
		$4D$	1.08	$4D$	2.16	$4D$	$1.80K_插$
		$6D$	1.11	$6D$	2.22	$6D$	$1.85K_插$
		$8D$	1.14	$8D$	2.28	$8D$	$1.90K_插$
		$\geq 10D$	1.20	$\geq 10D$	2.40	$\geq 10D$	$2.0K_插$

注：(1)K_Z 为风压高度变化系数，w_0 为基本风压值，D 为管道外径(有保温层时取保温层外径)。
(2)双管前后排列时，表中所列 K 值是前后管 K 值总和，前管 K 值均取 0.6，后管 K 值为总和值减去 0.6 后的余数。

对于活动管架，横向水平载荷 F_H 应不大于计算管道的横向摩擦力，否则 F_H 按计算管道的横向摩擦力取用。

对于拐弯或附近设有支管的固定管架，其侧向水平载荷除风载荷外，尚有拐弯管或支管传来的侧向水平推力(图 5.14)。对于拐弯和附近设有支管的活动管架，其管架顶尚有因管道横向位移引起的侧向摩擦力。

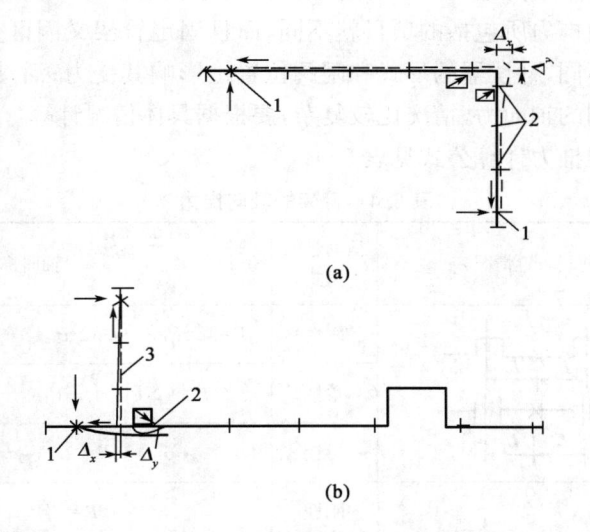

图 5.14 拐弯处或支管附近的管架所受的侧向水平推力
1—固定支架；2—活动支架；3—支管

5.8.3 轴向载荷

沿管道轴向的水平载荷，这是指管道的轴向推力，它包括以下各项。
(1)管道的轴向摩擦力为：

$$F_a = \pm \mu q L_s \cos\theta \tag{5.44}$$

式中 F_a——管道的轴向摩擦力,冷缩时取"+",热胀时取"-";
    q——计算载荷,N/m;
    L_s——固定点到补偿器的实长,m;
    θ——管道与水平面的倾角,(°);
    μ——摩擦系数,见表5.1。

(2)管道内压引起的不平衡轴向力。当在两个固定管架之间设套筒式补偿器,而且在补偿器一侧又有闸阀时,在关闭闸阀的情况下,内压力的作用将有使套筒补偿器脱开的趋势。为了不使套筒式补偿器脱开,固定管架就要有足够的刚度,以抵抗使套筒式补偿器脱开的力量。固定管架上受的这个力就是管道内的不平衡内压力。

由内压引起的轴向拉力 F_{a2} 为:

$$F_{a2} = \frac{\pi}{4} D_i^2 p \tag{5.45}$$

式中 F_{a2}——由内压引起的轴向拉力,N;
    D_i——管道内径,m;
    p——最大工作压力,MPa。

(3)补偿器的反弹力。为了适应管道热膨胀的要求,在架空管道中多设有补偿器,一般设置在两个固定管架之间。当管道受热膨胀时,补偿器被压缩变形,补偿器的刚度将产生一个抵抗压缩的力量,这个力通过管道反作用于固定的管架上,就是补偿器的反弹力。

上述的这些轴向水平推力不是对所有管架都同时存在的。由上面的分析可知,固定管架和活动管架承受的轴向推力所包括的项目就不同,而且固定管架又因区分为中间固定管架与尽端固定管架而受力不同,补偿器的形式和闸阀位置也影响其受力;活动管架因是刚性、柔性或半铰接管架而受不同的轴向力,情况比较复杂,要根据具体情况计算。

各种补偿器对支架推力计算公式见表5.4。

表5.4 管架的轴向推力

	图式(补偿器型式及闸阀布置情况)		活动管架型式	轴向推力 T
中间固定管架	二相邻补偿器间无闸阀		刚性	$T = (\sum P_{b大} + 0.8\sum P_{m大}) - 0.8(\sum P_{b小} + 0.8\sum P_{m小})$
			柔性	$T = (\sum P_{b大} + \sum P_{f大}) - 0.8(\sum P_{b小} + \sum P_{f小})$
			半铰	$T = \sum P_{b大} - 0.8\sum P_{b小}$
			刚性	$T = \sum P_b + 0.8\sum P_m$
			柔性	$T = \sum P_b + \sum P_f$
			半铰	$T = \sum P_b$
	二相邻补偿器间有闸阀		刚性	$T = \sum P_b + \beta\sum P_n + 0.8\sum P_m$
			柔性	$T = \sum P_b + \beta\sum P_n + \sum P_f$
			半铰	$T = \sum P_b + \beta\sum P_n$

续表

图式(补偿器型式及闸阀布置情况)			活动管架型式	轴向推力 T
尽端固定管架	无闸阀		刚性	$T=\sum P_b+0.8\sum P_m$
			柔性	$T=\sum P_b+\sum P_f$
			半铰	$T=\sum P_b$
	有闸阀		刚性	$T=\sum P_b+0.8\sum P_m$
			柔性	$T=\sum P_b+\sum P_f$
			半铰	$T=\sum P_b$
			刚性	$T=\sum P_b+\beta\sum P_n+0.8\sum P_m$
			柔性	$T=\sum P_b+\beta\sum P_n+\sum P_f$
			半铰	$T=\sum P_b+\beta\sum P_n$

注：(1) 0.8——考虑各活动管架顶最大摩擦力出现的不同时性系数。
(2) "大"表示固定管架水平推力大的一侧，"小"表示固定管架水平推力小的一侧。
(3) β——与二相邻补偿器间闸阀数有关的系数，对尽端固定管架，则为与尽端固定管架至近邻补偿器间闸数有关的系数。当闸阀数为1~2时，$\beta=1.0$；当闸阀数为3时，$\beta=0.67$；当闸阀数为4或4以上时，$\beta=0.5$。

6 海底管道

海底油气管道指敷设于海底或埋设于海底一定深度的输油输气管道。海底管道实现了油气资源的长距离输送,也构成了海上油气田的整个油气集输与储运系统。再者,由于油轮的迅速大型化,一些超巨型油轮在以往港口设施的系泊、装卸变为不可能,所以建造了许多离岸式系泊码头,如海中码头(岛式码头)、单点浮筒式系泊设施和多点浮筒式系泊设施,用海底管道从岸上油库(储油设施)往油轮装油或卸油。海底管道一旦建成以后,可以几乎不受水深、地形、海况等各种条件的限制,因而它的运输能力较大、运输效率高,是海上油气输送的主要方式。

陆上油气管道在穿越江河处,也常采用水下敷设的方式。这部分管道的设计和施工与海底管道有相同之处。由于是在水下这种恶劣的环境中敷设管道,就必须解决专门的技术和设计问题。在建造时期,当管道由水面船只敷设到海(河)床时,由于侧向水流和各种动力情况的作用,部分悬空管道要受到各种弯曲应力。而当管道置放在海床上后,由于该海域中的波浪和海流的情况、土壤的不稳定性、抛锚、渔业拖网以及其他危险等,又有遭受种种损坏的潜在危险。

海底管道强度设计内容主要包括:对沿管道路线的波流和海底情况作出估计,据此选择各项管道参数。这也包括估算土壤在静力及风暴条件下的强度,并鉴别海底特征以弄清任何斜坡运动倾向和不稳定区域的范围。本章简明地论述近海管道设计的基础和各种原理。

6.1 波流及其对管道的作用

流动的海水对管道产生流体动力,这是在海底或水下敷设管道必须要考虑的问题。海水的流动由海流和波浪产生,因此,考虑波浪和海流对管道的作用,首先就是要决定设计波浪和设计海流的取值。

6.1.1 设计波浪

海水受海风的作用和气压变化等影响,促使它离开原来的平衡位置,而发生向上、向下、向前和向后方向运动,这就形成了海上的波浪。波浪是一种有规律的周期性起伏运动。波浪的基本要素有波高、波长、周期、波速等。

设计波浪的选择取决于现有的数据。如果获得令人满意的波浪数据,就能基于极值统计的方法预测波浪,在无法获得足够波浪数据的情况下,设计可以风数据为基础。由于预测波浪的极端事件并不容易,当由已发生事件的数值模型获得的数据比测量所得数据更为可靠时,数值模型也可以发挥更大作用,通过测量获得的数据主要用于验证数值模型的有效性。

通常,海况用有效波高 H_s、谱峰周期 T_p 和相应的重现期来定义。所获取的波浪资料可以是带方向性的 H_s 及 T_p 的联合分布概率,也可以是无方向性的有效波高设计值及其相应的估算周期,其形式取决于在所讨论的特定区域内所获取有效数据的数量及质量。

波峰周期 T_p 根据风区、水深范围以及海况持续时间来确定。对于波峰周期 T_p,如果没有

其他可用的资料,波峰周期 T_p 和波高 H_s 有如下关系:

$$T_p = \sqrt{250H_s/g} \tag{6.1}$$

短期静止不规则海况可以通过波谱 $S_\eta(\omega)$ 来描述,也就是海平面处的功率谱密度函数。波浪谱作为测量谱,可以通过表格形式给出,也可以通过分析的形式得到。对于经常使用的 JONSWAP 谱和 Pierson-Moskowitz 波浪谱,其谱密度函数如下:

$$S_\eta(\omega) = \alpha g^2 \omega^{-5} \exp\left[-\frac{5}{4}\left(\frac{\omega}{\omega_p}\right)^{-4}\right] \gamma^{\exp\left[-0.5\left(\frac{\omega-\omega_p}{\sigma\omega_p}\right)^2\right]} \tag{6.2}$$

广义菲利普常数为:

$$\alpha = \frac{5}{16} \frac{H_s^2 \omega_p^4}{g^2}(1 - 0.287\ln\gamma) \tag{6.2a}$$

谱宽度参数为:

$$\sigma = \begin{cases} 0.07 & \omega \leqslant \omega_p \\ 0.09 & \omega > \omega_p \end{cases} \tag{6.2b}$$

可以用峰值增强因子来代替其他的信息:

$$\gamma = \begin{cases} 5.0 & \varphi \leqslant 3.6 \\ \exp(5.75 - 1.15\varphi) & 3.6 < \varphi < 5; \varphi = \frac{T_p}{\sqrt{H_s}} \\ 1.0 & \varphi \geqslant 5.0 \end{cases} \tag{6.2c}$$

当 $\gamma = 1.0$ 时,上述谱即为 Pierson-Moskowitz 波浪谱。

JONSWAP 波谱描述的海风情况可适用于最严重的海况。然而,中等和低沉的海况通常是由风和浪共同生成的。如果重要的话,计算巨浪的时候应该考虑采用双峰谱。

通过一阶波浪理论,在海底波的诱发速度谱 $S_{UU}(\omega)$ 可以通过海平面的波浪谱转换获得:

$$S_{UU}(\omega) = \frac{\omega}{\sinh kd} S_\eta(\omega) \tag{6.3}$$

$$\frac{\omega^2}{g} = k\tanh kd \tag{6.3a}$$

式中　d——水深;

　　　k——波数,可以超越方程(6.3a)中迭代求得。

功率谱密度的 n 阶矩定义为:

$$M_n = \int_0^\infty \omega^n S_{UU}(\omega) d\omega \tag{6.4}$$

管道处的有效流速幅值为:

$$U_s = 2\sqrt{M_0} \tag{6.5}$$

边界层对波浪引起的速度所产生的影响通常较小,并且这种影响已隐含在作为综合曲线基础的水动力模型中,因此,不建议在计算波浪诱发速度时考虑边界层效应。

管道处振荡水流的平均跨零周期为:

$$T_u = 2\pi\sqrt{\frac{M_0}{M_2}} \tag{6.6}$$

可由图 6.1 和图 6.2 中的无量纲曲线查到有效流速 U_s 和平均跨零周期 T_u,其中参考周期:

$$T_n = \sqrt{\frac{d}{g}} \tag{6.7}$$

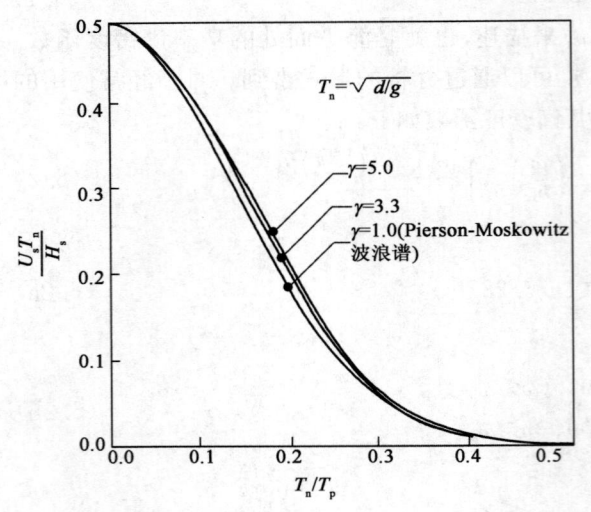

图 6.1 海床处有效流速幅值 U_s

图 6.2 海床处振荡水流的平均跨零周期 T_u

主波的方向和波的传播的影响等于折减系数乘以有义流速,也就是投影到管道法线方向上的流速和波的传播效应:

$$U_s = R_D U_s^* \tag{6.8}$$

折减系数为:

$$R_D = \sqrt{\int_{-\pi/2}^{\pi/2} D_w(\theta) d\theta} \tag{6.9}$$

在这里,波的能量扩展方向函数通过一个不依赖于频率的余弦幂函数来表示:

$$D_w = \begin{cases} \dfrac{1}{\sqrt{\pi}} \cdot \dfrac{\Gamma(1+s/2)}{\Gamma(0.5+s/2)} \cos^s\theta \cdot \sin^2(\theta_w - \theta) & |\theta| < \dfrac{\pi}{2} \\ 0 & |\theta| \geqslant \dfrac{\pi}{2} \end{cases} \tag{6.9a}$$

式中 θ_w——波的传播方向与管道之间的夹角;
Γ——伽马函数;
s——某一具体位置的扩散参数。

通常,s 取值在 2 和 8 之间。如果没有有用的资料,最保守取值通常选定在 2 和 8 之间。在英国北海,s 值通常取在 6 到 8 之间。R_D 可以从图 6.3 中获得。

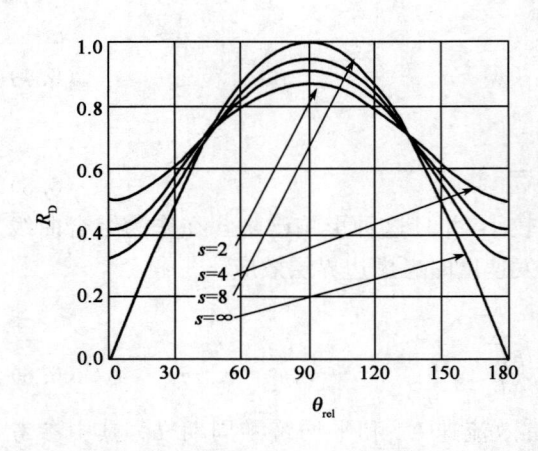

图 6.3 考虑波散布和方向性的折减系数

6.1.2 设计海流

通常所称的海流,是综合流,即指由不同原因所产生的各种类型的海水合成流动。近岸海流一般以潮流和风海流为主。在某些位置和某种情况下,其他类型的海流也可能相当显著,如波浪破碎产生的顺岸流和离岸流等。潮流,即一般常见的涨落潮流。有潮汐的海域,始终存在着涨落潮流,只是潮流速度和方向有变化。

海流又称洋流,是海水因热辐射、蒸发、降水、冷缩等而形成密度不同的水团,再加上风应力、地转偏向力、引潮力等作用而大规模相对稳定的流动。它是海水的普遍运动形式之一。海洋里有着许多海流,每条海流终年沿着比较固定的路线流动。

设计流速应根据各种影响因素如潮汐、风暴增水和环流等确定。对于海流(主要对潮流)的测量,要选择有代表性的时间、季节、点位,测定海流的流速、流向,并需测定沿垂直分布的流速、流向和随时间的变化过程,必要时要进行"流路"测量。在潮流比较显著的近岸海区,一次海流观测的持续时间一般不少于24~25h。为了能较好地分离出潮流,海流观测应选在风浪较小的海况下进行。当采用准调和分析方法时,海流连续观测次数要3次以上,分别在大、中、小潮日期进行。在一般的潮流分析中,可采用1次或2次海流观测资料,1次观测应尽可能在大潮日期进行;2次观测可分别在大、小潮日期进行。为了分析其他类型的海流(如风海流、波浪流等),则应在不同季节及不同天气状况下进行海流观测工作,但持续时间不一定需要24~25h。

考虑到海底边界层和方向性的影响,海流速度可能减少:

$$v(z)=v(z_r)\frac{\ln(z+z_0)-\ln z_0}{\ln(z_r+z_0)-\ln z_0}\sin\theta_c \tag{6.10}$$

式中　z_0——海底粗糙度,是土壤颗粒直径的函数,由表6.1查得,黏性土壤的海床应该采用淤泥的海床粗糙度。

表6.1　海底粗糙度

海底	颗粒大小 d_{50},mm	粗糙度 z_0,m
淤泥和黏土	0.0625	$\approx 5\times 10^{-6}$
细砂	0.25	$\approx 1\times 10^{-5}$
中砂	0.5	$\approx 4\times 10^{-5}$
粗砂	1.0	$\approx 1\times 10^{-4}$
砾石	4.0	$\approx 3\times 10^{-4}$
鹅卵石	25	$\approx 2\times 10^{-3}$
卵石	125	$\approx 1\times 10^{-2}$
巨石	500	$\approx 4\times 10^{-2}$

管道的垂向平均海流速度为:

$$v_c=v_c(z_r)\frac{\left(1+\frac{z_0}{D}\right)\ln\left(\frac{D}{z_0}+1\right)-1}{\ln\left(\frac{z_r}{z_0}+1\right)}\sin\theta_c \tag{6.11}$$

流速的方向记为θ_c,这是流速和管道轴向之间的夹角。如果流速方向无法确定,则应假定流速方向与管道垂直。

6.1.3　动水作用力

海水对海底管道的作用力,包括垂直力(升力)和水平力两部分,其中水平力又有速度力(阻力)和惯性力两项,惯性力的组成来自于对理想非黏性流动实体的分析中。

如图 6.4(a)所示,在管道迎流面下部会产生高压区域。经过管道顶部的水流速度比自由流大,流体分离的位置取决于速度。在分离点下游的流体混合区域内流动不稳定,会产生一系列漩涡,在流体下游会产生低压涡区。如果管道稍高于海底,如图 6.4(b)所示,流动会大幅重建,上、下游的压力差会在管道底部造成高速的流动。如果底部是沉淀物,高速流动会侵蚀底部并加大管道和海床间的缝隙,并且速度会随着缝隙的变大而减少,直到达到一个稳定的冲刷深度。如果管道在沟里,如图 6.4(c)所示,流动会从上游段分离,并且部分管道会处于在沟渠一侧的涡区中。

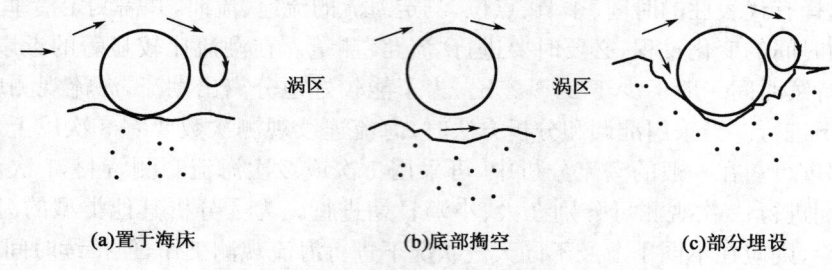

(a)置于海床　　(b)底部掏空　　(c)部分埋设

图 6.4　海水对管道的动力作用

利用莫里森(Morison)方程所推导的计算均匀液流流过圆柱体时诱发的作用力表达式,这些力可由下式计算:

$$F_L = \frac{1}{2}\rho_w D C_L (U_s\cos\theta + U_c)^2 \tag{6.12a}$$

$$F_D = \frac{1}{2}\rho_w D C_D |U_s\cos\theta + U_c|(U_s\cos\theta + U_c) \tag{6.12b}$$

$$F_I = \frac{\pi D^2}{4}\rho_w C_M A_s \sin\theta \tag{6.12c}$$

$$A_s = 2\pi U_s / T_u \tag{6.13}$$

式中　ρ_w——海水密度,kg/m³;
　　　D——管径,m;
　　　C_L——升力系数,取 0.9;
　　　C_D——阻力系数,取 0.7;
　　　C_M——惯性力系数,取 3.29;
　　　U_s——波浪的有效速度,m/s;
　　　U_c——海流有效流速,m/s;
　　　A_s——垂直于管道的有效加速度,m/s²;
　　　T_u——管道处振荡水流的平均跨零周期,可从图 6.2 中得出,T_u/T_p 与 T_n/T_p 函数关系如图 6.2 所示。

对于亚临界和临界状态流(即 $Re < 3 \times 10^5$ 和 $M \geqslant 0.8$,其中 $M = U_c/U_s$),为了确定稳定性计算中使用的水动力,应采用真实的水动力系数。对稳态流,取 $C_D = 1.2$,$C_L = 0.9$ 是可以的。

6.2　海底管道稳定性

海底管道的稳定性是指其保持在原来位置的能力,即海底管道在波浪和海流的作用下不会发生过量的水平方向和垂直方向位移的能力。管道的稳定性与管道的水下重量、环境力和由海底土壤产生的阻力有直接的关系,稳定性设计的目的就是确认管道水下重量是否满足稳定性准则的要求。

6.2.1 横向稳定性

海底管道置于海床上时,会受有波浪和海流的作用力。图6.5表示作用在管道上的这些力。垂直方向的力有管道总重量w_p、浮力b_p、升力F_L和海平面对管道的支承力N,水平方向的力有阻力F_D、惯性力F_I和海床对管道的摩擦阻力f。

水动力作用力F_L、F_D和F_I按式(6.12)计算,而管道总重量w_p、浮力b_p和海床对管道的摩擦阻力f的计算方法如下。

管道在空气中的总重量为:

$$w_p = w_{sp} + w_{sc} + w_c + w_0 \qquad (6.14)$$

图6.5 海底管道的稳定性条件

式中 w_p——管道在空气中的重量,N/m;
w_{sp}——钢管重量,如为双层管,则应计算组成双层管全部材料的重量,N/m;
w_{sc}——外防腐绝缘层(有时包含内防腐层)的重量,N/m;
w_c——混凝土防护加重层的重量,N/m;
w_0——以及使用时期钢管的输送介质的重量,N/m。

管道浮力为:

$$b_p = \frac{\pi}{4} D_0^2 \rho_w g \qquad (6.15)$$

式中 b_p——管道浮力,它相当于排开同单位管长体积的海水的重量,N/m;
ρ_w——海水密度,kg/m³;
D_0——包括混凝土防护加重层在内的管道外径,m。

摩擦力为:

$$f = \mu N \qquad (6.16)$$

式中 f——管道与海底面之间的摩擦力,N/m;
N——海平面对管道的支承力,N/m;
μ——管道外表面与海底土壤之间的摩擦系数,视海底土壤性质与管道外表面粗糙度而异。

通常,混凝土涂装的管道和不同类型土壤间的摩擦系数可按表6.2取值。

表6.2 混凝土涂装的管道与土壤的摩擦系数

土壤类型	黏土	砂	沙砾
摩擦系数	0.3~0.6	0.5~0.7	0.5

如图6.5所示,要使管道在海床上保持稳定,上述作用在管道上的力必须满足下列方程:

$$w_p - b_p - F_L = N (\geqslant 0)$$
$$f = \mu N \geqslant F_I + F_D$$

即

$$w_p - b_p = \frac{F_D + F_I + \mu F_L}{\mu} \qquad (6.17)$$

式(6.17)左边是管道在空气中的重量减去浮力,实际上是管道在海水中的重量,记为:

$$w_s = w_p - b_p \tag{6.18}$$

则其稳定性条件为:

$$w_s = \left[\frac{F_D + F_I + \mu F_L}{\mu}\right]_{max} \cdot F_w \tag{6.19}$$

式中 F_w——校准系数。

校准系数与柯立根—卡本特(Keulegan-Carpenter)数以及流速与波速之比有关,两个参数的定义如下:

$$K = \frac{U_s T_u}{D} \tag{6.20}$$

$$M = \frac{U_c}{U_s} \tag{6.21}$$

式中 T_u——振荡波周期,s。

校准系数随 K 值和 M 值变化的曲线如图 6.6 所示,其中已包含了 1.1 的安全系数。在 $K>50$ 和 $M\geq 0.8$,即接近稳态流时,校准系数可使用常数 1.2。

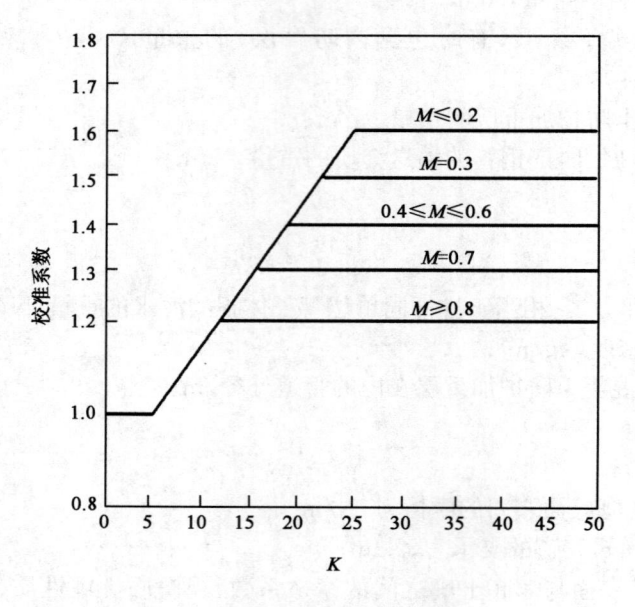

图 6.6 校准系数

显然,只有全部满足式(6.17)和式(6.19)的稳定性条件(条件平衡式),管道在海底面上才具有满足要求的稳定性;反之,如不能满足式(6.17)和式(6.19)的稳定性条件,则必须采取保持管道稳定性的措施,进行稳定性设计。

【例 6.1】 海底管道的设计参数及环境参数如表 6.3 及表 6.4 所示,试求在波流联合作用下所需的管道重量 w_s 值。

表 6.3 海底管道设计参数

钢管外径	$D_s = 0.4064$m
壁厚	$\delta_s = 0.0127$m
内径	$D_i = 0.3810$m

续表

防腐涂层厚	$\delta_{cc} = 0.005$m
防腐涂层密度	$\rho_{cc} = 1300$kg/m^3
混凝土涂层厚	$\delta_c = 0.04$m
混凝土涂层密度	$\rho_c = 2400$kg/m^3
内部介质(气)密度	$\rho_i = 10$kg/m^3
海水密度	$\rho_w = 1025$kg/m^3
钢材密度	$\rho_{st} = 7850$kg/m^3
土壤类别:中砂,密度为	$\rho_s = 1860$kg/m^3
土壤摩擦系数	$\mu = 0.7$

表 6.4 环境数据

有效波高	$H_s = 14.5$m
谱峰周期	$T_p = 15$s
水深	$d = 110$m
海底以上 3m 处的流速	$U_r = 0.6$m/s

(1)设计波浪。根据式(6.7)可得:
$$T_n = \sqrt{d/g} = \sqrt{110/9.81} = 3.348$$
则
$$T_n/T_p = 3.348/15 = 0.223$$
根据图 6.1 的曲线可查得:
$$U_s T_n / H_s = 0.14$$
则
$$U_s = (H_s/T_n) \times 0.14 = (14.5/3.348) \times 0.14 = 0.606 (\text{m/s})$$
根据图 6.2 求出跨零线周期 T_u。
$$T_u/T_p = 1.06$$
则跨零线周期:
$$T_u = 1.06 T_p = 16.05 (\text{s})$$
折减系数 R_D 取 1.0,即无折减,则波浪的有效速度:
$$U_s = U_s R = 0.606 (\text{m/s})$$

(2)设计海流。海底以上 3m 处($z_r = 3$),$U_r = 0.6$m/s。
管道总直径:
$$D = D_s + 2\delta_{cc} + 2\delta_c = 0.4064 + 2 \times 0.005 + 2 \times 0.04 \approx 0.5 (\text{m})$$
土壤为中砂,由表 6.1 可查得:
$$d_{50} = 0.5 \text{mm}; z_0 = 4 \times 10^{-5} \text{m}$$
由此得出:
$$D/z_0 = 12500; z_r/z_0 = 3.0/(4 \times 10^{-5}) = 75000$$
代入式(6.11)得:
$$v_c = v_c(z_r) \frac{1}{\ln(75000+1)} \left[\left(1 + \frac{1}{12500}\right) \ln(12500+1) - 1\right] \sin\theta_c$$
流速的方向 θ_c 取 90°,U_r 即为 $v_c(z_r)$,则海流的有效速度:$v_c = 0.7504$m/s,$U_r = 0.7504 \times 0.6 = 0.45$m/s。

(3)动水作用力。土壤为中砂,$\mu = 0.7$,$C_L = 0.9$,$C_D = 0.7$,$C_M = 3.29$,管道总直径 $D \approx$

0.5m,根据式(6.13)可得:

$$A_s = 2\pi \frac{U_s}{T_u} = 2\pi \frac{0.606}{16.05} = 0.2372(\text{m/s}^2)$$

根据式(6.12a)、式(6.12b)、式(6.12c)计算水动力 F_L、F_D、F_I,结果如下:

$$F_L = 237.9\text{N/m}; F_D = 185.1\text{N/m}; F_I = 56.4\text{N/m}$$

式(6.12c)中 θ 为波浪周期中的水动力相位角,用迭代法从 0°到 360°,使 w_s 取得最大值。

(4)横向稳定性分析。根据式(6.21)可得:

$$M = \frac{v_c}{U_s} = \frac{0.45}{0.606} = 0.75$$

根据式(6.20)可得:

$$K = \frac{U_s T_u}{D} = \frac{0.606 \times 16.05}{0.5} = 19.45$$

从图 6.6 中查得 $F_w = 1.25$。

用迭代法求出相位角(θ),从而求得管子的最大水下重量 w_s。计算可得当 $\theta = 21°$ 时,w_s 值最大,为:

$$\left.\begin{array}{l}F_L = 237.9\text{N/m}\\F_D = 185.1\text{N/m}\\F_I = 56.4\text{N/m}\end{array}\right\} \Rightarrow w_s = \frac{(185.1+56.4)+0.7\times 237.9}{0.7}\times 1.25(\text{N/m}) = 728.75(\text{N/m})$$

即所需的最大水下重量为 $w_s = 728.75\text{N/m}$。

6.2.2 垂向稳定性

6.2.2.1 管道在水中的垂向稳定性

在海底管道安装施工期间,为了避免管道在水中出现漂浮,管道在水中的重量必须满足下面的准则:

$$\gamma_w \frac{b_p}{w_s + b_p} \leqslant 1.00 \qquad (6.22)$$

式中 γ_w——安全系数,取 1.1;
b_p——管道单位长度的浮力,N/m;
w_s——单位长度管道的水中重量,N/m。

6.2.2.2 管道在土壤中的垂向稳定性

当管道部分或全部埋设于海底土中时,受暴风浪等动力因素的影响,管道可能上浮或下沉,也就丧失了管道在海底土中的稳定性,如图 6.7 所示,这与管道重量、土壤密度和土的不排水剪切强度有关。管道下沉时应考虑管道的最大容重,比如管道完全充满原油的情况;而管道上浮时应该考虑管道的最小容重,比如管道完全充满空气的情况。

如果管道的重量小于土壤(含水)的重量,不要求对其下沉的安全性进行进一步的分析。对于管道放在低剪切强度的土壤上或土壤中的情况,必须考

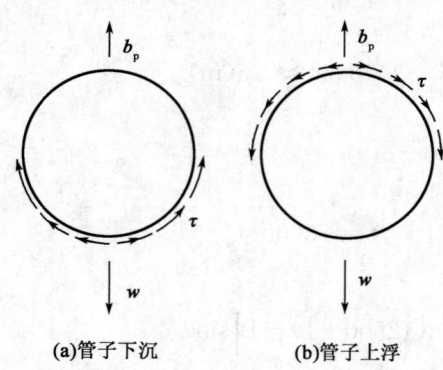

图 6.7 管道在土壤中的稳定性
b_p—浮力;w—管道在水中的重量;
τ—泥土对管道运动的剪切阻力

虑土壤的压力。如果土壤已经或有可能液化,则要考虑液化的深度或者下沉时阻力的增加,将管道的沉没深度限制在一个合理的范围。如果管道的重量小于土壤的重量,土的剪切强度应足以防止管道的上浮。因此,在已液化或可液化的土壤中,埋设管道的重量应不小于土壤的重量。

管道在土壤中的稳定性判断标准如下:

$$r_{se}-R_V<r_p<r_{se}+R_V \tag{6.23}$$

式中　r_{se}——单位管体所受浮力,N/m^3;

　　　R_V——单位体积管体沉浮时的土壤阻力,N/m^3;

　　　r_p——管道容重,N/m^3。

单位管体所受浮力为:

$$r_{se}=r_s=\frac{\gamma_{so}\rho_w g(1+\kappa)}{1+\gamma_{so}\kappa} \tag{6.24}$$

式中　r_s——土壤的饱和容重;

　　　γ_{so}——固体土壤颗粒的相对密度,取 2.7;

　　　ρ_w——海水的密度,kg/m^3;

　　　κ——土壤的含水量,取 44.2%。

管道单位体积沉浮时的土壤阻力为:

$$R_V=\frac{2C}{D_o} \tag{6.25}$$

式中　C——重塑土的黏着力剪切强度,N/m^2;

　　　D_o——管道总外径,m。

当海底沉积土受到由于风暴波经过时引起的循环加载作用时,在泥土中可形成显著的循环性应变而产生大的孔隙压力,结果是受到循环加载后的土壤强度变得小于静力不排水剪切强度。此时,在确定管道稳定性所需的管道重量许可范围时,必须用土壤的重塑(减弱的)剪切强度代替不排水剪切强度。

6.2.3　改进稳定性的措施

改进海底管道稳定性的措施主要有增加混凝土涂层的重量、加大钢管壁厚、稳定压块和埋设等。本节介绍前三项,后一项有单独的章节来介绍。

6.2.3.1　增加混凝土涂层的重量

混凝土涂层管道如图 6.8 所示。覆盖涂层用钢丝网或钢筋加强,由于完全包裹管道,对于管道而言,具有最佳机械保护性能。该涂层适用于流量大及多岩石地区。如果需要,还可在混凝土层中加入压缩材料,对管道起保护作用。在急弯段,可能需要挠曲间隙。

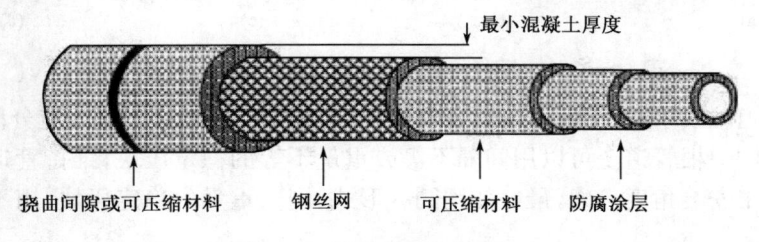

图 6.8　混凝土涂层管道

加重混凝土涂层的重量,这时管道在水中的重量也可以得到加大,但可能出现两种情况。一是随着混凝土的重量加大,管道外表面包裹的混凝土体积也相应加大。这时管道的浮力也在增大,将影响到增大有效的管道在水中的重量。由于受施工、敷设等原因的限制混凝土防护加重层不能太厚,一般厚度在 25～70mm 范围内,少数工程实例也有厚达 150mm 的。对此,工程上为了增大有效的管道在水中的重量,采用重质混凝土,如用矿石混凝土、铁砂混凝土等,这些混凝土的密度可达 3500kg/m³ 左右。例如,同样管道外径为 0.83m,混凝土防护加重层厚度为 0.05m,浮力都是 6963N/m,用普通混凝土(密度 2300kg/m³)和重质混凝土(密度 3500kg/m³),重量相差 1.66kN/m³,这就很明显加大了管道在水中的重量。然而,在加大管道在水中的重量的同时,会大大增加敷设时管道的应力,增大拖管时的牵引力和敷管时的轴向张力等。因此,从施工安装、敷设角度考虑,管道的重量应设计得适当。

6.2.3.2　加大钢管的壁厚

这种方法就是使钢管重量增大,但这类加大钢管重量的办法会使海底管道的用钢量剧增。例如,同样外径为 0.426m 的钢管,当壁厚由 7mm 增至 10mm 时,每米钢管的重量由 1403N/m 增至 2194N/m,每米钢管重量净增 791N,用钢量增加 56.3%。所以,这类措施不是经济合理的措施。只在某些急需的距离较短的管道,才有考虑选用这类措施的可能,一般海底管道很少采用。

6.2.3.3　稳定压块

由于上述原因,加大管道在水中的重量在设计和施工方面都将受到限制,所以借加大加重混凝土的方法来保持管道在海底的稳定性的办法有时也就很难实现。这时,可在不设或设有薄层混凝土防护加重层的管道上,在其敷设到海底以后用连续或间隔地盖压稳定压块,利用稳定压块和管道本身具有的重量共同保持管道在海底面上的稳定性。这样不论在制作和施工安装、敷设时,不会因混凝土防护加重层而增加困难。实质上,这种办法是把混凝土防护加重层由固定在管道上而变成外加的,在管道敷设以后再设法盖压在管道上,用以维持管道在海底的稳定性。

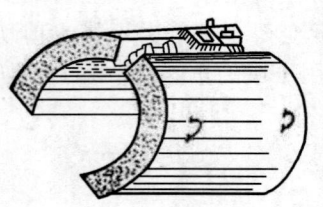

图 6.9　铰链式稳定压块

常用的稳定压块形式有铰链式(图 6.9)和各种马鞍形块(图 6.10)。

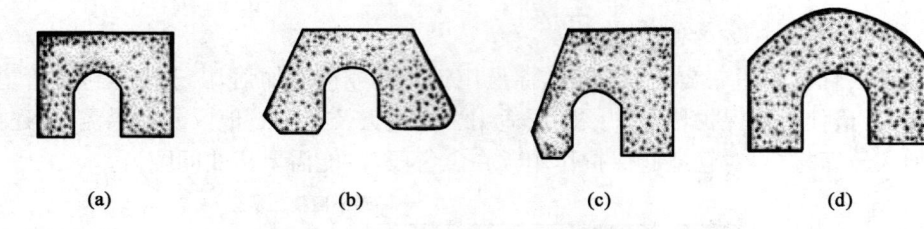

(a)　　(b)　　(c)　　(d)

图 6.10　各种马鞍形稳定压块

由于沿管道轴线水深不同,波浪形态和潮流分布不一致,在有必要时应分段进行稳定压块重量的计算。同一根管道上可以用间隔不等或重量不等的稳定压块,维持管道全线在海底的稳定性。从施工安装角度考虑,最好使用同一形式、同一重量的稳定压块,用不同间隔来安装比较方便和经济。

6.3 海底管道的埋设

前面提到,将海底管道埋置于海底面以下,可以不再受波浪、潮流的直接作用,从而获得管道在海底的稳定性。这是目前多数海底管道工程采用的办法,特别是近岸区段一般都规定要求埋置于海底面以下。美国在海底管道技术要求中明确规定:在水深5m(15ft)以内的管道,凡是有条件埋设的尽可能地埋置于海底面以下。

管道埋置海底面以下的深度,从实例分析如图6.11所示。但多数管道通常的埋设深度为管顶以上1.5～2.0m,或管中心以上$(1.5\sim2.0)D_o$,这里D_o为管外径(包含混凝土防护加重层在内)。特殊地段甚至埋深达4.0～6.0m,例如装卸油码头前沿的装载管道等。

管道在海底的埋设深度的确定,与该管道所处海域的波浪、潮流的情况有关,特别是与海底流速的大小有关,与管道穿越区域(如航道、码头前沿、锚泊区、锚地、渔业捕捞区、水产养殖区等)有关,还与海底管沟的开挖、埋设回填的具体施工方法和使用的设备有关。归纳起来,管道海底埋设深度取决于两个方面:一是从管道安全性、稳定性方面考虑;二是从管道施工方面考虑。

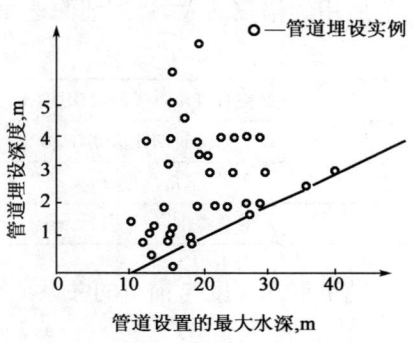

图6.11 管道埋设深度与水深的关系

6.3.1 从管道安全性、稳定性方面考虑

6.3.1.1 管道埋设深度应在冲刷深度和液化深度以下

海底冲刷深度的确定,一是取决于所在位置的海底流速的大小;二是取决于海底表层土的特性。海底流速可由波浪、潮流计算获得。海底表层土质的特性由管道设计初期的地质调查、路径勘查收集得到。一般各种海底土壤都有着相对应的不冲刷允许流速,如表6.5及表6.6所示。

表6.5 均质黏性土壤

土质	轻土壤	中土壤	重土壤	黏土
不冲刷允许流速,m/s	0.6～0.8	0.65～0.85	0.70～1.0	0.75～0.95

注:黏土由于有黏性,一般不易受冲刷。

表6.6 均质无黏性土壤

土质	粒径,10^{-3}m	不冲刷允许流速,m/s
极细砂	0.05～0.1	0.35～0.45
细砂和中砂	0.25～0.5	0.45～0.60
粗砂	0.5～2.0	0.60～0.75
细砾石	2.0～5.0	0.75～0.90
中砾石	5.0～10.0	0.90～1.10
粗砾石	10.0～20.0	1.10～1.30
小卵石	20.0～40.0	1.30～1.80
中卵石	40.0～60.0	1.80～2.20

6.3.1.2 管道埋深与抛锚深度

管道埋深主要由抛锚深度确定,而抛锚深度与锚重和海底土质有关。一般小型船舶,如工作小艇、交通艇、吨位较小的渔轮等,使用的锚比较小而轻,这时管道埋设深度在管顶以上 1.5～2.0m 已足够。但是,在管道穿越航道、码头前沿或锚泊区、锚地时,则上述埋设深度就显得不够。例如,用 1.0t 的单爪锚在淤泥质海底锚试验的结果如表 6.7 所示,所以,对 1.0t 重的单爪锚,管道埋设的安全深度在管顶以上不小于 6.0m。显然,对于大型船舶或工作母船,它们所用的锚重而大,管道埋深达 4.0～6.0m 才比较安全。

表 6.7 海底锚试验结果

抛锚时直接贯入海底深度,m	1.7
抛锚时切入深度,m	0.2
锚爪高度,m	1.0
安全深度(以上合计),m	2.9

抛锚贯入深度与锚重的关系如表 6.8 所示。

表 6.8 抛锚贯入深度与锚重的关系

锚重,t	船型(以载重吨计),t	淤泥质海底,m	砂质海底,m
6.0	10000	1.5～2.5	0.3～0.9
6.0	35000	2.0～6.0	0.5～1.2
10.0	70000	2.8～6.8	0.8～1.5
15.0	150000	>4.0	1.1～1.8
20.0	250000	>4.8	>2.0

必须指出,某些抛锚试验结果表明,管道直接受锚冲击而使管道损伤的实例不多,而多数是抛锚时的冲击载荷作用使土壤变形所引起的管道破损。因此,对于抛锚而言,除应考虑必要的埋设安全深度外,还应该核算抛锚时冲击载荷作用可能引起土壤变形而使管道破损的可能性。

6.3.2 从管道施工方面考虑

从管道施工方面考虑,主要的问题是从管道在海底的沟槽能不能挖,用什么设备或机械来挖。这些问题与海底土质的坚硬程度和施工装备影响很大,有时可能是风化岩礁火坚硬的基岩。很明显,对于坚硬土壤,一般挖泥设备很难开挖,有的施工设备水深大时无法作业,等等。如用水下爆破方法开挖,在时间和人力、物力消耗等要综合考虑,特别是海底管道的施工期限和海上施工设备的适用性以及海上施工的安全性、经济性方面更应着重研究。

另外,当地水深条件与挖泥设备、机械性能的关系极大。目前,国内使用的挖泥船适应的水深多数是在 10～20m 以内(从水面算起),只有某些大型抓扬式挖泥船的挖泥深度可达 40～60m。

最后指出:前面叙述的有关保持海底管道在波浪、潮流作用下的稳定性工程技术措施,对于某一管道根据沿线敷设水深的不同,可以分段计算采用相同的保持稳定性的措施。即便是都采用稳定压块,也可以在压块形式、大小、间距方面不相同、重量不等;也可以在同一管道分别采用第Ⅰ类或第Ⅱ类的措施。但必须注意的一条原则,就是技术可靠、施工方便和经济合理。总之,要实现海底管道在海底的稳定,必须选取合理、可靠、经济的维持管道在海底稳定性的方案,决不局限于在同一管道只用同一类同一种措施和方法。

6.4 海底管道的涡激振动

直接裸置海底的管道,包括立管和悬空的管段。在风的作用下,波浪、潮流以及水面以上部分流经管道时,由于压差的变化,引起边界层剥离,造成尾流涡旋分离,并以一定频率释放涡旋。当尾流涡旋释放频率与管道自振频率一致或相近时,将可能引起管道谐振(即可能导致管道在上下或左右的颤动),这种谐振有时振动较大,可能使管道损坏或破坏。

管道振动可能发生在流动的横流方向和顺流方向。出现在横流方向上的振动要大得多。尽管可能有个别例外,一般认为顺流方向的振动不会在管道中引发严重的振动问题。图 6.12 表示涡流引起的振动。

在考虑尾流涡旋释放对管道的振动效应时,用参数 $\xi(=U/f_p D_o$ 表示$)$作为考察这一现象的依据。其中,U 为流经管道的流动速度(并假定为稳定流流速);f_p 为管道的自振频率;D_o 为管道外径。这样,就可以根据参数 ξ 值的大小,确定以下三种情况:

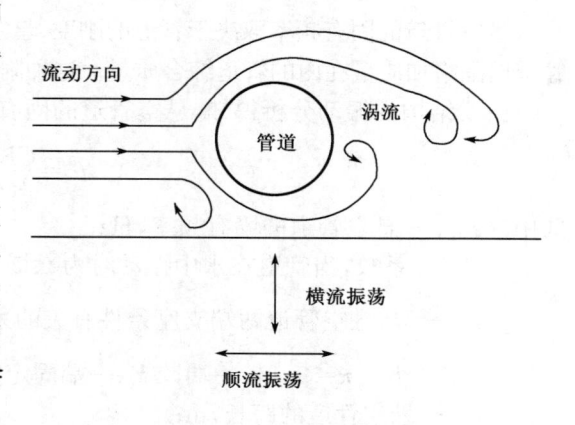

(1)当 ξ 值在 6.5~8.0 之间时,将出现交替的尾流涡旋,并将引起管道振动的方向与水流方向相垂直(横流振动);

(2)当 ξ 值在 2.8~6.4 之间时,也将出现交替的尾流涡旋,而引起管道的振动方向与水流方向一致(顺流振动);

图 6.12 涡流引起的振荡

(3)当 ξ 值在 1.2~2.7 之间时,将出现对称的尾流涡旋,引起管道的振动方向与水流方向一致(顺流振动)。

如果涡流频率与悬空管道的固有频率相差比较远,因而使管道的振动幅度减至最小,就能防止管道因涡激振动而损坏。

涡流频率 f_v 由下式表示:

$$f_v = \frac{SrU}{D_o} \tag{6.26}$$

式中　f_v——涡流频率,Hz;
　　　Sr——斯特劳哈尔(Strouhal)数;
　　　U——流速(潮流、波浪等合成速度),m/s;
　　　D_o——管道外径,m。

斯特劳哈尔数 Sr 是流动雷诺数 Re 的函数,如图 6.13 所示,阻力系数也是雷诺数的函数,这样可以根据水流在管道周围的雷诺数,由图 6.14 查得 Sr;再由 Sr 选取适合的阻力系数 C_D。霍尔纳(Hoerner)1965 年提出斯特劳哈尔数与阻力系数有下列关系:

$$Sr = 0.21/C_D^{0.75} \tag{6.27}$$

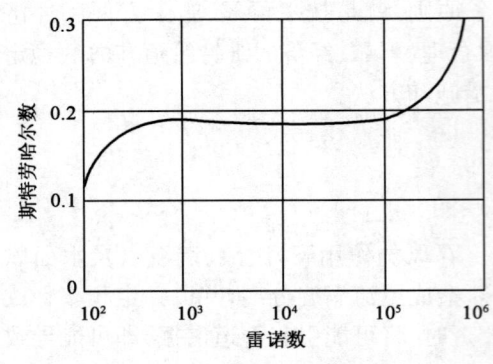

图 6.13　Sr 与 Re 关系曲线 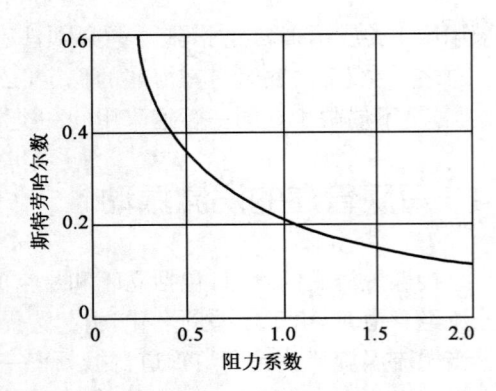　　　　图 6.14　Sr 与 C_D 关系曲线

悬空管道的固有频率取决于管道的刚度、悬空段两端的边界条件、悬空跨长以及包括管道和管道周围附加质量在内的管道综合质量。这种附加质量一般可取管道排开海水体积的 1～2 倍。

由梁结构的振动分析得知,悬空管道的固有频率为:

$$f_p = \frac{CK^2}{2\pi l^2}\sqrt{\frac{EI}{M_p}} \tag{6.28}$$

式中　f_p——悬空管道的固有频率,Hz;

　　　C——系数,当管道在水中振动时为 0.7,在空气中振动时为 1.0;

　　　K——与悬空管道两端支座条件有关的系数,两端固定时 $K = \frac{3}{2}\pi = 4.73$,两端铰支时 $K = \pi = 3.14$,一端铰支、一端固定时按两端铰支计算;

　　　l——悬空管道的跨长,m;

　　　I——管道断面的惯性矩(对双层管,可按复壁钢管计算),m^4;

　　　E——管材的弹性模量,$E = 210$GPa;

　　　M_p——管道单位长度的综合质量,计算时应包括管内容物及管外表防护加重层质量,kg/m。

一般认为在下列条件时将产生谐振:

$$f_v = (0.7 \sim 1.3)f_p \tag{6.29}$$

分析式(6.27)可知,若一管道外径已定,所处位置的流速一定,与雷诺数相关的斯特劳哈尔数也几乎是定值,这样涡旋的自激频率 f_v 也就固定,且不便再作改变。因此,防止"共振"的措施主要放在改变管道的自振频率 f_p 方面。由式(6.28)可知,当海底管道断面结构已定时,改变管道自振频率 f_p 的有效方法是控制管道悬空段跨度 l 来达到防止谐振"共振"发生的目的,而使管道在谐振下的稳定性得到保证。

【例 6.2】　已知直径 0.32m,壁厚 0.0127m 的管道,跨距长度 30.5m,流速 0.61m/s,假设悬空管道两端均为简支,验算悬空管道的涡流激振。

解:

计算雷诺数:

$$Re = \frac{UD_o}{\nu} = \frac{0.61 \times 0.32}{9.3 \times 10^{-7}} = 2.13 \times 10^5$$

涡流激振频率 f_v 由式(6.26)给出:

$$f_v = \frac{SrU}{D_o} = \frac{0.2 \times 0.61}{0.32} = 0.38(\text{Hz})$$

简支端的悬空管道的固有频率：

$$f_p = \frac{CK^2}{2\pi l^2}\sqrt{\frac{EI}{M_p}}$$

其中

$$I = \frac{\pi}{64}(D_o^4 - D_i^4) \quad (D_i = 管道内径)$$

$$D_i = D - 2\delta = 0.32 - 0.02 = 0.3(\text{m})$$

$$I = \frac{3.14}{64}(0.32^4 - 0.3^4) = 1.5 \times 10^{-4}\,\text{m}^4$$

$$EI = 2.1 \times 10^9 \times 1.5 \times 10^{-4} = 3.15 \times 10^5 (\text{Pa} \cdot \text{m}^2)$$

水平振动时， $C = 0.9$

两端铰支时， $K = \pi = 3.14$

单位长度管道的质量为：

$$M_a = \frac{\pi}{4}(D_o^2 - D_i^2) \times \rho_s = \frac{\pi}{4}(0.32^2 - 0.3^2) \times 7800 = 75.9(\text{kg/m})$$

所排开的水的质量（假设等于添加物质）为：

$$\frac{\pi}{4} \times 0.32^2 \times 1250 = 102\,\text{kg/m}$$

因此，管道单位长度的质量为：

$$M_p = 75.9 + 102 = 177.9(\text{kg/m})$$

此时：

$$f_p = \frac{1.57}{30.5^2}\sqrt{\frac{3.15 \times 10^5}{177.9}} = 0.70(\text{Hz})$$

$$0.7 f_p = 0.49(\text{Hz})$$

为保证涡激振动中管道的安全，$f_v = (0.7 \sim 1.3) f_p$，本例中，$f_v = 0.38\,\text{Hz} < 0.49\,\text{Hz}$，所以，管道对涡流激振动是安全的。

6.5 海底管道的上浮屈曲

对于海底和地震液化土中的埋设地管道，当管道的操作温度和压力高于周围环境时，管道将膨胀，如果管道的轴向变形受到限制，管道将承受轴向载荷。类似于直杆的欧拉弯曲，当管道中的轴向载荷达到一定值时，由于管道覆盖土层的刚性较小，管道就会因屈曲而产生向上拱的弯曲变形，这种现象也称为上浮屈曲。上浮屈曲也是管道轴向屈曲的一种。上浮屈曲产生过量的垂直位移和塑性变形，被认为是一种失效情形。

埋地管道的上浮屈曲和铁路铁轨中的热胀屈曲相类似。图 6.15 为管道的上浮屈曲形状，设管道在长度为 L 的部分发生屈曲，假设屈曲长度上管道受到的轴向力为 P，包括覆盖土层和管道、物料自重的均布载荷为 w，取如图 6.15 所示的坐标系，则考虑轴向力的弯曲微分方程为：

$$EI\frac{d^4 y}{dx^4} + P\frac{d^2 y}{dx^2} = -w \tag{6.30}$$

其解的形式为：

$$y = C_1 \cos\beta x + C_2 \sin\beta x + C_3 x + C_4 - \frac{wx^2}{2P}$$

其中 $\beta=\sqrt{\dfrac{P}{EI}}$。由于对称性,系数 $C_2=C_3=0$,由边界条件

$$y\left(\pm\dfrac{L}{2}\right)=A\cos\dfrac{\beta L}{2}+D-\dfrac{wL^2}{8P}=0$$

$$y'\left(\pm\dfrac{L}{2}\right)=\mp C_1\beta\sin\dfrac{\beta L}{2}\mp\dfrac{wL}{2P}=0$$

$$y''\left(\pm\dfrac{L}{2}\right)=-C_1\beta^2\cos\dfrac{\beta L}{2}-\dfrac{w}{2P}=0$$

可以求出未定系数

$$C_1=-\dfrac{w}{2\beta^2 P\cos\dfrac{\beta L}{2}},\quad C_4=\dfrac{w}{2\beta^2 P}+\dfrac{wL^2}{8P}$$

并且还可以得到一个确定临界载荷的方程

$$\dfrac{\beta L}{2}=\tan\dfrac{\beta L}{2}\Rightarrow P=80.73\dfrac{EI}{L^2} \tag{6.31}$$

确定屈曲的挠曲线方程为

$$y=\dfrac{w}{2\beta^2 P}\left(\dfrac{\cos\beta x}{\cos\dfrac{\beta L}{2}}+\dfrac{\beta^2 L^2}{4}+1-\dfrac{\beta^2 x^2}{4}\right) \tag{6.32}$$

但是挠曲线还没有完全确定,式中的 P 和 L 都是未知数,需要附加条件求解。

附加条件为位移协调条件,如图 6.15 所示,屈曲前管道上的 A、B、C、D 和 E 点,在屈曲后,A 和 E 点没有移动,B、C 和 D 点分别移到 B'、C' 和 D'。假定 A 和 B' 之间、D' 和 E 之间只有轴向位移,无横向位移,以 ΔL 表示 BB' 和 DD' 在屈曲期间的位移。

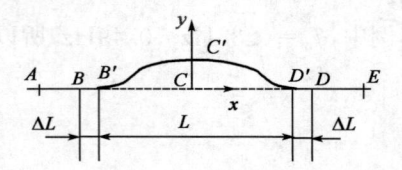

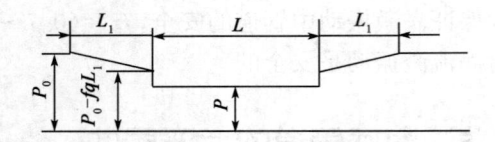

图 6.15 管道屈曲形状及屈曲位移协调条件   图 6.16 轴力的在屈曲长度上的变化

屈曲之前,假定管道中的轴向压缩载荷是 P_0[由式(3.16)计算],屈曲之后,A 和 B' 之间、D' 和 E 之间的管段受到均匀摩擦力的作用,如图 6.15 所示,轴向载荷线性变化,设这段线性变化的长度为 L_1。此外,由于横向分布载荷 w 的作用,在 B' 和 D' 两点之间必须作用横向集中载荷 $\dfrac{1}{2}wL$ 的作用,假定管道与覆盖土层的摩擦系数为 μ,则轴向力可以表示为:

$$P=P_0-\mu wL_1-\dfrac{1}{2}\mu wL \tag{6.33}$$

位移可表示为:

$$\Delta L=\dfrac{1}{2}\dfrac{\mu wL_1^2}{EA} \tag{6.34}$$

将式(6.33)代入式(6.34),得:

$$\Delta L=\dfrac{(P_0-P-\dfrac{1}{2}\mu wL)^2}{2\mu wEA} \tag{6.35}$$

$B'C'D'$ 部分由于屈曲形状而产生的轴向压缩位移为:

$$\Delta L' = \int_{-\frac{L}{2}}^{\frac{L}{2}} (y')^2 dx \tag{6.36}$$

但是式(6.36)只表示 BCD 由直线变成曲线形态时的轴向位移,不包括由于 $B'C'D'$ 部分由于轴向力从 P_0 减小到 P 而产生的伸长,这部分伸长为:

$$\Delta L'' = \frac{P_0 - P}{EA} \tag{6.37}$$

因此,位移协调方程为:

$$2\Delta L = \Delta L' - \Delta L'' \tag{6.38}$$

将式(6.35)、式(6.36)和式(6.37)代入式(6.38),得:

$$\frac{\left(P_0 - P - \frac{1}{2}\mu w L\right)^2}{2\mu w EA} = \int_{-\frac{L}{2}}^{\frac{L}{2}} (y')^2 dx - \frac{P_0 - P}{EA}$$

再将式(6.32)代入,并求解,得:

$$P_0 - P = \frac{wL}{EI}[1.598\mu w EAL^5 - 0.25(\mu EI)^2]^{\frac{1}{2}} \tag{6.39}$$

式(6.31)和式(6.39)联立可以确定上浮屈曲长度和临界载荷。

上浮屈曲与管道输送介质的温度有很大关系,为了考察屈曲长度和温度变化的关系,需研究式(6.39)。这里的温度变化是指运行时的温度与管道安装时的温度之差。由于只有温度升高才会使管道屈曲,故以下称温度变化为温升。管内压力变化对屈曲的影响不大,这里按常数考虑,主要研究温升与上浮屈曲的关系。以管屈曲长度 L 为横坐标,以温升 T 为纵坐标,作出了如图 6.17 所示的曲线,每根曲线对应于不同的管土摩擦系数,分别为 $\mu=0.01, 0.05, 0.1, 0.2, 0.4, 0.6$。例如,当 $\mu=0.01$ 时,对应于屈曲长度 $L=60m$ 时的温升约为 $45℃$,每根曲线上有一个最低点,这个最低点的温升称为安全温升,即高于这一温升时上浮屈曲发生。例如,当 $\mu=0.6$ 时,安全温升约为 $90℃$。当实际温升高于安全温升时,对应的屈曲长度有两个,实际管道的屈曲只会对应于一个形态,这时屈曲长度是由管土系统的特征常数的随机变化确定。图示结果还表明,随着摩擦系数的加大,安全温升能提高不少。

除了摩擦系数以外,上浮屈曲还会受到管顶上覆盖土层载荷(包括管道及所含介质的重量)的影响。图 6.18 是不同的管顶上覆盖土层载荷($w=1200N/m, 2400N/m, 3600N/m, 4800N/m, 6000N/m$)时的温升与屈曲长度的变化曲线。此图同样表明存在安全温升,例如,当 $w=3600N/m$ 时,安全温升为 $67℃$。随着管顶覆盖土层载荷的增大,安全温升增高。

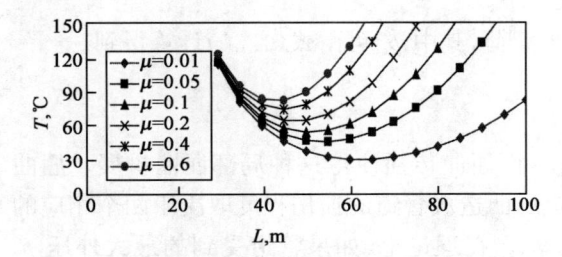

图 6.17 不同摩擦系数时的管道屈曲长度与温升

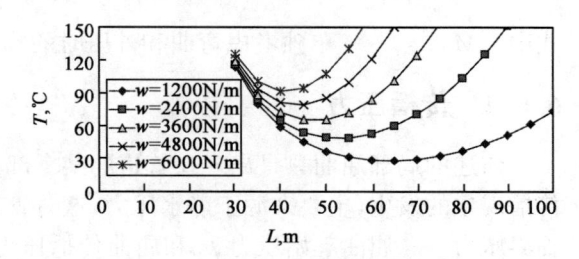

图 6.18 不同管顶覆盖土载荷时的管道屈曲长度与温升

6.6 海底管道的屈曲传播

海底管道安装、敷设过程中,当管道处于深水时,由于受到的静水压力显著增加,管道有可能产生屈曲(压溃)的严重问题。管道产生屈曲的因素很多,主要包括管道本身的椭圆度(不圆度)、径厚比、管材的应力—应变特性、静水压力以及作用于管道上的弯矩等。还有管道敷设时的轴向张力等也影响管道的屈曲状况,当然它的影响远比外压和弯矩的影响要小。由于屈曲的传播特性,管道在深水中的压溃并不限于局部,而是能沿着轴向传播,传播的速度异常迅速,在管道上传播的长度有几百米甚至上千米,对管道的损坏是非常严重的。

6.6.1 局部屈曲

管道上的屈曲传播,首先要在管道有局部屈曲。管道局部屈曲可定义为管道截面椭圆化或屈曲褶皱超过规定的限度。理想管道完全是圆的、壁厚一致、材料质地均匀而无缺陷,在只受到静水压力的屈曲压力由第一章中 Bresse 公式[式(1.30a)]计算。但实际上,管道不可能是绝对圆的,存在一定的椭圆度,而且管道在压溃前可能产生显著的变形。因此,管道的失稳的临界外压应是材料屈服应力的函数。

挪威船级社(DNV)《海底管道及立管的设计、检验规范》中所采用的确定理想管道的临界屈曲压力的公式,已考虑了管道屈服极限的影响,这种临界屈曲压力的公式如下:

$$p_{cr} = \begin{cases} 2\sigma_s \dfrac{\delta}{D} & \sigma_e \leqslant \dfrac{2}{3}\sigma_s \\ 2\sigma_s \dfrac{\delta}{D}\left(1 - \dfrac{1}{3}\dfrac{2\sigma_s}{\sigma_e}\right) & \sigma_e > \dfrac{2}{3}\sigma_s \end{cases} \tag{6.40}$$

σ_e 定义为:

$$\sigma_e = E\left(\dfrac{\delta}{D-\delta}\right)^2 \approx E\dfrac{\delta}{D} \tag{6.41}$$

式中 p_{cr}——临界屈曲压力;
σ_s——屈服应力取为 $\sigma_{0.5}$。

管道的屈曲压力是压力、轴向力、弯曲以及管道椭圆度的综合影响。DNV 海洋管道系统规范规定,弯矩 M 与外压 p_e 联合作用时的近似表达式是:

$$\left(\dfrac{M}{M_{cr}}\right)^\alpha + \dfrac{p_e}{p_{cr}} = 1 \tag{6.42}$$

$$\alpha = 1 + \dfrac{300}{D/\delta}\dfrac{p_e}{p_{cr}} \tag{6.42a}$$

式中 M_{cr}, p_{cr}——单独考虑弯曲和外压时的临界载荷,其中 p_{cr} 可由式(1.30)计算得到。

6.6.2 传播压力

前述的局部屈曲只是出现在管道的某个部位,而屈曲传播使得这种局部屈曲扩展。屈曲传播现象的发生,主要来源于静水压力,这时管道屈曲造成管道的损伤程度取决于两个相应的临界压力——屈曲起始压力 p_i 和屈曲传播压力 p_p。在理论上,如果管道受到的最大外压 p_e 高于屈曲起始压力,即 $p_e > p_i$,只能产生局部屈曲,表现在管壁受压侧的局部有凹陷。如果最大外压大于屈曲传播压力,即 $p_e > p_p$,则屈曲将沿管道轴线方向传播;如果最大外压小于屈曲传播压力，即 $p_e < p_p$，即屈曲传播停止。管道上的屈曲能否传播，将由最大外压与屈曲传播压力之间的大小而定。

已经明确，屈曲传播压力总是低于屈曲起始压力，即 $p_p < p_i$，两者的相互关系如图 6.19 所示。把屈曲起始压力和传播压力转化为与之对应的海水深度来表达，对应于屈曲起始压力 p_i 的水深称为屈曲起始深度 d_i，对应于屈曲传播压力 p_p 的水深称为屈曲传播深度 d_p。由于屈曲传播压力总是低于屈曲起始压力，因此，$d_i > d_p$，这也说明，在海水中的管道一旦出现屈曲，就会一直传播，直至水深小于传播压力相对应的传播深度 d_p 为止。

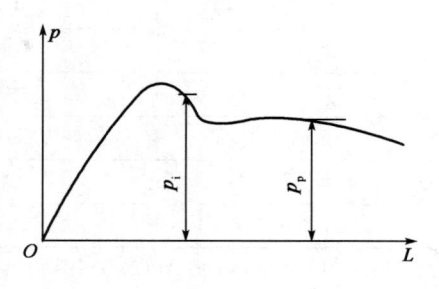

图 6.19 屈曲起始压力和屈曲传播压力

重复上述概念，当管道所处最大深度小于屈曲起始深度 d_i 和传播速度 d_p 时，即使管道由于施工设备或其他原因造成局部屈曲，也只会保持在管道某一局部，而不会在管道轴向传播扩展；当管道最大敷设水深在屈曲起始深度和屈曲传播深度之间，即 $d_i > d > d_p$ 时，则管道上如有局部屈曲存在，它将可能传播到比传播深度更深部分的管段。如果管道上没有局部屈曲，则局部屈曲既不能发生也不会传播；当最大敷设深度大于屈曲起始深度，即 $d > d_i$ 时，管道敷设到深度 d_i 时将发生局部屈曲并将自由地沿着管轴方向传播，屈曲的传播一直扩展到相应的传播深度以上。

屈曲起始压力和屈曲传播压力，都是管道径厚比和管材强度（屈服强度）的函数。许多机构曾进行过理论和试验研究，为了研究屈曲传播现象和确定管道的屈曲传播压力，进行了一些理论和试验研究。这些研究的结果都相类似，得出相当简单的计算传播压力 p_p 的表达式：

Battelle： $$p_p = 6\sigma_s \left(\frac{2\delta}{D} \right)^{2.5} \tag{6.43}$$

DNV： $$p_p = 1.15\pi\sigma_s \left(\frac{\delta}{D-\delta} \right)^2 \tag{6.44}$$

当 $D \gg \delta$ 时，式(6.44)可变为：

$$p_p = 1.15\pi\sigma_s \left(\frac{\delta}{D} \right)^2 \tag{6.44a}$$

关于屈曲传播压力 p_p，按照不同的径厚比 D/δ 值，式(6.43)与式(6.44)计算结果的比较如表 6.9 所示。从表中可以看出，两式的差别在于 D/δ 值的大小：在径厚比小时，二者的差别大；而在径厚比 D/δ 值为 70 或更大时，二者计算结果非常接近。所以，屈曲传播压力不仅取决于管材的屈服强度，还与管道的径厚比直接有关，但它并不决定于管道的应力状态。

表 6.9 屈曲传播压力的计算结果比较

径厚比 D/δ	$p_p = 6\sigma_s \left(\frac{2\delta}{D} \right)^{2.5}$	$p_p = 1.15\pi\sigma_s \left(\frac{\delta}{D-\delta} \right)^2$	差别，%
10	6440	2676	58
20	1138	600	47
30	413	258	38
40	201	143	29
50	115	90	21

续表

径厚比 D/δ	$p_p = 6\sigma_s\left(\dfrac{2\delta}{D}\right)^{2.5}$	$p_p = 1.15\pi\sigma_s\left(\dfrac{\delta}{D-\delta}\right)^2$	差别,%
60	73	63	14
70	50	46	9
80	36	35	3
90	27	27	0
100	21	22	−5

注:针对外径为 24in 的 API X60 级钢管的计算。

还必须了解,屈曲现象的传播是在屈曲发生以后才开始的。因此,防止或控制屈曲的发生,也就自然地限制了屈曲的传播。

6.6.3 止屈器

在深水敷设时静水压力大于屈曲起始压力和传播压力的情况下,这时的管道屈曲和屈曲的传播现象就往往很难避免。为了防止屈曲和屈曲的传播,可以使用管道屈曲限制器。管道上使用的屈曲限制器,有三种主要形式:活动式(或套筒式)屈曲限制器、厚壁管筒式(或整体式)屈曲限制器、焊接固定式屈曲限制器,如图 6.20 所示。

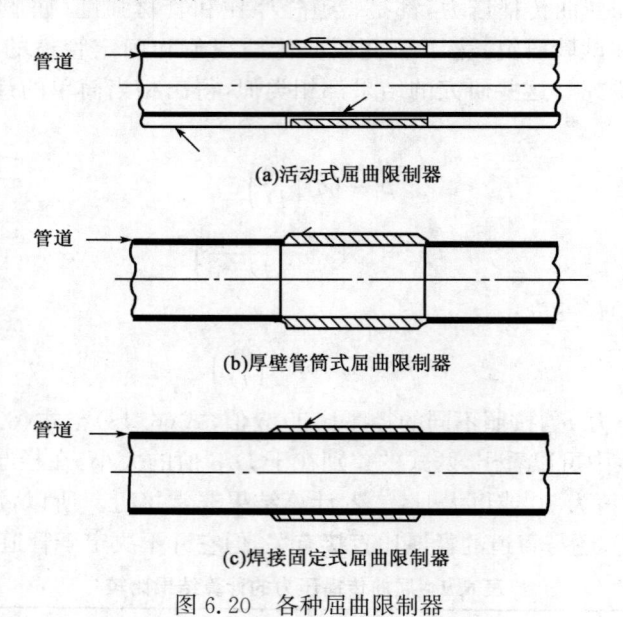

(a)活动式屈曲限制器

(b)厚壁管筒式屈曲限制器

(c)焊接固定式屈曲限制器

图 6.20 各种屈曲限制器

活动式(套筒式)屈曲限制器的结构简单,设计成比管外径稍大的钢套管(套筒),它能滑过管道的接头。所谓"活动式",就是指钢套管节可以在管道上滑动,然后再用水泥浆灌浆固定,见图 6.20(a)。

厚壁管筒式(或整体式)屈曲限制器,见图 6.20(b)。它的壁厚大于管壁厚度,由于管道清管扫线等实际需要,其内径常与管道内径相同。厚壁管筒式屈曲限制器,将直接对焊在管道中间的需要位置,限制器的数目亦需要配置。

焊接固定式屈曲限制器,见图 6.20(c)。它具有与整体式屈曲限制器相同的特点。焊接固定式屈曲限制器,不需要与管道对焊,直接加焊在管道的外表面。

管道屈曲限制器的设计,包括屈曲限制器的选型、间距和有关屈曲限制器本身的几何参数的确定,这些参数有直径、壁厚、钢材等级、每个屈曲限制器的长度等。屈曲限制器必须设计成大于管道敷设最大深度引起的屈曲起始压力和贯穿的传播压力,这样才能保证管道及屈曲限制器本身的安全。

正如前述,管道敷设过程中使用了屈曲限制器,也不能完全避免在两个屈曲限制器间隔内的弯曲管道发生屈曲或其他原因引起的屈曲和屈曲的传播。所以,在海洋管道敷设过程中,特别是深水管道,选定合理的径厚比极为重要,有时可以通过物理模型实验取得有关参数,认真加以确定。同样,选用的屈曲限制器的径厚比和两个屈曲限制器的间隔亦应认真加以确定,这时应采用优化设计的方法,使其达到经济合理的结果。

6.7 铺管船法铺管的应力分析

铺管船法是海底管道最常用的安装方法,特别是在远离海岸的海洋中敷设管道,铺管船法铺管几乎是唯一的选择。

铺管船敷设海底管道,开始于1940年的墨西哥湾。到目前为止,发展了多种形式的铺管船。目前使用的铺管船类型有传统式铺管船、自航式铺管船、半潜式铺管船、潜水式铺管船、卷筒式铺管船、垂直式铺管船和铺管组合驳船等。新型的铺管船,趋向于大型化、多性能的发展。例如,铺管船上装有500~1000t以上起重能力的全回转式起重机、多性能高效率的打桩设备、高压喷射冲砂设备(埋设管道用)等。

铺管船船尾带有很长的托管架,连接铺管船上的管道下水道把管道直接敷设到海底。有的托管架的敷设深度最大可达90~120m。采用铺管船法敷管时,管道自铺管船甲板至海底面之间的悬空长度较大,当水深大时尤为明显,所以敷管时必须对管道的受力情况进行核算,使其管壁应力在任何情况下控制在容许应力范围内。正确、合理地分析管道的受力情况,对于工程质量、施工进度、工程造价等都有着密切关系。

图6.21表示管道正从铺管船下放到海床的情形,根据其变形形态,将其分为两个区域:拱弯区和垂弯区。一般从驳船甲板上的张紧装置起,经过船的滑道沿托管架向下延伸到管道不再由滑道或托管架支承的下卸点是拱弯区;垂弯区则是从拐点到海床着地点的一段距离。

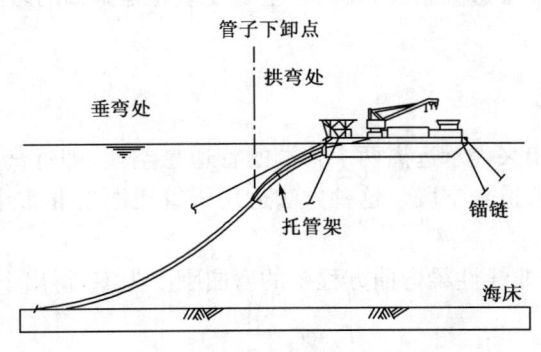

图6.21 铺管船法示意图

管道敷设时的应力分析,首要是弄清楚管道在各种不同情况下的受力状态,然后是具体的计算问题,分析的方法如下。

6.7.1 小挠度梁法

这一理论只适用于在浅水中铺管时的小挠度情况。在这一理论中,将垂弯区中管道的悬空段模拟化成一段梁,如图 6.22 所示,假定挠度是小的,即 $\frac{dy}{dx} \ll 1$,这样,梁的基本弯曲方程为:

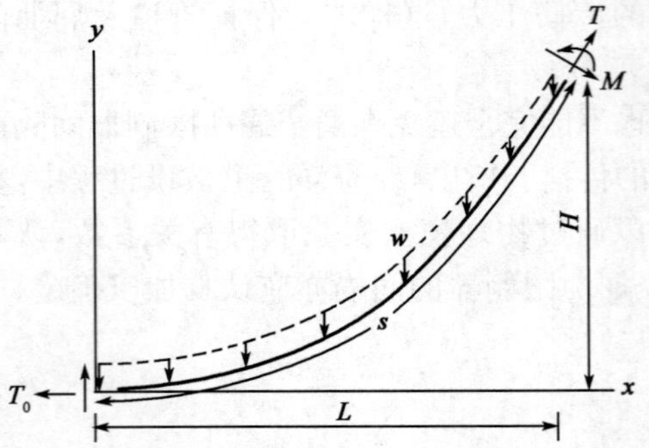

$$EI\frac{d^4y}{dx^4} - T_0\frac{d^2y}{dx^2} = -w \tag{6.45}$$

式中 w——管道单位长度水中重量,N/m;
EI——管道的弯曲刚度;
T_0——放下管道的有效张力,N。

图 6.22 管线的隔离体图

边界条件:

$$y(0)=0, \frac{dy}{dx}\bigg|_{x=0} = \theta(\text{海床坡度}), \frac{d^2y}{dx^2}\bigg|_{x=0}=0$$

$$y(L)=H, EI\frac{d^2y}{dx^2}\bigg|_{x=L}=M(\text{拐点处}\ M=0) \tag{6.46}$$

管道中的张力:

$$T=T_0+wH \tag{6.47}$$

6.7.2 非线性梁法

这种理论采用梁的非线性弯曲方程,对浅水和深水均可应用,并对小挠度和大挠度都有效。梁的基本微分方程为:

$$EI\frac{d}{ds}\left(\sec\theta\frac{d^2\theta}{ds^2}\right) - T_0\sec2\theta\frac{d\theta}{ds} = -w \tag{6.48}$$

$$\sin\theta = \frac{dy}{ds}$$

式中 s——管道挠曲线的弧长坐标;
θ——管道挠曲线在 s 的转角。

此微分方程如果用 y 而不用 θ 表示,将得到一个复杂的微分方程。

要解微分方程需要 4 个边界条件,并因悬空长度事先是未知的,还需要有一个解出悬空长度的附加边界条件。

6.7.3 自然悬链线法

自然悬链线理论可用来表示远离两个管端的管道悬空段,即远离海床处的离地点和靠近托管架的上部管道点的管道悬空段。这种方法适用于管道刚度非常小的情况,但边界条件并不满足。

为说明这种方法,令非线性梁弯曲方程中的弯曲刚度为零,得出下列方程:

$$T_0\sec2\theta\frac{d\theta}{ds}=w \tag{6.49}$$

这个方程有解:

$$\theta=\arctan\frac{ws}{T_0}+C \tag{6.50}$$

式中 C——积分常数,如果海床处管道斜度为零,则 $C=0$,这样就得到自然悬链线的基本方程。

悬空段的长度为:

$$s=\sqrt{y^2+\frac{2yT_0}{w}}=\frac{T_0}{w}\sinh\frac{wx}{T_0} \tag{6.51}$$

根据悬链线方程可得到悬空段挠曲线的几何形态以及垂弯应变等。

6.7.4 刚性悬链线法

刚性悬链线法与自然悬链线法不同之处是边界能满足。在这种方法中,非线性梁微分方程按渐近求解,但假设无量纲量 α 非常小($\alpha=\frac{EI}{ws^2}\ll 1$)。这个理论给出了管道形态的精确结果,包括靠近管端的管道区域。不过,该理论只适用于管道刚度小或深水中的情况。

6.7.5 有限元法

管道悬空段用有限单元来模型化,对每一个管道单元导出弯曲方程式,各边界条件在管道单元之间相适应,然后方程组列成矩阵按矩阵算法求解。有限元法处理这种问题有一定的优越性,这是因为有限元法有较强的非线性分析能力,对小挠度或大挠度都适用,几乎可用于所有水深的悬空管道分析。

6.8 挖沟法铺管的应力分析

海底管道的埋设,主要是考虑其稳定性和安全性的需要,有时是因工艺设计和构造设计的要求。埋设深度一般在管顶以上 1.0~1.5m,而为了防止抛锚损伤管道,要根据贯入深度而定,有时可达 4.0~6.0m。

在开沟埋设过程中,管道将承受较大的应力,因为管道在不太长的局部段内,有一定的高差引起管道局部弯曲。图 6.23 是开沟时一种典型的管道形态。沟深为 Δ,管道在海水中的单位长度重量为 q。AB 段为上部悬空段,设长为 l_1;BC 段为下部悬空段,设长为 l_2。假设基础是刚性的,躺在基础上的部分管道存在

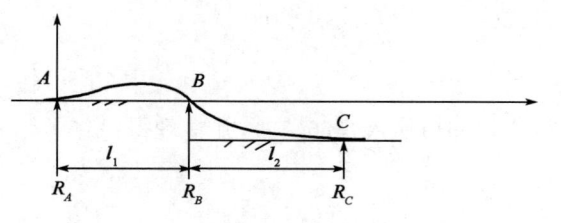

图 6.23 开沟时的管子变形形态

弯矩为零的边界条件,弯曲段的受力如图所示,在 A、B、C 点三处分别作用有反力 R_A、R_B 和 R_C,图中的这三个反力和悬空长度 l_1 与 l_2 均为未知量。

对于 AB 段,弯曲微分方程为:

$$EIy''=R_Ax-\frac{1}{2}wx^2 \quad (0\leqslant x\leqslant l_1) \tag{6.52}$$

对式(6.52)逐次积分得:

$$EIy'=\frac{1}{2}R_Ax^2-\frac{1}{6}wx^3+C_1 \quad (0\leqslant x\leqslant l_1) \tag{6.52a}$$

$$EIy=\frac{1}{6}R_Ax^3-\frac{1}{24}wx^4+C_1x+C_2 \quad (0\leqslant x\leqslant l_1) \tag{6.52b}$$

AB 段的边界条件为：
$$y''|_{x=0}=0, y'|_{x=0}=0, y|_{x=0}=0, y|_{x=l_1}=0 \tag{6.53}$$

第一式自动满足，由后三式可以确定 $C_1=C_2=0$ 以及
$$R_A=\frac{1}{4}wl_1 \tag{6.54}$$

由式(6.52a)确定在 B 处的转角为：
$$EIy'=\frac{1}{2}R_Al_1^2-\frac{1}{6}wl_1^3=-\frac{1}{24}wl_1^3 \tag{6.55}$$

对于 BC 段，弯曲微分方程为：
$$EIy''=R_Ax+R_B(x-l_1)-\frac{1}{2}wx^2 \quad (l_1\leqslant x\leqslant l_1+l_2) \tag{6.56}$$

逐次积分得：
$$EIy'=\frac{1}{2}R_Ax^2+\frac{1}{2}R_B(x-l_1)^2-\frac{1}{6}wx^3 \quad (l_1\leqslant x\leqslant l_1+l_2) \tag{6.56a}$$
$$EIy=\frac{1}{6}R_Ax^3+\frac{1}{6}R_B(x-l_1)^3-\frac{1}{24}wx^4+C_3x+C_4 \quad (l_1\leqslant x\leqslant l_1+l_2) \tag{6.56b}$$

应用 B 点处转角连续条件，将式(6.55)代入式(6.69)，并和式(6.67)比较得 $C_3=0$。BC 段的边界条件为：
$$y|_{x=l_1}=0, y|_{x=l_1+l_2}=-\Delta, y'|_{x=l_1+l_2}=0, y''|_{x=l_1+l_2}=0 \tag{6.57}$$

由式(6.57)第一式可以确定 $C_4=0$。将式(6.56)代入以上后三式，得：
$$\frac{1}{6}R_A(l_1+l_2)^3+\frac{1}{6}R_Bl_2^3-\frac{1}{24}w(l_1+l_2)^4=-\frac{\Delta}{EI} \tag{6.58}$$
$$\frac{1}{2}R_A(l_1+l_2)^2+\frac{1}{2}R_Bl_2^2-\frac{1}{6}w(l_1+l_2)^3=0 \tag{6.59}$$
$$R_A(l_1+l_2)+R_Bl_2-\frac{1}{2}w(l_1+l_2)^2=0 \tag{6.60}$$

将式(6.54)代入式(6.60)，得：
$$R_B=\frac{1}{2l_2}w(l_1+l_2)\left(\frac{1}{2}l_1+l_2\right) \tag{6.61}$$

将式(6.61)代入式(6.59)，并整理得：
$$2\left(\frac{l_2}{l_1}\right)^2-2\frac{l_2}{l_1}-1=0 \tag{6.62}$$

式(6.62)仅有一个正根：
$$\frac{l_2}{l_1}=\frac{1}{2}(1+\sqrt{3})\approx 1.366 \tag{6.63}$$

负根是没有意义的，不必考虑。将式(6.61)代入式(6.58)，得：
$$l_2^4=\frac{1}{\left(\frac{l_1}{l_2}\right)^3+2\frac{l_1}{l_2}-1}\frac{24EI\Delta}{w}\approx 51.7059\frac{EI\Delta}{w} \tag{6.64}$$

各段弯矩为：

AB：
$$M(x)=\frac{1}{4}wl_1x-\frac{1}{2}wx^2 \quad (0\leqslant x\leqslant l_1) \tag{6.65a}$$

BC：
$$M(x)=\frac{1}{4}wl_1x+1.616wl_1(x-l_1)-\frac{1}{2}wx^2 \quad (l_1\leqslant x\leqslant l_1+l_2) \tag{6.65b}$$

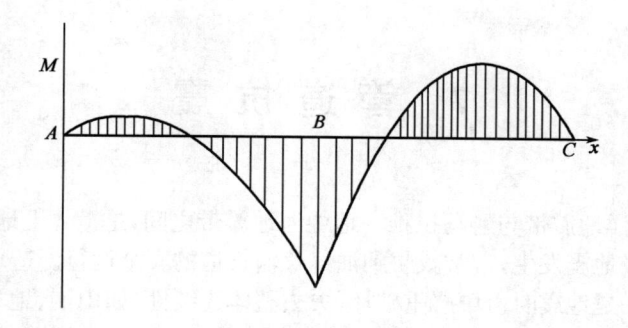

图 6.24　管子悬空段上的弯矩分布

根据式(6.65),可以将管道悬空段上的弯矩用图 6.24 表示,从中可以看出,最大弯矩作用在 B 处,其大小为:

$$|M_B| \approx 0.1340 w l_2^2 = 0.9633 \sqrt{wEI\Delta}$$

很明显,最大弯矩随管道的单位长度的水下重量、抗弯刚度和沟深的增大而增大。

根据材料强度,开沟埋设时的管中应力不宜超过许用应力,允许最大沟深为:

$$\Delta_{\max} = 1.078 \frac{([M])^2}{wEI} \tag{6.66}$$

其中$[M]=[\sigma]W$,$[\sigma]$和 W 分别为管材的许用应力和管道的横截面抗弯模量。

7 管道抗震

我国地处环太平洋地震带与喜马拉雅—地中海地震带之间,是世界上地震多发的国家之一,每年都有多次6～7级地震发生,常常威胁到油气长输管道的安全运行。造成管道震害的原因可以从两方面来认识:一是地震时土壤严重破坏,失去整体连续性,如山崩、地裂、断层错动、岩体滑动和土壤液化等,使管道遭受严重破坏;另一种是地震波在土壤中的传播引起土壤变形,夹裹管道运动产生过大变形而损坏管道。地震不仅可使输油气等管道系统处于瘫痪状态,并会产生次生灾害,危及人们的生命和财产的安全。因此,油气长输管道能安全抗震就越显得重要。

管道作为一种线状地下结构物,它所具有的特点与一般建筑结构物的抗震特性还有所不同。管道是沿着地表层敷设,铺展的长度非常大,多数又是埋置在土壤中,完全或部分受周围土体的约束。很显然,要使设计的结构物去限制周围土体在地震时的变形,使其作为结构物抗震设计的基点有时往往是行不通的,即使可行也是极不经济的。与此相反,有效的抗震设计体系在于所设计的结构物能顺从(适应)土体这一变形(位移)而不遭损坏,才是合适的结构抗震设计措施。

7.1 地震常识

地震是地壳快速释放能量过程中造成震动,期间会快速产生地震波的一种自然现象。地震分为构造地震、火山地震、塌陷地震、诱发地震和人工地震等。地球上板块与板块之间不断发生的相互挤压碰撞,造成板块边沿及板块内部产生错动和破裂,因此,构造地震的数量最多,约占世界地震总数的90%,其破坏力也最强,所有造成重大灾害的地震都是构造地震。

震源深度小于60km时,称为浅源地震;震源深度在60～300km时,称为中源地震;震源深度大于300km时,称为深源地震。我国大部分地区的地震都属于浅源地震;台湾、西藏、新疆有中源地震;东北地区有400～600km的深源地震。目前世界上观测到的最大震源深度是720km。浅源地震由于震源距地面很近,故对地面的影响很大。在中国台湾集集镇发生的地震(1999年)震源深度只有7km,在日本神户发生的地震(1995年)震源深度为20km,对地面上的地形、建筑物均造成了巨大的损毁。

7.1.1 地震波

地震波是指从震源产生向四周辐射的弹性波。当岩层断裂错动或者其他原因引发地震时,地下积蓄的变形能量以波的形式释放,从震源向四周传播。

地震波按传播方式可分为纵波、横波和表面波3种类型。纵波和横波均属于体波。

7.1.1.1 纵波

纵波(P波)又称压缩波或疏密波,见图7.1(a)。它使得质点的振动方向与波的前进方向一致,可在固体或液体中传播。其特点是周期短、振幅小。在所有地震波中,P波前进速度最快,也最早抵达。

7.1.1.2 横波

横波(S波)又称剪切波或等容波,见图7.1(b)。它使得介质的振动方向与波的前进方向垂直,仅能在固体中传播。其特点是周期较长、振幅大。横波使地面发生前后、左右抖动,破坏性较强。S波的传播速度约为P波的一半,相对强的S波稍晚才到达。

7.1.1.3 表面波

当体波从基岩传播到上层土时,经分层地质界面的多次反射和折射,在地表面形成一种次生波——面波。浅源地震所引起的表面波最明显。表面波有低频率、高振幅和具频散(Dispersion)的特性,只在近地表传递,是最有威力的地震波。

地震表面波主要有两种成分:乐甫波(L波)和瑞利波(R波)。

乐甫波主要使地面产生水平的摆动,质点振动方向垂直于波的方向,见图7.1(c);瑞利波(R波)不仅使地面产生水平方向的摆动,还使地面上下颠簸振动,见图7.1(d)。

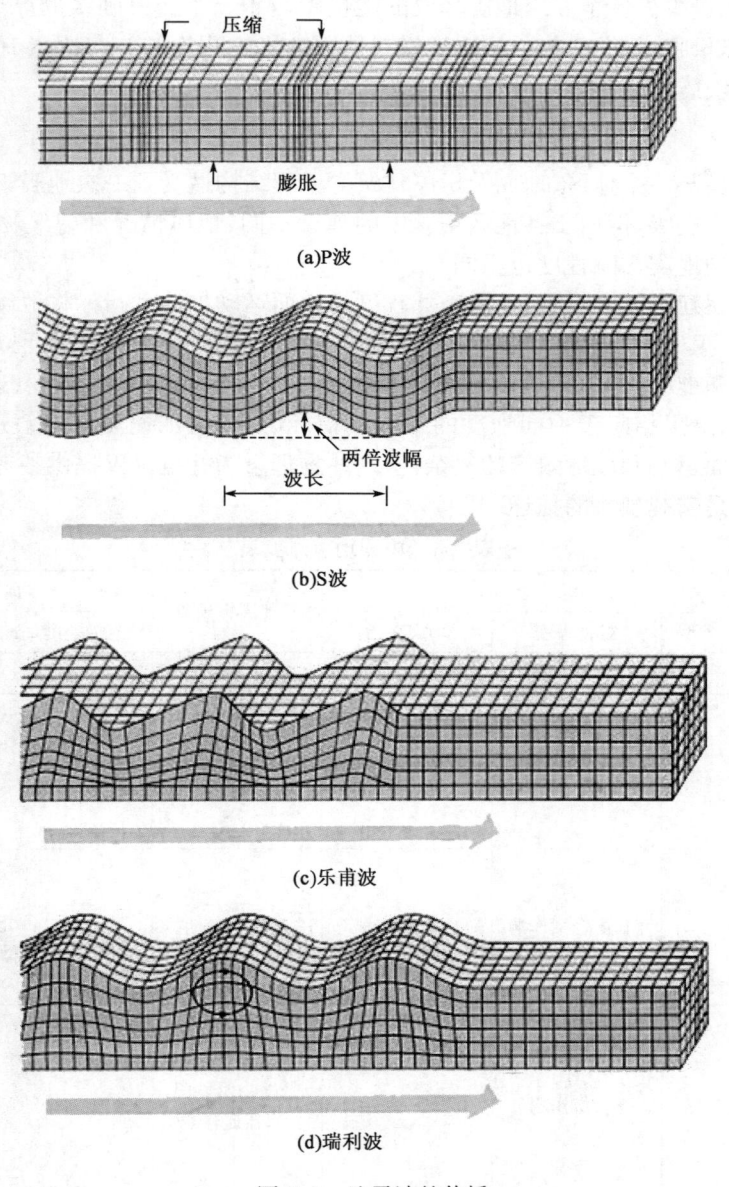

(a)P波

(b)S波

(c)乐甫波

(d)瑞利波

图7.1 地震波的传播

7.1.2 震级与烈度

7.1.2.1 震级

地震的震级一般采用里氏震级,它是由两位来自美国加州理工学院的地震学家里克特(C. F. Richter)和古登堡(B. Gutenberg)在1935年首先提出的,是目前国际通用的地震震级标准。它是根据离震中一定距离所观测到的地震波的幅度和周期,并且考虑到从震源到观测点的地震波衰减,经过一定公式计算出来的震源处地震的大小。世界上记录到的最高震级为9.5级,通常小于2.5级的地震称为小地震,2.5~4.7级之间的地震称为有感地震。

地震的震级是衡量一次地震释放能量大小的尺度。震级大的地震,释放的能量多;震级小的地震,释放的能量少。一个6级地震释放的能量相当于一个2万吨级的原子弹。震级每增加一级,释放的能量将增加32倍。一次地震对地面的影响程度与许多因素有关,除了震级以外,还与震源深度、震中距等因素有关。

7.1.2.2 烈度

地震烈度是指某一个地区、地面及房屋建筑等工程结构遭受到一次地震影响的强烈程度。一次地震只有一个震级,但由于各地区距震中的远近不同、地质情况和建筑物状况也不同,故各地区所遭受到的地震影响程度也不同。

我国根据房屋建筑震害指数、地表破坏程度及地面运动加速度指标将地震烈度分为12个等级,制定了GB/T 17742—2008《中国地震烈度表》,见表7.1。根据宏观现象评定烈度显然不可能十分严格和准确,考虑到影响地震破坏的主要地震动参数是加速度、速度和持续时间等,现行烈度表已给出相应于不同烈度的物理量指标,如峰值加速度或峰值速度的参考数值等。由于地震地面运动和破坏效应的复杂性,这些物理量指标也仅仅提供参考而已,烈度评定的主要依据仍然是宏观现象的描述。

表7.1 中国地震烈度表

地震烈度	人的感受	房屋震害			其他震害现象	水平向地震动参数	
		类型	震害程度	平均震害指数		峰值加速度,m/s^2	峰值速度,m/s
Ⅰ	无感	—	—	—	—	—	—
Ⅱ	室内个别静止中的人有感觉	—	—	—	—	—	—
Ⅲ	室内少数静止中的人有感觉	—	门、窗轻微作响	—	悬挂物微动	—	—
Ⅳ	室内多数人、室外少数人有感觉,少数人梦中惊醒	—	门、窗作响	—	悬挂物明显摆动,器皿作响	—	—

续表

地震烈度	人的感受	房屋震害			其他震害现象	水平向地震动参数	
		类型	震害程度	平均震害指数		峰值加速度,m/s²	峰值速度,m/s
Ⅴ	室内绝大多数、室外多数人有感觉,多数人梦中惊醒	—	门窗、屋顶、屋架颤动作响,灰土掉落,个别房屋墙体抹灰出现细微裂缝,个别屋顶烟囱掉砖	—	悬挂物大幅度晃动,不稳定器物摇动或翻倒	0.31 (0.22～0.44)	0.03 (0.02～0.04)
Ⅵ	多数人站立不稳,少数人惊逃户外	A	少数中等破坏,多数轻微破坏和/或基本完好	0.00～0.11	家具和物品移动;河岸和松软土出现裂缝,饱和砂层出现喷砂冒水;个别独立砖烟囱轻度裂缝	0.63 (0.45～0.89)	0.06 (0.05～0.09)
		B	个别中等破坏,少数轻微破坏,多数基本完好				
		C	个别轻微破坏,大多数基本完好	0.00～0.08			
Ⅶ	大多数人惊逃户外,骑自行车的人有感觉,行驶中的汽车驾乘人员有感觉	A	少数毁坏和/或严重破坏,多数中等和/或轻微破坏	0.09～0.31	物体从架子上掉落;河岸出现塌方,饱和砂层常见喷水冒砂,松软土地上地裂缝较多;大多数独立砖烟囱中等破坏	1.25 (0.90～1.77)	0.13 (0.10～0.18)
		B	少数中等破坏,多数轻微破坏和/或基本完好				
		C	少数中等和/或轻微破坏,多数基本完成	0.07～0.22			
Ⅷ	多数人摇晃颠簸,行走困难	A	少数毁坏,多数严重和/或中等破坏	0.29～0.51	干硬土上出现裂缝,饱和砂层绝大多数喷砂冒水;大多数独立砖烟囱严重破坏	2.50 (1.78～3.53)	0.25 (0.19～0.35)
		B	个别毁坏,少数严重破坏,多数中等和/或轻微破坏				
		C	少数严重和/或中等破坏,多数轻微破坏	0.20～0.40			

续表

地震烈度	人的感受	房屋震害 类型	房屋震害 震害程度	房屋震害 平均震害指数	其他震害现象	水平向地震动参数 峰值加速度,m/s²	水平向地震动参数 峰值速度,m/s
Ⅸ	行动的人摔倒	A	多数严重破坏或/和毁坏	0.49～0.71	干硬土上多处出现裂缝,可见基岩裂缝、错动,滑坡、塌方常见;独立砖烟囱多数倒塌	5.00 (3.54～7.07)	0.50 (0.36～0.71)
Ⅸ		B	少数毁坏,多数严重和/或中等破坏				
Ⅸ		C	少数毁坏和/或严重破坏,多数中等和/或轻微破坏	0.38～0.60			
Ⅹ	骑自行车的人会摔倒,处不稳状态的人会摔离原地,有抛起感	A	绝大多数毁坏	0.69～0.91	山崩和地震断裂出现,基岩上拱桥破坏;大多数独立砖烟囱从根部破坏或倒毁	10.00 (7.08～14.14)	1.00 (0.72～1.41)
Ⅹ		B	大多数毁坏				
Ⅹ		C	多数毁坏和/或严重破坏	0.58～0.80			
Ⅺ	—	A	绝大多数毁坏	0.89～1.00	地震断裂延续很大,大量山崩滑坡	—	—
Ⅺ		B					
Ⅺ		C		0.78～1.00			
Ⅻ	—	A	几乎全部毁坏	1.00	地面剧烈变化,山河改观	—	—
Ⅻ		B					
Ⅻ		C					

注:表中给出的"峰值加速度"和"峰值速度"是参考值,括弧内给出的是变动范围。

震级和烈度是衡量地震大小的两把尺子。震级是指地震释放能量的大小,烈度是指地震在不同地点造成破坏的程度。一次地震只有一个震级,但可有多个烈度。一般讲,离震中越近的地方破坏就越大,烈度也越高。例如,汶川 8.0 级地震的地震烈度在Ⅵ度以上面积合计 440442km²,其中Ⅺ度区面积约 2419km²,Ⅹ度区面积约 3144km²,Ⅸ度区面积约为 7738km²,Ⅷ度区面积约 27786km²,Ⅶ度区面积约 84449km²,Ⅵ度区面积约 314906km²。

7.1.3 抗震设防

抗震设防,简单地说,就是为达到抗震效果,在工程建设时对建筑物进行抗震设计并采取抗震措施。抗震设防要求,是指经国务院地震行政主管部门制定或审定的,对建设工程制定的必须达到的抗御地震破坏的准则和技术指标。它是在综合考虑地震环境、建设工程的重要程度、允许的风险水平、要达到的安全目标和国家经济承受能力等因素的基础上确定的,主要以地震烈度或地震动参数表述,新建、扩建、改建建设工程所应达到的抗御地震破坏的准则和技术指标。

地震动参数是工程抗震设计的依据,不同工程对工程场地地震安全性评价的深度以及提供的参数的要求不同,这取决于工程的类型及安全性、地震的危险性以及社会影响等因素。比如，对一般工业民用建筑，中国已经颁发的抗震设计规范都以基本烈度为基础来确定设防烈度，以烈度值换算成地震动峰值加速度进行抗震设计；但对一些重要工程和特殊工程，如超高层建筑、大桥、大坝、核电厂等，只提供峰值加速度还不能满足抗震设计要求，还必须提供地震过程的频率特性和强震动的持续时间等参数。地震动的重要工程特性至少应包括地动峰值（加速度或速度峰值）、反应谱及强震持续时间这三项参数。

地震动参数划分，是以国土为背景，按照不同的地震强弱程度，以一定的标准（包括时间年限、概率水准、地震动峰值加速度、地震动反应谱特征周期等地震动参数标准），将国土划分为不同抗震设防要求的区域，并以图件的形式表示出来。地震动参数区划图展示了地区之间潜在地震危险程度的差异，设计人员可以根据地震动参数区划图上所标示的各个地区的抗震设防要求进行建设工程抗震设计。

我国的地震区划图已编制完成了五代地震烈度区划图。1957年，李善邦先生编制了第一代中国地震区划图，该图给出了全国最大地震影响烈度的分布。第二代中国地震区划图于1977年出版，该区划图是用中长期地震预测的方法编制的，给出未来一百年内场地可能遭遇的最大地震烈度，被建筑抗震设计规范正式引用。第三代中国地震区划图是1990年颁布的，编图采用了概率分析方法，给出了50年超越概率10%的烈度值，被建筑抗震设计规范和其他抗震设计规范所采用。前3次区划图编制均采用地震烈度作为编图参数，第四代中国地震动参数区划图对此作了改进，采用地震动参数作为编图参数，包括峰值加速度区划图和反应谱特征周期区划图，风险水平为50年超越概率10%，比例尺为1∶400万。第四代中国地震动参数区划图于2001年作为国家强制标准正式批准，汶川地震、玉树地震后分别进行了局部修改。2015年，GB 18306—2015《中国地震动参数区划图》发布，此次编制于2007年开始，在2001年版的基础上进行修订，区划图主体由"两图两表"构成，其中"中国地震动峰值加速度区划图"和"中国地震动加速度反应谱特征周期区划图"是确定抗震设防要求的核心技术要素。

油气管道的抗震设防标准如下：

（1）一般区段管道抗震设计采用的地震动参数应符合现行国家标准GB 18306—2015《中国地震动参数区划图》的规定，已进行了地震安全性评价的，应按审定的50年超越概率10%的地震动参数结果进行抗震设计。

（2）重要区段管道抗震设计采用的地震动参数，应按地震安全性评价或经专门研究审定后的文件确定。采用50年超越概率5%的地震动参数进行抗震设计。其中，大型跨越及埋深小于30m的大型穿越管道，应按50年超越概率2%的地震动参数进行抗震设计。

7.2 管道场地划分

地震都是通过场地土致管道而产生地震作用的，所以，考虑管道的地震反应离不开对场地地基影响的分析。另一方面，地震作用下地基本身的失效，如强度降低或过大的残余变形，又会导致管道及其附属结构的破坏或损坏，地基一旦失效，即无法恢复原状，地基失效引起的管道破坏或损坏往往无法由提高设计要求来解决，而是通过场地选择来避免。因此，应做好管道工程的地质勘察。一般区段可利用收集已有的地质资料、勘查和适当补充钻孔工作，确定土层的等效剪切波速和场地类别；对于重要区段，初勘阶段可按一般区段的管道场地进行勘察，勘探深度宜为15~20m，查明场地土的工程地质特性，并应确定场地类别。

7.2.1 场地条件

场地条件对管道震害的影响主要是指地表形态不同对管道震害有不同影响。管道场地按表 7.2 划分为抗震有利地段、不利地段和危险地段。如突出的山脊、高耸孤立山丘、非岩质的陡坡及河岸的高边坡、土堤等地段,对地震动均有放大效应,而加剧地表面的振动,甚至会产生陡坎崩塌。多次震害调查也证实了局部地形变化对震害有明显的影响。凡是在孤立、突出的山包、山梁部位,其山顶的振动加速度大于山底与山脚的振动加速度;山顶的振动持续时间也较长,幅值显著增大。发震断层是管道建设应该避开的危险地段。对于埋地管道无法绕过的断层,就必须进行详细抗震研究设计并采取相应措施。河道两岸边坡地带大多由新近沉积物组成,常含有饱和砂土、粉土层或软弱黏性土层。在地震时,往往由于饱和砂土或粉土产生液化,或抗剪强度大为削弱,导致两岸土体失稳向河心滑移或产生较大较长的裂缝,致使管道破坏。含有淤泥、草炭、泥炭、盐渍土、有机土和地势低平的河流新近沉积区、河流故道以及被掩埋河、湖、沟、坑等地区,受震时易产生显著沉陷,导致工程设施严重震害,应作为抗震的不利地段。

表 7.2 各类地段的划分

地段类型	地质、地形、地貌
有利地段	一般指无全新世活动断裂,边坡稳定条件较好,场地属于坚硬场地或密实均匀的中硬场地等地段
不利地段	一般是指地质构造比较复杂,有全新世以来活动性断裂,场地属于软弱场地、条状突出的山脊、高耸孤立的山丘,以及非岩质的陡坡、采空区、河岸和边坡边缘、软硬不均的场地(如古河道、断层破裂带、暗埋的塘浜沟谷及半填半挖地基)等地段
危险地段	一般是指地质构造复杂,有全新世活动性断裂及地震时可能发生滑坡、崩塌、地陷、地裂、泥石流等等地段

7.2.2 场地类型

场地土是指场地范围的地基土,一般由多种性质不同的土层组成。不同埋深以及软硬程度不同的地表地层,地震波传播速度不同,地震波的放大作用不同,产生的地表地应变和位移值均不同。多次地震的震害现象表明,即使是在同一个等烈度区内,由于局部土质条件的不同,建筑物的破坏程度差异很大。这种影响通常表现在如下 3 个方面:

(1)表现在对地面运动的影响上,一般规律是,软弱地基与坚硬地基相比,在同一地震和同一震中距时,前者的地面卓越周期长,振幅较大,振动持续时间较长;

(2)表现在对地基的稳定和变形的影响上,软弱地基易产生不稳定状态和不均匀沉降,甚至发生液化、滑坡、开裂等严重现象,而坚硬地基则很少有这种危险;

(3)表现在改变建(构)筑物的动力特性上,软弱地基对上部结构有增长周期、改变振型和增大阻尼的作用。

震害情况表明,对建筑工程破坏作用最大的主要是地震波中的中短周期成分。而深层土层对这些中短周期波的影响并不显著,故覆盖土层应取以下两者较小值:(1)取地表下 15m 范围内的土的类型作为场地土的类型;(2)剪切波速大于 500m/s 以上的各土层作为覆盖土层。建筑的场地类型,应根据土层等效剪切波速和场地覆盖层厚度划分,而剪切波速在不同的土层中速度是不一样的,尤其是在软土与硬土中差别更加显著。

为反映不同场地条件对基岩地震震动的综合放大效应,考虑建筑场地覆盖层厚度和土层等效剪切波速等因素,根据地基承载力特征值 f_{ak} 按将场地土划分为 4 类,如表 7.3 所示。

表 7.3　场地土的类型划分和剪切波速范围

场地土类型	岩土名称和性状	土层剪切波速 v_s, m/s
坚硬土或岩石	稳定岩石,密实的碎石土	$v_s > 500$
中硬土	中密、稍密的碎石土,密实、中密的砾、粗砂、中砂,$f_{ak} > 250$kPa 的黏性土和粉土,坚硬黄土	$500 \geqslant v_s > 250$
中软土	稍密的砾、粗砂、中砂,除松散外的细砂、粉砂,$f_{ak} \leqslant 250$kPa 的黏性土和粉土,$f_{ak} > 130$kPa 的填土,可塑黄土	$250 \geqslant v_s > 140$
软弱土	淤泥和淤泥质土,松散的砂,新近沉积的黏性土和粉土,$f_{ak} \leqslant 130$kPa 的填土,流塑黄土	$v_s \leqslant 140$

注:f_{ak}为由载荷试验等方法得到的地基承载力特征值。

地基承载力特征值是指由载荷试验确定的地基土压力变形曲线线性变形段内规定的变形所对应的压力值,影响地基承载力的主要因素有地基土的成因与堆积年代、地基土的物理力学性质、基础的形式与尺寸、基础埋深及施工速度等。地基承载力特征值都是现场做试验得到的,可以做触探试验、压板试验等。如果没有做试验,可以根据当地的经验值进行基础估算,经验值可以参考邻近建筑物的取值,或者参照规范给的经验值。

埋地敷设的管道工程的天然地基,一般场地土均按现行国家标准 GB 50007—2011《建筑地基基础设计规范》执行土静承载力的计算,而不进行天然地基土抗震承载力的验算。当在软弱土层地震烈度为Ⅶ度、Ⅷ度和Ⅸ度,地基静承载能力标准值分别小于 80kPa、100kPa 和 120kPa 的土层需进行承载力验算时,可按下式确定:

$$f_{SE} = \zeta_s f_s \tag{7.1}$$

式中　f_{SE}——调整后的地基抗震承载力设计值;

　　　f_s——地基土静承载力值,见 GB 50007—2011《建筑地基基础设计规范》;

　　　ζ_s——地基土承载力调整系数。

7.3　应变准则

在考虑管道的运行载荷、自重时,管道的设计是以应力为基础,应力严格限制在弹性范围内。然而,由于地震不经常发生,而且断层位移一般是根据 100～500 年期间可能发生的最强地震而作出的保守估计,考虑到现代输油气管道的特点是具有高强度、高抗挠刚度、高耐冲击性,并且是采用优良的焊接技术焊接而成的整体结构,因此管道本身具有良好的抗震能力,非弹性管道设计是可行的。即使发生最强烈地震,管道也是在塑性变形范围之内,而不会发生破坏和泄漏。而且对于地面位移载荷(包括温度载荷),当管道变形发生之后,载荷可以逐渐被变形吸收,对于这类载荷,以应变为基础的非线性设计更为合理。

钢结构的破坏,一般分为低于屈服点的破坏和高于屈服点的破坏,低于屈服点的破坏还可以细分为屈曲破坏、脆性断裂及疲劳破坏。为了防止这类破坏,基于应变的准则要求限制管道的拉伸应变和压缩应变。

地震作用下的管道应变校核,就是将地震引起的管道最大轴向应变与操作条件下载荷(内压、温度等)引起的轴向应变进行组合,根据容许拉伸应变和容许压缩应变进行校核。

当管道处于压缩时,即 $\varepsilon_{max} + \varepsilon \leqslant 0$,组合应变按以下公式校核:

$$|\varepsilon_{max} + \varepsilon| \leqslant [\varepsilon_c] \tag{7.2}$$

当管道处于拉伸时,即 $\varepsilon_{max} + \varepsilon > 0$,组合应变按以下公式校核:

$$|\varepsilon_{max}+\varepsilon| \leqslant [\varepsilon_t] \tag{7.3}$$

式中 ε_{max}——地震引起的最大轴向应变；

ε——由于内压和温度变化产生的管道轴向应变，按式(3.14)计算；

$[\varepsilon_c]$——埋地管道抗震设计轴向容许压缩应变；

$[\varepsilon_t]$——埋地管道抗震设计轴向容许拉伸应变。

7.3.1 容许拉伸应变

限制拉伸应变防止管道断裂或疲劳。由于脆性断裂需要有裂纹缺陷会在管道冷脆转变温度以下才能发生，以现在钢管质量和焊接质量而言，一般不存在脆性破坏的缺陷。而疲劳又分为高周疲劳和低周疲劳。高周疲劳破坏是材料在屈服点以下经 10^7 次以上交变应力的反复作用而发生的，远远大于地震中应力反复作用的次数。资料表明，日本根据 19 次强烈地震记录得到的振动反复次数在 10~100 次之间。因此，在管道抗震的设计中，一般不考虑高周疲劳破坏。

低周疲劳是应变控制的，管道在地震中所受到的是短期反复的载荷，即应变控制型的周期载荷，由此造成管材在屈服点以上的塑性破坏。对于这种应变控制的塑性破坏，ASME 锅炉和压力容器第Ⅲ部分规定的设计疲劳曲线如图 7.2 所示。考虑管道不是独立的压力容器，而是连续组焊的管段，取相当于设计疲劳曲线应变循环总数为 40~50 次应变幅值作为管段在地震中的容许应变，约为 0.8~0.9。考虑到不同强度等级钢的管材的容许应变略低，我国《输油气管道线路工程抗震设计规范》中规定的管道容许拉伸应变如表 7.4 所示。

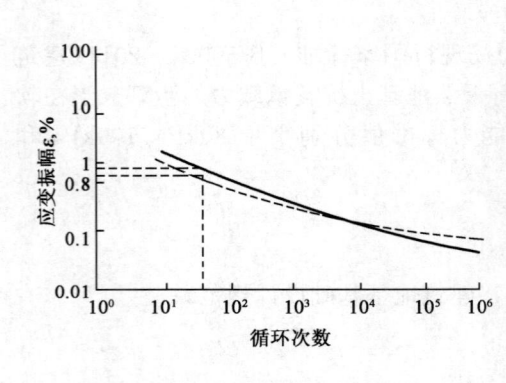

图 7.2 疲劳设计曲线

表 7.4 管道拉伸应变

拉伸强度极限 σ_b，MPa	$\sigma_b<552$	$552 \leqslant \sigma_b<793$	$793 \leqslant \sigma_b<896$
容许拉伸应变 $[\varepsilon_t]$，%	1.0	0.9	0.8

7.3.2 容许压缩应变

限制压缩应变主要防止其屈曲失稳。由于埋地直管段在地震中所产生的应变是全截面均匀的拉伸或压缩，故有可能当应变值小于低周疲劳容许值时，在管子的塑性区产生轴向压缩屈曲。因此，对直管段管道还应该进行屈曲校核。

压缩屈曲应变如下：

$$\varepsilon_b = \frac{4}{3}\sqrt{n}\frac{\delta}{D} \tag{7.4}$$

式中 ε_b——压缩屈曲应变；

n——硬化参数，X65 及以下钢级取 0.11，X70 和 X80 钢级取 0.09；

δ——管道壁厚，m；

D——管道外径，m。

采用安全系数 1.25,压缩屈曲的容许应变值如下式:

$$[\varepsilon_c] = \begin{cases} 0.35\dfrac{\delta}{D} & \text{X65 及以下} \\ 0.32\dfrac{\delta}{D} & \text{X70 和 X80} \end{cases} \quad (7.5)$$

7.4 通过断层管道

断层是两部分地壳板块之间因挤压而形成的断裂面,两侧板块沿该断裂面发生相对运动。断层是地质构造运动中广泛发育的构造形态,它大小不一、规模不等,小的不足一米,大到数百到上千千米。断层破坏了岩层的连续性和完整性。断层带上往往岩石破碎,易被风化侵蚀。断层被认为是地震对埋地管道作用的最重要方面,断层两侧相邻土体地震过程中的突然滑移对穿越断层的管道影响极大。

7.4.1 断层的形式及其对管道的作用

断层是破裂面两侧岩块发生显著相对位移的断裂构造。几何要素断层由断层面和断盘构成。断层面是岩块沿之发生相对位移的破裂面。断盘指断层面两侧的岩块,位于断层面之上的称为上盘,断层面之下的称为下盘。如断层面直立,则按岩块相对于断层走向的方位来描述。断层两侧错开的距离统称位移。位移按参考物的不同,有真位移和视位移之分。真位移是断层两侧相当点错开的距离,即断层面上错断前的一点。错断后分成的两个对应点之间的距离,称为总滑距。视位移是断层两侧相当层错开的距离,即错动前的某一岩层。错断后分成两对应层之间的距离,统称断距。

断层通常按位移性质分为 3 种(图 7.3):(1)上盘相对下降的正断层;(2)上盘相对上升的逆断层(断层面倾角小于 30°的逆断层又称冲断层);(3)两盘沿断层走向作相对水平运动的平移断层,又称走向滑动断层(简称走滑断层)。正断层和逆断层的两盘相对运动方向均大致平行于断层面倾斜方向,故又统称为倾向滑动断层。

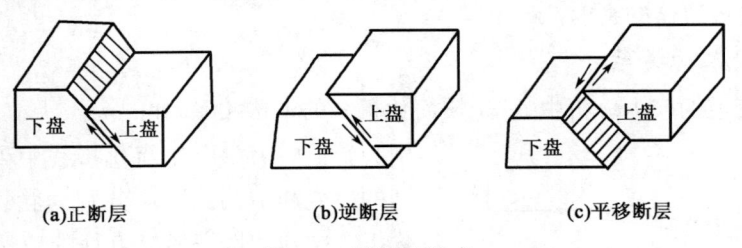

(a)正断层　　　　　　(b)逆断层　　　　　　(c)平移断层

图 7.3　断层的形式

管道穿越断层时有 3 种可能的破坏模式:拉裂、壳式屈曲和梁式屈曲。管道在穿越正断层或以小于 90°的交角穿越走滑断层时,主要承受拉力,破坏模式为拉裂。管道穿越逆断层或以大于 90°的交角穿越走滑断层时,主要承受压力,其可能的破坏模式包括壳体屈曲和梁式屈曲。壳式屈曲指管道受压时管壁局部失稳,如管壁发生褶皱后,地层变形导致所有进一步几何扭曲均集中在褶皱处,管壁产生的大曲率隆起,经常会使管壁发生环向裂纹或泄漏。管道的梁式屈曲是结构整体不稳定状态,常出现大幅度横向位移,但由于该位移分布在较长范围内,管道应变并不大,管道通常不会发生破坏。管道受压时,如果管道的竖直或侧向约束不足,可能发生梁式屈曲。只要管道的应变控制在允许范围内且管道的完整性不受到影响,梁式屈曲是可以接受的。

7.4.2 通过断层管道的应变计算

采用 Newmark-Hall 在 1975 年提出的分析断层作用下管道变形的方法计算通过断层管道的应变。Newmak-Hall 方法的基本假设包括：经过断层的管道，在地震前是被土壤嵌固的。未发生地震时，管道中的轴向应力为由操作温度与回填时温度之差而引起的温度应力和由内压泊松效应引起的应力之和；地震时，管道在断层处产生较大的位移，原先管道中的轴向应力由于管道变形而得到释放，该处管道成了新的自由端，在断层处的管道应力和应变均为最大值，从断层到两侧锚固点之间的管段则为断层位错时新产生的过渡段。由于断层运动，管道在断层两侧过渡段长度内相对于周围土壤作纵向运动，管道与土壤间的纵向摩擦力则阻止这种运动。假设该摩擦力在过渡段上保持为常量，管道的纵向位移由断层处的最大值逐渐被土壤与管道间的摩擦力所抵消，到锚固点纵向位移为零。所谓锚固点，不一定有实际的锚固物体，而是指管道的纵向位移为零处。不论地表断裂的宽度如何，将断层运动近似地考虑为两个平面的错动，忽略断层带的宽度。

7.4.2.1 管—土间的摩擦力

由于断层运动使管道相对周围土壤作纵向位移运动，周围土壤与管道间的摩擦力则阻止这种运动，摩擦力与土压力成正比关系。土壤与管道外表面之间单位长度的纵向摩擦力可按式(3.5)计算，为简化计算，可写为如下形式：

$$f_s = \mu \left[2\rho_{so} DH - \pi(D-\delta)\delta\rho + \frac{\pi}{4}(D-2\delta)^2 \rho_L \right] g \tag{7.6}$$

式中　f_s——纵向摩擦力，N/m；
　　　μ——土壤管道外表面之间的摩擦系数，与管壁粗糙情况和土壤类型及湿度有关，应按实测值或经验确定；
　　　ρ——管材的密度，kg/m³；
　　　ρ_{so}——管道上覆土壤的密度，kg/m³；
　　　ρ_L——管输流体的密度，kg/m³。

7.4.2.2 管材本构关系

在过断层管道的应力分析中，常采用简化折线的本构关系，如图 7.4 所示。其中，ε_1、σ_1 分别为管道应力—应变简化折线中弹塑性变形起点处的应变和应力，ε_2、σ_2 分别为管道应力—应变简化折线中弹塑性变形交点处的应变和应力；E_1、E_2 分别为管道应力—应变简化折线中弹性区和弹塑性区的材料模量；σ_0 为管道应力—应变折线中弹塑性段延长线与应力轴相交处的应力。管材的应力—应变简化折线可由实际的应力—应变曲线等效取得：(1) E_1 等于实际应力—应变曲线中弹性阶段的模量；(2) 在容许拉伸应变 ε_2 前，实际应力—应变曲线与坐标轴围成的面积等于应力—应变简化折线与坐标轴围成的面积。

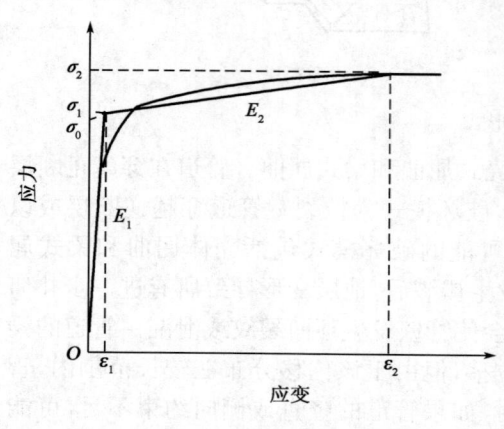

图 7.4　应力—应变的简化折线模式

折线模式的应力—应变关系的表达式为：

$$\sigma = \begin{cases} E_1\varepsilon \\ E_1\varepsilon_1 + E_2(\varepsilon - \varepsilon_1) \end{cases} \quad (7.7)$$

常用管材的材料性能和拉伸应变见表 7.5。

表 7.5　常用管材的材料性能

序号	钢号	弹性区				弹塑性区		
		应变 ε_1	模量 E_1,MPa	应力		应变 ε_2	模量 E_2,MPa	应力 σ_2,MPa
				σ_0,MPa	σ_1,MPa			
1	L290/X42	0.0018	2.1×10^5	369	370	0.069	647	414
2	L360/X52	0.0019	2.1×10^5	406	407	0.069	711	455
3	L390/X56	0.0021	2.1×10^5	436	438	0.056	962	490
4	L415/X60	0.0022	2.1×10^5	458	461	0.040	1485	517
5	L450/X65	0.0023	2.1×10^5	471	474	0.040	1518	531
6	L465/X70	0.0024	2.1×10^5	498	503	0.030	2246	565
7	L555/X80	0.0026	2.1×10^5	528	544	0.015	6210	621

7.4.2.3　管道几何伸长

现在考虑走滑断层的情况。设走滑断层运动如图 7.5 所示，管道与断层间的夹角为 θ。断层的水平错动总位移为 ΔH，将其分解为沿管道轴线的分量 Δx 和垂直于管道轴线的分量 Δy，两者分别为：

$$\begin{cases} \Delta x = \Delta H \cos\theta \\ \Delta y = \Delta H \sin\theta \end{cases} \quad (7.8)$$

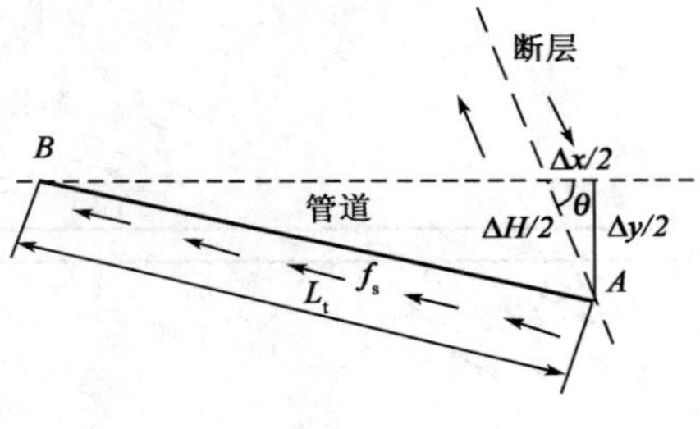

Δx 使管道产生轴向应变，平均应变量为：

$$\varepsilon_a = \frac{\Delta x}{2L_t}$$

式中　L_t——断层一侧过渡段的长度。

图 7.5　断层位移的分解

垂直于管道轴线方向的位移分量 Δy 或 Δz，也会使管道产生纵向应变。管道在断层两侧过渡段内由垂直于管道轴线方向的断层位移引起的平均轴向应变近似为：

$$\varepsilon_b \approx \frac{1}{2}\left(\frac{\Delta y}{\Delta L_t}\right)^2$$

这样，过渡段管道总的轴向应变为：

$$\varepsilon_b = \frac{\Delta x}{2L_t} + \frac{1}{2}\left(\frac{\Delta y}{\Delta L_t}\right)^2 \quad (7.9)$$

由断层错动引起管道的长度变化为

$$\Delta L = \varepsilon \times 2L_t = \Delta x + \frac{\Delta y^2}{4L_t}$$

在管道与断层相交的 A 点，设管道内的应变为 ε_{new}，根据式（7.7）所示的应力—应变的简化折线关系，其应力为：

$$\sigma_{new}=\begin{cases}E_1\varepsilon_{new}\\ E_1\varepsilon_1+E_2(\varepsilon_{new}-\varepsilon_1)\end{cases}$$

由管道的力学平衡方程

$$f_sL_t=\sigma_{new}\cdot\pi D\delta \tag{7.10}$$

得到计算断层错动引起的管道几何伸长的公式：

$$\Delta L_t=\begin{cases}\Delta x+\dfrac{\Delta y^2 f_s}{4\pi D\delta E_1\varepsilon_{new}} & \varepsilon_{new}\leqslant\varepsilon_1\\ \Delta x+\dfrac{\Delta y^2 f_s}{4\pi D\delta[E_1\varepsilon_1+E(\varepsilon_{new}-\varepsilon_1)]} & \varepsilon_{new}>\varepsilon_1\end{cases} \tag{7.11}$$

7.4.2.4 管道物理伸长

假设 A 点管道内的应变 $\varepsilon_{new}\leqslant\varepsilon_1$，整个管道处于弹性状态，则管道内轴向应变引起的物理伸长为：

$$\Delta L_2=2\times L_t\times\dfrac{\varepsilon_{new}}{2}=\dfrac{\pi D\delta E_1\varepsilon_{new}^2}{f_s} \tag{7.12a}$$

如果 A 点管道内的应变 $\varepsilon_{new}>\varepsilon_1$，则部分管道处于弹性状态，部分管道处于弹塑性状态，引起的物理伸长为：

$$\Delta L_2=2\times\left(L_{t-弹性}\times\dfrac{\varepsilon_1}{2}+L_{t-塑性}\times\dfrac{\varepsilon_{new}+\varepsilon_1}{2}\right)=\dfrac{\pi D\delta E_1\varepsilon_1^2}{f_s}+\dfrac{\pi D\delta E_2(\varepsilon_{new}+\varepsilon_1)(\varepsilon_{new}+\varepsilon_1)}{f_s} \tag{7.12b}$$

图 7.6 断层带与管道在平面上的相对位置

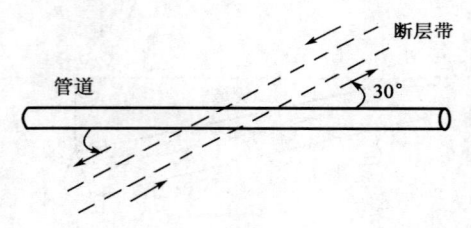

【例 7.1】 管材 X60 的 529mm×6mm 管道通过活动断层带，断层为正断层，预测的最大错动量为：水平向 $\Delta H=2$m，垂直向 $\Delta z=0.5$m，错动总量为 2.062m，管道与断层错动方向的交角为 $\theta=30°$，如图 7.6 所示。管道轴线至地表的埋深为 2m。断层带覆盖土层为密实的干黏土，土的密度 $\rho_{so}=1800$kg/m³，内摩擦角 $\Phi=20°$，黏聚力 $c=10$kPa。计算该管道在断层错动时的应变。

(1) 计算沿管轴方向的单位长度管土间摩擦力 f_s：

$$w=\rho_{so}gDH=1800\times0.529\times2\times9.18=18682(N/m)$$

$$w_p=[\pi(D-\delta)\delta\rho+\dfrac{\pi}{4}(D-2\delta)^2\rho_L]g=2827(N/m)$$

$$f_s=\mu(2w+w_p)=0.6\times(2\times18682+2827)=24115(N/m)$$

(2) 由断层错动引起的管道几何伸长 ΔL_1：

$$\Delta L_1=\begin{cases}\Delta x+\dfrac{(\Delta y^2+\Delta z^2) f_s}{4\pi D\delta E_1\ \varepsilon_{new}} & \varepsilon_{new}\leqslant\varepsilon_1\\ \Delta x+\dfrac{(\Delta y^2+\Delta z^2) f_s}{4\pi D\delta[E_1\ \varepsilon_1+E_2(\varepsilon_{new}-\varepsilon_1)]} & \varepsilon_{new}>\varepsilon_1\end{cases}$$

$$=\begin{cases}1.732+\dfrac{(1^2+0.5^2)\times24115}{4\pi\times0.529\times0.006\times2.1\times10^{11}\varepsilon_{new}} & \varepsilon_{new}\leqslant\varepsilon_1\\ 1.732+\dfrac{(1^2+0.5^2)\times24115}{4\pi\times0.529\times0.006\times[2.1\times10^{11}\times0.0024+1.36\times10^9\times(\varepsilon_{new}-0.0024)]} & \varepsilon_{new}>\varepsilon_1\end{cases}$$

(3)计算管道内轴向应变引起的物理伸长 ΔL_2：

$$\Delta L_2 = \begin{cases} \dfrac{\pi D \delta E_1 \varepsilon_{\text{new}}^2}{f_s} & \varepsilon_{\text{new}} \leqslant \varepsilon_1 \\ \dfrac{\pi D \delta [E_1 \varepsilon_1^2 + E_2 (\varepsilon_{\text{new}}^2 - \varepsilon_1^2)]}{f_s} & \varepsilon_{\text{new}} > \varepsilon_1 \end{cases}$$

$$= \begin{cases} \dfrac{\pi \times 0.529 \times 0.006 \times 2.1 \times 10^{11} \times \varepsilon_{\text{new}}^2}{24115} & \varepsilon_{\text{new}} \leqslant \varepsilon_1 \\ \dfrac{\pi \times 0.529 \times 0.006 \times [2.1 \times 10^{11} \times 0.0024^2 + 1.36 \times 10^9 \times (\varepsilon_{\text{new}}^2 - 0.0024^2)]}{24115} & \varepsilon_{\text{new}} > \varepsilon_1 \end{cases}$$

(4)因为管道的物理伸长等于断层位错引起的几何伸长，应变 ε_{new} 可采用迭代法求解，变形协调方程 $\Delta L_1 = \Delta L_2$ 得到：

$$\Delta L_1 = \Delta L_2 = \begin{cases} 86833 \times \varepsilon_{\text{new}}^2 = 1.732 + \dfrac{3.598 \times 10^{-6}}{\varepsilon_{\text{new}}} & \varepsilon_{\text{new}} \leqslant \varepsilon_1 \\ 86833 \times \varepsilon_{\text{new}}^2 + 0.497 = 1.732 + \dfrac{3.014}{1997 + 5424 \times \varepsilon_{\text{new}}} & \varepsilon_{\text{new}} > \varepsilon_1 \end{cases}$$

用迭代的方法求解上面的方程，得到 $\varepsilon_{\text{new}} = 0.0469$

(5)上述求解过程中，考虑到对称性，只取了断层位移的一半，因此，在断层错动作用下管道的总应变为：

$$\varepsilon_{\max} = 2 \times \varepsilon_{\text{new}} = 0.0938$$

7.5 土层的地震液化

砂土液化使土壤强度减少甚至完全丧失，管道由于失去支承甚至还可能受到液化土的浮力作用，引起管道上大的变形而破坏。

7.5.1 砂土液化的概念

美国土木工程师协会（ASCE）岩土工程分会土动力学专业委员会对"液化"一词的定义是：液化是使任何物质转化为液体状态的过程。就无黏性土而言，这种由固体状态变为液体状态的转化是孔隙水压力增大和有效应力减小的结果。

在地下水位以下的饱和的非黏性土受到地震的振动作用，土颗粒间有压密的趋势，因此表现为土中孔隙水压力增高以及孔隙水向外运动，这就会引起地面上发生喷砂冒水现象，称为砂土液化，因而砂土液化是地震时喷砂冒水的原因，在斜坡地带，砂土液化也增大了滑坡的可能性。砂土液化是一个很复杂的地质动力学问题，它受多方面的因素影响和制约。处于地下水位以下的砂土是饱和的，砂土孔隙全部被水充填。在地震力的作用下，孔隙水压力骤然上升，短时间内骤然上升的孔隙水压力来不及消散就使原先通过颗粒接触点所传递的压力（称为有效压力）减小，使颗粒所受的载荷压力全部过渡为中性压力。因为水压骤然加大，水就向四面八方急剧运动，破坏了砂土的结构。当有效压力全部消失时，砂体就达到了液化状态，丧失了承载能力。这种土体有效压力全部丧失，上部载荷全部传给孔隙水，使土体结构完全破坏，土体抗剪强度几乎全部丧失。若土体还有一定的承载能力，则称为部分液化。砂土的完全液化和部分液化降低了土体的承载能力，导致上部工程结构的破坏。

根据上述定义,影响砂土液化的主要因素有以下几项:

(1)砂土的粒度组成。研究结果表明,均匀的级配易于产生液化。就细砂和粗砂而言,细砂的渗透性比粗砂低,所以细砂比粗砂更易液化。日本新潟等几个大地震的液化层有效粒半径为 0.1~0.25mm,不均匀系数多为 2~10 之间。我国海城地震液化砂层的平均粒径 d_{50}(颗粒百分数小于 50%的粒径)介于 0.015~1.05mm 之间,不均匀系数介于 1.9~7.2 之间。

地震烈度越高,则地震剪应力和孔隙水压力越大,可液化的土颗粒粒径区间也越大。易形成液化的砂是粉砂、细砂及含少量黏粒亲水胶体的砂。这是因为粉砂、细砂孔隙度较大,而且透水性小,水不易立刻排出,在外力的作用下就易形成液化状态。砂中少量的黏性土粒,可以使得液相容重加大,提高了液相的悬浮能力,降低了砂粒之间的内摩擦力,故易形成液体状。

(2)砂土的密度。疏松的砂,孔隙大,易于液化;密实的砂则抗液化。我国海城地震砂土液化调查的结果表明,Ⅶ度区砂的相对密度大于 55%者可不发生液化,Ⅷ度区相对密度大于 70%者、Ⅸ度区大于 80%者也不发生液化。

(3)砂层的有效覆盖压力。砂土液化后就如同在一个密闭的容器里储有具有一定压力的介质,覆盖土层越厚,就相当密闭容器的耐压强度越高,从而减轻了砂土液化对工程结构的影响。根据野外地震资料调查,在地面 10~15m 以下,甚至是松砂也难以液化。

(4)地震的烈度和持续的时间。动力作用和外载荷作用是引起砂土液化的外因。就地震而言,砂土能否液化,要由地震所引起的土体内最大剪应力的情况和持续作用的时间来决定,地震引起地面下任何深度的土体内最大剪应力可按下式确定:

$$(\tau_{max})_y = \rho_{so} g d_{so} a_{max} \tag{7.13}$$

式中 ρ_{so}——土的密度,kg/m³;

a_{max}——地震最大地面加速度,m/s²;

d_{so}——土层深度,m。

公式(7.13)是假定土体为刚性求得的,若土体按变形体计算分析,则最大应力为:

$$(\tau_{max})_d = \rho_{so} g d_{so} a_{max} r_d \tag{7.14}$$

式中 r_d——校正系数,随深度 d_{so} 而变,见表 7.6。

表 7.6 校正系数 r_d

d_{so},m	5	10	20	30
r_d	0.97	0.91	0.65	0.57

7.5.2 土层液化的判别

饱和土液化的判别与地基的处理、地震力的大小(即地震的烈度)、土的组分和粒度,建(构)筑物的重要性以及对沉陷的敏感性等因素有关。对于管道工程,在Ⅵ度区一般可不考虑液化,在场Ⅶ~Ⅸ度区可根据下述不同情况进行研究处理。饱和的砂土或粉土,当符合下列条件之一时,可初步判别为不液化或不考虑液化:

(1)地质年代为第四纪晚更新世(Q_3)及其以前时,可判别为不液化土。

(2)粉土的黏粒(粒径小于 0.005mm 的颗粒)含量百分率在Ⅶ度、Ⅷ度和Ⅸ度下分别不小于 10%、13%、16%时,可判别为不液化土。

(3)采用天然地基的建筑,当上覆非液化土层厚度和地下水位深度符合下列条件之一时,可不考虑液化影响:

$$d_u > d_0 + d_b - 2 \tag{7.15a}$$

$$d_w > d_0 + d_b - 3 \tag{7.15b}$$

$$d_u+d_w > 1.5d_0+2d_b-4.5 \quad (7.15c)$$

式中 d_u——上覆非液化土层厚度,m,计算时宜将淤泥和淤泥质土扣除;

d_w——地下水位深度,m,采用年平均最高水位,也可采用近期内最高水位;

d_b——管道埋置深度,不超过 2m 时应采用 2m;

d_0——液化土特征深度,m,可按表 7.7 选取。

表 7.7 液化土特征深度　　　　　　　　　　　　单位:m

饱和土类型	烈度		
	Ⅶ	Ⅷ	Ⅸ
粉土	6	7	8
砂土	7	8	9

对于初步判别认为需进一步进行液化判别的场地土,应采用标准贯入试验判别法判别地面以下 7m 深度范围内的液化。在地面以下 7m 深度范围内的液化土应符合下式要求。若无成熟经验,也可采用其他判别方法。

$$N_{63.5} < N_{cr} \quad (7.16)$$

$$N_{cr} = N_0[0.9+0.1(d_s-d_w)]\sqrt{\frac{3}{\chi}} \quad (7.16a)$$

式中 $N_{63.5}$——饱和土标准贯入锤击数实测值(未经杆长修正);

N_{cr}——液化判别标准贯入锤击数临界值;

N_0——液化判别标准贯入锤击数基准值,按表 7.8 采用;

d_s——饱和土标准贯入点深度,m;

d_w——地下水位深度,m;

χ——黏粒含量百分率,当小于 3 或为砂土时,应采用 3。

表 7.8 标准贯入锤击数基准值

设计地震分组	Ⅶ	Ⅷ	Ⅸ
第一组	6(8)	10(13)	16
第二、三组	8(10)	12(15)	—

注:括号内的数值用于设计基本地震加速度为 0.15g 和 0.30g 的地区。

存在液化土层的地基,应探明各液化土层的深度和厚度,并按下式计算液化指数:

$$I_{1E} = \sum_{i=1}^{n}\left(1-\frac{N_i}{N_{cri}}\right)d_i w_i \quad (7.17)$$

式中 I_{1E}——液化指数;

n——7m 深度范围内各钻孔标准贯入试验点的总数;

N_i,N_{cri}——i 点标准贯入锤击数的实测值和临界值,当实测值大于临界值时,应取临界值的数值;

d_i——i 点所代表的土层厚度,m,可采用与该标准贯入试验点相邻的上下两标准贯入试验点深度差的一半,但上界不小于地下水位深度,下界不大于液化深度,中间的液化土层应扣除;

w_i——i 土层考虑单位土层厚度的层位影响权函数,m^{-1},当该层中点深度不大于 5m 时应采用 $10m^{-1}$,等于 15m 时应采用 $0m^{-1}$,5～15m 应按线性内插法取值。

存在液化土层的场地,根据土层液化的难易,分为轻微、中等和严重三级,其划分标准见表 7.9。

表 7.9 液 化 等 级

液化指数	$0<I_{1E}\leqslant5$	$5<I_{1E}\leqslant15$	$I_{1E}>15$
液化等级	轻微	中等	严重

7.5.3 液化区管道的抗震校核

当管道穿越场地在设计地震动参数下具有中等或严重液化的潜在可能性时,可通过计算液化场地中管道的上浮反应及其引起的管道附加应变对管道的抗液化能力进行校核。

液化土层中管道的最大上浮位移,按下式计算:

$$\Delta=-1.0545+0.0254L_y+0.00327\sigma_t+0.13(L_y-85)\tan(10D-420) \tag{7.18}$$

式中 Δ——管道在液化土层中最大上浮位移;
L_y——管道在液化土中的长度,m,当 30m≤L_y≤180m 时,管道一端或两端与建筑物相连接时,应将实际管道长度(至外墙皮)分别乘以修正系数 0.9 或 0.8;
σ_t——管道由温度变化引起的初始轴向压应力,MPa;
D——管道外直径,m。

管道上浮反应状态应按下式校核,当不满足下式时应采取抗液化措施:

$$H_0-\frac{D}{2}-\Delta\geqslant0.5 \tag{7.19}$$

液化区管道的附加应变按下式计算:

$$\varepsilon_{Lmax}=\left[-1422.7+\frac{7835.5L_y}{0.167L_y^2-8.36L_y+282.4}+0.1465D+6.16\sigma_t\right]\times10^{-6} \tag{7.20}$$

按式(7.20)校核管道的应变状态,如不满足,就应采取措施。

7.6 滑坡体的抗震验算

滑坡是坡体上大量土体或岩体的边界产生剪切破坏,并以一定的加速度沿软弱面整体下滑的现象。滑坡是山区和丘陵地区的震害特征之一。地震时滑坡的发生与如下因素有关:震前的地形地貌特征、边坡稳定性、岩石风化剥落程度等,以及是否有老滑坡体、易于滑动的软岩或夹层等。滑坡现象还可能出现在人工边坡的开挖面、平原地区的河岸以及土坝的迎水面。

滑坡发生时,管道因承受运动土体的巨大拖曳力而发生弯曲变形、拉裂甚至整体断裂等失效形式。缓慢滑坡可能导致管道大范围弯曲变形,突发滑坡则会造成管道瞬间失稳,如果伴有泥石流和崩塌,则可能造成管道压毁、砸裂等严重破坏形式。

滑坡后果严重,对人身安全、环境设施等带来巨大危害。我国是亚洲乃至世界上滑坡灾害最为严重的国家之一,特别是 20 世纪 80 年代以来,随着经济建设的高速发展及自然因素的影响,滑坡灾害呈逐年加重的趋势。

7.6.1 均质斜坡

均质斜坡体的滑动面为圆弧形或近似于圆弧形,用条分法进行验算。通过坡脚任选一个可能的圆柱滑动面,其半径为 R,如图 7.7 所示。将滑坡

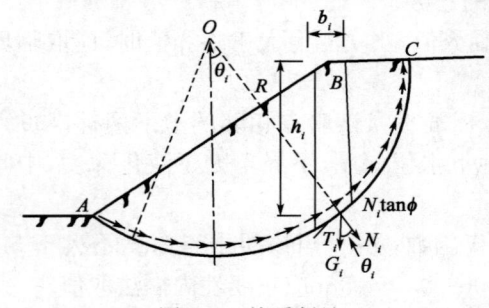

图 7.7 均质斜坡

体分成若干等宽的铅直土条(可分为8～12条)。将各土条(宽度为b_i,高度为h_i)的重量分解为圆弧的切向力和法向力,计及水平地震力,滑坡体ABC的稳定系数应按下列公式计算:

$$K_{si} = \frac{\sum_{i=1}^{n}(N_i \tan\phi + cL_i + F_i)}{\sum_{i=1}^{n}T_i} \quad (7.21)$$

$$N_i = G_i \cos\theta_i, T_i = G_i \sin\theta_i$$

式中 K_{si}——滑坡体稳定系数;
　　N_i——滑坡体每条土的法向重力,kN/m;
　　T_i——滑坡体每条土的切向重力,滑动方向与滑动力方向相反时取负值,kN/m;
　　L_i——滑坡体每条土的滑动弧的长度,m;
　　ϕ——滑动面土体的内摩擦角,(°);
　　θ_i——滑坡体第i土条滑动面与水平的夹角,(°);
　　G_i——滑坡体第i土条的重量,kN/m;
　　c——土的黏聚力,kPa;
　　F_i——滑坡体第i土条的地震水平力,宜取 $F_i = W_i \times a/g$,kN/m。

对于不同的假定滑动圆心及滑动面,应依次按式(7.21)计算,最危险的滑动面应为具有最小稳定系数的滑动面。最小稳定系数应根据工程的重要性选取,一般不低于1.2,重要区段可取大于等于1.5,特别重要区段的安全系数应专门研究,不满足时应采取抗滑措施。

7.6.2 非均质斜坡

非均质斜坡的滑动面可为折线形。滑动面为折线形的滑坡,可采用分段计算方法验算。可沿折线的转折处条分成若干块段,如图7.8所示,从上至下逐块计算推力。每块滑坡体向下滑动的力之差,即剩余下滑力,逐级向下传递,应按下列公式计算:

$$E_i = kT'_i - N'_i \tan\phi_i - c_i + E_{i-1}\psi \quad (7.22)$$
$$\psi = \cos(\theta'_{i-1} - \theta'_i) - \sin(\theta'_{i-1} - \theta'_i)\tan\phi_i$$

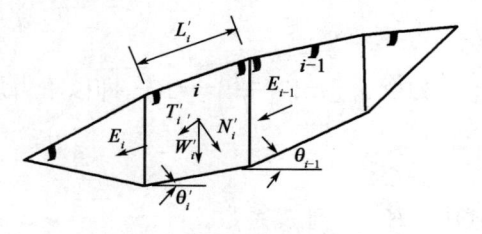

图7.8 非均质斜坡

式中 E_i——第i块滑坡体的剩余下推力,kN/m;
　　ψ——滑坡体各块之间的传递系数;
　　E_{i-1}——第$i-1$块滑坡体的剩余下推力,kN/m,为负值时不计入;
　　T'_i——作用于第i块段滑动面上的滑动分力,kN/m;
　　N'_i——作用于第i块段滑动面上的法向分力,kN/m;
　　ϕ_i——第i块滑坡体沿滑动面岩土的内摩擦角,(°);
　　c_i——第i块滑坡体沿滑动面岩土的黏聚力,kPa;
　　θ'_i,θ'_{i-1}——第i块和$i-1$块滑坡体的滑动面与水平面的夹角,(°);
　　k——滑动体的安全系数,取1.2。

对于不同的假定滑动面,应依次按式(7.22)计算,具有最大剩余下滑力的滑动面即是最危险的滑动面。在计算中,当任何一块剩余下滑力为负值或零时,表示整个土体是稳定的;如为正值,则不稳定,应当按此剩余下滑力设计支挡结构。对于重要区段,按剩余推力的110%设计支挡结构。对于非常重要区段,应专门研究。

7.7 地震波动作用下管道的应变

地震时,管道的破坏,主要由管道周围土体变形所造成。假定地震波作用时管道相对于周围土壤没有滑动,即管道的轴向应变等于土壤的轴向应变。

管道周围土体的变形,可简单地按表面波理论进行分析。这样,地震时的地面运动非常近似于正弦波形的平面弹性波,如图 7.9 所示。地面运动特性可描述为:

$$y(x,t) = A\sin 2\pi\left(\frac{t}{T_g} - \frac{x}{L}\right) \tag{7.23}$$

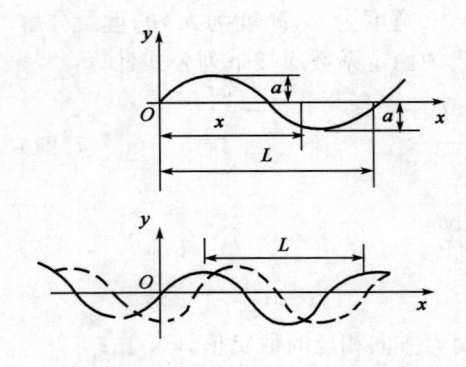

图 7.9 地震波波形和波的传播

式中 $y(x,t)$——地震时地基土体的位移量,m;
A——地面运动的位移振幅,m;
t——时间,s;
T_g——地面振动反应谱特征周期,s,参考 GB 18306《中国地震动参数区划图》;
x——水平距离,m;
L——地震波的波长,m。

波长与周期的关系如下:

$$L = vT_g \tag{7.24}$$

式中 v——地震波的传播速度,m/s。

最大地面运动加速度为:

$$a_{\max} = -A\left(\frac{2\pi}{T}\right)^2 \tag{7.25}$$

如令 $a_{\max} = A\left(\frac{2\pi}{T}\right)^2 = Kg$,即以重力加速度为单位表示的地面运动加速度,则:

$$A = \frac{KT_g^2 g}{4\pi^2} \tag{7.26}$$

式中 K——地震系数。

关于地震系数 K 值,按我国地震规范规定的地震系数,对应地震烈度Ⅶ、Ⅷ、Ⅸ度,分别为 0.1、0.2 和 0.4。

7.7.1 直管段应变

考虑到管道轴线方向与地震波的传播方向不一定一致,地震波对管道轴线方向 x' 波动的影响如图 7.10 所示,视波长为 $L' = \frac{L}{\cos\theta}$。地震波的位移使管道在轴线方向产生纵向位移 u 及横向位移 w,其计算式如下:

$$u = A\sin\theta \sin 2\pi\left(\frac{t}{T_g} - \frac{x'}{L'}\right) \tag{7.27a}$$

$$w = A\cos\theta \sin 2\pi\left(\frac{t}{T_g} - \frac{x'}{L'}\right) \tag{7.27b}$$

研究表明,地震时埋地管道的弯曲应变远小于轴向应变,因此,可以只考虑地震波对管道的轴向应变。管道的轴向应变计算如下:

$$\frac{\partial u}{\partial x'} = \frac{2\pi A}{L}\sin\theta\cos 2\pi\left(\frac{t}{T_g} - \frac{x'}{L'}\right) = \frac{2\pi A}{L}\cos\theta\sin\theta\cos 2\pi\left(\frac{t}{T_g} - \frac{x'}{L'}\right) \tag{7.28}$$

当地震波传播方向与管道轴向方向夹角 45°时，管道轴向应变最大，计算如下：

$$\varepsilon_{\max} = \left(\frac{\partial u}{\partial x'}\right)_{\max} = \pm\frac{\pi A}{L}$$

将式(7.24)和式(7.25)代入上式，得：

$$\varepsilon_{\max} = \pm\frac{kT_g g}{4\pi v} \tag{7.29}$$

7.7.2 弯管应变

图 7.11 表示的是弯头处的变形示意，地震波沿着管道轴向，带动弯头两端的管道发生变形，长度 L 是管道轴向摩擦力 f_u 作用的有效滑动长度。L 的值将依赖于过渡段的长度和纵向段的长度，与每一管段相关的土壤特性和两管段相应的刚度有关。

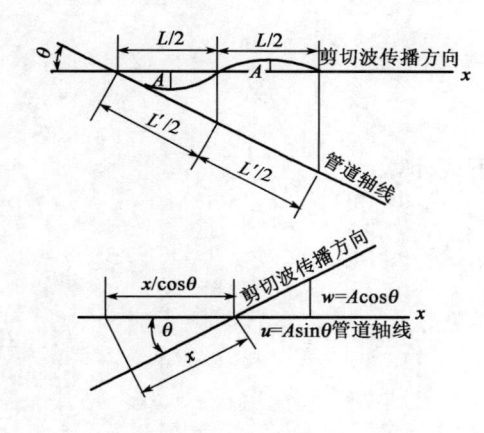

图 7.10 剪切波传播方向和管道轴线不一致　　图 7.11 弯头处的受力与变形

过渡段管道单位长度受到的摩擦力为：

$$f_u = \frac{\pi}{2}\rho_{so}gDH_0(1+K_0)\tan\psi \tag{7.30}$$

式中　f_u——土壤作用在管道上的单位长度的摩擦力，N/m；
　　　ρ_{so}——回填土的密度，kg/m³；
　　　g——重力加速度，取 9.8m/s²；
　　　H_0——管道轴线至管沟上表面之间的埋深，m；
　　　K_0——土壤压力系数，宜取 0.5；
　　　ψ——管道与土壤之间的内摩擦角，(°)。

假定土壤是均匀的，弯头两端的分支管道有相同的刚度且两条管子长度大于 $\frac{3\pi}{4\lambda}$（λ 为模量系数），使用弹性基础上无限长梁的精确表达式计算 L，得到：

$$L = \frac{4\lambda EA}{3K_s}\left(\sqrt{1+\frac{3K_s\varepsilon_{\max}}{2f_u\lambda}\times 10^6} - 1\right) \tag{7.31}$$

$$\lambda = \sqrt[4]{\frac{K_s}{4EI}} \tag{7.31a}$$

$$K_s = \frac{p_u}{0.15 y_u \times 10^6} \tag{7.31b}$$

$$y_u = \begin{cases} (0.07 \sim 0.10)(H_0 + D) & \text{(弱)} \\ (0.03 \sim 0.05)(H_0 + D) & \text{(中硬、中)} \\ (0.02 \sim 0.03)(H_0 + D) & \text{(硬)} \end{cases} \tag{7.31c}$$

$$p_u = \rho_{so} g N_q D H_0 \tag{7.31d}$$

$$N_q = 0.38 \frac{D}{H_0} + 3.68 \tag{7.31e}$$

式中 L——摩擦力作用的有效长度,m;

λ——模量系数,m^{-1};

A——管道横截面面积,m^2;

y_u——土壤屈服位移,m;

p_u——场地土屈服抗力,N/m;

N_q——计算管道法向土壤压力参数;

K_s——地基反力模量,MPa。

埋地弯管在地震动作用下的最大轴向应变,按下式计算:

$$\varepsilon_{max}^b = \varepsilon_a + \varepsilon_w \tag{7.32}$$

$$\varepsilon_a = \frac{f_u L}{2AE} \times 10^{-6} \tag{7.32a}$$

$$\varepsilon_w = \frac{\varepsilon_a A D}{6 \lambda I} \tag{7.32b}$$

式中 ε_{max}^b——地震动引起的弯管最大轴向应变;

ε_a——轴向力引起的弯管轴向应变;

ε_w——弯矩引起的弯管轴向应变;

I——管道横截面惯性矩,m^4。

7.8 有限元法

采用有限元法进行管道的抗震或其他应力计算,可以充分考虑管道的实际情况。在管道材料进入非线性或发生大变形的情况下,有限元法也能够采用分析几何大变形和材料非线性的求解方法。

7.8.1 有限元模型

有限元模型可分为梁模型和壳模型。

梁模型把管线看作简单的梁,不考虑管道横截面内的变形与应力分布,所以仍然为一简化的方法。管道受压缩载荷时,在其横截面内容易产生较明显的屈曲现象,屈曲处将表现得像一个塑性铰。对于管道这种因为受压缩载荷而出现屈曲的情况,用梁单元的有限元方法进行分析比较困难。

由于管道的真实结构为一圆柱形薄壳,对于管道在受到断层作用的情况,还无法求得它的精确解析解,如果考虑管道和土体进入非线性状态的情况则更为复杂。而用壳单元方法却可以解决类似壳体的力学问题。

但因为在断层作用下管道受影响的范围较长,如果把全部受影响的管道都用壳单元进行模拟,计算分析时将需要大量的计算机资源。为节省计算时间,也可以采用壳单元和梁单元的混合模型,即只把发生较大变形的管段用壳单元模拟,而发生小变形的管段用梁单元模拟,或者采用等效边界的方法来考虑管道两端的边界条件,如图 7.12 所示。

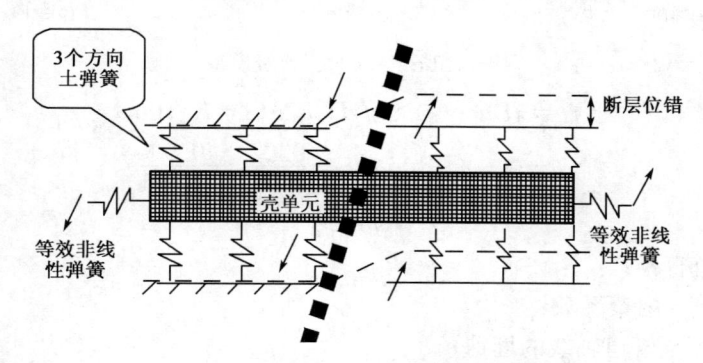

图 7.12 管道壳单元有限元模型

Kennedy 曾经指出,在断层作用下,管—土之间存在较大相对位移的范围虽然只有十几米到 30m 左右,但是从断层相交处到管内应变降为零的整个受影响管段范围比较长,需要分析长度至少为 300m 的管道才可以满足精度的要求。如果把整个 300m 长管段都用壳单元模型进行分析,将耗费大量的机时。这里引进的等效非线性弹簧单元的作用是:在保证精度的情况下,代替离断层较远的管道变形反应,从而简化有限元模型并节约分析机时。

在对管道划分为壳单元网格建模时,应至少采用两种不同的方式进行网格划分。当分析得到的结果趋于稳定时,才能够确定为有限元分析的最后结果。一般而言,沿管轴方向的壳单元的长度选取为 0.3 倍的管径可以达到分析精度的要求。

7.8.2 管土相互作用

管道抗震分析要求包括作用在管道上的所有载荷,除压力、温度等常见载荷及载荷因素外,考虑土的作用是非常重要的。管—土之间的相互作用通过将管线周围土体简化为一系列的等效弹簧模拟,弹簧的刚度和自由度则由土质和土体运动形式决定,如图 7.13 所示,轴向土弹簧反映了回填介质与管道间的轴向作用力和位移关系,横向和竖向土弹簧则反映了场地土与管道垂向的作用力与位移关系。由于土体位移可能很大,通过弹簧刚度和相对位移可描述管—土间的非线性作用关系。

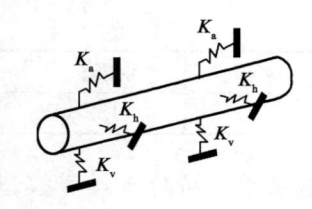

图 7.13 土弹簧模型示意图

ASCE《埋地钢制管道设计指南》假设管道周围土体状态均匀一致,当管—土间的相对位移达到最大值(屈服位移)后,管—土间的相互作用力为一恒定值,以此确定土弹簧刚度,如图 7.14 所示。

7.8.2.1 轴向土弹簧模型

埋地管道一般为沟埋式敷设,上覆回填土。管轴方向上,单位长度管道所受的回填土极限作用力为:

(a)轴向　　　**(b)横向**　　　**(c)竖向**

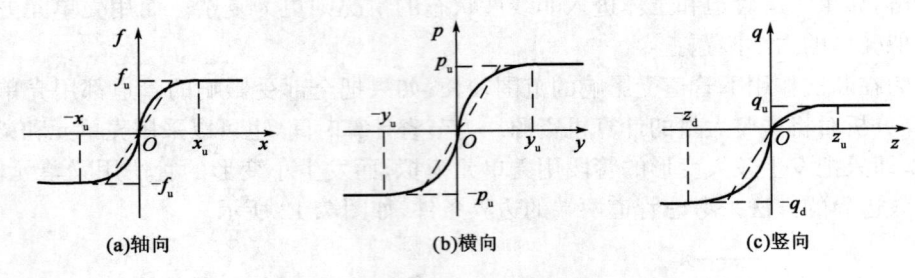

图 7.14　ASCE 土弹簧模型

$$f_u = \pi D k c_s + 0.5\pi D H_0 \rho_{so} g(1+K_0)\tan\delta \tag{7.33}$$

$$k = 0.608 - 0.123 c_s - \frac{0.274}{c_s^2+1} + \frac{0.695}{c_s^3+1}$$

$$\psi = \mu'\phi$$

式中　D——管道直径；
　　　c_s——回填土内聚系数；
　　　H——地面至管道轴线的埋深；
　　　ρ_{so}——土密度；
　　　g——重力加速度；
　　　K_0——静土压力系数，可取 0.5；
　　　k——黏合系数；
　　　ψ——管—土界面摩擦角；
　　　ϕ——土内摩擦角；
　　　μ'——防腐层相关系数，与土壤内摩擦角和管—土界面摩擦角有关，取值见表 7.10。

轴向屈服位移 x_u 取值如下：

$$x_u = \begin{cases} 3\text{mm} & (\text{密实砂土}) \\ 5\text{mm} & (\text{松散砂土}) \\ 8\text{mm} & (\text{硬质黏土}) \\ 10\text{mm} & (\text{软质黏土}) \end{cases}$$

表 7.10　防腐层相关系数取值

防腐层	混凝土	沥青类	粗糙钢管	光滑钢管	环氧类	聚乙烯类
μ'	1.0	0.9	0.8	0.7	0.6	0.6

7.8.2.2　横向土弹簧模型

横向土弹簧刚度主要由场地土质决定，单位长度上管—土间横向极限作用力为：

$$p_u = N_{ch} c_s D + N_{qh} D H_0 \rho_{so} g \tag{7.34}$$

$$N_{ch} = a + bx + \frac{c}{(x+1)^2} + \frac{d}{(x+1)^3} \leqslant 9$$

$$N_{qh} = a + b(x) + c(x^2) + d(x^3) + e(x^4)$$

式中　N_{ch}——黏土水平抗压能力因子，见表 7.11；
　　　N_{qh}——砂土水平抗压能力因子，见表 7.11。

横向屈服位移 y_u 取值如下：

$$y_u = 0.04\left(H_0 + \frac{D}{2}\right) \leqslant 0.10D \sim 0.15D \tag{7.35}$$

表 7.11 横向土弹簧参数取值

系数	ϕ	x	a	b	c	d	e
N_{ch}	0°	H_0/D	6.752	0.065	−11.063	7.119	—
N_{qh}	20°	H_0/D	2.399	0.439	−0.03	1.059×10^{-3}	-1.754×10^{-5}
N_{qh}	25°	H_0/D	3.332	0.839	−0.09	5.606×10^{-3}	-1.319×10^{-4}
N_{qh}	30°	H_0/D	4.565	1.234	−0.089	4.275×10^{-3}	-9.159×10^{-5}
N_{qh}	35°	H_0/D	6.816	2.109	−0.146	7.651×10^{-3}	-1.683×10^{-4}
N_{qh}	40°	H_0/D	10.959	1.783	0.045	-5.425×10^{-3}	-1.153×10^{-4}
N_{qh}	45°	H_0/D	17.658	3.309	0.048	-6.443×10^{-3}	-1.299×10^{-4}

7.8.2.3 竖向土弹簧模型

当管道在竖直平面内移动时,由于上层土体厚度有限,管道向上与向下的地基土刚度存在明显差异,即管道相对于土作向上位移时的土反力和向下位移时的土反力不同,因此竖直方向的土弹簧分为向上和向下两部分。

垂直向上土弹簧:

$$q_u = N_{cv} c_s D + N_{qv} \rho_{so} g H_0 D \tag{7.36}$$

$$N_{cv} = 2\frac{H_0}{D} \leqslant 10$$

$$N_{qv} = \frac{\phi H_0}{44D} \leqslant N_q$$

式中 N_{cv}——黏土竖向升举因子;
N_{qv}——砂土竖向升举因子。

竖直向上土弹簧的屈服位移 z_u 取值如下:

$$z_u = \begin{cases} 0.01H_0 \sim 0.02H_0 < 0.1D & \text{(砂土由密到松)} \\ 0.1H_0 \sim 0.2H_0 < 0.2D & \text{(黏土由硬到软)} \end{cases} \tag{7.37}$$

垂直向下土弹簧:

$$q_d = N_c c_s D + N_q \rho_{so} g H_0 D + N_\gamma \rho_{so} g \frac{D^2}{2} \tag{7.38}$$

$$N_c = \cot(\phi+0.001)\left\{\exp[\pi\tan(\phi+0.001)]\tan^2\left(45+\frac{\phi+0.001}{2}\right)-1\right\}$$

$$N_q = \exp(\pi\tan\phi)\tan^2\left(45+\frac{\phi}{2}\right)$$

$$N_\gamma = \exp(0.18\phi-2.5)$$

式中 N_c, N_q, N_γ——抗压能力因子。

竖直向下土弹簧的屈服位移 z_u 取值如下:

$$z_u = \begin{cases} 0.1D & \text{(粒状土质)} \\ 0.2D & \text{(黏性土质)} \end{cases} \tag{7.39}$$

8 输气管道的止裂设计

输气管道的许多灾难性事故起源于裂纹的快速扩展,究其原因是管壁缺陷、运输过程中无意形成的划痕、应力腐蚀裂纹等可能形成的裂纹源,在管内压力作用下发生快速扩展,使得管道在瞬间破坏数百米甚至上千米。如 1960 年在美国 Transwestern 管道上曾发生裂纹扩展达 13km 的事故。在我国东北也发生过管道试压时开裂 100 多米的事故。显然,防止这种现象的发生极为重要。

管道的断裂控制是确保管道运行安全的重要措施。钢管制造施工以及管道在长期服役过程中可能产生的缺陷及损伤,大大增加了裂纹萌生的可能性。一旦发生裂纹起裂,裂纹以较高速度在管壁中扩展,就可能引起灾难性破坏,因此要求管线钢管必须具有足够的阻止裂纹快速扩展的能力。

8.1 裂纹动态扩展的特征

断裂是指裂纹的不稳定扩展。裂纹的动态扩展是指裂纹起裂后不能止裂而发生的长程断裂的情况,是输气管道特有的现象。

根据管道裂纹动态扩展的特征,将输气管道的裂纹动态扩展分为动态脆性断裂和动态延性断裂。

(1)动态脆性断裂的断口平直,塑性区尺寸小,断口特征以解理断裂为主。观察扩展裂纹的横截面,脆性断裂的断口平直,只有很少或完全没有剪切痕迹的脆性断口。这种裂纹扩展时保持在与管壁正交的平面内,只有很小的剪切唇,如图 8.1(a)所示。

(2)动态延性断裂的特征是断裂部位的宏观塑性变形较大,断口有明显的撕裂和剪切特征。从扩展裂纹的横截面上看,裂纹扩展时保持与管道表面呈 45°倾斜角,有很大的剪切唇,如图 8.1(b)、(c)所示。

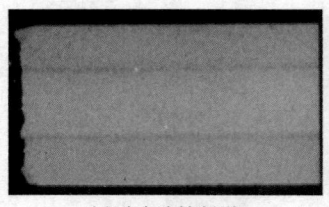

(a)动态脆性断裂 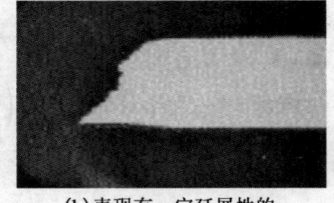　　(b)表现有一定延展性的动态剪切断裂 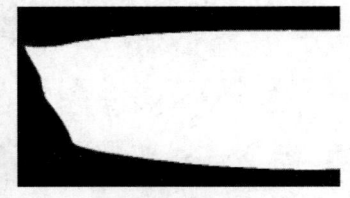　　(c)表现出明显塑性流动的动态延性断裂

图 8.1　动态断裂横截面形态

动态扩展的裂纹在起裂后,即沿着一定的路径持续扩展,直至止裂。取决于裂纹扩展所获得的驱动力和气体的减压行为,以及管材的断裂韧性,裂纹扩展呈几种不同的形态:

(1)断口呈剪切断裂形貌,裂纹扩展路径单一,一般无分叉。这种情况下,裂纹扩展速度较低,剪切断裂发生在钢管延展性较好的管道上,如中高强度等级的管道,这种裂纹扩展的情况如图 8.2(a)所示。

（2）断口有一定的剪切变形，也有一定的解理断裂，属于混合断裂模式，裂纹扩展过程中有少量分叉，此时裂纹扩展速度略高，如图 8.2(b) 所示；

（3）断口表现为明显的脆性，呈明显的解理特征，属脆性断裂，裂纹扩展可能有多条路径，脆性断裂的情况下，裂纹扩展速度相当快，如图 8.2(c) 所示。这类断裂发生在材料比较脆性的结构，如汽车风挡玻璃破裂的情况。

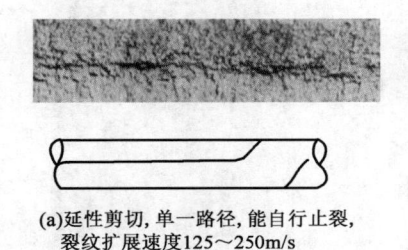

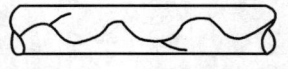

(a) 延性剪切，单一路径，能自行止裂，裂纹扩展速度 125～250m/s

(b) 混合断裂，1～2 条扩展路径，裂纹扩展速度 250～500m/s

(c) 脆性/解理断裂，多条裂纹扩展路径，裂纹扩展速度 >500m/s

图 8.2 管道动态断裂形貌与断裂模式

图 8.3 是输气管道发生延性裂纹动态扩展的例子，裂纹长度 568m，裂纹的稳态扩展速度为 152m/s，因此，从断裂起始到止裂整个事件历时近几秒钟。断裂发生在一投产仅两年的管道上，该管道的管径为 508mm，壁厚大约为 5.6mm，材质为 X60，这也是当时最好的管材。图 8.3(a) 是裂纹扩展的全貌，也显示了管道周围的环境，断裂的能量使管道上覆土层掀开，管道飞出管沟。图 8.3(b) 显示裂纹起始于一处划伤，管内气体压力波动使损伤处的裂纹扩展，并达到临界裂纹长度。

(a) 裂纹扩展全貌

(b) 裂纹扩展起始处

图 8.3 输气管道上的裂纹长程扩展

图 8.4 是裂纹两端止裂的情况,从图 8.4(a)中可能明显可以看到,止裂在一发生在壁厚增加到 7.3mm 的环焊缝上。另一个止裂点,如图 8.4(b)所示,发生在壁厚比断裂扩展时的壁厚高 20%的管节上。从图 8.4(b)中可以看出,断裂的边缘呈现出了波形,它的产生是由于断裂前的轴向应变,这是典型的动态延性断裂性状。

图 8.4 裂纹扩展止裂处

这次管道裂纹的动态扩展,还导致了对富气输送管道止裂问题的关注。事故发生时管道输送的是富气,气体的总能量估计约为 43.8J/m³,气体成分中 84% 为甲烷,余下的是丙烷和己烷,还伴有少量的丁烷、戊烷和己烷等较重馏分,这种重烃成分及其体积分数对止裂韧性预测结果影响非常大。分析表明,在运行环向应力为 SMYS 的 57% 情况下,富气输送管道的止裂韧性大约为 27.9J,而对于纯甲烷,所要求的止裂韧性降到 24.4J。分析还表明,如果裂纹形成时管道输送的是纯甲烷,裂纹可能会很快止裂,因为在纯甲烷条件下很多焊接接头的韧性都可以达到止裂要求。

从上述管道裂纹动态扩展的例子,可以得到裂纹动态扩展的几个要点:

(1)在管道服役期间,浅的、小的裂纹可能稳态增长,当达到临界缺陷尺寸时,发生不稳定扩展。

(2)延性裂纹扩展以波浪形的断裂边缘为特征,这是因为裂纹尖端发生有明显的轴向应变。

(3)断裂驱动力不仅来自管壁金属中的弹性变形能,也来自于管内减压气体。

(4)裂纹将继续扩展直到遇到低于某一临界值的较低的应力条件,或增加韧性使其高于某一临界值,在足够长的时间段使减压前沿在裂尖前移动。

(5)与纯甲烷相比,富气提高了对止裂韧性的要求。

8.2 管道止裂判据

止裂判据是控制管道裂纹扩展的理论依据。按照动态断裂力学的基本理论,裂纹动态扩展的止裂判据有能量判据和速度判据。

8.2.1 能量判据

断裂力学的创始人 Griffiths 最早提出了材料断裂的能量释放率判据,他的基本观点是:

裂纹扩展过程中,物体内部能量的释放所产生的驱动力导致了裂纹增长,同时,物体也存在着阻止形成新的裂纹的阻力。这就是断裂问题分析中的能量平衡理论,即裂纹增长时,物体中能量的变化和阻止裂纹增长的阻力是平衡的。能量平衡说明了结构物贡献给裂纹传播的驱动力与来自材料抵抗断裂的抗力之间的一对矛盾运动。当管道中最大裂纹驱动力等于管材抵抗断裂的抗力时,存在足够的能量使管道发生长程扩展;相反,当材料管材抵抗断裂的抗力大于裂纹驱动力时,即使出现裂纹的快速扩展,也会很快止裂。

驱动力包括 3 种不同的贡献:外力作用在物体上的功、动能、应变能 3 个部分对单位面积的裂纹扩展的净变化,称为动态能量释放率,或等价地称为裂纹扩展的驱动力。理论上,描述裂纹动态快速扩展的力学参数有运动裂尖的渐近场、动态应力强度因子、动态围路积分以及动态能量释放率,它们都可以作为裂纹的驱动力。

材料抵抗动态断裂能力的度量,称为动态断裂韧性,由规定条件下的试验测定。与静态断裂韧性一样,动态断裂韧性与材料性质、环境温度、应力状态等因素有关,除此之外,动态断裂韧性还应与裂纹扩展速度有关。

8.2.2 速度判据

管道上的裂纹一旦起裂,即存在两个相互影响的过程:裂纹的扩展和气体减压,如图 8.5 所示。由于高压管道积蓄的应变能,或管内流体提供的压力能,起裂的裂纹的尖端以一定速度向前扩展。伴随管道的开裂,管内高压气体并不会立刻排空,而是由断裂点向两侧各产生一个减压波并向两远端传播。这样,根据止裂的能量平衡理论,管道中的裂纹是否止裂,取决于裂纹扩展的速度以及管内介质的减压波速度。当减压波跑在扩展裂纹尖端的前面时,裂纹尖端已处于经过减压的低压区,裂纹的扩展便失去了驱动力或驱动力大大减小,裂纹扩展不长便可得到止裂;反之,当减压波处于扩展裂纹尖端的后面时,裂纹扩展的驱动力始终大于材料对裂纹扩展的阻力,使裂纹得以持续地高速扩展,不能止裂。

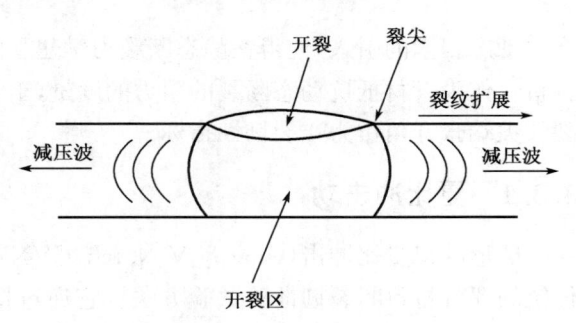

图 8.5 管道的裂纹扩展和减压波示意图

描述止裂的两种判据是统一的。上述止裂原理可以解释为什么裂纹的动态扩展是输气管道的特有问题,因为对油类等液体,因其不可压缩的性质,管道一旦断裂泄漏,压力立即急剧下降,故减压波速度很大,起裂的裂纹很快止裂。对于气体介质,由于密度比液体小得多且可压缩,因而其减压波速度远低于液体。这样,对输气管道而言,由于气体减压波速度较低,所以不易止裂。输油管道与输气管道断裂行为不同的主要原因就是介质减压波速度的差异。

根据管道裂纹扩展的速度判据,可以确定管道止裂韧性。如图 8.6 所示,管道裂纹扩展速度,以及管道内介质减压波,都与管内压力相关。这样在图中可以确定裂纹扩展和减压波移动速度的两条曲线,通过比较压力—裂纹扩展速度曲线与压力—气体减压波速曲线来预测管材所需韧性。若两条曲线之间未相交,则任何压力下减压波速均高于裂纹扩展速度,裂纹前端的压力将降低而使裂纹止裂;若两条曲线相交,则必存在裂纹扩展与气体减压波在同一速度下齐头并进的情形,裂纹尖端处压力可能不降低而驱动裂纹继续扩展。两条曲线相切时,恰好处于扩展与止裂的临界状态,所对应的止裂韧性正是双曲线相交时所求得的解。这种通过比较管道裂纹扩展速度曲线与气体减压波速曲线确定止裂韧性的方法,也就是天然气输送管道止裂设计中著名的"双曲线"法(Two Curve Method,TCM),由美国 Battelle 研究院首先提出,并在以后得到了改进,用于各种管道的止裂韧性设计方法中。

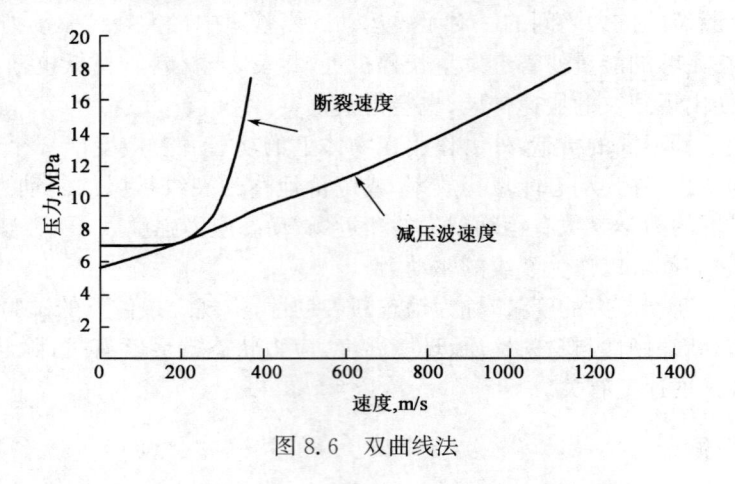

图 8.6　双曲线法

8.3　管道止裂韧性测试

动态因素的引入,使得在静态断裂力学建立的某些描述裂纹尖端力学特性的量必须重新分析。作为管材抵抗动态断裂的阻力的度量,工程上常直接应用夏比冲击功、落锤吸收能量和裂纹尖端张开角作为止裂韧性指标。

8.3.1　夏比冲击功

V形缺口夏比冲击(Charpy V-Notch,CVN)试验又称为三点弯曲夏比冲击试验,是一种传统的评价材料断裂韧性的试验方法。它通过摆锤式冲击试验机测量含V形缺口的小型试件在冲击破坏过程中的耗散功,即用夏比冲击功来评价材料的断裂韧度。该试验简单易行,工程上常用于测量金属材料的断裂韧性。

按照 GB/T 229—2007《金属材料夏比摆锤冲击试验方法》和 ISO 148—2010《Steel: Charpy impact test (V-notch)》规定,夏比冲击标准试样尺寸为 55mm×10mm×10mm,缺口深度为 2mm,如图 8.7 所示。

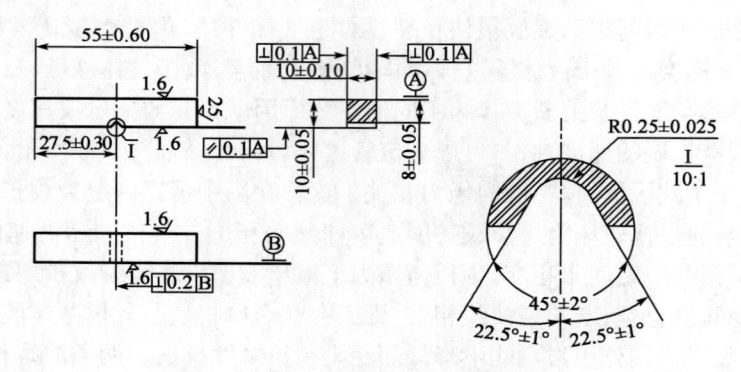

图 8.7　CVN 试件几何尺寸(单位:mm)

夏比冲击试样的厚度有3种，全尺寸试件厚度10mm，2/3试件厚度6.67mm，1/2试件厚度5mm。

冲击试样的断口也能反映断裂特征。试样的断口可以分为解理断裂区域（Cleavage region）和剪切断裂区域（Shear region）两部分，解理断面一般为平断口，表面有光亮晶粒状物；剪切断面一般为斜断口，表面暗淡，呈纤维状，两者容易区分。冲击试样对于断裂的阻力几乎全部由剪切断面提供。剪切面积（Shear Area）在整个断面上所占的比例越大，则材料对断裂的阻力越大。

夏比冲击试验常用来确定温度降低时金属材料由韧性状态变化为脆性状态的温度区域，也称韧脆转变温度。在韧脆转变温度以上，金属材料处于韧性状态，断裂形式主要为韧性断裂；在韧脆转变温度以下，材料处于脆性状态，断裂形式主要为脆性断裂（如解理）。韧脆转变温度越低，说明钢材的抵抗冷脆性能越高。

韧脆转变温度的表示方法有两种。一是能量准则法，规定为冲击吸收功降到某一特定数值时的温度，称为能量转变温度（Energy Transition Temperature，ETT）。如图8.8所示，在-40℃以下，CVN冲击能开始急剧下降。至某一温度下，冲击能大体保持恒定，但此时冲击能已经很低了，取上平台能的50%作为韧脆转变温度（记为ETT_{50}），其值为-71℃。另外一种方法是断口形貌准则法，规定为断口上的剪切面积达到一定占比例时所对应的温度，称为断裂形貌转变温度（Fracture Appearance Transition Temperature，FATT）。如图8.9所示，在-40℃以上，剪切面积比例在90%以上；在此温度以下，剪切面积随温度进一步降低可能接近于零，全部断口均为解理断裂，此时夏比冲击功相当低。如果取剪切面积比例50%为断裂形貌转变温度（$FATT_{50}$），对应温度大约为-68℃。

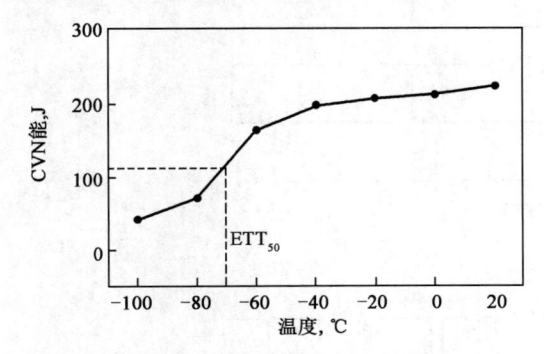

图8.8　X90钢管夏比试样的冲击功与温度的关系

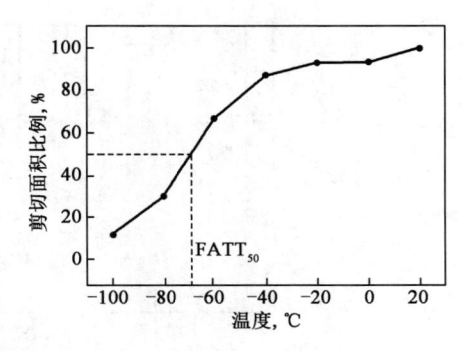

图8.9　X90钢管夏比试样的剪切面积比例与温度的关系

夏比冲击试验的缺点是摆锤的冲击速度远远低于实际裂纹的扩展速度，同时试件厚度偏薄，使得测到的CVN能量可能没有严格反映裂纹扩展过程中受到的材料韧性的影响，人们开始注意选择不同的韧性测定试验以提高止裂评价试验的准确性。

8.3.2　落锤吸收能量

落锤撕裂试验（Drop Weight Tear Test，DWTT）早期主要用于根据断口形貌确定铁素体钢的韧脆转变温度，后来也用于评价材料的断裂韧性，通过建立DWTT冲击能量与延性断裂止裂的关系来研究新的止裂判据。

DWTT 试样有较长的裂纹扩展路径,试样会出现不同的断裂类型。常规钢材,压制缺口使缺口周围材料脆化足以使其脆性起裂;韧性较高的材料,即使压制缺口过程使材料脆化,也不能使试样在缺口根部脆性起裂。图 8.10 是一典型 DWTT 试样的断口形貌。断裂表明分成 3 个部分:(1)在缺口尖端附近的初始解理断裂区域,大体为一三角形区域(图 8.10 中的①);(2)延性撕裂区域,分布于试样厚度方向的两侧(图 8.10 中的②);(3)锤头冲击区域附近的非正常解理断裂区域,起始于试样中部区域,并向锤击区域扩展(图 8.10 中的③)。无论是在初始解理断裂区域,还是在延性撕裂区域,都有可能发生分层,分层由应力集中引起,并平行于裂纹扩展方向。一般来讲,冲击韧性随分层的发生而降低。从断裂扩展的性能来看,分层的扩展速度相当快,因此降低了裂纹扩展阻力,而致冲击韧性降低。

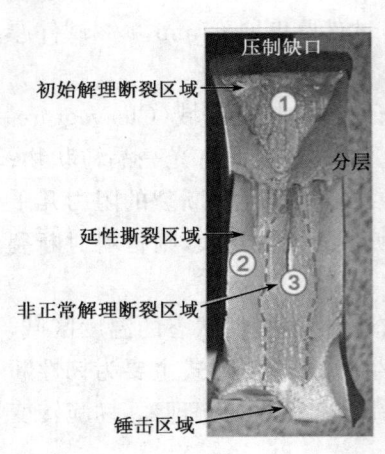

图 8.10 DWTT 断口形貌

在管道的止裂设计中,确定管道钢 FATT 的标准试验方法是落锤撕裂试验。在管道的最低设计温度试验时,落锤撕裂试验的试样断口上呈剪切断面的面积不得少于整个断口面积的 85%,并要求对管道钢按炉号做落锤撕裂试验。

三种类型的 DWTT 试件如图 8.11 所示,采用预开裂试件和 V 形槽试件的方法可以更好地消除起裂功。

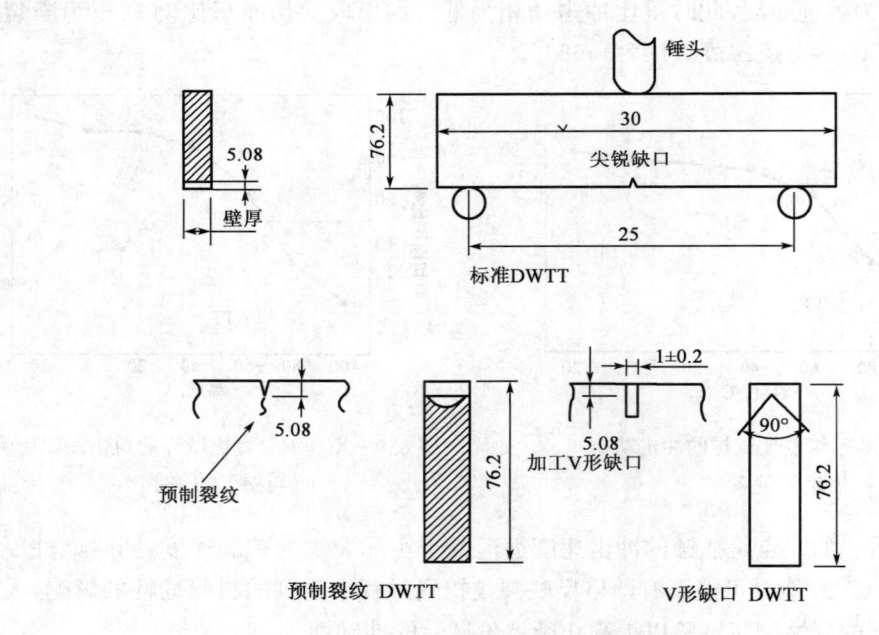

图 8.11 三种类型的 DWTT 试件(单位:mm)

关于 CVN 与 DWTT 的关系,日本 HLP 委员会建议:

$$\begin{cases} D_p = 3.29\delta^{1.5}C_v^{0.544} \\ D_{cn} = 3.95\delta^{1.5}C_v^{0.544} \\ D_{st} = 5.93\delta^{1.5}C_v^{0.544} \end{cases} \quad (8.1)$$

式中 D_p, D_{cn}, D_{st}——采用预开裂试件、V形槽试件和API标准试件的DWTT冲击功。

对于钢制管道,Poynton给出的以DWTT能量表示的断裂阻力为:

$$G = C\left(\frac{\delta}{B}\right)^m \frac{D_p}{A_c} \tag{8.2}$$

式中 B——冲击试样的厚度;

δ——管道的实际厚度;

C, m——无量纲常数,$m=0.25\sim1$,C的上限值为2。

关于CVN与DWTT的关系,Wilkowski建议,对于老式控轧钢,有下列经验公式:

$$\left(\frac{U}{A}\right)_{DWTT} = 3\left(\frac{U}{A}\right)_{Charpy} + 0.63 \tag{8.3}$$

式中 $(U/A)_{DWTT}$——DWTT测试中单位面积的吸收能。

日本HLP委员会建议,对于淬火回火高韧性钢,取:

$$\left(\frac{U}{A}\right)_{DWTT} = 5.93 B^{1.5} \left(\frac{U}{A}\right)_{Charpy}^{0.544} \tag{8.4}$$

CVN和DWTT的锤击速度均小于全尺寸试验裂纹的扩展速度,相比之下,DWTT的锤击速度更高,更接近于真实状态,而且DWTT采用全厚度试样,因而完全剪切撕裂破坏可以像全尺寸断裂行为那样得到充分发展,因此DWTT试验成为测量裂纹扩展时有效能量的更好方法。同时,DWTT试样的尺寸比CVN试样宽阔,因此,可采用预开裂试件和双V形槽试件及其他方法消除起裂功。然而,DWTT方法相对于CVN方法并没有从本质上改变CVN的预测结果。

8.3.3 裂纹尖端张开角

裂纹尖端张开角(Crack Tip Opening Angle,简称CTOA)是表征材料断裂韧性的参数,最早用来分析核电站管路的稳态裂纹扩展,后来在输气管道和航天工业上得以应用。CTOA不随测量点的位置而改变,裂纹扩展中CTOA值保持恒定。许多学者均认为,CTOA是一个便利、精确且具有发展前途的止裂韧性判据。在小尺寸试样冲击试验中测得的CTOA临界值,可直接应用到全尺寸管道的断裂与止裂判据。

CTOA的定义见图8.12,可在裂纹尖端后面一定位置处测量。

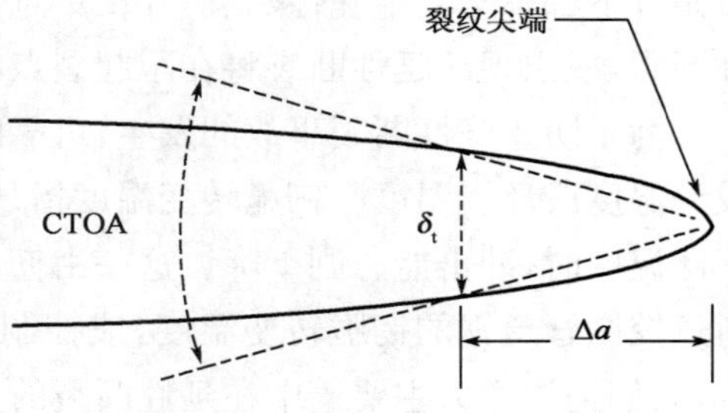

CTOA计算式为:

$$CTOA = 2\arctan\frac{CTOD}{\Delta a} \tag{8.5}$$

图8.12 CTOA示意图

式中 CTOD——距离裂纹尖端Δa处的张开位移;

Δa——裂纹扩展量。

CTOA的测量方法大多采用双试样法。该方法利用CVN或DWTT的冲击能量来推断裂纹尖端张开角:

$$(CTOA)_c = \frac{180}{\pi} \times 2571 \times \frac{S_c}{\sigma_{df}} \tag{8.6}$$

$$\sigma_{df} = 1.3\sigma_f = 0.65(\sigma_y + \sigma_b)$$

式中　S_c——断裂表面附近区域产生塑性变形所需的能量；

σ_{df}——动态流变应力；

σ_f——静态流变应力。

对于管道在内压或外部冲击作用下的断裂，通常认为应属于动态断裂行为。

除双试样方法外，著名断裂力学家Kanninen等还从试验中归纳出了夏比冲击韧性和临界CTOA之间的关系：

$$(CTOA)_c = \frac{k}{\sigma_{df}} \cdot c_{kv} \tag{8.7}$$

式中　k——待定系数；

c_{kv}——单位面积的夏比冲击韧性。

国外试验性的高强度管道钢的夏比冲击功、DWTT、CTOA及其他性能的测试值见表8.1。

表8.1　高强度管道钢的部分测试值

编号	屈服强度 MPa	抗拉强度 MPa	延伸率 %	夏比冲击功 J	D_{st} J	D_p J	D_{cn} J	CTOA (°)
1	545	642	41	395	10474	6209	7610	9.28
2	559	651	41	329	10206	5528	6854	6.08
3	522	629	41	249	9087	6085	6181	18.95

8.4　管道止裂设计

止裂设计的要求是，管道必须对在管道上发生的断裂具有足够的抑制能力，管道在任何运行条件下都不会发生脆性断裂，并在一旦出现管道断裂事故时，将不会发展成为快速扩展的延性断裂，或出现的延性断裂将在距起裂点两侧的两个环焊缝距离之内止裂。

为了防止脆性断裂事故的发生，可靠的措施是要求管材的韧脆转变温度必须低于管线的设计温度或环境温度。韧脆转变温度指某一温度以上，材料的冲击韧性基本上是不变的，但低于此温度时，冲击能急剧下降。这一由韧性开始向脆性转变的温度称为管材的韧脆转变温度。通过控制管道钢的韧脆转变温度，或控制管道的使用条件，管道上的动态脆性断裂已不再发生，人们把注意力主要集中在延性断裂的止裂上，对延性断裂的关注程度远远超过脆性断裂。特别是对高钢级输气管道，如何止裂更是一项关键技术，世界各国的研究机构或学者纷纷提出了管道止裂韧性的设计方法，其中，比较有代表性的是美国Battelle研究院方法、日本高强钢委员会（HLP）方法，以及基于CVN的止裂韧性预测公式。

8.4.1　Battelle研究院方法

管道断裂扩展速度受管材（内因）和运行条件（外因）等因素影响。由于问题的复杂性，需要利用全尺寸爆破试验方法来确定断裂速度。20世纪70年代，美国Battelle研究院通过一系列全尺寸输气管道的延性断裂试验，拟合得出了断裂扩展速度的公式：

$$\begin{cases} v_c = 0.275 \dfrac{\sigma_f}{\sqrt{R}} \left(\dfrac{p_d}{p_a} - 1\right)^{1/6} \\ p_a = \dfrac{4}{3.33\pi} \times \dfrac{\delta}{D} \times \sigma_f \times \arccos \exp\left(\dfrac{-10^3 \pi ER}{24\sigma_f^2 \sqrt{\dfrac{D\delta}{2}}}\right) \\ \sigma_f = \sigma_s + 68.95 \\ R = \dfrac{C_v}{A_c} \end{cases} \quad (8.8)$$

式中 v_c——管道断裂扩展速度，m/s；

σ_f——流变应力，MPa；

σ_s——钢的屈服强度，MPa；

R——钢对断裂扩展的阻力，J/mm²；

p_d——裂纹尖端的气体压力，MPa；

p_a——裂纹起裂时的管道压力，MPa；

δ——管道壁厚，mm；

D——管道直径，mm；

E——弹性模量，MPa；

C_v——全尺寸夏比冲击功，J；

A_c——夏比冲击试件的断口面积，mm²。

延性断裂扩展驱动力主要来自于气体外泄而作用于裂纹尖端后部的管道内壁和张开断面上的残余压力，而此作用力需由管道中减压波的压力分布来确定。早在 20 世纪 50 年代，Rudinger 进行了测定气体减压波速的试验。试验是在一个很长的内蕴压力气体的两端封闭的管子上进行的。试验时把一段封头突然打开，然后对管内气体进行测量。根据测定结果，得出公式：

$$p_d = p_i \left(\dfrac{v_d}{v_a} + \dfrac{5}{6}\right)^7 \quad (8.9)$$

$$v_d = v_a - v_o$$

式中 p_d——减压波前沿经历各点减压波的压力；

p_i——断裂前气体的起始压力；

v_d——减压波速度；

v_a——声波在该介质中速度；

v_o——气体的流速。

20 世纪 70 年代，基于 Mexay 进行的延性断裂试验获得的数据，人们研究了压缩空气、氮气和甲烷含量高的天然气的减压行为。假定气体为理想气体，并假设减压过程始终保持等熵、管道的整个横截面瞬间完全开裂及气体混合物时刻保持均匀，可以得出气体减压的解析式：

$$p_d = p_i \left(\dfrac{2}{\gamma+1} + \dfrac{\gamma-1}{\gamma+1} \cdot \dfrac{v_d}{v_a}\right)^{\frac{2\gamma}{\gamma-1}} \quad (8.10)$$

式中 γ——初始比热比。

8.4.2 日本 HLP 方法

日本高强度钢委员会（HLP）基于 7 次 X70 输气管道全尺寸爆破试验结果，拟合得到如下公式：

$$v_c = 0.670 \times \frac{\sigma_f}{\sqrt{\frac{D_p}{A_p}}} \left(\frac{p}{p_a} - 1\right)^{0.393} \tag{8.11}$$

$$p_a = 0.382 \times \frac{\delta \cdot \sigma_f}{D} \arccos \exp\left(-\frac{3.81 \times 10^7}{(D\delta)^{0.5}} \times \frac{D_p/A_p}{\sigma_f^2}\right) \tag{8.12}$$

$$\sigma_f = 0.5(\sigma_s + \sigma_b)$$

式中　D_p——预制裂纹的 DWTT 试样冲击断裂功；
　　　A_p——试样断裂面积。

该方法有以下特点：以预制裂纹的 DWTT 试验的吸收能作为钢材的韧性值；将基于气体成分计算出来的精确的气体减压曲线应用于双曲线模型。断裂扩展距离和扩展速度可以逐步计算出来。与 CVN 相比，DWTT 试验的锤击速度较高，更接近于真实状态，而且 DWTT 采用全厚度试样，因而完全剪切撕裂破坏可以同全尺寸断裂行为一样得以充分扩展，因此，DWTT 试验成为更好的一种测量裂纹扩展有效能量的方法。同时，DWTT 试样比 CVN 试样宽，因此，可采用试件的预开裂、开双 V 形槽等方法来消除起裂功。预制裂纹的 DWTT 试验由于起裂消耗能量最低，结果较为精确，应用也较为广泛。压制的钝缺口开裂时要消耗较多的能量，不能准确表达裂纹扩展功。近 20 年的研究工作表明，对于高韧性钢，基于 DWTT 试验的结果比 CVN 试验更准确。

图 8.13 是材质 X80（SMYS=555MPa，SMTS=710MPa）、管道内部压力为 11.6MPa、外径 D=1219mm、管道壁厚 δ=18.3mm 的管道在不同夏比冲击功下的断裂速度曲线，分别采用 Battelle 研究院方法和日本 HLP 方法。不难发现，采用 Battelle 模型计算裂纹的最大扩展速度和止裂压力预测值均低于 HLP 模型预测值，这是因为 Battelle 模型基于中低强度管道钢建立，采用夏比冲击功作为止裂韧性，在计算高强度管道钢时，裂纹扩展速度预测值可能与实测值存在一定偏差。

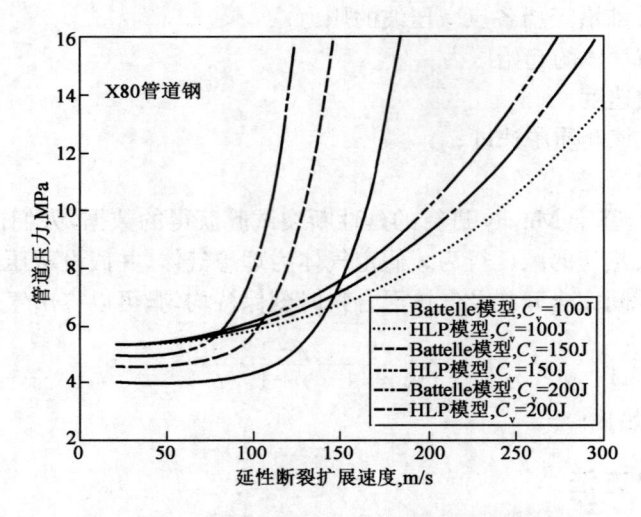

图 8.13　Battelle 模型和 HLP 模型的延性断裂扩展曲线

Higuchi 通过高强度管道钢全尺寸爆破数据库对上述 Battelle 模型和 HLP 两种模型预测值和实测值进行比较,其结果如图 8.14 所示。分析比较可以看出,在预测高强度管道钢裂纹扩展速度时,采用 Battelle 模型预测值偏低。尽管如此,这两种分析延性断裂速度的方法都需要针对由于管线钢强度级别的提高、韧性值的提高、管道埋设深度以及钢管尺寸等参数的变化而进行必要的调整。

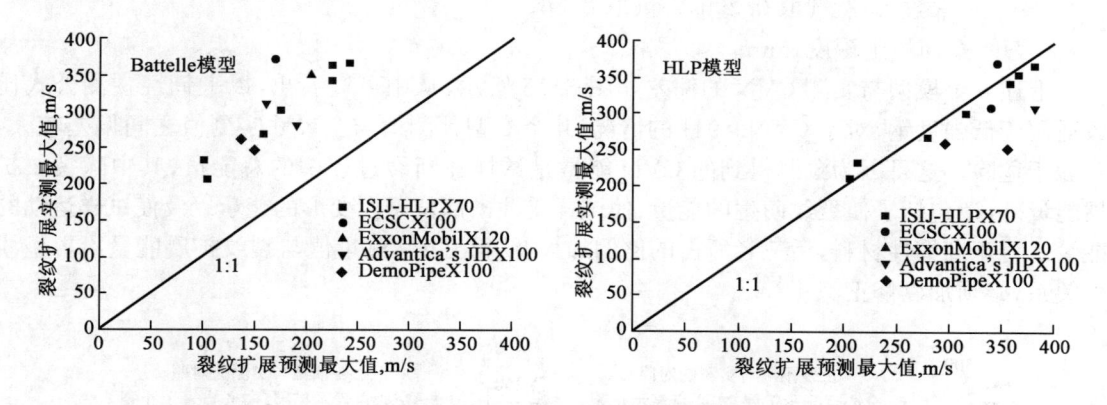

图 8.14　不同模型最大裂纹扩展速度测量值与预测值比较

8.4.3　基于 CVN 的止裂韧性

按照双曲线模型(TCM),美国 Battelle 研究院的 Maxey 等最初提出的基于 CVN 的止裂韧性预测公式为:

$$\text{CVN}_{\text{TCM}} = 2.8997 \times 10^{-5} \sigma_h^2 (D\delta)^{\frac{1}{3}} \tag{8.13}$$

公式(8.13)的适用范围如下:

(1)输送介质为纯甲烷或接近纯甲烷,且不含液相。

(2)材料的韧性较低,且 CVN 能量值小于 94J。此时,CVN 的测量值与使裂纹扩展的能量线性相关,即 TCM 模型预测的韧性值与韧性管材实际止裂时的韧性值吻合良好。

(3)材料的 CVN 试样断口不应有严重的断口分离现象,所谓断口分离现象,是指在试样的断口上,在断裂过程中出现了二次开裂裂纹,严重的会贯穿整个断口。

为了获取延性裂纹止裂的定量描述,国外美国钢铁学会(AISI)、英国燃气(BG)和意大利 CSM 等研究机构分别进行了大量的相关研究,得到一些保证止裂的计算最低夏比冲击功 CVN 的经验公式。

美国钢铁学会(AISI):

$$\text{CVN} = 2.377 \times 10^{-4} \sigma_h^{1.5} D^{0.5} \tag{8.14}$$

英国燃气公司(British Gas Corp.):

$$\text{CVN} = \sigma_h^2 \left(\frac{1.04D}{\delta^{0.5}} - \frac{\alpha (D/2)^{1.25}}{\delta^{0.75}} \right) \times 10^{-3} \tag{8.15}$$

意大利 Centro SviuppoMateriali(CSM):

$$\text{CVN} = -0.627\delta - 6.8 \times 10^{-8} \frac{H(D/2)^2}{\delta} + 1.26 \times 10^{-4} D\sigma_h + 0.6225 \times 10^{-5} \frac{D\delta\sigma_h^2}{H} \tag{8.16}$$

德国曼内斯曼(Mannesmann):

$$\text{CVN} = 2.13 \times 10^{-7} \sigma_h^{1.76} D^{1.09} \delta^{0.585} \tag{8.17}$$

日本钢铁协会(ISIJ)：
$$CVN = 2.498 \times 10^{-6} \sigma_h^{2.33} D^{0.3} \delta^{0.47} \quad (8.18)$$

式中 σ_h——管道的环向应力，MPa；
　　D——管道外径，mm；
　　δ——管道壁厚，mm；
　　α——常数，天然气取 0.396，空气取 0.36；
　　H——回填土深度，mm。

上述 6 个模型与实测 CVN 的偏差如图 8.15 所示，从中可以看出，以上韧性预测公式比较适用于低强度钢，对于 CVN>94J 的情况，几个模型预测值与全尺寸实测值之间偏差较大，且偏于危险。这是因为预测得到的 CVN 能量是试样在断裂过程中的总能量，其中除裂纹扩展能量外，还包括了使裂纹萌生的能量、使试样受冲击部位塑性变形的能量以及使试样运动的能量。对于高韧性材料，后三者所占的比例加大，使得 CVN 测量值与裂纹扩展能量不再呈线性关系，必须加以修正。

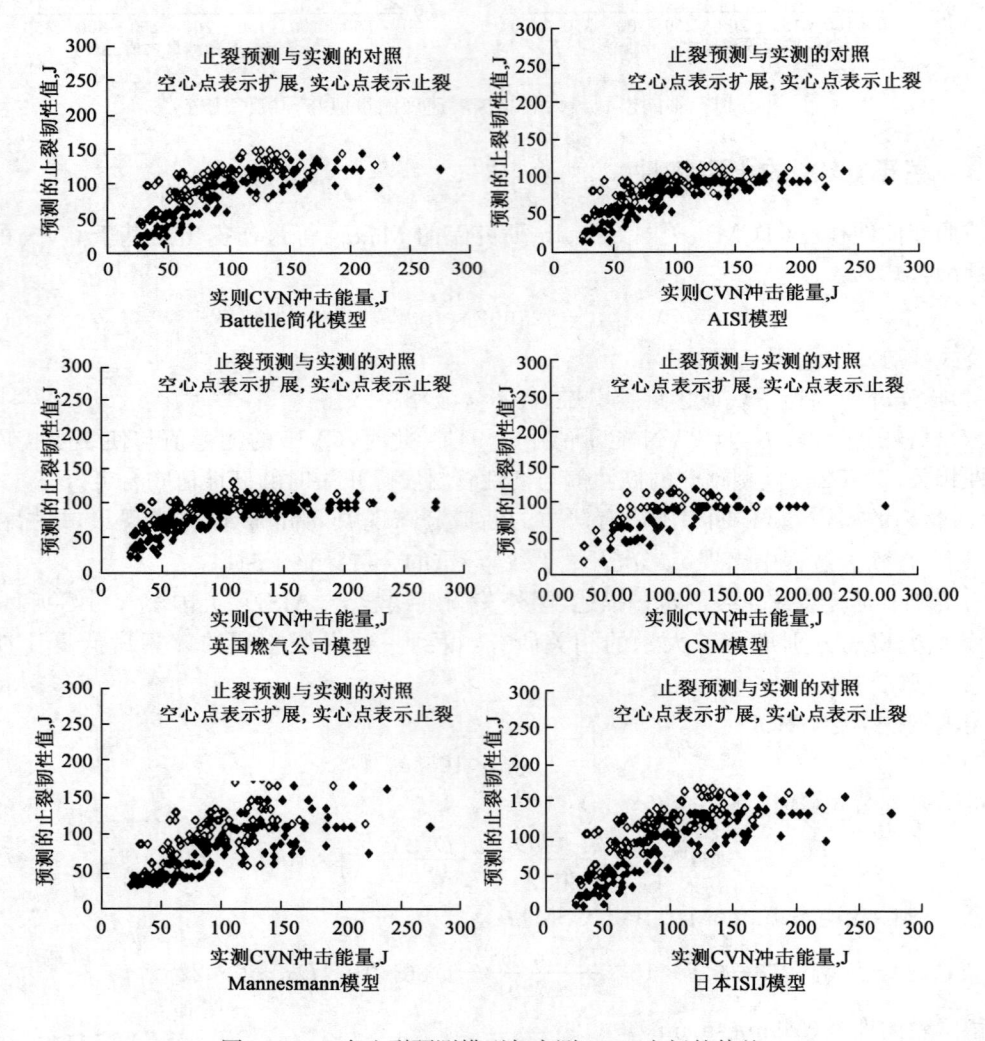

图 8.15　6 个止裂预测模型与实测 CVN 之间的偏差

由于 TCM 预测模型对近年来迅速发展起来的高强度、高韧性管材误差较大,且偏于危险,Leis 博士于 1997 年提出了著名的 Leis 修正系数,对 TCM 的计算结果进行修正,得到:

$$\begin{cases} \text{CVN}_{\text{arrest}} = \text{CVN}_{\text{TCM}} & (\text{CVN}_{\text{TCM}} \leqslant 94\text{J}) \\ \text{CVN}_{\text{arrest}} = \text{CVN}_{\text{TCM}} + 0.002\text{CVN}_{\text{TCM}}^{2.04} - 21.18 & (\text{CVN}_{\text{TCM}} > 94\text{J}) \end{cases} \quad (8.19)$$

为了提高安全性,可用 2.1 来代替式(8.19)指数 2.04。式(8.19)对 Battelle 公式修正后,大大提高了对高韧性区预测的精度。

8.5 富气的减压行为

天然气中含有比甲烷密度大的烃类,这种天然气就成为"富气"。在减压过程中,气体进入气液两相区,延性断裂扩展的风险要高于单相情况。

图 8.16 为天然气减压波曲线随压力和温度变化的分析示例。钢管破裂时内部的气体状态变化如图 8.16(a)所示,从初期状态开始近似于"等熵"的变化。如果气体组分合适,这种"等熵曲线"一旦进入输气的两相领域,就会如图 8.16(b)所示气体的一部分开始液化。如图 8.16(c)所示,在相包络线上由于发生液化,声速也产生不连续的变化,故如图 8.16(d)所示的天然气减压曲线中,等熵曲线跨越相包络线的压力水平存在着一个台阶。

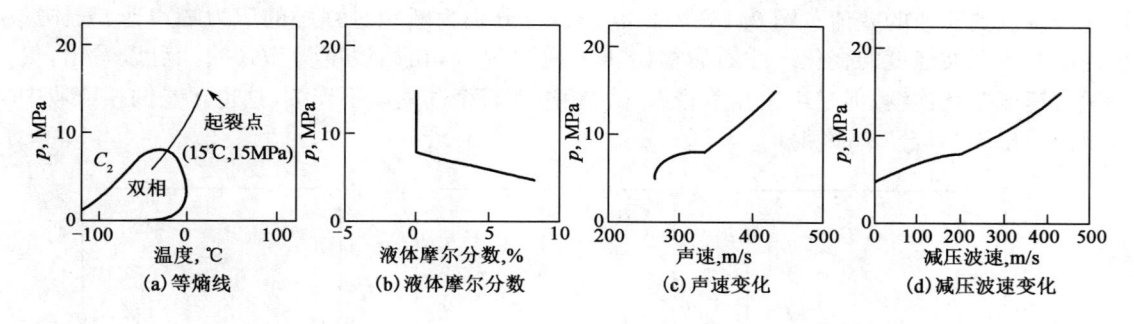

图 8.16 天然气减压波曲线变化过程分析示例

管道输送气体进入气液两相区,延性断裂扩展的风险要高于单相的情况,止裂也更加困难。图 8.17 是管输气体减压行为与相变示意图。

图 8.17(a)中的横坐标为气体减压波速与声音在气体中传播的速度之比,表示气体压力与减压波传播速度的关系。图 8.17(b)表示气体温度与压力的关系,即相态的变化。图 8.17(b)中的弧线是单相区和两相区的分界线,即相包络线。在相包络线以外,是气相或液相,区域内为两相区。①、②、③分别为 3 条等熵线。标注①为气相中情况,相应的气体减压曲线较为平滑,管道起裂处压力为 0.28 倍的初始压力。等熵线②表示含重烃天然气由气态向气液两相转变的情况,此时流体声速在气液两相边界不连续,而且它的值比在全气体或全液体都要低。在两相状态,压力保持恒值,并且高于气相减压后的数值,这说明两相减压不如单相减压迅速,因为其压力保持在高位,可见两相更是增大了断裂扩展的风险。等熵线③为液相向气相转变的情况,由于液态气的声速一般为它们蒸气中声速的 2~3 倍,故通过液相时减压特别迅速。从等熵线③可以看出,饱和压力能保持恒定值,但是数值较低,因为只有高的压力才能驱使裂纹动态扩展,所以能够在一定长度止裂。这种情况如同水压试验,减压特别快,故开裂长度也很短。

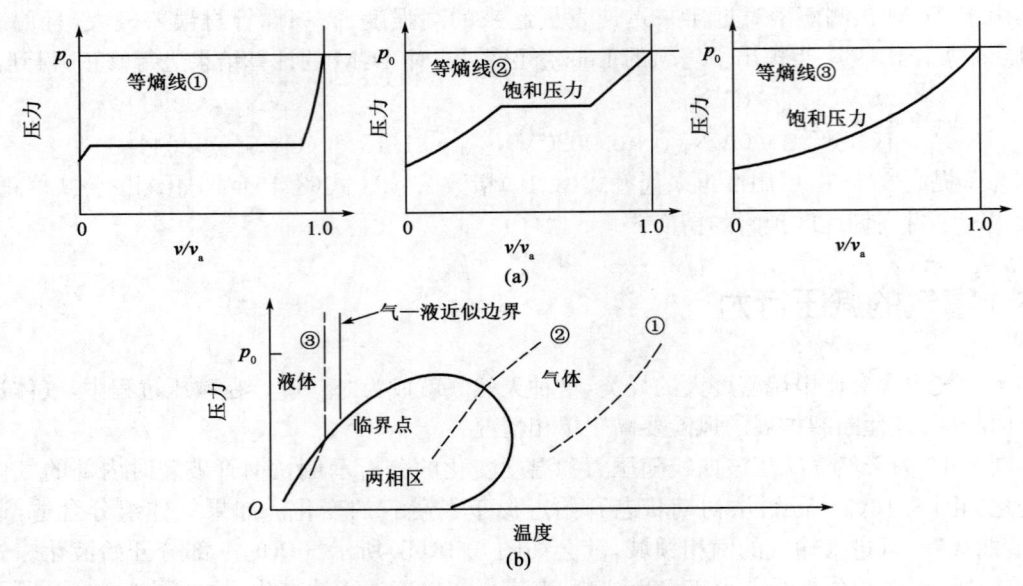

图 8.17 气体减压行为与相变示意图

减压波速取决于局部条件下的声速和减压波后的气流速度,并且某处减压波速为流体中声速与该点的流速的差值。图 8.18 中(a)、(b)、(c)分别为断裂过程中的压力随声速、气体逸出速度及减压波速度的变化。此断裂初始压力为 20MPa,初始温度为 -10 ℃。可以看出,气体逸出速度变化连续,但是声速在单相进入两相边界有个落差而不连续,这也正是两相区域中减压曲线出现"平台"的原因。

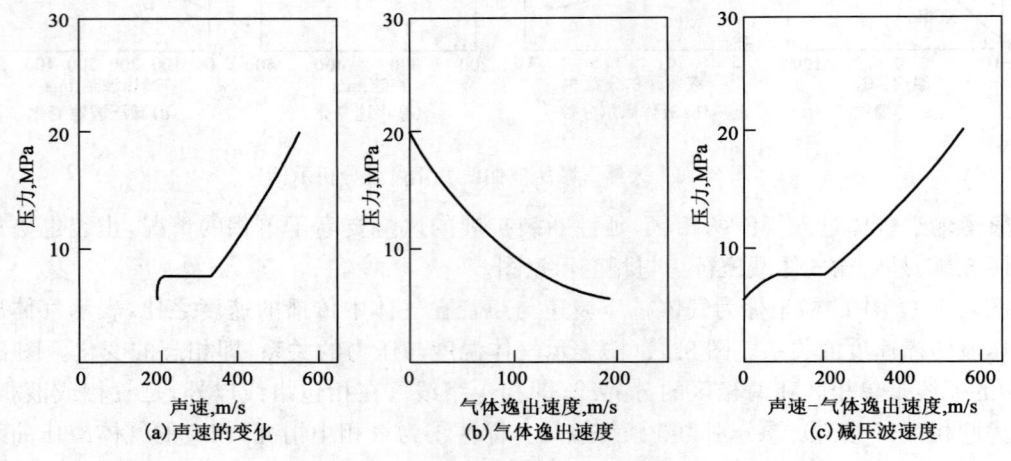

图 8.18 两相中减压波的计算值

由于减压波经过两相边界,声速降到很低,压力维持在饱和压力处,增大了裂纹扩展的可能性。若饱和压力很高,则有助于裂纹扩展;相反,若饱和压力较低,在合理的温度范围内,饱和压力低于大气压,即减压波几乎是在液相中传播的。此时,减压波速将非常迅速。可见,从理论上定量描述减压波具有很重要的意义。

目前还没有关于天然气成分分类的确切描述。一般情况下,是根据甲烷摩尔分数的大小来判断对管道止裂韧性要求值高低的。但是,如图 8.19 所示,即使甲烷摩尔分数一定,其他气体成分含量不同,两相区的大小也产生了较大差异,计算也证明了这种差异的存在。也就是说，甲烷摩尔分数的大小不能完全作为判断断裂破坏危险度的标准。

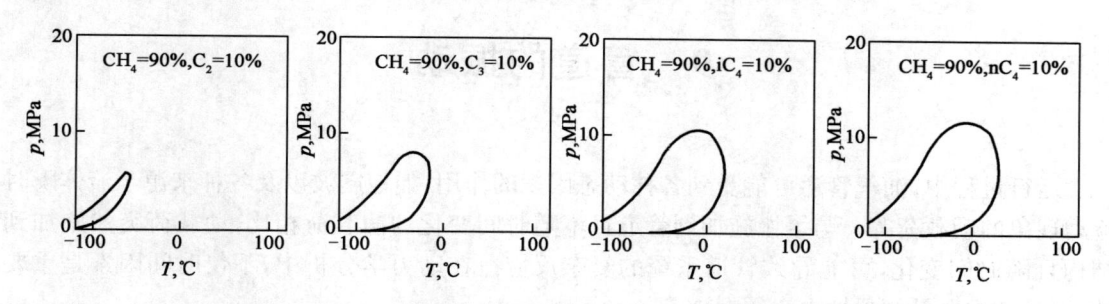

图 8.19 设定甲烷的摩尔分数为 90% 时两相区大小的差异

9 管道的振动

运行过程中,油气管道可能受到各种动态因素的作用,如地震波以及各种来源于流体瞬时流动现象的动载荷等。与缓慢施加到管道且不随时间变化的静载荷相比,动载荷突然施加到结构且随时间变化,可能导致管道系统的复杂反应。在动力学分析中,不仅时间因素是重要的,而且结构质量的惯性也必须考虑。

管道的防振设计须与管道的其他设计要求,如热补偿、管道安装和拆卸方便等,统一考虑。例如,弯管的固有振动频率较低,从防振的角度出发,有时希望把弯管固定住,但从热补偿考虑,则不希望固定,故应综合考虑。

9.1 单自由度振动

振动是指一个物体相对于静止参照物或处于平衡状态的物体的往复运动。如图9.1(a)所示的简支梁可看成是管道中的一段,为简化起见,将梁的质量看作是集中在中点位置,只考虑该质点在 y 方向的运动。数学上,这是典型的弹簧—质量—阻尼系统,如图9.1(b)所示,弹簧常数由梁的刚度确定,即产生单位位移所需要的力,利用第1章中梁的挠度公式可以确定弹簧系数。除弹簧系数外,系统还包括阻尼,代表系统受到的内部和外部摩擦导致的阻力。

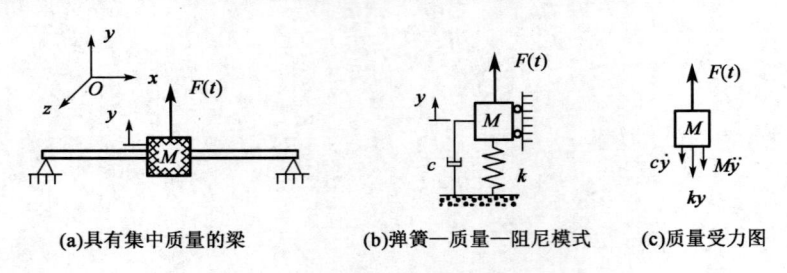

(a)具有集中质量的梁　　(b)弹簧—质量—阻尼模式　　(c)质量受力图

图9.1 弹簧质量系统

9.1.1 基本方程

取该质点作为自由体,取决于质点运动和阻尼,作用在该自由体上的力如图9.1(c)所示。应该知道,质点的重力将发生梁的静变形。但是,这一静力变形将分开计算,如果需要,可以在以后与动力反应组合。动力分析只计算动态载荷的反应。

取 y 轴正向垂直向上,根据图9.1(c)的自由体,可以列出力的平衡方程:

$$M\ddot{y} + c\dot{y} + ky = F(t) \tag{9.1}$$

$$\ddot{y} = \frac{d^2 y}{dt^2}$$

$$\dot{y} = \frac{dy}{dt}$$

式中　$\ddot{y}$——质点的加速度;
　　　$\dot{y}$——质点的速度;

$F(t)$——随时间变化的外力；

c——阻尼系数。

阻尼力的方向与速度相反，大小与速度成正比。

9.1.2 无阻尼系统

根据系统是否受到外界激振，振动分为自由振动和强迫振动。

9.1.2.1 自由振动

从无阻尼系统可以得到振动的基本特性。在式(9.1)中，令 $c=0$，$F(t)=0$，即得到自由振动方程为：

$$M\ddot{y}+ky=0 \tag{9.2}$$

这是一个常系数的线性微分方程，这类方程可以通过假定 $y=e^{mt}$ 来求解（m 为常数），代入到方程中即可确定。由于式(9.2)仅包括偶数项，因此，可以假定 $y=\sin\omega t$ 或 $y=\cos\omega t$。分别将 $y=\sin\omega t$ 或 $y=\cos\omega t$ 代入方程，可以发现，$y=\sin\omega t$ 和 $y=\cos\omega t$ 都是该方程的解，且：

$$\omega_n=\sqrt{\frac{k}{m}} \tag{9.3}$$

式中，ω_n 称为固有频率。

式(9.2)的通解为：

$$y=c_1\sin\omega_n t+c_2\cos\omega_n t \tag{9.4}$$

其中的常数 c_1、c_2 由边界条件确定。假定初始 $t=0$ 时，$y=y_0$ 和 $\dot{y}=\dot{y}_0$，分别代入式(9.4)，可以确定 $c_2=y_0$、$c_1=\dot{y}_0/\omega_n$，式(9.4)成为：

$$y=\frac{\dot{y}_0}{\omega_n}\sin\omega_n t+y_0\cos\omega_n t \tag{9.5}$$

为确定固有频率，可以将质点拉到 y_0 位置，然后释放。此例中，初始速度为零，因此 $y=y_0\cos\omega_n t$，如图 9.2 所示，质点以正弦函数形式振荡，其振荡的固有周期为：

$$T_n=\frac{2\pi}{\omega_n}=2\pi\sqrt{\frac{M}{k}} \tag{9.6}$$

固有频率定义为单位时间内质点振荡的次数，它是固有周期的倒数：

$$f_n=\frac{1}{T_n}=\frac{1}{2\pi}\sqrt{\frac{k}{M}} \tag{9.7}$$

与固有频率 f_n 相比，ω_n 称为圆(角)频率。周期的单位为秒，而频率的单位为赫兹(Hz)，表示每秒时间的循环数。固有周期、固有频率是系统的本征特性，与系统受到的载荷或初始条件无关。

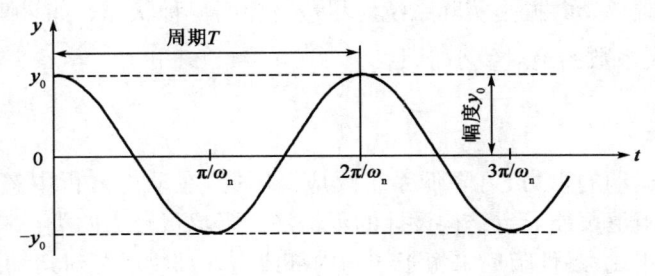

图 9.2 初始位移引起的弹簧质量系统的自由振动

9.1.2.2 强迫振动

假定系统受到周期性变化的激振力的作用,即 $F(t)=F_0\sin\omega t$,振动的方程为:

$$M\ddot{y}+ky=F_0\sin\omega t \tag{9.8}$$

式中 ω——激振力的圆频率,它一般不和系统的固有频率 ω_n 相同。

微分方程(9.8)的特解为 $y=A\sin\omega t$,其中 A 是待定常数,将其代入式(9.8),得:

$$A=\frac{F_0}{k-M\omega^2}=\frac{F_0/k}{1-\omega^2(M/k)}=\frac{F_0/k}{1-(\omega/\omega_n)^2}$$

或

$$y=\frac{F_0/k}{1-(\omega/\omega_n)^2}\sin\omega t$$

由于 $F_0/k=y_{st}$ 是 F_0 产生的静位移,因此,可以得到:

$$y=\frac{y_{st}}{1-(\omega/\omega_n)^2}\sin\omega t \tag{9.9}$$

以上是强迫振动的特解。方程(9.8)的通解是非齐次方程的特解和齐次方程的通解的组合,即:

$$y=c_1\sin\omega_n t+c_2\cos\omega_n t+\frac{y_{st}}{1-(\omega/\omega_n)^2}\sin\omega t \tag{9.10}$$

式(9.10)的前两项是无阻尼的自由振动,而最后一项是无阻尼强迫振动。其中的 c_1、c_2 由初始条件确定。假定系统由原点静止起始振动,即初始条件为 $y=0,\dot{y}=0$,代入式(9.10)中得到:

$$c_1=-\frac{y_{st}}{1-(\omega/\omega_n)^2}\frac{\omega}{\omega_n},\quad c_2=0$$

此初始条件下,方程的解为:

$$y=\frac{y_{st}}{1-(\omega/\omega_n)^2}\left(\sin\omega t-\frac{\omega}{\omega_n}\sin\omega_n t\right) \tag{9.11}$$

即

$$\Theta=\frac{y}{y_{st}}=\frac{1}{1-(\omega/\omega_n)^2}\left(\sin\omega t-\frac{\omega}{\omega_n}\sin\omega_n t\right) \tag{9.12}$$

其中 Θ 为放大系数,它由两部分组成,右边括号中的第一项是强迫振动项 $\sin\omega t$ 的影响,第二项是固有自由振动项。在实际结构中,阻尼可使自由振动的影响很快衰减至零,忽略第二项,则:

$$\Theta_{max}=\frac{1}{1-(\omega/\omega_n)^2} \tag{9.13}$$

当激振力的频率与系统固有频率相等时,放大系数为无限大,这种情况称为共振,此时的激振频率称为共振频率。共振是实际系统应尽量避免的一种状况。如果激振力的频率大于固有频率的 $\sqrt{2}$ 倍,放大系数的绝对值小于1。

9.1.3 阻尼系统

阻尼是对结构运动的阻力,可降低系统反应。因此,在动力分析中忽略阻尼是保守的做法,然而,完全忽略阻尼可能导致结构设计的不经济。阻尼可分为两类:一类是黏性阻尼,它与结构的相对速率成正比,黏性阻尼来源于结构内部或与外部物质相对运动阻力;另一类是库伦阻尼,它与两接触面的正压力成正比,例如,支座摩擦属于库仑摩擦。本部分只限于黏性摩擦,如果需要,库仑摩擦也可以简化成黏性摩擦考虑。

黏性阻尼系统的基本方程见式(9.1),分自由振动和强迫振动两种情况考虑。

9.1.3.1 阻尼系统的自由振动

对于无阻尼系统,一旦受到干扰,系统将以相同的幅度无限次振动。而在阻尼系统中,初始扰动引起的自由振动可能很快衰减至消失。为了说明阻尼系统自由振动的这一性质,考虑阻尼系统的自由振动方程

$$M\ddot{y}+c\dot{y}+ky=0 \tag{9.14}$$

这是常系数线性微分方程,其解为 $y=e^{st}$ 的形式,其中 s 为待定系数。将 $y=e^{st}$ 代入式(9.14),得到:

$$Ms^2+cs+k=0 \tag{9.15}$$

这是一元二次方程,其解为:

$$s_i=-\frac{c}{2M}\pm\sqrt{\left(\frac{c}{2M}\right)^2-\frac{k}{M}} \quad (i=1,2) \tag{9.16}$$

方程(9.14)的解为:

$$y=C_1 e^{s_1 t}+C_2 e^{s_2 t} \tag{9.17}$$

取决于 s_1 和 s_2 的值,式(9.16)的解有两种不同的性质。当 $\left(\frac{c}{2M}\right)^2$ 大于 k/M 时,根号里面为正值。s_1、s_2 是实数,且为负值,因此,方程的解是稳定下降的,它表示的不是振荡,这就是所谓的过阻尼系统。过阻尼情况在实际结构中很少遇到,此处不进行过多的讨论。但是,刚好发生这种非振荡情况的阻尼是结构的一个非常重要标志性参数,称为临界阻尼。临界阻尼时,根号里的表达式为零,因此

$$\left(\frac{c_c}{2M}\right)^2=\frac{k}{M}$$

即

$$c_c=2M\sqrt{\frac{k}{M}}=2M\omega_n \tag{9.18}$$

在大多数实际情况下,式(9.16)中的根号中的表达式小于零,这种情况下,s_1 和 s_2 是虚数,将其代入式(9.17)中,并完成一些数学上的推导,得到阻尼系统的通解为:

$$y=e^{-\frac{c}{2M}t}(C_1 \sin\omega_d t+C_2 \cos\omega_d t) \tag{9.19}$$

$$\omega_d=\sqrt{\frac{k}{M}-\left(\frac{c}{2M}\right)^2}=\sqrt{\omega_n^2-\zeta^2\omega_n^2}=\omega_n\sqrt{1-\zeta^2} \tag{9.20}$$

式中 ω_d ——阻尼系统的圆频率。

将 $2M=c_c/\omega_n$ 代入式(9.20),得:

$$\omega_d=\sqrt{\omega_n^2-\left(\frac{c}{c_c}\omega_n\right)^2}=\omega_n\sqrt{1-\zeta^2}$$

$$\zeta=c/c_c$$

式中 ζ ——阻尼比。

上式表明了阻尼系统和无阻尼系统圆频率的关系。如果阻尼比为 10%,这在实际结构中是很高的阻尼。阻尼系统的圆频率为 $\omega_d=0.995\omega_n$。阻尼系统和无阻尼系统固有频率的差别很小,以至于可以忽略不计。换句话说,固有频率一般是基于无阻尼系统计算的。为简单起

见，以后固有频率 ω_n，既是对无阻尼系统，也是对阻尼系统。

式(9.19)中的常数 C_1、C_2 由初始条件确定。假定初始 $t=0$ 时，$y=y_0$ 和 $\dot{y}=\dot{y}_0$，代入式(9.19)确定待定系数，得：

$$y=e^{-\zeta\omega_n t}\left(\frac{\dot{y}_0+y_0\zeta\omega_n}{\omega_d}\sin\omega_d t+y_0\cos\omega_d t\right) \tag{9.21}$$

与无阻尼系统的自由振动相比，阻尼系统的反应有一连续的衰减因子 $e^{-\zeta\omega_n t}$。这说明，由初始扰动引起的振荡很快消失。

假设系统只有初始位移，即 $\dot{y}_0=0$，则：

$$y=e^{-\zeta\omega_n t}\left(\frac{y_0\zeta\omega_n}{\omega_d}\sin\omega_d t+y_0\cos\omega_d t\right) \tag{9.22}$$

上式中的第一项与第二项相比较小，一般可忽略不计，因此，这种初始位移系统的反应为：

$$y=y_0 e^{-\zeta\omega_n t}\cos\omega_d t \tag{9.23}$$

阻尼系统的自由振动见图9.3。由于衰减因子 $e^{-\zeta\omega_n t}$，反应随时间衰减。每个周期中，峰值发生在 $2\pi/\omega_n$。从一个周期到下一个周期的峰值衰减可以在 $t_n=2n\pi/\omega_n$ 和 $t_{n+1}=2(n+1)\pi/\omega_n$ 时刻的幅值之比表示：

$$\frac{y_n}{y_{n+1}}=\frac{e^{-\zeta(2n\pi)(\omega_n/\omega_d)}}{e^{-\zeta[2(n+1)\pi](\omega_n/\omega_d)}}=e^{2\pi\zeta(\omega_n/\omega_d)}$$

对上式取对数，并将式(9.20)代入，得：

$$\ln\frac{y_n}{y_{n+1}}=2\pi\zeta\frac{\omega_n}{\omega_d}=\frac{2\pi\zeta}{\sqrt{1-\zeta^2}} \tag{9.24}$$

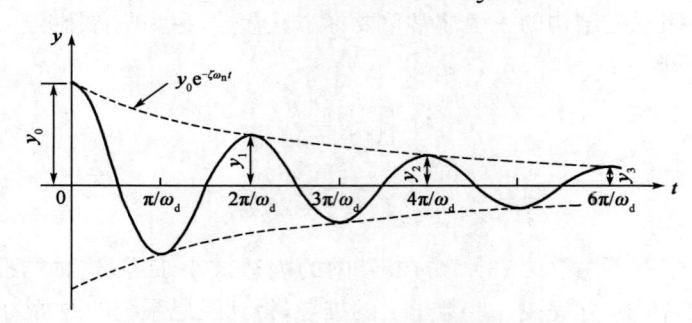

图9.3 具有初始位移的阻尼系统的自由振动

式(9.24)说明，如果能测量两个连续峰值的衰减，就可以确定结构系统的阻尼比，这就是在结构系统的动力分析中指定阻尼比而不是阻尼系数的缘故。一般来讲，两个连续峰值的衰减很小，难以测量，实际做法是测量多个循环的峰值衰减。

9.1.3.2 阻尼系统的强迫振动

假定系统受到周期变化的谐振力的作用，系统的方程为：

$$M\ddot{y}+c\dot{y}+ky=F_0\sin\omega t \tag{9.25}$$

方程(9.25)的齐次解在式(9.21)中给出，加上强迫作用函数后，只需找到满足整个方程的特解。这类方程的特解形式为 $y=C_1\sin\omega t+C_2\cos\omega t$，经过一定步骤的推导，不难得到

$$y=\frac{F_0}{k}\frac{1}{(1-\beta^2)^2+(2\zeta\beta)^2}[(1-\beta^2)\sin\omega t-2\zeta\beta\cos\omega t] \tag{9.26}$$

其中，$\beta=\omega/\omega_d$ 为频率比。

对式(9.26)作三角函数的变换,可以得到

$$y = \frac{F_0}{k}\sqrt{(1-\beta^2)^2+(2\zeta\beta)^2}\sin(\omega t+\theta) \tag{9.27}$$

其中
$$\theta = \arctan\frac{-2\zeta\beta}{1-\beta^2} \quad \text{或} \quad \theta = -\arctan\frac{2\zeta\beta}{1-\beta^2} \tag{9.28}$$

当 $|\sin(\omega t+\theta)|=1$ 时,位移取最大值,由于 F_0/k 是最大静力位移,可以得到位移放大因子为:

$$\Theta = \frac{y_{\max}}{F_0/k} = \frac{1}{\sqrt{(1-\beta^2)^2+(2\zeta\beta)^2}} \tag{9.29}$$

位移放大因子取决于阻尼比和频率比,如图 9.4 所示。当频率比 $\beta=\omega/\omega_n=1$ 时,共振发生,位移放大因子 $\Theta=1/(2\zeta)$,如果没有阻尼,系统振幅将无穷大。对于管道系统,取决于管道尺寸、防腐或保温层及其固有频率,阻尼比大约为 2%~8%。如果阻尼比取 5%,共振时的放大因子为 10,这说明非常小的振动力可能在管道系统中产生非常大的位移。

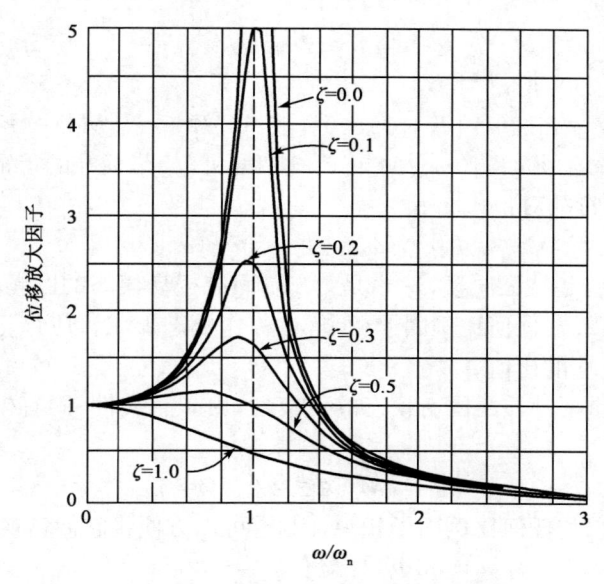

图 9.4 谐振载荷作用下的位移放大因子

9.2 多自由度系统

管道系统是一个连续系统,可以有无限种形式和样式的变形。然而,在两个相近的点之间的变形突变在现实世界中是不可能的,这就允许系统被离散成有限的点而又不失精确度。任意两点之间的变形被假定成某种形式,要求是最低能量或最容易实现的方式,这种方法被称为有限元法。实际上,管道系统的所有动力学分析都可以用这种方法完成,并由计算机实现。

有限元法分连续系统成有限数量的单元,每个单元的性能由单元边界点的运动确定。一组边界点的条件总是在单元内部产生相同的性能形式,因此,评估系统某些特性时,重要的是应该记住,单元应该足够小,以排除在单元内部多种变形的情况。单元边界点称作结点,一旦期望单元长度被确定和系统正常划分,运动方程由力平衡方程如下:

$$[M]\{\ddot{x}\}+[C]\{\dot{x}\}+[K]\{x\}=\{F\} \tag{9.30}$$

这实际上是 n 个线性微分方程，n 实际上系统的自由度数，它是结点数的 6 倍，方程(9.30)的展开式如下：

$$\begin{bmatrix} m_{11} & m_{12} & \cdots & m_{1n} \\ m_{21} & m_{22} & \cdots & m_{2n} \\ \vdots & \vdots & & \vdots \\ m_{n1} & m_{n2} & \cdots & m_{nn} \end{bmatrix}\begin{bmatrix} \ddot{x}_1 \\ \ddot{x}_2 \\ \vdots \\ \ddot{x}_n \end{bmatrix}+\begin{bmatrix} c_{11} & c_{12} & \cdots & c_{1n} \\ c_{21} & c_{22} & \cdots & c_{2n} \\ \vdots & \vdots & & \vdots \\ c_{n1} & c_{n2} & \cdots & c_{nn} \end{bmatrix}\begin{bmatrix} \dot{x}_1 \\ \dot{x}_2 \\ \vdots \\ \dot{x}_n \end{bmatrix}+\begin{bmatrix} k_{11} & k_{12} & \cdots & k_{1n} \\ k_{21} & k_{22} & \cdots & k_{2n} \\ \vdots & \vdots & & \vdots \\ k_{n1} & k_{n2} & \cdots & k_{nn} \end{bmatrix}\begin{bmatrix} x_1 \\ x_2 \\ \vdots \\ x_n \end{bmatrix}=\begin{bmatrix} f_1 \\ f_2 \\ \vdots \\ f_n \end{bmatrix}$$

管道系统的动力分析取决于系统的自由振动。对于多自由度系统，系统有多个固有频率，每个都有振型和模态。为了调查系统的固有频率，令所有外力都等于零，且不考虑阻尼，自由振动的方程为：

$$[M]\{\ddot{x}\}+[K]\{x\}=0 \tag{9.31}$$

因为正弦、余弦函数微分两次又还原到原来的函数，简谐振荡适合于这个方程，因此，假定 $\{x\}$ 向量为：

$$\{x\}=\{\varPhi\}\sin\omega_n t \tag{9.32}$$

将式(9.32)代入式(9.31)，得：

$$-\omega_n^2[M]\{\varPhi\}+[K]\{\varPhi\}=0 \quad \text{或} \quad ([K]-\omega_n^2[M])\{\varPhi\}=0 \tag{9.33}$$

为了得到 $\{\varPhi\}$ 的非零解，必须 $[K]-\omega_n^2[M]=0$。方程(9.33)是标准的特征值问题。理论上，这个方程可以产生 N 个特征对：

$$(\omega_{n1},\{\varPhi_1\}),(\omega_{n2},\{\varPhi_2\}),\cdots,(\omega_{nN},\{\varPhi_N\})$$

其中，ω_{ni}^2 是特征值，$\{\varPhi_i\}$ 是特征向量，ω_{ni} 也是第 i 阶固有振动模态的圆频率。特征向量仅仅表示结点的相对位置，可以与任何比例因子相乘，也称作模态形状。应该记住，模态形状并不是实际位移，而是结点位移的比值。

特征向量的一个重要性质是固有模态的正交性，由于正交性，固有模态也称作正则模态，正交性表示为

$$\{\varPhi_i\}^T[M]\{\varPhi_j\}=0 \quad (i\neq j)$$

由于特征向量可以与任何比例因子相乘，因此，可以方便将它们转换成以下形式

$$\begin{cases} \{\varPhi_i\}^T[M]\{\varPhi_i\}=1 \\ \{\varPhi_i\}^T[M]\{\varPhi_i\}=[I]_D \end{cases} \tag{9.34}$$

其中，$[I]_D$ 是单位对角矩阵，与之对应的向量称为正则向量。为了方便，本书中所有 $\{\varPhi_i\}$ 都是正则向量。采用正则向量，方程(9.33)服从以下关系：

$$\{\varPhi_i\}^T[M]\{\varPhi_j\}=\{\omega^2\}_D \quad (i\neq j) \tag{9.35}$$

其中，$\{\omega^2\}_D$ 是对角矩阵。

由于正交性，N 个正则模态在某种意义上构成 N 维空间。它们可以用于定义任何向量。位移向量 $\{x\}$ 因此可以被定义为

$$\{x\}=\xi_1\{\varPhi_1\}+\xi_2\{\varPhi_2\}+\cdots=\sum\xi_i\{\varPhi_i\}=[\varPhi]\{\xi\} \tag{9.36}$$

其中，$[\varPhi]$ 是由 $\{\varPhi_i\}$ 作为列的矩阵；$\{\xi\}$ 是用特征向量 ξ_i 表示的向量，也称为广义坐标。将方程(9.36)代入方程(9.30)，有：

$$[M][\varPhi]\{\ddot{\xi}\}+[C][\varPhi]\{\dot{\xi}\}+[K][\varPhi]\{\xi\}=\{F\} \tag{9.37}$$

方程(9.37)乘以 $[\varPhi]$ 的转置阵，变成：

$$[\varPhi]^T[M][\varPhi]\{\ddot{\xi}\}+[\varPhi]^T[C][\varPhi]\{\dot{\xi}\}+[\varPhi]^T[K][\varPhi]\{\xi\}=[\varPhi]^T\{F\}$$

代入式(9.34)和式(9.35)，以上方程变成：

$$[I]_D\{\ddot{\xi}\}+[\Phi]^T[C][\Phi]\{\dot{\xi}\}+[\omega^2]_D\{\xi\}=\{F\}$$

因为$[I]_D$和$[\omega^2]_D$都是对角阵，如果阻尼矩阵$[C]$也是正交的，上述方程组被解耦为N个独立方程：

$$\ddot{\xi}+2\zeta_i\omega_i\{\dot{\xi}\}+\omega_i^2\{\xi\}=\{\Phi_i\}^T\{F\} \quad (i=1,\cdots,N) \tag{9.38}$$

其中，假设

$$[\Phi]^T[C][\Phi]=[2\zeta\omega]_D \tag{9.39}$$

其中，$[2\zeta\omega]_D$是对角阵。

模态叠加法转换多自由度系统的N个微分方程成式(9.14)所示的独立方程，这N个独立的方程可以使用单自由度系统分析技术。

固有频率和模态形状通常从最低阶频率开始逐阶计算，最低阶频率也称为基频。理论上，N个自由度系统就有N个模态，然而，只由较低频率模态对系统反应有重大影响，实际计算时，仅考虑某些较低频率的模态，一些设计规范规定了截断点的频率限制。

9.3 管道振动模态

根据振动位移相对于管道的方向，管道的振动分为两种：纵向振动和横向振动；位移沿着管道的轴线方向的振动为纵向振动；位移垂直于管道轴线方向的振动为横向振动，即弯曲振动。

9.3.1 纵向振动

管道纵向振动的基本方程为：

$$\rho A \frac{\partial^2 u}{\partial t^2}=\frac{\partial}{\partial x}\left(AE\frac{\partial u}{\partial x}\right) \tag{9.40}$$

式中 ρ——管道的密度（即管材的密度）；
A——管道横截面面积；
E——管道弹性模量；
u——管道纵向位移；
t——时间；
x——管道坐标。

化成波动方程的标准形式，即为：

$$\frac{\partial^2 u}{\partial t^2}=a^2\frac{\partial^2 u}{\partial x^2} \tag{9.41}$$

其中

$$a^2=E/\rho$$

假定振动模态是谐波形式，即方程的解的形式为：

$$u(x,t)=\varphi(x)\sin(\omega t+\theta) \tag{9.42}$$

式中 ω——固有频率；
$\varphi(x)$——特征函数。

将式(9.42)代入式(9.40)，得：

$$\frac{d^2\varphi(x)}{dx^2}+\frac{\omega^2}{c^2}\varphi(x)=0$$

此方程的解是

$$\varphi(x) = C_1 \sin\frac{\omega}{c}x + C_2 \cos\frac{\omega}{c}x \tag{9.43}$$

常数 C_1、C_2 由边界条件确定。

管道纵向振动的典型边界条件是：若管道的一端固定，则边界条件为 $u=0$，这意味着管道一端是刚性夹紧。然而，在试验中查明，一端绝对固定是很困难的。若一端是自由的，其边界条件是 $\frac{\partial u}{\partial x}=0$，因为自由端处无应力。

若管道的两端固定，即：

$$\varphi|_{x=0} = 0, \varphi|_{x=L} = 0 \tag{9.44}$$

则

$$\sin\frac{\omega L}{c} = 0 \quad \text{或} \quad \frac{\omega L}{c} = i\pi \quad (i=1, 2, 3, \cdots) \tag{9.45}$$

方程(9.45)即为频率方程或特征方程。

若管道一端固定一端自由，即其边界条件为：

$$\varphi\Big|_{x=0} = 0, \frac{d\varphi}{dx}\Big|_{x=L} = 0 \tag{9.46}$$

代入式(9.43)，得：

$$C_2 = 0, \cos\frac{\omega L}{c} = 0 \quad \text{或} \quad \frac{\omega L}{c} = i\frac{\pi}{2} \quad (i=1, 3, 5, \cdots) \tag{9.47}$$

9.3.2 横向振动

假设管道单位长度的质量（也包括管内流体）为 m，则作用在单位长度的惯性力为 $-m\frac{\partial^2 y}{\partial t^2}$，如把此值当作均布荷重，则：

$$\frac{\partial^2}{\partial x^2}\left(EI\frac{\partial^2 y}{\partial x^2}\right) = -m\frac{\partial^2 y}{\partial t^2} \tag{9.48}$$

采用分离变量法，即设：

$$y(x,t) = \varphi(x)\xi(t) \tag{9.49}$$

代入式(9.48)，可以得到梁弯曲振动的振型方程：

$$\frac{d^4\varphi}{dx^4} - \lambda^4\varphi = 0 \tag{9.50}$$

和广义坐标方程：

$$\frac{d^2\xi}{dx^2} + \omega^2\xi = 0 \tag{9.50a}$$

$$\lambda^4 = m\omega^2/(EI) \tag{9.51}$$

它们的通解为：

$$q(t) = A\sin(\omega t + \theta) \tag{9.52}$$

$$\varphi = C_1 \cosh\lambda x + C_2 \sinh\lambda x + C_3 \cos\lambda x + C_4 \sin\lambda x \tag{9.53}$$

其中，表示振幅的常数 D 和表示相位的常数 θ 由初始条件确定，常数 C_1、C_2、C_3、C_4 及自振频率、频率方程、主振型函数等则由边界条件确定。

对于跨长为 L 的铰支—铰支梁，边界条件为：

$$\varphi\Big|_{x=0} = 0, \frac{d^2\varphi}{dx^2}\Big|_{x=0} = 0, \varphi\Big|_{x=L} = 0, \frac{d^2\varphi}{dx^2}\Big|_{x=L} = 0 \tag{9.54}$$

代入式(9.53),得频率方程为:

$$\sin\lambda L = 0 \tag{9.55}$$

自振频率为:

$$\lambda L = j\pi, \quad \omega_j^2 = \left(\frac{j\pi}{L}\right)^4 \frac{EI}{m} \quad (j=1,2,3,\cdots) \tag{9.56}$$

振型函数为:

$$\varphi_j(x) = \sin\frac{j\pi}{L}x \quad (j=1,2,3,\cdots) \tag{9.57}$$

根据叠加原理,该梁振动方程的完全解为:

$$y(x,t) = \sum_{j=1}^{\infty} A_j \sin\frac{j\pi}{L}x \cdot \sin(\omega_j t + \theta_j) \tag{9.58}$$

图 9.5 显示了前三阶振型曲线。曲线中挠度为零的点称为节点,这是驻波的性质。第一振型的波长为 2 倍的跨度,第二阶振型的波长等于跨度,第三阶振型的波长为 2/3 的跨度。

其他典型边界条件下梁横向振动的解析解列于表 9.1。

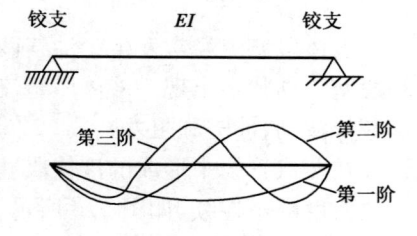

图 9.5 铰支—铰支梁的振型

表 9.1 单跨均质梁横向振动的方程式汇总

梁端条件	频率方程	频率方程的根 $\lambda_j L$	振型函数 $\varphi(x)$
固端—自由 $\varphi(0)=\varphi'(0)=0$ $\varphi''(L)=\varphi'''(L)=0$	$1+\cosh\lambda L\cos\lambda L=0$	$1.875,4.694,7.855,10.996,\cdots$ $\lambda_j L=\frac{(2j-1)\pi}{2}$ $(j>2)$	$\cosh\lambda x-\cos\lambda x-$ $\frac{\cosh\lambda L+\cos\lambda L}{\sinh\lambda L+\sin\lambda L}(\sinh\lambda x-\sin\lambda x)$
固端—固端 $\varphi(0)=\varphi'(0)=0$ $\varphi(L)=\varphi'(L)=0$	$1-\cosh\lambda L\cos\lambda L=0$	$4.730,7.853,10.996,14.137,\cdots$ $\lambda_j L=\frac{(2j-1)\pi}{2}$ $(j>2)$	$\cosh\lambda x-\cos\lambda x-$ $\frac{\cosh\lambda L-\cos\lambda L}{\sinh\lambda L-\sin\lambda L}(\sinh\lambda x-\sin\lambda x)$
自由—自由 $\varphi''(0)=\varphi'''(0)=0$ $\varphi''(L)=\varphi'''(L)=0$	$1-\cosh\lambda L\cos\lambda L=0$	$0,0,4.730,7.853,10.996,\cdots$ $\lambda_j L=\frac{(2j+1)\pi}{2}$ $(j>2)$	$\cosh\lambda x+\cos\lambda x-$ $\frac{\cosh\lambda L-\cos\lambda L}{\sinh\lambda L-\sin\lambda L}(\sinh\lambda x+\sin\lambda x)$
铰支—铰支 $\varphi(0)=\varphi''(0)=0$ $\varphi(L)=\varphi''(L)=0$	$\sin\lambda L=0$	$\lambda_j L=j\pi$ $(j=1,2,3,\cdots)$	$\sin\frac{j\pi x}{L}$
固端—铰支 $\varphi(0)=\varphi'(0)=0$ $\varphi(L)=\varphi''(L)=0$	$\tan\lambda L-\tanh\lambda L=0$	$3.927,7.069,10.210,\cdots$	$\cosh\lambda x-\cos\lambda x-$ $\frac{\cosh\lambda L-\cos\lambda L}{\sinh\lambda L-\sin\lambda L}(\sinh\lambda x-\sin\lambda x)$
固端—滑动 $\varphi(0)=\varphi'(0)=0$ $\varphi'(L)=\varphi'''(L)=0$	$\tan\lambda L+\tanh\lambda L=0$	$2.365,5.498,8.639,\cdots$	$\cosh\lambda x-\frac{\cosh\lambda L}{\cos\lambda L}\sinh\lambda x$
滑动—滑动 $\varphi'(0)=\varphi'''(0)=0$ $\varphi'(L)=\varphi'''(L)=0$	$\sin\lambda L=0$	$j\pi$ $(j=1,2,3,\cdots)$	$\cos\frac{j\pi x}{L}$
滑动—铰支 $\varphi'(0)=\varphi'''(0)=0$ $\varphi(L)=\varphi''(L)=0$	$\cos\lambda L=0$	$\frac{2j-1}{2}$ $(j=1,2,3,\cdots)$	$\cos\frac{2j-1}{2L}\pi x$

9.4 管内流动激振

引起管道振动的原因是多方面的,其中,管内流体流动是主要因素之一。管内介质流动引起振动非常复杂,这是因为管内流体流动激发管道振动的机理是多方面的,包括段塞流、声学脉冲、压力波以及不平衡力等。

9.4.1 段塞流

液体段塞流经常发生于油气两相流混输管道、长距离输气管道和井口立管出口,它们以两相段塞流动状态出现。液体段塞流可以引起机械问题(由于高流速和高动能)和工艺问题(引起液位波动、冲击和阻塞)。

在蒸汽管线中形成的液体段塞,或在饱和液体管线中形成的蒸汽段塞,都在管道中产生了介质密度的不连续,如图 9.6 所示。这种密度的不连续即使在沿着匀速流动的管道中也产生不平衡的振动力。当段塞流经弯头时,由于流动方向变化,将对弯头产生冲击,并改变流体动量。在流体密度相同的稳态流动中,在所有弯头上的力都是相同的,这样在管道系统的每一支管上的力都是相互平衡的,这种情况下并不产生激振力。然而,当流动中包含段塞流时,在弯头处流体密度发生变化,这在弯头的两端管道上产生压力差,这种不平衡力可使管道剧烈振动。由段塞流施加在管道上的振动力本质上是随机的,它使管道振动,振动的频率可能高于也可能低于管道系统的固有频率,引起管道疲劳多半是高频的,需要评估管道的疲劳损伤。

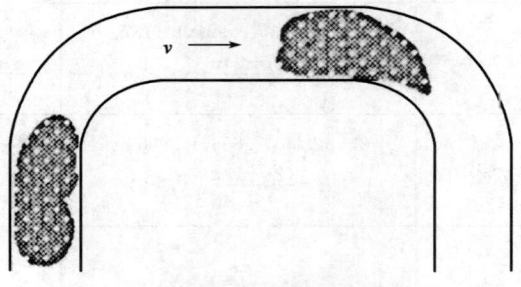

图 9.6 段塞流

9.4.2 声学脉冲

往复式压缩机或往复式压缩泵中的流体脉动,可能产生两种现象:一种是源于流动体积变化的压力波,另外一种是为响应这种压力变化而导致的管道声学效应。压力波的传播对液体管道的影响非常大,但它在气体管道中并不重要。在气体管线中,主要关心的是对体积变化的声学反应。在往复式机械中,入口或出口的流速随正比于机器旋转速度的频率而周期性地变化,为了推动这种可变的体积进入管道,在入口或出口处发生了有周期性的压力脉动。这种初始压力脉动形成了压力波,随着流体运动向下游传递,声学脉冲振源可能比初始压力激振对管道产生更严重的影响。

如图 9.7 所示,可以将管道系统整体看成是端部受到压力激振的管风琴,取决于管道长度和压力激振频率,可以引发声学共振,发生一个高的压力脉冲。这种沿着管线的压力脉冲

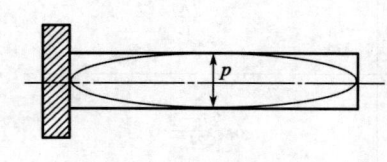

图 9.7 管道中的声学脉冲

可以是同相的,也可以是反相的,但是其振幅不一定相同。这意味着在两个相邻弯头之间的管段上的压力差是不同的,这就在管段上发生了激振力,激振力的频率和脉冲的频率大致相同。特别是如果管道系统的低阶固有频率与激振力一致,将发生剧烈的振动。管道中发生的应力是稳态振动应力,往往引起高频疲劳问题。

9.4.3 压力波

管道内流动突然改变将发生振动波。这种振动波在向下游传播时,由于管内流体惯性,将产生多种扰动,如对弯头的冲击、液柱的分离、液柱的再结合等等。这些作用伴随像锤击似的噪声,取决于管道内流体类型,这种现象通常称为水锤或汽锤。在正常运行期间,流体速率也可能被正常的阀的关闭所缓慢改变,然而,也有一些要求突然改变流动速率的情况,如突然停电,或为防止涡轮机械超速而采取的突然停机的保护措施。这种压缩机或泵的紧急停车,在阀的上游和下游都会创造大的压力波。

如图 9.8 所示,在某一时刻,这种压力波在管线上的大小是不同的,这种压力差对管道产生激振力,使管道振动发生高的应力,或在支座处或连接的设备处产生高的载荷。有水锤或汽锤发生的应力通常归类为偶然应力。

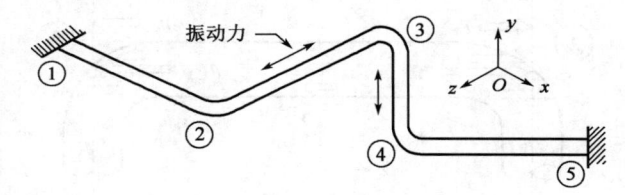

图 9.8 管道中的激振力

需要强调的是,只有不平衡的振动力才会引发系统振动反应,平衡力不引发管道振动。如图 9.8 所示,管道系统的每个支管受到潜在的振动力,由于流体流动的振动力是沿着管道轴向的,在改变方向处存在振动力。在这个管道系统中,潜在的振动力发生在支管②—③和③—④,因为它们作用在管系中最具挠性的方向和位置。由于管道中流体被认为是沿着管道中心线的一维流动,在每个支管中的流体力也被认为是一维的,在 x 方向敷设的管道,如图 9.9 所示,所有关于 x 方向力的平衡方程如下:

$$M_p \ddot{x} + \frac{\mathrm{d}}{\mathrm{d}t}\int_v v_x \rho \mathrm{d}v + C\dot{x} + kx = 0$$

式中 M_p——管段质量;

C, k——阻尼和刚度系数。

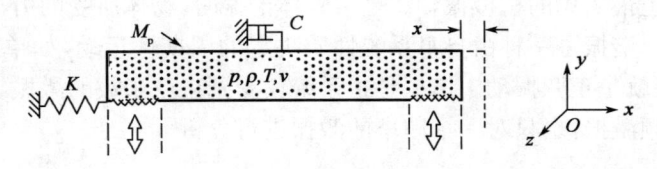

图 9.9 作用在管道单元上的力

积分号以内是管段中流体沿 x 方向的总动量,它的时间变化率就是这个管段的振动力。管段中流体速率、密度或总质量的任何变化都会导致振动力。显然,稳态流动的速率、密度或总质量都不发生变化,所以不发生振动力。

由于流体速率 v_x 可以被管道的位移、速度、加速度所影响，所以，在结构动力学和流体动力学之间存在相互作用。然而，对于一般的管道应用，可以假定管道是固定的，即管道流动按热力学—水力学计算，而不考虑管道的运动。在这样计算流动状态后，作用在管道支管上的流体力可以像在图 9.10 中那样被确定。建立在一维流动概念的基础上，支管沿 z 方向，仅仅是 z 方向存在流体流动。因为热力学—水力学分析通常仅仅提供沿着整个管道系统的压力、温度、速率、密度等的分布，所以，每个管段的振动力可以从这些量中估计，这里有作用在管段两端的主要作用力，以及沿着管道表面的摩擦力。在管段的两端，作用力由内压作用力、动量力组成，两部分计算如下：

内压作用力： $$F_p = pA$$
动量力： $$F_M = \dot{m}v = \rho A v^2$$
摩擦力： $$F_F = \tau \pi D L$$

式中　τ——管道内表面上单位长度的剪切摩擦阻力；
　　　L——所考虑的管段长度。

动量力作用在两端弯头，F_p 和 F_M 的和可以被认为是总的端部力。

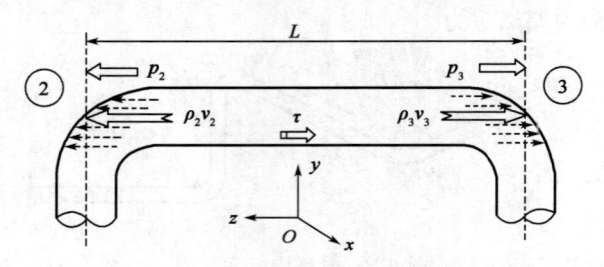

图 9.10　作用在支管上的轴向力

图 9.10 中的管段中，某一时刻的振动力是两种管端力之差，减去摩擦力，假定流动是从②到③，管段上净振动力由下式计算：

$$F_x = p_2 A + \rho_2 v_2^2 A - p_3 A - \rho_3 v_3^2 A - \tau L \sqrt{4\pi A} \tag{9.59}$$

由于振动力仅仅来源于瞬态流动，热力学—水力学分析仅仅只需要计算平均流动的波动量。在实际应用中，不是所有的项都需要考虑，如可以忽略摩擦力，在处理水击压力波时，也可以忽略动量力。

9.5　谐振分析

谐振是最基本也最简单的机械振动。当某物体谐振时，物体所受的力与位移成正比，并且总是指向平衡位置。谐振是一种由自身系统性质决定的周期性运动，如单摆运动和弹簧振子运动。实际上，谐振就是正弦振动。谐振是指系统仅受到正弦函数的激振。为了实际可行，即使管道系统受到多频激振，也只对一个频率的激振进行分析。

9.5.1　无阻尼系统的静力等效解

作用在结构上最简单的谐振激振力是所有激振力具有相同相位，在这种情况下，结构动力学平衡方程为：

$$[M]\{\ddot{x}\} + [C]\{\dot{x}\} + [K]\{x\} = \{F_0\}\sin\omega t \tag{9.60}$$

式中 $\{F_0\}$——力向量；

$\sin\omega t$——比例函数。

即使是最简单的谐振载荷，求解也不是简单的。正如在前面讨论的单自由度系统一样，式(9.60)的解可以表示为 $\{x\}=\{A\}\sin\omega t+\{C_1\}$，其中 $\{A\}$、$\{C_1\}$ 是待确定的常向量。在处理复杂结构时，这并不是一个简单问题。为了简化起见，忽略阻尼，并假定 $\{x\}=\{A\}\sin\omega t$，可以得到无阻尼系统的解：

$$(-\omega^2[M]+[K])\{A\}\sin\omega t=\{F_0\}\sin\omega t$$

即
$$\{A\}=(-\omega^2[M]+[K])\{F_0\} \qquad (9.61)$$

这就是无阻尼系统的静力等效方法，它仅包含了一个逆矩阵，并且没有包含时间因素，所以也称为静力等效方法。然而，由于阻尼非常重要，以及系统的某些不确定性，在实际设计分析中很少使用式(9.61)这种无阻尼解。

9.5.2 谐振力

谐振是逐渐加速和减速的圆周运动，数学上，这种运动可以表示为正弦函数，正弦函数有两个独立部分：幅值和圆频率。谐振强迫函数既是谐振的结果也是其原因。管道系统中经常遇到的谐振强迫函数有两类。一类是固定墩或支座位移，这类问题多简单处理为在固定墩或支座处施加简谐位移函数。另一类是管内流体脉动，流体脉动也是管道系统主要的谐振力，连接到往复泵或压缩机的管道都会受到这种类型的压力脉动，在水力条件许可范围内，离心泵或压缩机输出的就是脉冲流。

在处理周期强迫函数时，希望避免的就是共振。在脉冲流中，需要处理的共振有两个方面。一个方面是在脉动流体和管道或连接设备的声学腔之间的声学共振，和所有的共振类似，当管道声学振动固有频率与脉冲流动频率相同或相近时，管道系统将产生非常大的声学脉冲压力。当然，共振的另一个方面是管道结构和脉冲压力的弹性共振。

图 9.11 表明了管道系统声学振动固有频率的一些方面。管道系统分成三种类型：两端封闭、两端开放、一端封闭。前三阶固有模态及频率公式在图中给出，模态形状按比例画出。曲线是针对压力分布，这种情况下，零压力点称作节点，最大压力点称作循环。对于无摩擦系统，压力和速率的相位差是 90°，因此，最大压力点也是零速率点，零压力点是最大速率点。

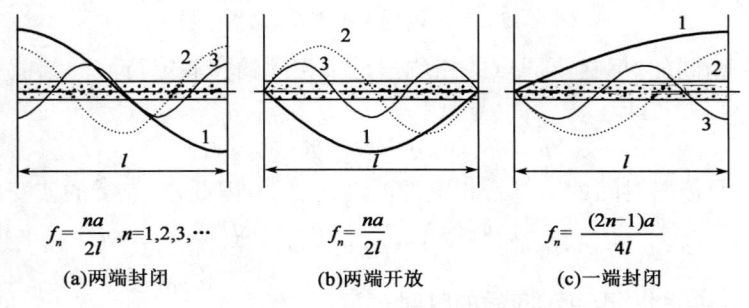

$f_n=\dfrac{na}{2l}$, $n=1,2,3,\cdots$ 　　$f_n=\dfrac{na}{2l}$ 　　$f_n=\dfrac{(2n-1)a}{4l}$

(a)两端封闭　　(b)两端开放　　(c)一端封闭

图 9.11　管道声学振动模态

1——阶模态；2——二阶模态；3——三阶模态

在计算壁厚以及其他静力时，必须考虑脉冲压力的大小。在管道系统的设计中，除了压力的幅度外，还需要考虑压力波现象的波动效应。

脉动流发生两种类型的谐振压力：一种是推动振荡流动质量通过管道，另一种是声学共振力。前者是沿着管道传播的简谐压力波,也就是行波;后者随脉冲流频率以相同频率振动,压力大小根据系统的声学共振频率和脉冲流频率之间的关系确定,后者也称作驻波。因为脉冲流大多有几个频率成分组成,最高的脉冲压力并不一定对应最低的基频。

尽管人们已经认识到脉冲流可能发生行波和驻波,但一般认为:由于共振,驻波更有可能发生危害压力;如果脉冲流可以被阻尼器以及其他装置减小到可接受的水平,那么行波可以被认为是可接受的;由于在直管两端产生压力差,行波和驻波对管道产生激振力。

图 9.12 是管道系统中常见的 Z 形弯管,从流体流动常识可知,管道系统被认为是在每段作用轴向力的一维结构,在这个系统中,最重要的力是作用②—③管段上 y 方向的力,因为它们作用在管道系统最柔性方向。在正常的稳态非脉冲流动中,F_{y2} 和 F_{y3} 大小相等,但方向相反,因此,不产生振动力。为简单起见,此例忽略摩擦力,无论是行波还是驻波,F_{y2} 和 F_{y3} 在给定时刻大小不同,相位不同,F_{y2} 和 F_{y3} 之间的关系可以用图 9.12(b)来解释。

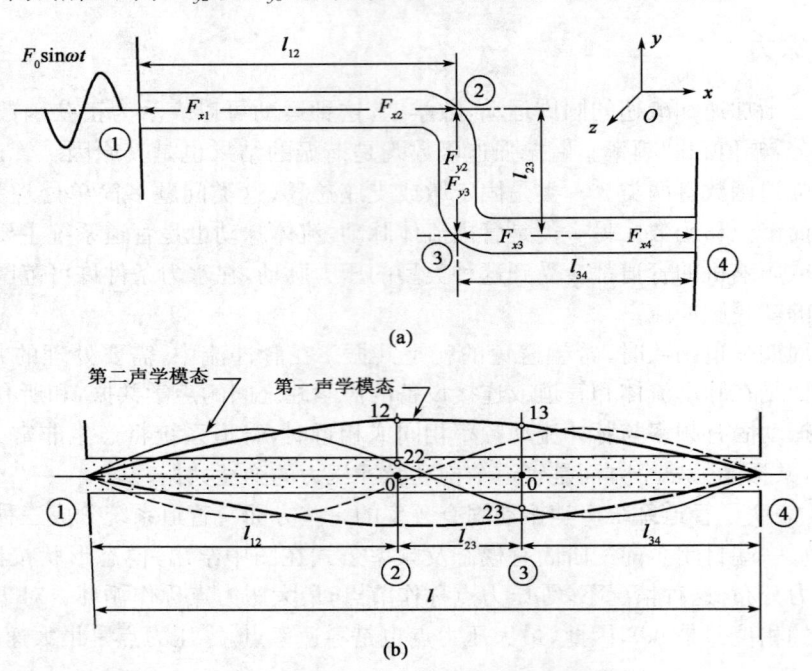

图 9.12 管道内的谐振载荷(两端开放)

行波幅值是相同的,但在不同点的相位角是不相同的。假定行波的幅值为 p_T,参考点①处压力波函数为:

$$p_1 = p_T \sin\omega t \quad 点①处(参考点)$$

当它以声速向下游传播时间 l_{12}/a 后,相应的波到达点②,因此,在点②的波变成:

$$p_2 = p_T \sin\omega\left(t - \frac{l_{12}}{a}\right) = p_T \sin\left(\omega t - \frac{\omega l_{12}}{a}\right) \quad 点②处$$

式中 l_{12}/a ——点②相对于点①滞后的时间;

$\omega l_{12}/a$ ——滞后的相位角。

用类似的方式可以表示点③的波动,即用 l_{13} 取代 l_{12},这里 $l_{13}=l_{12}+l_{23}$。n 点的压力作用力可以用管道横截面积与管内压力相乘得到:

$$F_{nT} = Ap_n = Ap_T \sin\left(\omega t - \frac{\omega l_{1n}}{a}\right) \tag{9.62}$$

式中 F_{nT}——n 点的行波作用力。

类似的力存在于管道系统的每个角点和端点处，通常每个点有两个力分量。例如，在点②，两个力分量是 F_{x2}、F_{y2}，且都与 F_{2T} 幅值相同。

对于驻波，波的形状是正弦，与直梁的振动模态相同。两端开放管道空间的压力波形状类似于简支梁的模态形状。在半波范围内的点的压力具有相同频率和相位角，但幅值不同。假定在循环点的压力：

$$p_0 = p_s \sin\omega t \quad \text{循环点处}$$

式中 p_s——驻波的最大压力幅值。

驻波在其他点的压力服从正弦函数关系。记驻波的半波长为 l_h，则距循环点 l_n 处的压力为：

$$p_n = \cos\frac{\pi l_n}{l_h} p_s \sin\omega t \quad \text{在距循环点 } l_n \text{ 处}$$

式中 p_n——距循环点 l_n 处 n 点的压力。

n 点的压力作用力为压力乘以管道横截面面积，即：

$$F_{ns} = A\cos\frac{\pi l_n}{l_h} p_s \sin\omega t \tag{9.63}$$

式中 F_{ns}——在 n 点的驻波压力作用力。

类似的力存在于管道系统的每个角点和端点，例如，在点②，两个力分量是 F_{x2}、F_{y2}，且都与 F_{2s} 幅值相同。由于管道截面可以发生多个驻波模态，重要的是知道哪个模态被激发发生波动。例如，取图 9.12(b)，如果波动是第一声学模态激发，在点②和点③的压力分别用 0—12 和 0—13 的幅值表示。重要的是，0—12 和 0—13 具有相同符号，意味着在管道横截面②—③的净力是两者之差。然而，如果波动相应于第二声学模态，那么点②和点③的压力分别由 0—22 和 0—23 表示，两者符号相反，作用在截面②—③的净作用力实际上是两者之和。

驻波的压力幅值可以从系统声学模拟（数值的和分析的）得到，这类模拟通常由专业的振动分析得到，而为了得到行波幅值，可能包括非线性的数学关系。

9.5.3 谐振分析步骤

由于作用在管道系统上的所有谐振力之间并没有一定的相位关系，因此谐振载荷被分组，每组谐振载荷有确定的相位关系，行波和驻波力被分开分析。进一步来讲，为简化分析步骤，每次分析仅处理一个频率的激振力。如果激振力的频率不止一个，那么它们可以被分成具有相同频率的多组，每次分析计算管道的力、力矩、位移或转角，通过组合单个分析的结果得到最终结果。谐振分析通常可以使用 9.2 节的模态叠加法完成。

在每次谐振分析中，力向量如式(9.62)或式(9.63)的形式，包含两者的组合形式为：

$$\{F(t)\} = \{F\sin(\omega t - \theta)\} = [\sin(\omega t - \theta)]_D \{F\}$$

式中 $\{F\}$——每个自由度激振力的幅值向量；

θ——相对于共同参考点的相位角，对于驻波，θ 是零或常数；

$[\sin(\omega t - \theta)]_D$——对角矩阵。

由于相位角矩阵，上述方程并不能用模态叠加法解耦。为此，将每个力向量分解成：

$$f_i = f_i \sin(\omega t - \theta_i) = f_i(\sin\omega t \cos\theta_i - \cos\omega t \sin\theta_i) = f_{is}\sin\omega t + f_{ic}\cos\omega t$$

其中，$f_{is} = f_i\cos\theta_i$ 和 $f_{ic} = -f_i\sin\theta_i$ 分别是正弦函数分量和余弦函数分量。这样，载荷向量就变成如下两个分量：

$$\{F(t)\}=\{F_s\}\sin\omega t+\{F_c\}\cos\omega t \tag{9.64}$$

方程(9.64)有 $\sin\omega_t$ 和 $\cos\omega_t$ 两个标量函数,而不是矩阵函数$[\sin(\omega t-\theta)]_D$。$\{F_s\}$和$\{F_c\}$分别是正弦函数分量和余弦函数的幅值向量。

分析因此可以通过叠加两个力向量的解得到,分别进行两个强迫力向量的分析,然后进行叠加。从方程(9.38)可见,对 i 阶模态,有如下关系:

$$\ddot{\xi}_i+2\zeta_i\omega_{ni}\dot{\xi}_i+\omega_{ni}^2\xi_i=\{\Phi_i\}^T\{F_s\}\sin\omega t+\{\Phi_i\}^T\{F_c\}\cos\omega t$$

即
$$\ddot{\xi}_i+2\zeta_i\omega_{ni}\dot{\xi}_i+\omega_{ni}^2\xi_i=F_{si}\sin\omega t+F_{ci}\cos\omega t \quad (i=1,\cdots,N) \tag{9.65}$$

其中 ω_{ni} 是第 n 阶模态的圆频率,以上方程组是被解耦的 n 个方程,其解的形式如方程(9.26)和方程(9.27)所示。式(9.65)的稳态强迫振动的解如式(9.64),即:

$$\xi_i=\frac{1}{\omega_{ni}^2\sqrt{(1-\beta_i^2)^2+(2\zeta_i\beta_i)^2}}[F_{si}\sin(\omega t-\alpha_i)+F_{ci}\cos(\omega t-\alpha_i)]$$

$$\alpha_i=\arctan\frac{2\zeta_i\beta_i}{1-\beta_i^2} \tag{9.66}$$

其中
$$\beta_i=\frac{\omega}{\omega_{ni}}$$

展开 $\sin(\omega t-\alpha_i)$ 和 $\cos(\omega t-\alpha_i)$,并合并同类项,得到:

$$\xi_i=\xi_{si}\sin\omega t+\xi_{ci}\cos\omega t \tag{9.67}$$

其中
$$\xi_{si}=\frac{F_{si}\cos\alpha_i+F_{ci}\sin\alpha_i}{\omega_{ni}^2\sqrt{(1-\beta_i^2)^2+(2\zeta_i\beta_i)^2}} \quad \xi_{ci}=\frac{F_{ci}\sin\alpha_i-F_{si}\cos\alpha_i}{\omega_{ni}^2\sqrt{(1-\beta_i^2)^2+(2\zeta_i\beta_i)^2}}$$

式(9.67)表示的是图 9.2 中的正弦曲线,即

$$\xi_i=\xi_{i0}\sin(\omega t+\theta_{i0})$$

$$\xi_i=\sqrt{\xi_{si}^2+\xi_{ci}^2},\theta_{i0}=\arctan\frac{\xi_{ci}}{\xi_{si}} \tag{9.68}$$

式中 ξ_i,θ_{i0}——第 i 阶模态的主坐标幅值和相位角。

模态位移可以用模态叠加法得到

$$\{x\}=[\Phi]\{\xi\}=[\Phi]\{\xi_s\}\sin\omega t+[\Phi]\{\xi_c\}\cos\omega t=\{x_s\}\sin\omega t+\{x_c\}\cos\omega t$$
$$\{x_s\}=[\Phi]\{\xi_s\},\{x_c\}=[\Phi]\{\xi_c\} \tag{9.69}$$

其中
$$\{\xi_s\}=\{\xi_{s1},\xi_{s2},\cdots\}^T,\{\xi_c\}=\{\xi_{c1},\xi_{c2},\cdots\}^T$$

$\{x_s\}$和$\{x_c\}$因此被用于得到管道力、力矩和加速度等的两组结果,然后按式(9.68)确定的关系得到最终结果。

9.6 振型分解反应谱法

振型分解反应谱法是用来计算多自由度体系地震作用的一种方法。该法是利用单自由度体系的加速度设计反应谱和振型分解的原理,求解各阶振型对应的等效地震作用,然后按照一定的原则对各阶振型的地震作用效应进行组合,从而得到多自由度体系的地震作用效应。

9.6.1 分析公式

管道系统最经常碰到的支座或锚固墩运动是地震产生的地面运动。考虑支座和锚固墩发生运动,管道振动位移修改为:

$$\{x\}_{abs}=\{x\}+\{x\}_g=\{x\}+[Q]\{s_g\} \tag{9.70}$$

式中 $\{s_g\}$——包含所有支座运动的向量；

$[Q]$——地面运动与每个自由度的相关矩阵。

每个方向支座运动一致的系统，在3个坐标方向有独立的运动。对于一致的支座运动，$[Q]$和$\{s_g\}$表示如下：

$$[Q]=\begin{bmatrix} 1 & 0 & 0 \\ 0 & 1 & 0 \\ 0 & 0 & 1 \\ 0 & 0 & 0 \\ 0 & 0 & 0 \\ 0 & 0 & 0 \\ 1 & 0 & 0 \\ 0 & 1 & 0 \\ \vdots & \vdots & \vdots \end{bmatrix}=[Q_1 \quad Q_2 \quad Q_3], \{s_g\}=\begin{bmatrix} s_{gx} \\ s_{gy} \\ s_{gz} \end{bmatrix} \quad (9.71)$$

将绝对位移代入式(9.1)，并假定外力不存在，则地面运动方程为：

$$[M]\{\ddot{x}\}+[C]\{\dot{x}\}+[K]\{x\}=0$$

即
$$[M]\{\ddot{x}\}+[C]\{\dot{x}\}+[K]\{x\}=-[M][Q]\{\ddot{s}_g\} \quad (9.72)$$

方程(9.72)可以用正则模态叠加法求解，通过应用与式(9.14)相同的变换，得到：

$$\ddot{\xi}+2\zeta_i\omega_i\{\dot{\xi}\}+\omega_i^2\{\xi\}=-\{\Phi_i\}^T[M][Q]\{\ddot{s}_g\}$$

即
$$\ddot{\xi}+2\zeta_i\omega_i\{\dot{\xi}\}+\omega_i^2\{\xi\}=-\{\Phi_i\}^T[M](\{Q_1\}\ddot{s}_{g1}+\{Q_2\}\ddot{s}_{g2}+\{Q_3\}\ddot{s}_{g3}+\cdots) \quad (9.73)$$

其中，$\{\Phi_i\}^T[M]\{Q_j\}$是第i阶模态相对于第j阶地面运动的模态系数。

注意，此处模态向量已经正则化，$\{\Phi_i\}^T[M]\{Q_i\}=1$。

9.6.2 反应谱

图9.13是发生于1940年的美国加州EL CENTRO地震记录。如果能很好地得到地面运动规律$\ddot{s}_g(t)$，就可以通过逐步积分的方法求解方程(9.73)。然而，由于地面运动的复杂性和随机性，采用积分来求解运动的方法太过复杂。在实际工程设计中，常采用反应谱方法来求解结构的地震反应。由于反应谱曲线根据实际计算数据进行了平均和光滑处理，所以，便于进行工程设计计算。

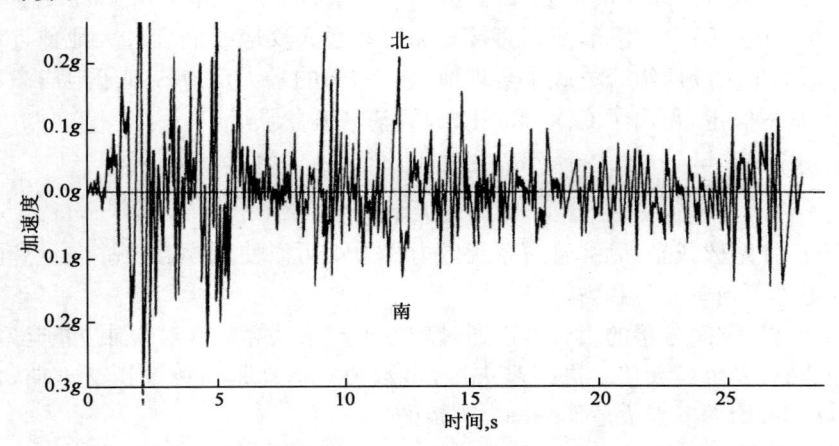

图9.13 美国加州EL CENTRO地震记录(1940年)

反应谱可以通过运行运动的时间历程确定,也可以通过计算或仪器,以及单自由度系统的谐振分析得到。由于易于输入运动和调整频率和阻尼比,一般采用数学计算方法确定反应谱,每个振子在运动期间的最大反应是地面运动相应于该频率的反应谱。在运行各种固有频率的简谐振子后,可以构造设计曲线或图。图 9.14 是根据美国加州 EL CENTRO 地震记录得到的平均加速度谱曲线。应该注意的是,反应谱曲线总是包括阻尼的影响。构造的反应谱曲线总是以阻尼比标记的,不同的阻尼比有不同的反应谱曲线。

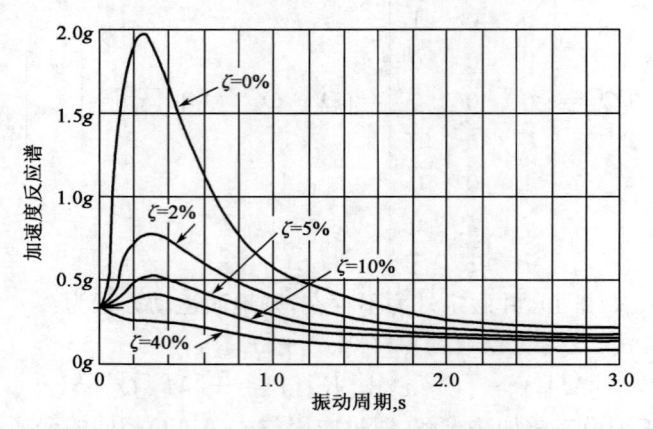

图 9.14 美国加州 EL CENTRO 地震平均加速度谱曲线(1940 年)

一旦反应谱被构造,最大模态位移系数就可以被式(9.73)使用的模态来计算,即:

$$\xi_i = \frac{\ddot{\xi}_i}{\omega_i^2} = \frac{1}{\omega_i^2} \{\Phi\}^{\mathrm{T}} [M] (\{Q_1\} R_{a1} \& \{Q_2\} R_{a2} \& \{Q_3\} R_{a3} \& \cdots)$$

$$\xi_i = \xi_{i,1} \& \xi_{i,2} \& \xi_{i,3} \& \cdots, \xi_{i,j} = \frac{1}{\omega_i^2} \{\Phi_i\} [M] \{Q_j\} R_{aj} \tag{9.74}$$

式中 "&"——仍然需要确定的组合方法;

$\xi_{i,j}$——第 i 阶模态由于第 j 阶独立运动的位移系数;

R_{aj}——第 j 阶支座运动的加速度反应谱。

9.6.3 振型组合

通过反应谱得到各阶振型的最大反应,但并不知道各阶振型最大反应的具体时刻,而它们的最大反应时刻几乎不可能相同,所以直接相加这些最大反应必然会过大地估计结构的最大反应,需要合适的最大反应组合方式来合理地估计结构的最大反应。基于地震激励是个平稳的随机过程的基本假定,得出了 CQC 和 SRSS 的基本组合原则。

SRSS 法由 Rosenbluth 于 1951 年首先提出,组合公式为:

$$\xi_i = \sqrt{\xi_{i,1}^2 + \xi_{i,2}^2 + \xi_{i,3}^2 + \cdots} = \sqrt{\sum (\xi_{i,j})^2} \tag{9.75}$$

确定模态位移系数或坐标后,管道系统内力和力矩可以使用模态位移向量和刚度矩阵确定,使用刚度矩阵得到单元力和力矩。

从统计学上讲,空间分量的组合可以通过均方根方法计算。这对于独立的运动是正确的,它们不大可能同时发生最大值。进一步来讲,多数独立运动是在相互正交方向,例如 x、y、z 方向,这种情形下,均方根方法是唯一符合逻辑的。

然而,运动是不独立的。CQC 方法克服了 SRSS 方法的不足,组合公式为:

$$R = \sqrt{\sum_{i}^{n}\sum_{j}^{n}\varepsilon_{ij}(R_i R_j)} \tag{9.76}$$

$$\varepsilon_{ij} = \frac{\sqrt{\zeta_i \zeta_j}}{(\zeta_i + \zeta_j)/2}\left[1 + \left(\frac{f_i - f_j}{\zeta_i f_i - \zeta_j f_j}\right)^2\right]^{-1} \tag{9.77}$$

式中　ζ_i, f_i——i 阶模态的阻尼比和频率。

这里应该强调,式(9.76)中 R_i 和 R_j 的正负号是重要的,应该保留。式(9.77)也被称为 Rosenblueth 校正系数,另一个相同普遍的校正系数称作 Der Kiureghian 校正系数,由下式给出：

$$\varepsilon_{ij} = \frac{8\sqrt{\zeta_i \zeta_j}(\zeta_i + r\zeta_j)r^{3/2}}{(1-r^2)^2 + 4\zeta_i\zeta_j r(1+r^2) + (\zeta_i^2 + \zeta_j^2)r^2} \tag{9.78}$$

其中

$$r = \frac{\omega_i}{\omega_j} = \frac{f_i}{f_j}$$

任意两个模态之间的相互作用取决于阻尼系数和频率差。对于任意两个具有相同阻尼比和频率,模态相互作用系数 ε_{ij} 为 1.0。再者,应该强调,在 CQC 方法中,具有相同频率的两个模态可以代数相加,而不是绝对值相加。

SRSS 方法以及 CQC 方法是在随机振动理论下得到的组合关系,是具有一定概率意义的对结构最大反应的包络,从统计观点来看,能够反映出结构反应量的大小水平。而对于某一次的地震激励,组合的结果并不一定能与实际的结果相当,有可能偏大或偏小,但一般情况下能够满足工程上的精度要求。

10 立式储罐罐壁

储罐是油品的基本储存设备，绝大部分是由钢板焊接而制成薄壳容器。钢制储罐具有造价低、不渗漏、施工方便、易于清洗和检修、安全可靠、耐用、适宜储存各类油品等优点，因而目前得到广泛应用，并为 GB 50074《石油库设计规范》所推荐。金属储罐的种类非常多，大体上分为立式圆筒形储罐、卧式圆柱形储罐和特殊形状储罐三大类，其中，立式圆筒形储罐占绝大多数，尤其是对大型储罐更是如此；卧式圆柱形储罐容积一般较小，但承压能力较强，易于运输，便于工厂化制造，多用来储存需要量不大的油品，或用于工厂、农村的小型油库；特殊形状储罐包括球形罐、滴状储罐等，这类储罐的特点是受力状况好、承压能力高、降低油品蒸发损耗效果显著，但是这类储罐施工困难，因此目前只有球形罐被用于储存液化气和某些高挥发性的化工产品。

立式圆筒形储罐根据其顶部结构的不同进行分类，常见的有浮顶罐、拱顶罐、锥顶罐，以及拱顶（或锥顶）与浮顶相结合的内浮顶罐等。由于油品是一种特殊的物资，其特性是易燃、易爆，因此，储罐不仅要有储存功能，而且更为重要的是要具备安全的特点，这就要求储罐要有足够的强度、足够的抵抗断裂的能力、足够的抵抗风载荷的能力、足够的抗震能力以及足够稳固的基础。对于设计工作者来说，不仅要使储罐满足以上的基本要求，还要考虑结构合理性、建设投资的经济性。

立式圆筒形储罐由底板、壁板、罐顶及一些附件组成，其罐壁部分的外形为母线垂直于地面的圆柱体。本章为罐壁的一些应力分析方法与设计规定。

10.1 罐壁的受力分析

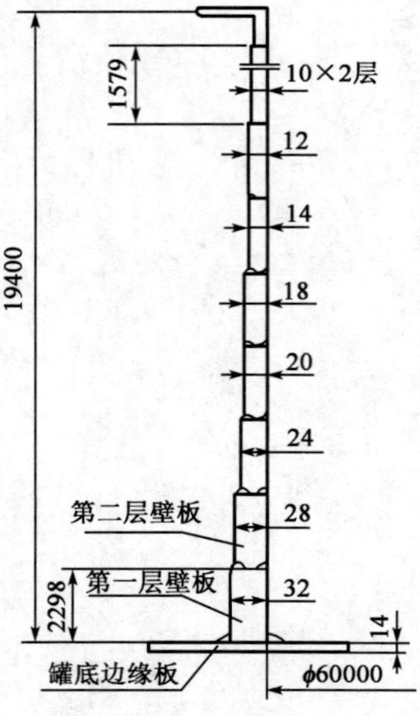

罐壁结构如图 10.1 所示，采用逐级增厚的阶梯状变截面壁板组焊而成，底圈壁板厚度必须大于上圈壁板厚度。浮顶罐要求罐壁板各圈板有相同的内直径。壁板顶部为包边角钢，底部焊接与罐底板上。罐壁板的环焊缝和纵焊缝必须采用全焊透结构（图 10.2，图 10.3），焊接接头的设计应符合现行国家标准 GB/T 985.1《气焊、焊条电弧焊、气体保护焊和高能束焊的推荐坡口》和 GB/T 986.2《埋弧焊的推荐坡口》的规定。罐壁相邻两层壁板的纵向焊缝应相互错开，最小距离应大于较厚壁板厚度的 5 倍，且不得小于 100mm。

罐壁主要受储液静压力的作用，承受的储液静压力如图 10.4所示。此静压力是按三角形分布，由上至下逐渐增大，故理想情况下罐壁厚度也应由上至下逐渐增厚。但是，实际设计罐壁时，罐壁板不可能采用厚度连续变化的钢板，所以只能根据钢板规格，采用逐级增厚的阶梯状变截面壁板组焊成罐壁。除在储罐直径较小的情况下，由于各层罐壁计算厚度

图 10.1　立式储罐罐壁结构
单位:mm

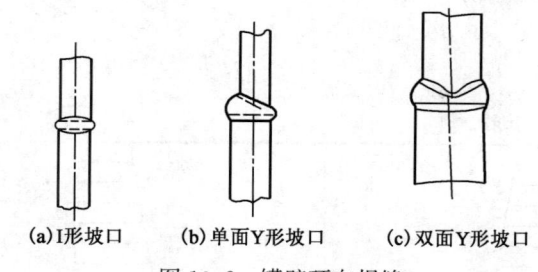

(a) I形坡口　　(b) 单面Y形坡口　　(c) 双面Y形坡口

图 10.2　罐壁环向焊缝

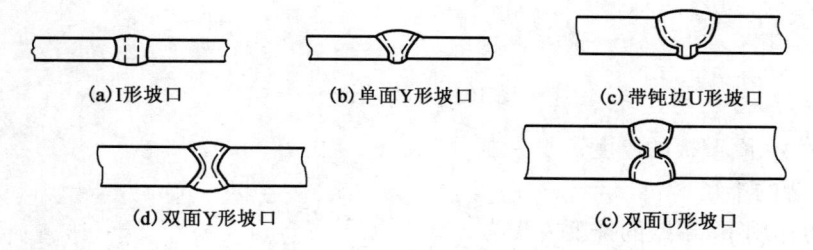

(a) I形坡口　　(b) 单面Y形坡口　　(c) 带钝边U形坡口

(d) 双面Y形坡口　　　　　　　　(e) 双面U形坡口

图 10.3　罐壁纵向焊缝

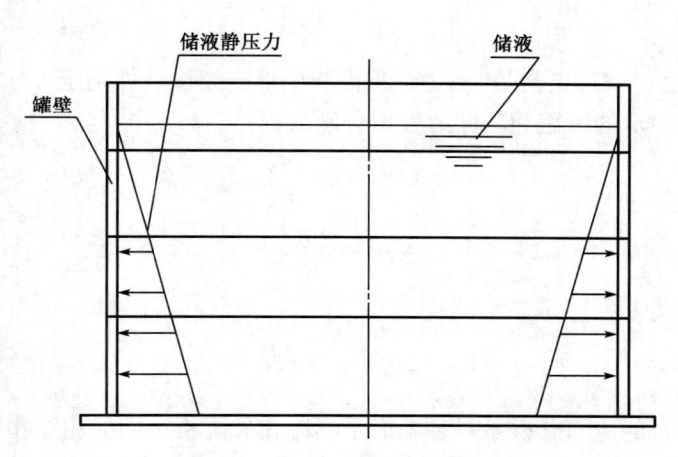

图 10.4　罐壁承受的储液静压力

小于满足刚性需要的厚度,罐壁厚度按刚性条件并为了备料的方便而设计成等壁厚外,通常情况下各层罐壁板的厚度是根据罐壁的强度条件设计成沿罐壁由上到下壁厚逐层增大。

罐壁受力的另一个方面是边缘效应。边缘效应存在于罐壁与底板的连接处以及罐壁等截面处。假定在第 i 圈罐壁的变截面处截开,在此圈罐壁两端存在的弯矩 M_i、M_{i-1} 及剪力 Q_i、Q_{i-1} 如图 10.5 所示,这样的弯矩和剪力就是由边缘效应产生的,其产生的应力称为边缘应力。

对于罐壁,应用弹性地基理论,可以得到边缘力作用下罐壁的挠度。根据分析,罐壁的特征系数和弯曲刚度分别为:

$$\beta = \sqrt[4]{\frac{3(1-\nu^2)}{R^2 \delta_i^2}}, D_i = \frac{E\delta_i^3}{12(1-\nu^2)}$$

式中　E——罐壁材料的弹性模量;

　　　ν——泊松系数;

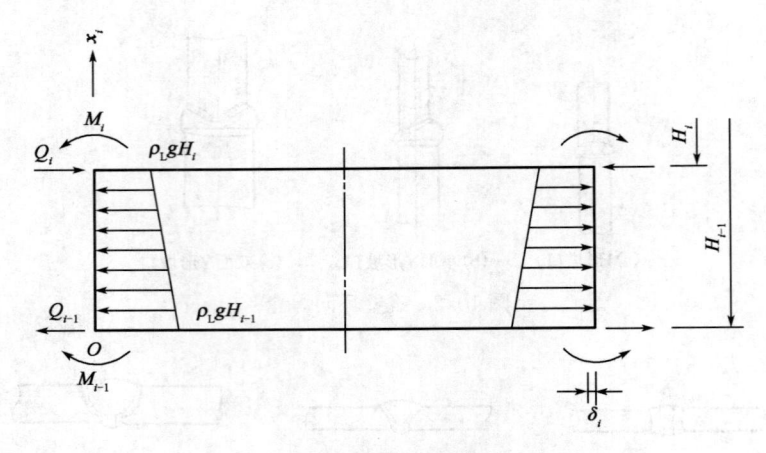

图 10.5 第 i 层罐壁

δ_i——第 i 圈壁板的厚度；
R——罐的半径。

在边缘力作用下，罐壁的挠度方程为：

$$y_i = e^{\beta_i x_i}(C_1\cos\beta_i x_i + C_2\sin\beta_i x_i) + e^{\beta_i x_i}(C_3\cos\beta_i x_i + C_4\sin\beta_i x_i)C_2 - \frac{\rho_L g R^2}{E\delta_i}(H_{i-1} - x_i) \tag{10.1}$$

式中 C_1, C_2, C_3, C_4——待定常数，由边界条件或变形连续性条件确定。

根据罐壁挠度表示的弯矩和环向薄膜力分别为：

$$M_i = -D_i\frac{d^2 y_i}{dx_i^2} \tag{10.2}$$

$$N_i = -\frac{E\delta_i}{R}y_i \tag{10.3}$$

罐壁中的环向应力为：

$$\sigma_i = \frac{N_i}{\delta_i} \pm \frac{6M_i}{\delta_i^2} \tag{10.4}$$

按上述方法进行的应力分析是一种考虑了储罐相邻圈板之间的相互作用影响的精确的应力分析方法。这种分析计算方法虽然比较精确，但较为复杂，在罐壁厚度的设计中应用不是很方便。鉴于储罐的罐壁厚度与直径之比很小，罐壁除了局部由于壁板厚度变化或与底板连接处产生弯曲力矩外，其余地方的弯曲力矩很小，为了方便起见，可以不予考虑，而按薄膜理论计算应力与罐壁厚度。

在薄膜理论中，罐壁上的环向应力由式（10.4）决定。储罐在接近常压的条件下储存液体时，罐壁沿高度所受内压力主要是液体静压和液面上较低的剩余压力。

设液面处罐壁仅受液体的剩余压力 p_0，则离液面 x 处的压力为：

$$p_x = p_0 + \rho_L g x \tag{10.5}$$

罐壁在此处的环向应力为：

$$\sigma_x = \frac{p_x R}{\delta_x} = \frac{(p_0 + \rho_L g x)R}{\delta_x} \tag{10.6}$$

式中 δ_x——罐壁在此处的厚度。

10.2　定点法

设计罐壁，首先要确定壁厚。由 10.1 节罐壁的受力和应力分析可知，尽管在罐壁上存在边缘应力，但环向应力还是占主导作用，因此，壁厚是根据环向应力确定的，也就是说，每一圈罐壁板上的最大的环向应力应该不超过材料的许用应力$[\sigma]$，即：

$$\sigma_{x\max} \leqslant [\sigma] \tag{10.7}$$

如果完全忽略每圈板的边缘应力，只考虑液柱压力产生的环向应力，则最大环向应力位于每圈的最下端，但由于上下圈板连接处因变截面而产生的弯矩和剪力将使各圈罐壁下端的环向力减小，因而使各圈环向应力的最大值不在最下端，而在距圈板下端以上某一个位置上。各国储罐规范罐壁厚度计算公式均采用罐壁板下端向上 300mm 处作为折减高度，此种罐壁厚度计算方法称为"定设计点法"，也称"定点法"。这种方法能在一定范围内较好地反映罐壁圈板实际应力水平，且能大大简化计算，故应用甚广。

我国 GB 50341—2014 基于定点法，罐壁设计厚度按式(10.8a)与式(10.8b)计算，并取其中较大值。

操作工况下：
$$\delta_d = \frac{4.9\gamma_L(H-0.3)D}{[\sigma]^t \varphi} + C_1 + C_2 \tag{10.8a}$$

试水工况下：
$$\delta_t = \frac{4.9(H-0.3)D}{[\sigma]^d \varphi} \tag{10.8b}$$

式中　δ_d——储存介质条件下罐壁板的计算厚度，mm；
　　　δ_t——试水条件下罐壁板的设计厚度，mm；
　　　γ_L——储液相对密度（取储液与水密度之比）；
　　　H——计算的罐壁板底边至设计储液高度的距离，m；
　　　D——储罐内直径，m；
　　　$[\sigma]^t$——设计温度下罐壁钢板的许用应力，MPa；
　　　$[\sigma]^d$——常温下罐壁钢板的许用应力，MPa；
　　　φ——焊缝系数，底圈壁板取 0.85，其他各圈板取 0.9；
　　　C_1——钢板厚度负偏差，mm；
　　　C_2——腐蚀裕量，mm，根据油品腐蚀性能和对储罐使用年限的要求确定。

日本标准 JIS B8501 中，罐壁厚度按下式计算：

$$\delta = \frac{D(H-0.3)\gamma_L}{0.2[\sigma]_d \varphi} + C \tag{10.9}$$

式中　δ——最小板厚，mm；
　　　γ_L——储液相对密度（当小于 1 时，取 1）；
　　　H——由该段壁板的下端至设计液位的高度，mm；
　　　D——储罐内直径，m；
　　　$[\sigma]_d$——材料的设计应力，取相应的日本工业标准和钢厂所保证的屈服强度或条件屈服强度的 60%，MPa；
　　　φ——按罐壁板圈次、由 JIS B8501 附录 3 所规定的射线探伤或超声波探伤确定的焊缝系数,按 A 级或 B 级检验的最下层以外的其他壁板取 0.85,经 A 级检验的最下圈以外的其他壁板取 0.85,经 B 级检验的最下圈以外的其他壁板取 1.0,包括腐蚀裕量在内最大公称厚度不超过 12mm,未进行射线探伤检验或超声探伤检验的壁板(只限于低碳钢)取 0.7;

C——腐蚀裕量,mm。

日本标准 JIS B8501 计算得出的罐壁板厚度底层较厚,而其他各层较薄,从而导致底层罐壁应力较低,第二层以上罐壁应力较高,应力分布变化较大。

英国标准 BS2654 中,罐壁最小厚度按下式计算:

$$\delta = \frac{D}{20[\sigma]_d}[98\gamma_L(H-0.3)+p_0]+C \tag{10.10}$$

式中 δ——最小板厚,mm;
γ_L——储液相对密度,但取值不得小于 1;
H——由该段壁板的下端至设计液位的高度,mm;
D——储罐内直径,m;
$[\sigma]_d$——设计许用应力,Pa;
p_0——设计压力(对无压储罐可忽略不计),mbar;
C——腐蚀裕量,mm。

在罐壁设计中,许用应力需按规范取值。各国规范的取值不尽相同,对计算值影响较大。我国储罐用钢板的许用应力见表 10.1。

表 10.1 钢板许用应力

序号	钢号	使用状态	板厚 δ mm	室温强度指标		在下列温度下的许用应力,MPa				
				拉伸强度 MPa	屈服强度 MPa	20℃	100℃	150℃	200℃	250℃
一				碳素钢板						
1	Q235B	热轧	3≤δ≤16	370	225	150	136	132	127	122
			16<δ≤20	370	215	143	130	126	122	116
2	Q235C	热轧	3≤δ≤16	370	225	150	136	132	127	122
			16<δ≤24	370	215	143	130	126	122	116
3	Q245R	热轧,控轧,正火	3≤δ≤16	400	245	163	149	144	139	132
			16<δ≤36	400	235	157	143	138	133	127
二				低合金钢板						
4	Q345R	热轧,控轧,正火	3≤δ≤16	510	345	230	200	186	172	162
			16<δ≤36	500	325	217	188	175	162	152
5	Q370R	正火	10≤δ≤16	530	370	247	214	200	185	173
			16<δ≤36	530	360	240	209	194	180	169
6	16MnDR	正火	6≤δ≤16	490	315	210	182	170	157	148
			16<δ≤36	470	295	197	171	159	147	138
7	12MnNiVR	调质	10≤δ≤45	610	490	294	268	256	244	233

注:中间温度的许用应力值,可用内插法求得。

未列入表 10.1 的钢板许用应力值应符合下列规定：

（1）当选取碳素钢或屈服强度下限值小于或等于 390MPa 的低合金钢时，应取设计温度下 2/3 标准屈服强度下限值。

（2）当选取屈服强度下限值大于 390MPa 的低合金钢时，应取设计温度下 60% 标准屈服强度下限值。

钢板的标准及使用范围应符合表 10.2 的规定。

表 10.2 钢板使用范围

序号	钢号	钢板标准	使用范围	
			许用温度 ℃	许用最大厚度 mm
1	Q235B	GB/T 3274《碳素结构钢和低合金结构钢热轧厚钢板和钢带》	≥-20	12
			>0	20
2	Q235C	GB/T 3274《碳素结构钢和低合金结构钢热轧厚钢板和钢带》	≥-20	16
			>0	24
3	Q245R	GB 713《锅炉和压力容器用钢板》	≥-20	36
4	Q345R	GB 713《锅炉和压力容器用钢板》	≥-20	36
5	Q370R	GB 713《锅炉和压力容器用钢板》	≥-20	36
6	16MnDR	GB 3531《低温压力容器用钢板》	≥-40	36
7	12MnNiVR	GB 19189《压力容器用调质高强度钢板》	≥-20	45

罐壁钢板的名义厚度不得大于 45mm；储罐的设计温度低于-10℃时，厚度大于 20mm 的 Q245R 钢板和厚度大于 30mm 的 Q345R 钢板应在正火状态下使用。

式(10.8a)、式(10.8b)是按强度指标确定的最小壁厚，按该公式计算出的壁厚，要适当向上圆整到标准壁厚；同时，储罐的壁厚还要满足刚度要求，也就是说，储罐的壁厚要同时满足刚度和强度要求，取其中壁厚较大的为储罐的壁厚。按刚性要求的壁厚最小值见表 10.3。

表 10.3 罐壁钢板最小规格厚度

储罐内径 D,m	钢板最小规格厚度,mm	
	碳素钢	不锈钢
$D<16$	5	4
$16<D\leqslant35$	6	5
$35<D\leqslant60$	8	
$60<D\leqslant75$	10	
$D>75$	12	

10.3 变点法

当储罐直径较小时，各层罐壁板的应力分布比较均匀，用定点法计算罐壁的精度能够满足实际需要。但随着储罐直径的增大，由精确的罐壁计算得到的结果和应力实测表明，用定点法计算出的罐壁厚度，可能造成下部罐壁板的应力较大，甚至超过许用应力，而下部罐壁板的较小，又显得比较保守。

图 10.6 中列出了 3 种不同直径的储罐罐壁环向应力分布曲线图，由图中可以看出，储罐直径为 36.54m(120ft) 时，各层罐壁板的应力分布比较均匀，罐壁中的环向最大应力点落在各层罐壁高度范围内。但储罐直径为 67m(220ft) 以上时，罐壁中的最大环向应力点逐渐上移，已经落到了第二层壁板上，而上部各层罐壁的应力偏低。因此，如果能计算出罐壁板中最大环向应力点的位置，再按此位置确定罐壁板的厚度，将会得出比较合理的结果，"变点法"就是基于这种概念进行计算的。

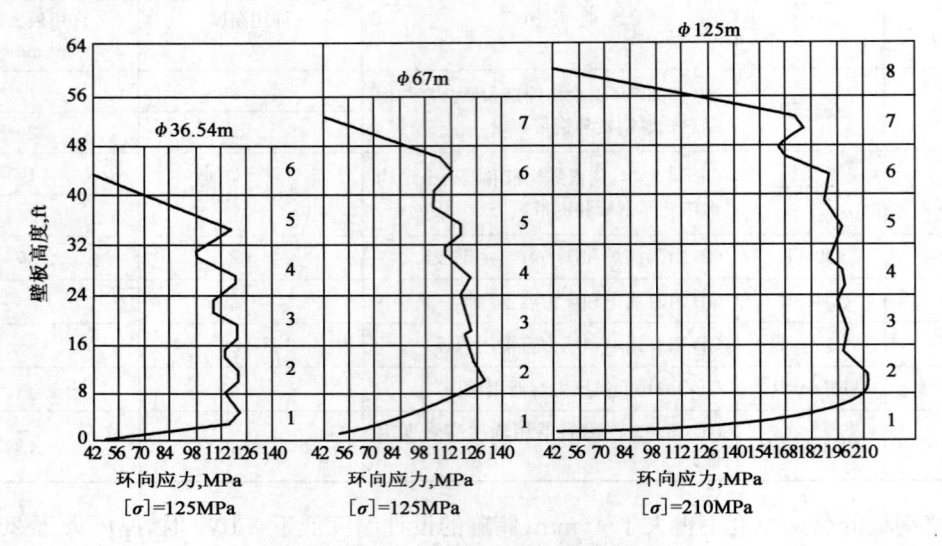

图 10.6　不同罐径罐壁环向应力分布

在 API 650 中，对直径大于 60m 的立式圆柱储液罐，规定采用变点法。这种方法能考虑罐底板的约束对罐壁受力的影响，同时也考虑了下层厚壁板对上层薄壁板的影响，即所谓"有利约束"的影响，确定各圈环向应力最大处的位置，按该位置的薄膜环向应力计算各圈板的壁厚。这样，各圈壁厚的计算，就不是统一地以距各圈底边 0.3m 为计算点，而是各圈将有不同位置的计算点。这种设计方法更符合罐壁应力的实际状况，用它计算大容量罐时，可减小某些圈板的壁厚和罐壁总用钢量，并在最大板厚限度范围内有可能建更大直径的储罐。

10.3.1　底层罐壁板的厚度计算

分操作工况和试水工况两种情况计算底层罐壁板的厚度，首先计算初步厚度 δ_{pd} 和 δ_{pt}：

$$\delta_{pd}=\frac{4.9D(H-0.3)\gamma_L}{[\sigma]_d}+C \tag{10.11a}$$

$$\delta_{pt}=\frac{4.9D(H-0.3)\gamma_L}{[\sigma]_t} \tag{10.11b}$$

式中　γ_L——储液相对密度，由买方确定；
　　　H——计算液面高度，m；
　　　D——储罐内直径，m；
　　　$[\sigma]_d$——设计条件下罐壁钢板的许用应力，MPa；

$[\sigma]_t$——充水试验条件下罐壁钢板的许用应力,MPa;

C——腐蚀裕量,mm。

然后用以下公式分别计算设计条件和充水试验条件下的底层罐壁所需厚度δ_{1d}和δ_{1t},并与δ_{pd}和δ_{pt}进行比较:

$$\delta_{1d}=\left(1.06-\frac{0.0696D}{H}\sqrt{\frac{HG}{[\sigma]_d}}\right)\frac{4.9DH\gamma_L}{[\sigma]_d}+C \qquad (10.12a)$$

$$\delta_{1t}=\left(1.06-\frac{0.0696D}{H}\sqrt{\frac{H}{[\sigma]_t}}\right)\frac{DH}{[\sigma]_t} \qquad (10.12b)$$

注:δ_{1d}不必大于δ_{pd},δ_{1t}不必大于δ_{pt}。

10.3.2 第二层罐壁板的厚度计算

第二层的壁厚与储罐半径、第一层的壁厚及宽度有关,因此,分别按操作和试水两种情况计算出底层的比值ψ:

$$\psi=\frac{h_1}{\sqrt{R\delta_1}} \qquad (10.13)$$

式中 h_1——底层壁板宽度;

R——储罐半径;

δ_1——底层壁板的实际厚度,减去附加的腐蚀裕量,用以计算设计条件的δ_2。

底层壁板的总厚度用来计算充水试验条件下的δ_2,操作时$\delta_1=\delta_{1d}$,试水时$\delta_1=\delta_{1t}$。

根据该比值的情况,分为几种不同情形:

(1)当$\psi\leqslant1.375$时,取$\delta_2=\delta_1$。此时,底层圈板宽度相对较窄,储罐容量较大,最大应力点落在第二层壁板上,因此,第二层壁板应与底层壁板等厚。

(2)当$\psi\geqslant2.625$时,取$\delta_2=\delta_{2a}$。此时,底层壁板宽度相对较宽,储罐容量较小,底板的约束对第二层圈板影响较小,底层壁板的最大应力靠下,因此,第二层壁板可与第三层、第四层等壁板同等对待。

(3)当$1.375<\psi<2.625$时,取:

$$\delta_2=\delta_{2a}+(\delta_1-\delta_{2a})\left(2.1-\frac{h_1}{1.25\sqrt{R\delta_1}}\right) \qquad (10.14)$$

式中 δ_2——第二层罐壁的最小设计厚度(不包括腐蚀裕量);

δ_{2a}——按第二层以上的罐壁计算方法求得的第二层罐壁板厚度。

此时,底板的约束对第二层壁板有一定的影响,最大应力点仍落在第一层圈板上,但位置靠上,因此,第二层壁板不必与底层壁板等厚,也不能与第三层、第四层等壁板同等对待。

10.3.3 第三层以上各层壁板厚度计算

液压高度不是一个固定值,而是$H-x$。x是可变设计点离该层壁板底端的距离,它与储罐半径、离液面的距离及该层与相邻壁板的厚度比值等因素有关。因事先并不知道该层壁板的厚度与比值,因此必须进行试算才能确定该层的较准确壁厚。计算步骤如下:

分操作与试水两种情况进行计算。首先按定设计点法计算一个初步厚度,然后计算可变设计点距该层罐壁底部的距离x,x取以下三式中的最小值:

$$x_1=0.61\sqrt{R\delta_u}+320CH, \quad x_2=100CH, \quad x_3=1.22\sqrt{R\delta_u} \qquad (10.15)$$

$$C = \frac{\sqrt{K}(K-1)}{1+K\sqrt{K}} \quad \left(K = \frac{\delta_L}{\delta_u}\right)$$

式中 δ_u ——环焊缝上侧的（所要计算的一层）罐壁厚度；

δ_L ——环焊缝下侧的罐壁厚度；

H ——设计液面高度。

对于操作条件和试水条件下所需的罐壁最小厚度，分别应用以上计算得到的最小 x 值，用下式分别计算罐壁厚度：

操作条件：
$$\delta_{dx} = \frac{4.9D(H-0.001x)\gamma_L}{[\sigma]_d} + C \tag{10.16a}$$

试水条件：
$$\delta_{tx} = \frac{4.9D(H-0.001x)}{[\sigma]_t} \tag{10.16b}$$

根据计算新得到的 δ_{dx} 和 δ_{tx}，分别重新计算 x，并进行迭代，直至相继算出的 δ_{dx} 值（或 δ_{tx} 值）之间的差别较小，得到满意的精确度，从而计算出本层的罐壁厚度。

各层所选取的计算壁厚应为操作情况和试水情况两者的较大值。

【例 10.1】 100000m³ 储罐直径 $D=85.0$m，设计储液高度 $H=19.2$m，罐壁板高度 $h=2.4$m，罐材料的许用应力 $[\sigma]=208$MPa，焊缝系数取 1.0，储液相对密度 $\gamma_L=1.0$。试用变点法求底下三圈壁板厚度。

解：(1)计算第一圈板壁厚：

$$\delta_{pt} = \frac{4.9D(H-0.3)}{[\sigma]_d} = \frac{4.9 \times 85 \times (19.2-0.3)}{208} = 37.85 \text{(mm)}$$

$$\delta_{1t} = \left(1.06 - \frac{0.0696D}{H}\sqrt{\frac{H}{[\sigma]}}\right)\frac{4.9HD}{[\sigma]} = \left(1.06 - \frac{0.0696 \times 85}{19.2}\sqrt{\frac{19.2}{208}}\right)\frac{4.9 \times 19.2 \times 85}{208}$$

$$= 37.15 \text{(mm)} = \delta_1 \quad \text{（不大于按定点法求出的壁厚）}$$

(2)计算第二圈板壁厚：

$$\frac{h_1}{\sqrt{R\delta_1}} = \frac{2400}{(42500 \times 37.15)^{0.5}} = 1.909$$

此值在 1.375 与 2.625 之间，因此按下式计算：

$$\delta_2 = \delta_{2a} + (\delta_1 - \delta_{2a})\left[2.1 - \frac{h_1}{1.25(R\delta_1)^{0.5}}\right] = 31.28 + 5.87 \times \left[2.1 - \frac{2400}{1.25 \times (42500 \times 37.15)^{0.5}}\right]$$

$$= 34.64 \text{(mm)}$$

按第二圈以上方法计算厚度。第一次试算：

$$\delta_{tx} = \frac{4.9D(H-0.3)}{[\sigma]_t} = \frac{4.9 \times 85 \times (16.8-0.3)}{208} = 33.04 \text{(mm)} = \delta_u$$

$$\delta_L = 37.15 \text{mm}$$

$$K = \frac{\delta_L}{\delta_u} = \frac{37.15}{33.04} = 1.124$$

$$\sqrt{K} = 1.06$$

$$C=\frac{\sqrt{K}(K-1)}{1+K^{1.5}}=\frac{1.06\times(1.124-1)}{1+1.192}=0.06$$

$$x_1=0.61(R\delta_u)^{0.5}+320CH=0.61\times\sqrt{42500\times33.04}+320\times0.06\times16.8=1045.4$$

$$x_2=1000CH=1000\times0.06\times16.8=1008$$

$$x_3=1.22\sqrt{R\delta_u}=1.22\times\sqrt{42500\times33.04}=1445.7$$

$$x=\min(x_1,x_2,x_3)=1008$$

$$\delta_{tx}=\frac{4.9D(H-x/1000)}{[\sigma]}=\frac{4.9\times85\times(16.8-1008/1000)}{208}=31.62(\text{mm})$$

第二次试算：初选值 $\delta_u=33.04\text{mm}$，$\delta_{2x}=31.62\text{mm}$ 相差 1.42mm，相差过大。再以 $\delta_u=31.62\text{mm}$ 代入，重新计算：

$$\delta_u=\delta_{tx}=31.62\text{mm}（由第一次试算得到）$$

$$\delta_L=37.15\text{mm}$$

$$K=\frac{\delta_L}{\delta_u}=\frac{37.15}{31.62}=1.175$$

$$\sqrt{K}=1.084$$

$$C=\frac{\sqrt{K}(K-1)}{1+K^{1.5}}=\frac{1.084\times(1.175-1)}{1+1.175^{1.5}}=0.0834$$

$$x_1=0.61\sqrt{R\delta_u}+320CH=0.61\times\sqrt{42500\times31.62}+320\times0.0834\times16.8=1155.5$$

$$x_2=1000CH=1000\times0.0834\times16.8=1401.1$$

$$x_3=1.22\sqrt{R\delta_u}=1.22\times\sqrt{42500\times31.62}=1414.2$$

$$x=\min(x_1,x_2,x_3)=1155.5$$

$$\delta_{tx}=\frac{4.9D(H-x/1000)}{[\sigma]}=\frac{4.9\times85\times(16.8-1155/1000)}{208}=31.33(\text{mm})$$

第三次试算：

$$\delta_u=31.33\text{mm}\quad（由第二次试算得到）$$

$$\delta_L=37.15\text{mm}$$

$$K=\frac{\delta_L}{\delta_u}=\frac{37.15}{31.33}=1.186$$

$$\sqrt{K}=1.089$$

$$C=\frac{\sqrt{K}(K-1)}{1+K^{1.5}}=\frac{1.089\times(1.186-1)}{1+1.186^{1.5}}=0.088$$

$$x_1=0.61\sqrt{R\delta_u}+320CH=0.61\sqrt{42500\times31.33}+320\times0.088\times16.8=1177$$

$$x_2=1000CH=1000\times0.088\times16.8=1478.4$$

$$x_3=1.22\sqrt{R\delta_u}=1.22\sqrt{42500\times31.33}=1407.8$$

$$x=\min(x_1,x_2,x_3)=1177$$

$$x/1000 = 1.177$$

$$\delta_{tx} = \frac{4.9D(H-x/1000)}{[\sigma]} = \frac{4.9 \times 85(16.8 - 1177/1000)}{208} = 31.28(\text{mm}) = \delta_{2a}$$

三次计算后,精确已足够。取 $\delta_{2x} = 31.28$mm,并用此值来计算 δ_2:

$$\delta_2 = \delta_{2x} + (\delta_1 - \delta_{2x})\left(2.1 - \frac{h_1}{1.25\sqrt{R\delta_1}}\right)$$

$$= 31.28 + (37.15 - 31.28)\left(2.1 - \frac{2400}{1.25\sqrt{42500 \times 37.15}}\right) = 34.6377(\text{mm})$$

(3) 计算第三圈壁板:

注意到,在计算第三圈板时,$H_u = 14.4$m。

第一次试算:

$$\delta_u = \frac{4.9D(H_u - 0.3)}{[\sigma]} = \frac{4.9 \times 85(14.4 - 0.3)}{208} = 28.23(\text{mm})$$

$$\delta_L = 34.64 \text{mm}$$

$$K = \frac{\delta_L}{\delta_u} = \frac{34.64}{28.23} = 1.227$$

$$\sqrt{K} = 1.108$$

$$C = \frac{\sqrt{K}(K-1)}{1+K^{1.5}} = \frac{1.108 \times (1.227-1)}{1+1.227^{1.5}} = 0.107$$

$$\sqrt{R\delta_u} = \sqrt{42500 \times 28.23} = 1095$$

$$x_1 = 0.61\sqrt{R\delta_u} + 320CH = 0.61\sqrt{42500 \times 28.23} + 320 \times 0.107 \times 14.4 = 1161$$

$$x_2 = 1000CH = 1000 \times 0.107 \times 14.4 = 1541$$

$$x_3 = 1.22\sqrt{R\delta_u} = 1.22 \times \sqrt{42500 \times 28.23} = 1336$$

$$x = \min(x_1, x_2, x_3) = 1161$$

$$x/1000 = 1.161$$

$$\delta_{tx} = \frac{4.9D(H-x/1000)}{[\sigma]} = \frac{4.9 \times 85(14.4 - 1161/1000)}{208} = 26.51(\text{mm})(\text{供第二次试算用})$$

第二次试算:

$$\delta_u = 26.51 \text{mm}$$

$$\delta_L = 34.64 \text{mm}$$

$$K = \frac{\delta_L}{\delta_u} = \frac{34.64}{26.51} = 1.307$$

$$\sqrt{K} = 1.143$$

$$C = \frac{\sqrt{K}(K-1)}{1+K^{1.5}} = \frac{1.143 \times 0.307}{1+1.307^{1.5}} = 0.141$$

$$x_1 = 0.61\sqrt{R\delta_u} + 320CH = 0.61\sqrt{42500 \times 26.51} + 320 \times 0.141 \times 14.4 = 1297$$

$$x_2 = 1000CH = 1000 \times 0.141 \times 14.4 = 2030$$

$$x_3 = 1.22\sqrt{R\delta_u} = 1.22\sqrt{42500 \times 26.51} = 1294$$

$$x = \min(x_1, x_2, x_3) = 1294$$

$$\delta_{tx} = \frac{4.9D(H - x/1000)}{[\sigma]} = \frac{4.9 \times 85 \times (14.4 - 1294/1000)}{208} = 26.24 \text{(mm)}（供第三次试算用）$$

第三次试算：

$$\delta_u = 26.24 \text{mm}$$

$$\delta_L = 34.64 \text{mm}$$

$$K = \frac{\delta_L}{\delta_u} = \frac{34.64}{26.24} = 1.320$$

$$\sqrt{K} = 1.149$$

$$C = \frac{\sqrt{K}(K-1)}{1 + K^{1.5}} = \frac{1.149 \times (1.320 - 1)}{1 + 1.320^{1.5}} = 0.146$$

$$x_1 = 0.61\sqrt{R\delta_u} + 320CH = 0.61\sqrt{42500 \times 26.54} + 320 \times 0.146 \times 14.4 = 1317$$

$$x_2 = 1000CH = 1000 \times 0.146 \times 14.4 = 2102$$

$$x_3 = 1.22\sqrt{R\delta_u} = 1.22\sqrt{42500 \times 26.54} = 1288$$

$$x = \min(x_1, x_2, x_3) = 1288$$

$$\delta_{tx} = \frac{4.9D(H - x/1000)}{[\sigma]} = \frac{4.9 \times 85 \times (14.4 - 1288/1000)}{208} = 26.26 \text{(mm)}$$

此结果和前一次的试算已经相当接近。

用同样方法求出 $\delta_4, \delta_5, \cdots$，此处从略。

10.4 罐壁开孔补强

由于使用的要求，必须在储罐壁上开孔并接管，如进出油管、清扫孔、人孔等。在罐壁上开孔后将在孔的附近产生应力集中，如不采取适当的补强措施，就很可能在孔口造成疲劳破坏或脆性裂口，使孔口处撕裂。补强的办法就是在开孔的周围焊上补强圈板，以增大开孔周围的壁厚，降低孔周围的应力，一般做法都是将补强圈板紧贴孔口周围。

10.4.1 一般规定

罐壁接管公称直径大于50mm的开孔应补强。从焊接匹配考虑，开孔补强板的材质应与开孔处罐壁板的材质相同或相近。对于大直径的开孔接管，往往不易找到成品钢管，在施工中较易用钢板卷制，其材质宜与开孔处罐壁板的材质相同。对于较小直径的接管，其材质与罐壁难以做到一致，尤其是罐壁板为高强度钢时，宜与罐壁材质相同或相近。所有开孔、接管和补强板上的切割表面,应光滑平整并将棱角倒圆。开孔补强板应有信号孔,整块钢板制造的补强板应有1个信号孔,拼接的补强板,每一拼接段上应有1个信号孔。信号孔宜为M6~M10螺孔,一般应位于开孔水平中心线上。

按照"等截面"补强的原则,开孔有效补强面积不应小于开孔直径与罐壁厚度的乘积。有效补强面积包括:
(1)罐壁富余壁厚提供的面积;
(2)补强板的面积;
(3)接管富余壁厚的面积;
(4)焊缝金属的面积。

有效补强面积尚应乘以补强材料与罐壁材料许用应力之比(但不得大于1.0)。接管与罐壁标准规定的最低屈服强度之比小于0.7或抗拉强度之比小于0.8时,接管的富余壁厚不得作为补强面积。

有效补强面积不得超出以下范围:
(1)沿罐壁竖向,开孔中心线上下各1倍开孔直径;
(2)沿接管轴线方向,罐壁表面内外两侧各4倍的管壁厚度。

两开孔之间的距离应满足以下要求:
(1)两开孔至少1个有补强板时,其最近角焊缝之间的距离不应小于较大焊角尺寸的8倍,且不小于150mm。
(2)两开孔均无补强板时,角焊缝边缘之间的距离不得小于75mm。

当任意两开孔之间的距离不能满足上述要求时,应采用联合补强,并应满足以下要求:
(1)联合补强板应能覆盖各开孔单独设置时的补强板,且外缘平滑;
(2)当任一开孔竖向中心线与其他开孔相交时,则联合补强板沿竖向中心线的有效补强面积,不得小于各孔单独开孔时有效补强面积的总和。

罐壁开孔角焊缝外缘到罐壁环焊缝中心线的距离,应满足以下要求:
(1)罐壁厚度不大于12mm,或接管与罐壁板焊后进行消除应力热处理时,距纵焊缝不应小于壁板厚度的2.5倍,且不小于75mm。
(2)当罐壁板厚度大于12mm,且接管与罐壁板焊后不进行消除应力热处理时,应大于较大焊角尺寸的8倍,且不小于250mm。

罐壁板标准规定的最低屈服强度大于390MPa时,罐壁开孔角焊缝外缘(有补强板时为补强板角焊缝外缘)到罐壁最下端角焊缝边缘的最小距离,不得小于壁板厚度的2.5倍,且不得小于75mm。

凡属下列情况,开孔接管与罐壁板、补强板焊接完毕并检验合格后,应进行整体热处理:
(1)标准规定的最低屈服强度小于或等于390MPa时,板厚大于32mm且接管公称直径大于300mm;
(2)标准规定的最低屈服强度大于390MPa时,板厚大于12mm且接管公称直径大于50mm。

10.4.2 罐壁人孔

罐壁人孔的结构及尺寸宜符合图10.7及表10.4至表10.6的要求。

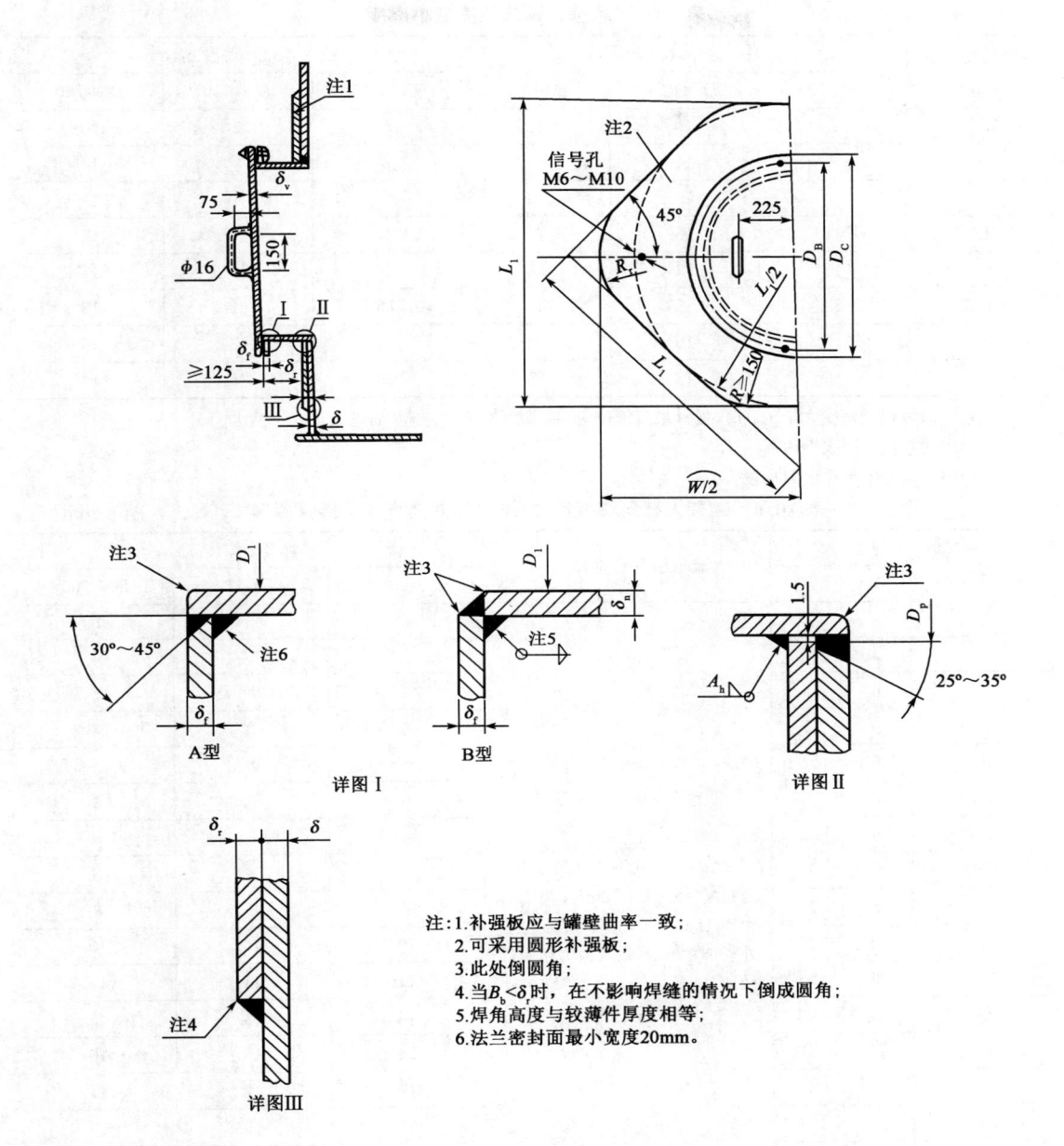

注：
1. 补强板应与罐壁曲率一致；
2. 可采用圆形补强板；
3. 此处倒圆角，在不影响焊缝的情况下倒成圆角；
4. 当 $B_b < \delta_r$ 时，在不影响焊缝的情况下倒成圆角；
5. 焊角高度与较薄件厚度相等；
6. 法兰密封面最小宽度20mm。

图 10.7 罐壁人孔

表 10.4 罐壁人孔法兰盖、法兰及补强板尺寸　　　　　　　单位：mm

人孔内径 D_i	螺栓孔中心圆直径 D_B	人孔法兰盖及法兰直径 D_c	补强板		
			纵向长度或直径 L_1	横向宽度 W	圆角半径 R_r
500	667	730	1170	1400	307
610	768	832	1370	1650	347
760	921	984	1675	2010	433
900	1073	1137	1980	2370	519

表 10.5 罐壁人孔法兰盖最小厚度

设计最高液位 H_w, m	法兰盖最小厚度 δ_v, mm			法兰盖最小厚度 δ_t, mm		
	$D_i=500$	$D_i=610$	$D_i=760$	$D_i=500$	$D_i=610$	$D_i=760$
6.5	8	10	12	6	7	10
8	9	11	13	6	8	11
9.5	10	12	14	7	9	12
12	11	13	15	8	10	13
135	12	14	16	9	11	14
16.5	13	15	18	10	12	15
20	15	16	19	11	13	16
23	16	18	21	13	15	18

注：(1)当储液相对密度大于 1.0 时，设计最高液位应乘以储液相对密度，然后查表；
(2)中间数值可用线性内插法；
(3)厚度尺寸不含厚度附加量。

表 10.6 罐壁人孔角焊缝尺寸、罐壁板开孔直径及接管厚度　　　　单位：mm

罐壁及补强板厚度 δ 及 δ_t	焊脚尺寸		罐壁板开孔直径 D_p	接管最小厚度 δ_n		
	A_h	B_b		$D_i=500$	$D_i=610$	$D_i=760$
5	5	5	当 $2A_h$ 小于或等于 12mm 时，为接管外径加 12mm；当 $2A_h$ 大于 12mm 时，最小值为接管外径加 12mm，最大值为接管外径加 $2A_h$	5	5	5
6	6	6		6	6	6
8	6	6		6	8	8
9	6	7		6	8	8
10	6	7		6	8	8
12	6	9		6	8	8
14	6	10		6	8	8
16	8	12		6	8	8
19	8	14		8	8	8
22	11	15		10	10	10
25	11	18		11	11	11
28	11	20		13	13	13
32	13	22		16	16	16
36	14	25		17	17	17
38	14	27		19	19	19
40	16	27		19	19	19
42	16	27		22	22	22
45	16	27		22	22	22

注：(1)中间数值可用线性内插法；
(2)厚度尺寸不含厚度附加量。

10.4.3 罐壁开孔接管

法兰连接罐壁开孔接管的形式和规格宜符合图 10.8。当开孔直径不超过 250mm 时，补强板可采用环形板，环形板的外直径取为内直径的 2 倍左右。当开孔直径超过 250mm 时，补强板采用多边形板，其内切圆直径取为补强板内孔直径的 2 倍左右。补强板应与罐壁贴紧，弯成与罐壁相同的弧度。

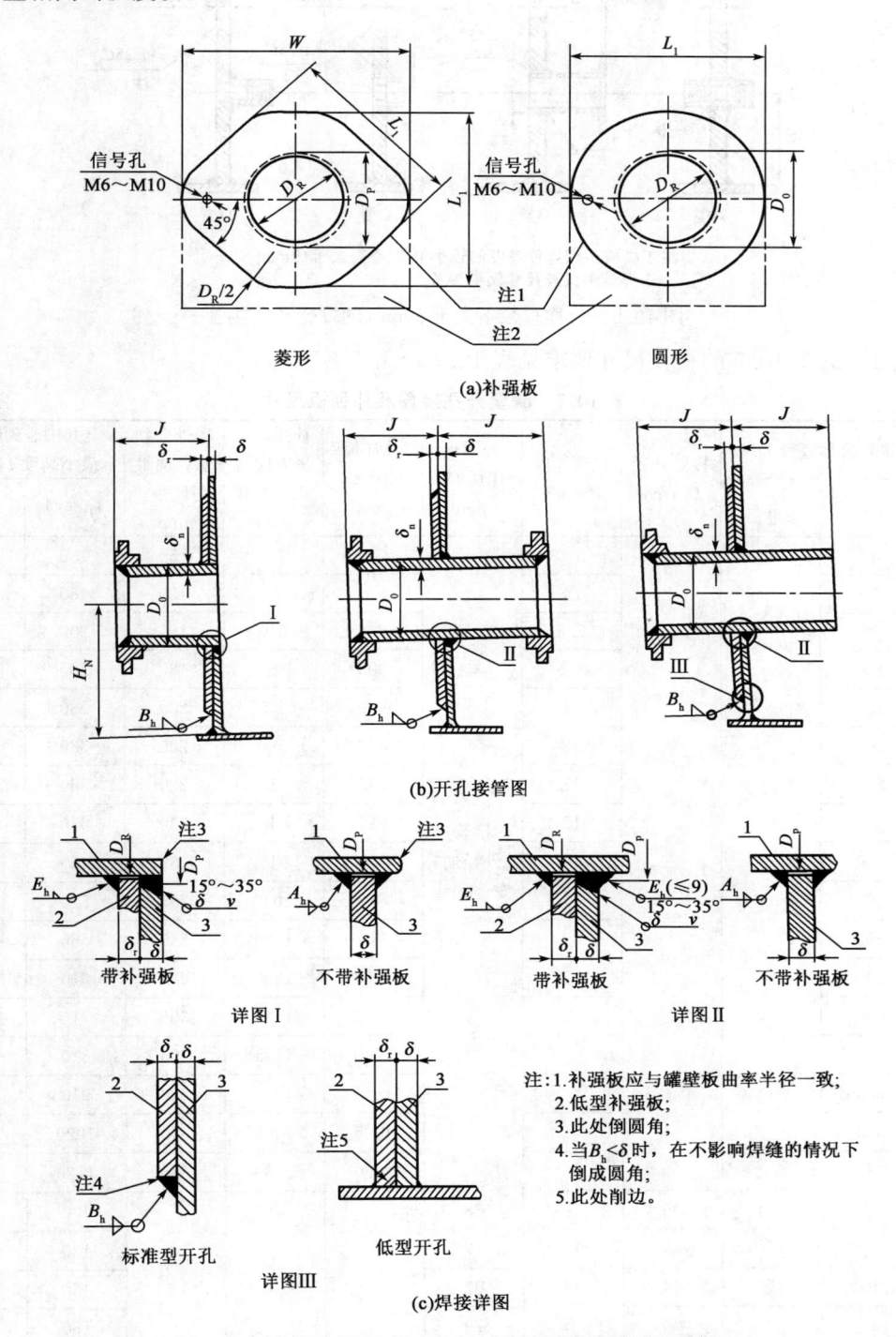

(a)补强板

(b)开孔接管图

(c)焊接详图

注:1.补强板应与罐壁板曲率半径一致；
2.低型补强板；
3.此处倒圆角；
4.当 $B_h<\delta_r$ 时,在不影响焊缝的情况下倒成圆角；
5.此处削边。

图 10.8 公称直径不小于 80mm 法兰连接罐壁开孔接管
1—接管；2—补强板；3—罐壁

螺纹连接罐壁开孔接管的形式和规格见图 10.9,图中 C_h 取两相焊件厚度的较小值,焊缝形式及尺寸仅供参考。

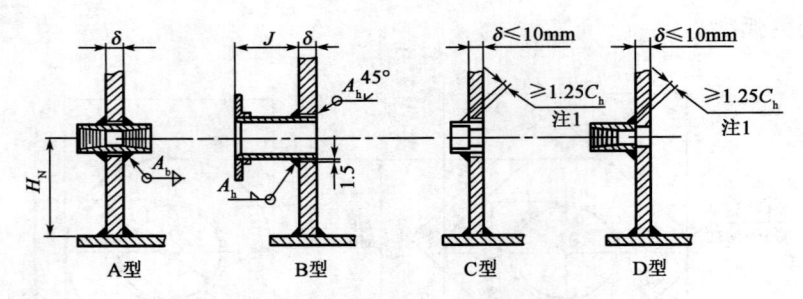

注：1. C_h 取两相焊件厚度的较小值，但不得大于19mm；
2. 焊缝形式及尺寸仅供参考。

图 10.9　公称直径不大于 50mm 的罐壁开孔接管

图 10.8、图 10.9 的相关尺寸要求见表 10.7。

表 10.7　罐壁开孔接管及补强板尺寸

连接类型	接管公称直径 DN		接管外径 D_0，mm	接管厚度 δ_n，mm	补强板孔径 D_R mm	补强板尺寸 L_1 mm	补强板水平方向展开长度 W mm	罐外壁到法兰面最小尺寸 J mm	开孔中心到罐底的最小高度 H_N，mm	
	mm	in							标准型	低型
法兰连接	40			5.0				150	150	75
	50			5.5				150	180	90
	80			7.5		265	340	180	200	133
	100			8.5		305	385	180	230	153
	150			11		400	495	200	280	200
	200			12		408	590	200	330	240
	250			12		585	715	230	380	293
	300			12	接管外径加 3～4mm	685	840	230	430	343
	350		—	12		750	915	255	460	375
	400			12		850	1035	255	510	425
	450			12		950	1160	255	560	475
	500			12		1055	1280	280	610	528
	600			12		1255	1525	305	710	628
	700					1440	1745	305	810	720
	800					1645	1995	330	910	823
	900					1845	2235	355	1020	923
	1000					2050	2480	380	1120	1025
螺纹连接	20	3/4	35		38	—	—		100	75
	25	1	44		47				130	75
	40	1½	64		67				150	75
	50	2	76		79				180	75

注：(1) 接管厚度见表 10.8。
(2) 开孔直径小于或等于 50mm 时不需补强，此时 D_R 表示罐壁开孔直径。
(3) 开孔中心到罐底的最小高度为标准规定的最低屈服强度小于或等于 390MPa 时的数值。当壁板标准规定的最低屈服强度大于 390MPa 时，不允许采用低型开孔。
(4) 厚度尺寸不含厚度附加量。

表 10.8　罐壁开孔、接管及焊缝尺寸　　　　　　　　单位:mm

罐壁板及补强板厚度 δ、δ_r	DN700~DN1000 开孔接管最小壁厚 δ_n	罐壁板开孔直径 D_p	焊脚尺寸 B_h	开孔公称直径 20~50 的焊脚尺寸 A_h	焊脚尺寸 B_h
5	12	有补强板时,开口接管外径加12mm 为最小值,加焊脚尺寸 B_h 的 2 倍为最大值	5	5	6
6	12		6	6	6
8	12		6	6	6
9	12		7	6	6
10	12		7	6	6
12	12		9	8	6
14	12		10	8	6
16	12		12	8	8
19	12		14	8	8
22	12		15	8	10
25	12		18	8	11
28	14		20	8	11
32	16		22	8	13
36	19		25	8	14
38	19		27	8	14
40	20		27	8	14
42	22		27	8	16
45	22		27	8	16

注:(1)公称直径 80~600mm,B_h 值不应大于 δ_n。
　　(2)厚度尺寸不含厚度附加量。

10.5　罐壁与底板连接的边缘应力

储罐充液(油或水)以后,罐壁在静液柱压力的作用下,产生很大的环向应力(罐壁的厚度就是根据环向应力确定的),此环向应力使罐壁周向伸长,沿半径方向向外扩张。然而,罐壁板的下端与罐底板牢牢焊在一起,罐壁部分由于受到罐底限制或约束,无法沿半径方向涨出,从而发生如图 10.10 所示的形状。储罐的径向扩张量与罐的半径及所受的外载荷大小有关,即与所充入的液柱高度有关,可简单按下式估算:

$$\Delta R = \frac{\sigma}{E} R \qquad (10.17)$$

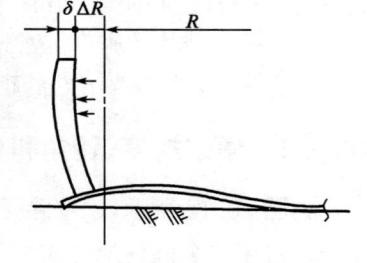

图 10.10　罐底的变形

式中　ΔR——储罐径向扩张量,m;
　　　R——储罐内半径,m;
　　　σ——罐壁的环向应力,Pa;
　　　E——弹性模量,Pa。

以 5×10^4 m³ 储罐为例,罐体半径 30m,材质 16MnR,σ_s=340MPa,E=210GPa,焊缝系数 φ 取 0.90,$[\sigma]$=0.90×340/1.5=204MPa。当环向应力达到此值时,其半径扩张量 ΔR=0.0292m。

由于罐底对罐壁的约束,阻碍罐壁下端的径向位移,因而罐壁下端和边缘板将受到较大的边缘力,即纵向弯曲力矩和剪力的作用。为了分析此处的边缘力,对储罐与底板连接处的受力分析作如下假设:

(1)储罐充液以后,罐壁上部在内压作用下可以自由变形(径向),但下部在罐壁与罐底连接处,因受罐底的约束,此处罐壁的径向位移为零。

(2)充液后罐壁与罐底的受力与变形如图 10.11 所示,罐底边缘板的外缘宽度在储罐载荷作用下,罐底板 L 长的部分翘离离开了基础。这样,基础给予罐底的反力集中在两处:一处在罐底的周边,记为 R_A;另一处在距罐底边缘为 L 处,记为 R_B。

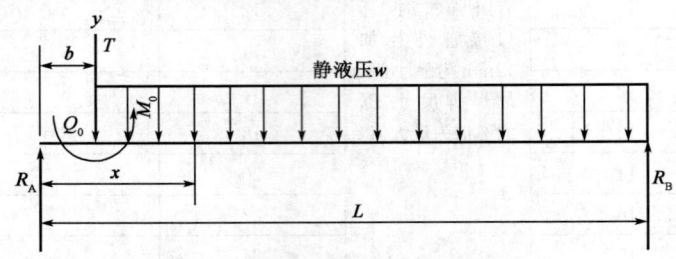

图 10.11 罐壁变形力学模型

因此,储罐壁的变形可以看作是静水压力作用下罐壁的自由变形和在罐底约束力(弯矩和剪力)作用下罐壁变形的叠加。

10.5.1 静水压力作用下罐壁的自由变形

距离罐壁下端 x 处的环向应力是:

$$\sigma=\frac{pR}{\delta}=\frac{\rho_L g(H-x)}{\delta}R \tag{10.18}$$

将式(10.18)代入式(10.17),得到距离罐壁下端 x 处罐壁的自由径向位移 ΔR 为:

$$\Delta R=\frac{\rho_L g(H-x)R^2}{E\delta} \tag{10.19}$$

式中 H——液面的高度,m;
ρ_L——液体的密度,kg/m³;
x——距离罐壁下端的距离,m。

10.5.2 罐壁挠度、转角和弯矩关系式

如图 10.12 所示,罐壁除受液压外,在下端由于罐底的约束,还受有力矩 M_0 和剪力 Q_0 的作用。对于一个圆柱形壳体,当其端部作用有载荷 M_0、Q_0 时,在如图 10.10 所示的坐标系中,圆柱形壳体各点的变形量 y_1 可以按下式计算:

$$y_1=-\frac{e^{-\beta x}}{E}(A\cos\beta x+B\sin\beta x) \tag{10.20}$$

$$\beta=\sqrt[4]{\frac{3(1-\nu^2)}{R^2\delta^2}}$$

式中 ν——材料的泊松比；

A,B——待定常数。

根据小变形假设，在静水压力和罐底约束力 M_0、Q_0 作用下，罐壁变形量为二者的叠加，即：

$$y=\frac{\rho_L g(H-x)R^2}{E\delta}-\frac{e^{-\beta x}}{E}(A\cos\beta x+B\sin\beta x) \quad (10.21)$$

对式(10.21)分别微分一次、二次，得：

$$\frac{dy}{dx}=-\frac{\rho_L gR^2}{E\delta}-\frac{\beta e^{-\beta x}}{E}[(B-A)\cos\beta x-(B+A)\sin\beta x] \quad (10.22a)$$

$$\frac{d^2 y}{dx^2}=-\frac{2\beta^2 e^{-\beta x}}{E}(A\sin\beta x-B\cos\beta x) \quad (10.22b)$$

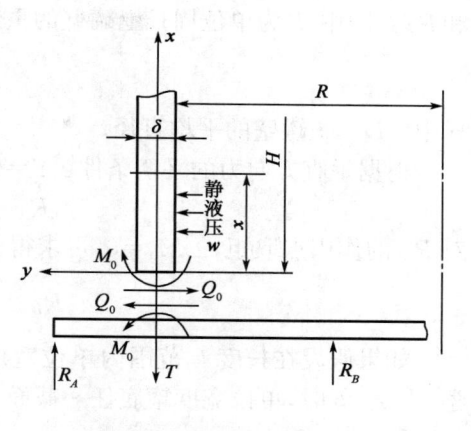

图 10.12 罐壁与底板连接处受力简图

根据基本假设，在罐壁与罐底的连接处，因受罐底的约束，罐壁的径向位移为零，即：

$$y\big|_{x=0}=0$$

将以上边界条件代入式(10.21)，并整理得：

$$A=\frac{\rho_L gHR^2}{\delta} \quad (10.23)$$

根据材料力学梁的变形理论，可以得到罐壁和罐底连接处(罐壁端部)横截面的转角 θ_0：

$$\theta_0=\frac{dy}{dx}\bigg|_{x=0}=-\frac{\rho_L gR^2}{E\delta}-\frac{\beta}{E}(B-A) \quad (10.24)$$

将式(10.23)代入式(10.24)，得：

$$\theta_0=\frac{\rho_L R^2}{E\delta}(H\beta-1)-\frac{\beta}{E}B \quad (10.25)$$

罐壁端部横截面上的弯矩为：

$$M_0=EI\frac{d^2 y}{dx^2}\bigg|_{x=0}=2\beta^2 IB$$

即

$$B=\frac{M_0}{2I\beta^2} \quad (10.26)$$

将式(10.26)代入式(10.25)，得到罐壁和罐底连接处的变形(转角) θ_0 和内力弯矩 M_0 的关系式为：

$$\theta_0=\frac{\rho_L gR^2}{E\delta}(H\beta-1)-\frac{M_0}{2IE\beta} \quad (10.27)$$

在实际计算中，ρ_L、R、H、β、E、δ、I 均为已知的，故式(10.27)是关于罐壁端部的转角 θ_0 和 M_0 的一个简单的线性关系式，表示罐壁端部横截面的转角 θ_0 和罐底对罐壁端部的反力矩 M_0 的相对关系。

M_0、θ_0 是罐壁和罐底结合处单位周长上的弯矩和转角，也就是说，罐壁和罐底结合处的变形是一致的。所以，要确定 M_0、θ_0，还要结合罐底的受力和变形来完成。

10.5.3 罐底挠度、转角与弯矩关系式

如图 10.11 所示，根据基本假设，充液后罐底的基础给予罐底的反力有两处，分别为 R_A

和 R_B。图中 T 为单位周长上罐壁的重量，即：

$$T = \frac{\text{罐壁总重}}{\pi D}$$

式中　D——罐壁的平均直径。

根据垂直方向力的平衡条件 $\sum Y = 0$，得：

$$R_A + R_B = T + w(L - b) \tag{10.28}$$

对 R_A 的作用点取矩，$\sum M_0 = 0$，可求得 R_B：

$$R_B = \frac{Tb}{L} + \frac{wL}{2} - \frac{wb^2}{2L} - \frac{M_0}{L} \tag{10.29}$$

如果假设在长度 L 范围内单位宽度罐底在载荷作用下的位移为 $y = f(x)$，根据材料力学，当 $x \geqslant b$ 时，单位宽度罐底任一截面上的弯矩 $M(x)$ 为：

$$M(x) = EI_B \frac{d^2 y}{dx^2} = R_B(L - x) - \frac{w}{2}(L - x)^2 \tag{10.30}$$

$$I_B = \frac{\delta_B^3}{12}$$

式中　I_B——单位宽度罐底截面的惯性矩；
　　　δ_B——罐底的厚度。

对式(10.21)一次积分，得单位宽度罐底任一截面的转角 θ_B：

$$EI_B \theta_B = EI_B \frac{dy}{dx} = -\frac{R_B}{2}(L - x)^2 + \frac{w}{6}(L - x)^3 + C_1 \tag{10.31a}$$

对式(10.21)二次积分，得单位宽度罐底任一点的位移 y：

$$EI_B y = \frac{R_B}{6}(L - x)^3 - \frac{w}{24}(L - x)^4 + C_1 x + C_2 \tag{10.31b}$$

式中　C_1，C_2——积分常数，由边界条件确定。

当 $x = L$ 时，罐底与基础贴紧且罐底是平直的，因此，有边界条件：

$$y \Big|_{x=L} = 0$$

$$\theta_B \Big|_{x=L} = 0$$

这两个边界条件可以确定 C_1，C_2 均为零，则式(10.31a)、式(10.31b)改写为：

$$EI_B \theta_B = EI_B \frac{dy}{dx} = -\frac{R_B}{2}(L - x)^2 + \frac{w}{6}(L - x)^3 \tag{10.32a}$$

$$EI_B y = \frac{R_B}{6}(L - x)^3 - \frac{w}{24}(L - x)^4 \tag{10.32b}$$

式(10.30)、式(10.32a)、式(10.32b)分别为 $x \geqslant b$ 的圆周上各点的弯矩 $M(x)$、转角 θ_B 和挠度 y 的关系式。

再考察 $x \leqslant b$（即在罐壁外的一段罐底）时的情况。在这一段范围内，任意点的弯矩 $M(x)$ 为：

$$M(x) = EI_B \frac{d^2 y}{dx^2} = R_B(L - x) - \frac{w}{2}(L - x)^2 + \frac{w}{2}(b - x)^2 - T(b - x) + M_0 \tag{10.33}$$

对式(10.33)分别积分一次、二次，得：

$$EI_B \frac{dy}{dx} = EI_B \theta_B = -\frac{R_B}{2}(L - x)^2 + \frac{w}{6}(L - x)^3 - \frac{w}{6}(b - x)^3 + \frac{T}{2}(b - x)^2 + M_0 x + C_3$$

$$\tag{10.34a}$$

$$EI_B y = \frac{R_2}{6}(L-x)^3 - \frac{w}{24}(L-x)^4 + \frac{w}{24}(b-x)^4 - \frac{T}{6}(b-x)^3 + \frac{M_0}{2}x^2 + C_3 x + C_4$$

(10.34b)

式中 C_3, C_4——积分常数，由边界条件或变形协调条件确定。

在 $x=b$ 处，底板的变形是连续的，即按式(10.32a)、式(10.32b)求出的转角和位移应与式(10.34a)、式(10.35a)求出的转角和位移相等，由此可以确定 C_3、C_4，得：

$$C_3 = -bM_0$$

$$C_4 = \frac{1}{2}b^2 M_0$$

则式(10.34a)和式(10.34b)可以改写为：

$$EI_B \frac{dy}{dx} = EI_B \theta_B = -\frac{R_2}{2}(L-x)^2 + \frac{w}{6}(L-x)^3 - \frac{w}{6}(b-x)^3 + \frac{T}{2}(b-x)^2 + M_0 x - bM_0$$

(10.35a)

$$EI_B y = \frac{R_2}{6}(L-x)^3 - \frac{w}{24}(L-x)^4 + \frac{w}{24}(b-x)^4 - \frac{T}{6}(b-x)^3 + \frac{M_0}{2}x^2 - bM_0 x + \frac{1}{2}b^2 M_0$$

(10.35b)

式(10.33)、式(10.35a)、式(10.35b)分别为 $x \leqslant b$ 的圆周上各点的弯矩 $M(x)$、转角 θ_B 和挠度 y 方向上位移的关系式。

在式(10.30)、式(10.32a)、式(10.32b)、式(10.33)、式(10.35a)、式(10.35b)中，M_0、R_B、L 均为未知数，所以，弯矩 $M(x)$、转角 θ_B 和位移（变形量）仍然待定，因此，确定弯矩 $M(x)$、转角 θ_B 和位移（变形量）y 的关键是确定 M_0、R_B、L 三个参数。

式(10.29)给出了 M_0、R_B、L 三个参数之间的关系，所以要确定 M_0、R_B、L 三个参数，还需要两个补充方程，这两个方程可以从边界条件和变形协调条件获得。

根据基本假设，罐底边缘处没有位移，则由式(10.35)，可以得到：

$$EI_B y \Big|_{x=0} = \frac{R_B}{6}L^3 - \frac{w}{24}L^4 + \frac{w}{24}b^4 - \frac{T}{6}b^3 + \frac{1}{2}b^2 M_0 = 0$$

$$R_B = \frac{wL}{4} - \frac{wb^4}{4L^3} + \frac{Tb^3}{L^3} - \frac{3b^2}{L^3}M_0 \tag{10.36}$$

将式(10.36)代入式(10.29)并整理可得：

$$M_0 = \frac{L^2 - b^2}{L^2 - 3b^2}\left(\frac{w(L^2-b^2)}{4} + Tb\right) \tag{10.37}$$

同时，罐底和罐壁结合处是刚结点，其转角是相同的，则：

$$\theta_0 = \theta_B \Big|_{x=b}$$

由式(10.31)得：

$$\theta_0 = \frac{(L-b)^2}{2EI_B}\left[\frac{w}{3}(L-b) - R_B\right] \tag{10.38}$$

将式(10.29)代入式(10.38)，整理可得：

$$\theta_0 = \frac{(L-b)^2}{2EI_B}\left(\frac{M_0}{L} + \frac{wb^2}{2L} - \frac{wL}{6} - \frac{wb}{3} - \frac{Tb}{L}\right) \tag{10.39}$$

式(10.39)是罐底上 $x=b$ 处的转角 θ_0 和 M_0 的一个线性关系式。

由此可见,可以分别从罐底和罐壁的分析获得两条 θ_0 和 M_0 曲线,即式(10.27)和式(10.39)。式(10.27)是一条斜率为负值的直线,而式(10.39)是一条斜率为正值的直线,两条直线总有一个相交点 A,也就是说 A 点的 θ_0、M_0 值既满足罐底的 θ 和 M_0 方程,也满足罐壁的罐底的 θ_0 和 M_0,如图 10.13 所示,根据罐底和罐壁是通过罐壁两边的角焊缝焊到一起的,二者的变形 θ_0 和内力 M_0 应该协调一致,即 θ_0 和 M_0 值应当相等,所以可以通过以上方法确定罐底和罐壁结合处的变形和内力 θ_0 和 M_0。

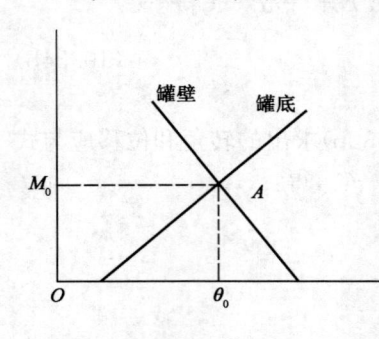

图 10.13 θ_0 和 M_0 的确定

10.5.4 罐壁应力

一旦确定了 θ_0 和 M_0,可由式(10.26)求出 B,由式(10.36)求出 L,式(10.36)求出 R_B,A、B、L 和 R_B 确定后,便可以分析罐壁和罐底各点的应力。

储罐的应力分析,可以分为罐壁的应力分析和罐底的应力分析。

(1)罐壁的弯曲应力:

$$\sigma_w = \frac{M(x)}{W} = \frac{6M(x)}{\delta^2}$$

式中 W——罐壁单位周长的断面系数,$W = \frac{\delta^2}{6}$。

根据材料力学弯曲理论,$M(x) = EI \frac{d^2 y}{dx^2}$,则将式(10.22b)代入,整理可得:

$$\sigma_w = -\frac{12I\beta^2 e^{-\beta x}}{\delta^2}(A\sin\beta x - B\cos\beta x) \tag{10.40}$$

(2)罐壁的环向应力:

$$\sigma_h = E\varepsilon = \frac{E}{R}y$$

将罐壁的位移方程式(10.21)代入上式,得:

$$\sigma_h = \frac{\rho_L g(H-x)R}{\delta} - \frac{e^{-\beta x}}{R}(A\cos\beta x + B\sin\beta x) \tag{10.41}$$

根据式(10.41),当 $x=0$ 时,罐壁底部的环向应力 σ_h 为:

$$\sigma_h = \frac{\rho_L g HR}{\delta} - \frac{A}{R}$$

把式(10.23)代入上式,可以得到:当 $x=0$ 时,罐壁底部的环向应力 σ_h 为零。由此可见,由于罐底的约束作用,罐壁底部的环向应力为零。

(3)罐底的弯曲应力计算。罐底的弯曲应力为:

$$\sigma_w = \frac{M(x)}{W_b} = \frac{6M(x)}{\delta_b^2} \tag{10.42a}$$

当 $x \geq b$ 时,将式(10.30)代入得:

$$\sigma_w = \frac{6}{\delta_b^2}\left[R_B(L-x) - \frac{w}{2}(L-x)^2\right] \tag{10.42b}$$

当 $x \leq b$ 时,将式(10.33)代入式(10.42a),罐底的弯曲应力为:

$$\sigma_w = \frac{6}{\delta_b^2}\left[R_B(L-x) - \frac{w}{2}(L-x)^2 + \frac{w}{2}(b-x)^2 - T(b-x) + M_0\right] \tag{10.42c}$$

10.6 罐壁层间边缘应力

在罐壁各层圈板交界处,罐壁壁厚发生突变,也要引起边缘应力,例如底层壁板与第二层壁板厚度不一致引起的边缘应力。

由于壁厚的突然变化,如果底层壁板与其相连的第二层壁板之间无约束时,根据式(10.19),在连接处(厚壁与薄壁连接处)的径向位移 ΔR 和壁厚 δ 成反比,当 δ 大(如底层)则 ΔR 小, δ 小(如第二层)则 ΔR 大,故无约束时在厚壁与薄壁连接处必将脱开。但是,由于在厚壁与薄壁连接处实际上存在约束,因此,在厚壁与薄壁连接处存在内力:弯矩 M_0、剪力 Q_0。如图 10.14 所示,底层坐标为 x_1,上层为 x_2,连接处的径向位移为 y(使半径增加为正)。设 y_1 为弯矩 M_0、剪力 Q_0 对底层壁板引起的挠度(径向位移),令 y_2 为弯矩 M_0、剪力 Q_0 对第二层壁板引起的挠度,则:

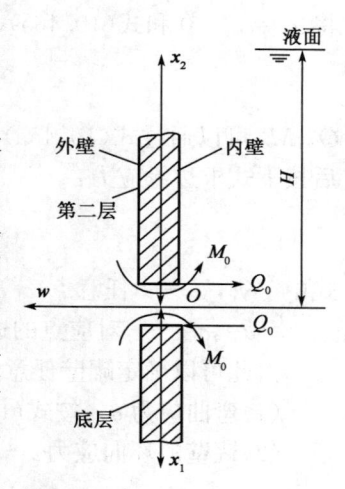

图 10.14 底层与第二层壁板交界处受力状况

$$y_1 = \frac{e^{-\beta_1 x_1}}{2\beta_1^3 D_1}[Q_0 \cos\beta_1 x_1 - \beta_1 M_0(\cos\beta_1 x_1 - \sin\beta_1 x_1)] \tag{10.43a}$$

$$y_2 = -\frac{e^{-\beta_2 x_2}}{2\beta_2^3 D_2}[Q_0 \cos\beta_2 x_2 - \beta_2 M_0(\cos\beta_2 x_2 - \sin\beta_2 x_2)] \tag{10.43b}$$

其中

$$\beta_1 = \sqrt[4]{\frac{3(1-\nu^2)}{R^2 \beta_1^2}}, \beta_2 = \sqrt[4]{\frac{3(1-\nu^2)}{R^2 \beta_2^2}}$$

$$D_1 = \frac{E\beta_1^3}{12(1-\nu^2)}, D_2 = \frac{E\beta_2^3}{12(1-\nu^2)}$$

式中 δ_1, δ_2——底层和第二层壁板的厚度;
ν——罐壁材料的泊松比。

若不考虑边缘应力的作用,由液压引起的底层和第二层壁板的挠度分别设为 ΔR_1 和 ΔR_2,则在底层和第二层壁板交界处,变形协调条件为:

$$\Delta R_1 + y_1 = \Delta R_2 + y_2 \tag{10.44a}$$

$$\frac{dy_1}{dx_1} = -\frac{dy_2}{dx_2} \tag{10.44b}$$

$$\Delta R_1 = \frac{\rho_L g H' R^2}{E\delta_1}, \Delta R_2 = \frac{\rho_L g H' R^2}{E\delta_2}$$

式中 y_1, y_2——边界处底层和第二层壁板在液体压力作用下的挠度;
H'——液面至交界处的高度。

将式(10.43a)、式(10.43b)代入式(10.44a)第一项得:

$$\Delta R_1 + \frac{1}{2\beta_1^3 D_1}(Q_0 - \beta_1 M_0) = \Delta R_2 - \frac{1}{2\beta_2^3 D_2}(Q_0 + \beta_2 M_0) \tag{10.45}$$

分别对式(10.43a)、式(10.43b)微分,得:

$$\frac{dy_1}{dx_1} = \frac{e^{-\beta_1 x_1}}{2\beta_1^2 D_1}[Q_0(\cos\beta_1 x_1 + \sin\beta_1 x_1) - 2\beta_1 M_0 \cos\beta_1 x_1] \tag{10.46a}$$

$$\frac{dy_2}{dx_2} = -\frac{e^{-\beta_2 x_2}}{2\beta_2^2 D_2}[Q_0(\cos\beta_2 x_2 + \sin\beta_2 x_2) + \beta_2 M_0 \cos\beta_2 x_2] \tag{10.46b}$$

将 $x_1 = x_2 = 0$ 和式(10.46a)、式(10.46b)代入式(10.44b)第二项得：

$$\frac{Q_0 - 2\beta_1 M_0}{\beta_1^2 D_1} = \frac{Q_0 - 2\beta_2 M_0}{\beta_2^2 D_2} \tag{10.47}$$

Q_0、M_0 可以通过式(10.45a)、式(10.45b)获得，并通过式(10.43a)、式(10.43b)获得 y_1、y_2，然后按下式求边缘应力：

$$\sigma_{h1} = E\frac{y_1}{R}, \quad \sigma_{h2} = E\frac{y_2}{R} \tag{10.48}$$

式中　y_1, y_2——任意点 x_1、x_2 处的位移；

σ_{h1}, σ_{h2}——对应点的边缘应力。

由此可以确定罐壁任意位置的综合应力为：

(1) 弯曲应力 σ_w：按式(10.40)计算。

(2) 罐壁的环向应力：

$$\sigma_h + \sigma_{h1} + \nu\sigma_w \tag{10.49}$$

注意，σ_w 值在中性线的内外侧大小相等，方向相反。σ_w 为正时，泊松效应应力为正，反之为负，故内、外侧环向应力并不相同，一为正的 $\nu\sigma_w$，一为负的 $\nu\sigma_w$。

11 立式储罐罐底和基础

储罐基础是罐体结构及所盛装油品重量的直接承载物。储罐要有足够稳固的基础,储罐基础在整个使用期间的不均匀沉陷要在工程允许的范围之内。小型储罐对地基承载能力要求不高,故一般地区的地基强度均能满足建罐的要求。但大型储罐,特别是储罐向大型化发展以来的大直径、大容量储罐,对地基的不均匀沉降比较敏感。当不均匀沉降超过一定限度时,将导致储罐倾斜、变形甚至破坏。即便是均匀沉降,如果沉降量过大,也会影响储罐的正常使用,因此,应将地基在上部载荷的作用下的应力和变形控制在允许的范围内,以保证储罐的使用安全。

11.1 储罐底板

罐底的中间部分,相当于一个铺在弹性基础上的薄板,除非基础有过大的沉陷,否则罐底中间部分所受的力是很小的,但底板的边缘部分受力状况却十分复杂。考虑到不同大小的储罐由于地基沉陷的影响和经济要求,各种规范都对储罐的罐底的结构,如排板的形式、底板的厚度以及搭接连接的方式等,提出了要求。

罐底板的排板方式,主要是由于考虑到底板焊接的变形量小、易于施工以及节约钢材等因素而决定的。按照我国的习惯,储罐内径不超过 12.5m 时,可采用由矩形的中幅板和边缘板组成的条形排板方式,如图 11.1 中的 a 型;当储罐内径大于 12.5m 时,采用周边为弓形边缘板的排板方式,如图 11.1 中的 b 型。罐底中间部分称为中幅板,边缘较厚的一圈称为边缘板。环形边缘板外缘为圆形,内缘为正多边形或圆形时,其边数与环形边缘板的块数相等。中幅板的厚度是根据结构要求并考虑到罐底的寿命,不包括腐蚀裕量,罐底中幅板的最小公称厚度不应小于表 11.1 的规定。边缘板的受力情况十分复杂,故其厚度比中幅板略有增加。表 11.2 中规定了不包括腐蚀裕量的罐底边缘板的最小公称厚度,其材质应与底圈罐壁板相同。

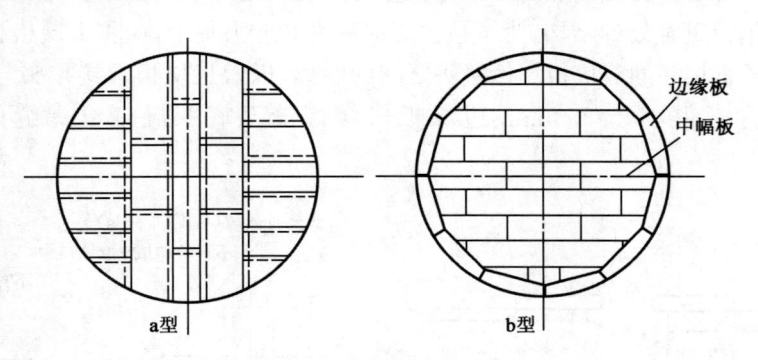

图 11.1 罐底的排板方式

表 11.1 中幅板的最小公称厚度

储罐内径,m	$D \leqslant 10$	$D > 10$
中幅板最小公称厚度,mm	5	6

表 11.2 环形边缘板最小公称厚度

底圈罐壁板公称厚度,mm	≤6	7～10	11～20	21～25	26～30	≥30
环形边缘板最小公称厚度,mm	6	7	9	11	12	14

罐壁内表面至边缘板与中幅板之间的连接焊缝的最小径向距离,应不小于下式的计算值,且不小于 600mm：

$$L_{\mathrm{m}} = \frac{215\delta_{\mathrm{b}}}{\sqrt{H_{\mathrm{w}}\gamma_{\mathrm{L}}}} \tag{11.1}$$

式中 L_{m}——罐壁内表面边缘板与中幅板之间的连接焊缝的最小径向距离,mm；

δ_{b}——不包括腐蚀裕量的罐底边缘板的最小公称厚度,mm；

H_{w}——设计最高液位,m；

γ_{L}——储液相对密度(取储液与水的密度之比)。

底圈罐壁板外表面沿径向至边缘板外缘的距离,不应小于 50mm；需抗震设防的储罐和采用外环梁基础的储罐,边缘板的径向尺寸宜适当加大。规定环形板宽度的依据是在环形边缘板整个宽度上提供的均匀支撑的基础,除非罐基础被压实,特别是在混凝土环墙的内侧,否则,基础沉降将在环形边缘板上产生附加应力。

罐底板可采用搭接、对接或两者的组合,如图 11.2 和图 11.3 所示。较厚板宜选用对接。采用搭接时,中幅板之间的搭接宽度最小为 5 倍的底板厚度,且不小于 30mm；中幅板应搭接在环形边缘板的上面,搭接宽度应不小于 60mm；采用对接时,焊缝下面应设厚度不小于 3mm 的垫板,垫板应与罐底板贴紧并定位。厚度不大于 6mm 的罐底边缘板对接焊缝可不开坡口,焊缝间隙不小于 6mm,如图 11.4 所示；厚度大于 6mm 的罐底边缘板对接焊缝采用 V 形坡口,如图 11.5 所示,边缘板与底圈壁板相焊的部位应做成平滑支撑面；中幅板、边缘板自身的搭接焊缝以及中幅板与边缘板之间的搭接焊缝,应采用单面连续角焊缝,焊角尺寸应等于较薄件的厚度。当边缘板与中幅板对接时,凡属下列情况,均按图 11.3 的要求削薄厚板边缘:(1)中幅板厚度大于 10mm,两板厚度差大于或等于 3mm；(2)中幅板厚度差大于 10mm,两板厚度差大于中幅板厚度的 30%。三层板重叠处,为了减少焊缝高度和应力集中,最上层钢板应做切角处理,如图 11.6 所示。在罐底上的三块钢板重叠点互相之间以及与罐壁之间的距离不应小于 300mm。三块钢板重叠处的结构,为了减少焊缝高度和应力集中,应将上层板切角,如图 11.6 所示。罐底板任意相邻的三块板焊接接头之间的距离,以及三块板焊接接头与边缘板对接接头之间的距离,不得小于 300mm；边缘板对接焊缝至底圈罐壁纵焊缝的距离不得小于 300mm。

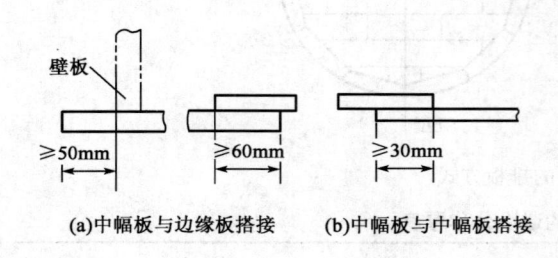

图 11.2 罐底板的搭接接头

(a)中幅板与边缘板搭接 (b)中幅板与中幅板搭接

图 11.3 罐底板的对接接头

(a)中幅板与边缘板对接 (b)中幅板与中幅板对接

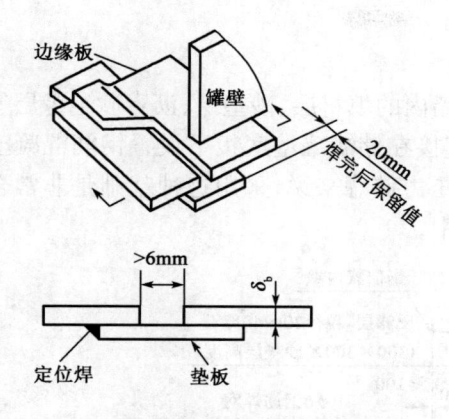

图11.4 罐底边缘板搭接接头

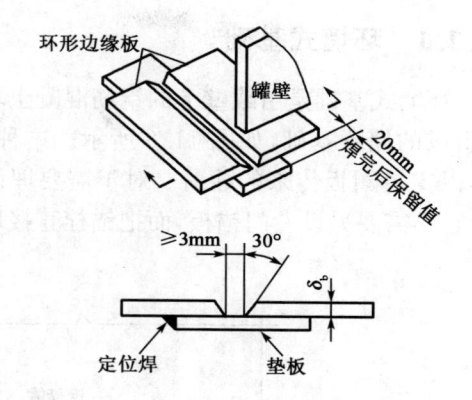

图11.5 罐底边缘板对接接头

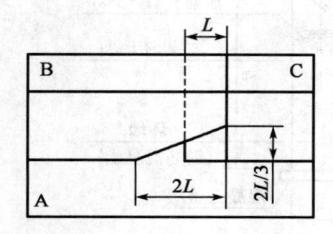

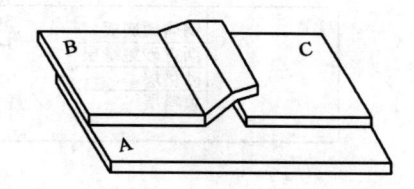

图11.6 三层板重叠处接头

底圈罐壁与边缘板之间的T形接头,应采用两侧连续角焊;罐壁外侧焊角尺寸及罐壁内侧竖向焊脚尺寸,应等于底圈罐壁板和边缘板两者中较薄件的厚度,且焊脚高度不应大于13mm,角焊缝应有圆滑过渡;罐壁内侧径向焊脚尺寸,宜取1.0～1.35倍边缘板厚度[图11.7(a)],当边缘板厚度大于13mm时,罐壁内侧可开坡口[图11.7(b)]。

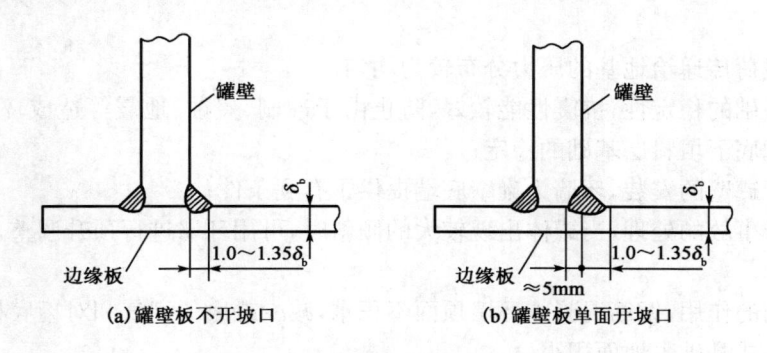

(a) 罐壁板不开坡口

(b) 罐壁板单面开坡口

图11.7 底圈罐壁与边缘板之间的接头

11.2 储罐基础的形式

储罐基础形式的选择,应考虑储罐的特点及储罐所在地区工程地质条件、土的性质、地基的承载能力,针对不同类型的储罐,选择和设计恰当的形式,必要时还要推算并预计沉降量。

根据国内外实际使用情况,储罐基础主要有环墙式基础、外环墙式基础、护坡式基础和桩基础等几种基本做法。

11.2.1 环墙式基础

环墙式基础是由罐壁下的钢筋混凝土环墙和环墙内的填料层、砂垫层、沥青砂绝缘层等共同组成的储罐基础,如图 11.8 所示。这种基础是直接在储罐罐壁底板下设置钢筋混凝土环梁,以支持圈板传来的载荷。对于需要埋设锚栓的压力储罐来说,采用这种基础是非常合适的,它不需要另设专门锚板,而把锚栓直接埋在环梁中。

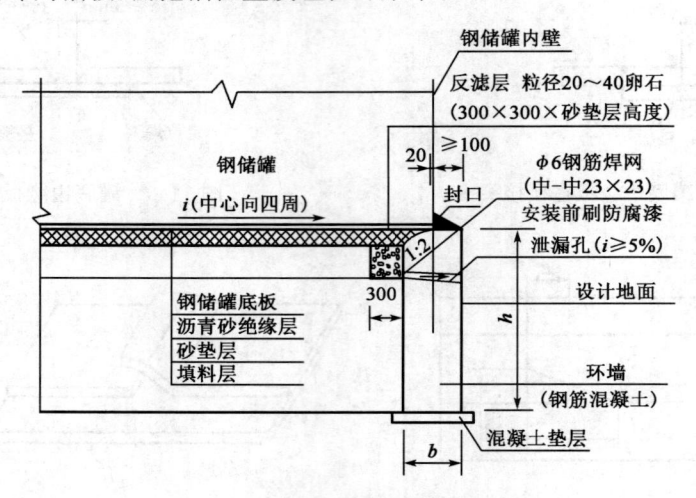

图 11.8 环墙式基础(单位:mm)

环墙式基础一般用于软和中软场地土,多用于浮顶罐与内浮顶罐。这种形式的罐基础在国内用得较多,它的优点是:

(1)可减少罐周的不均匀沉降,钢筋混凝土环墙平面抗弯刚度较大,能很好地调整在地基下降过程中出现的不均匀沉降,从而减少罐壁的变形,避免浮顶罐和内浮顶罐发生浮顶不能上浮的现象;

(2)罐体载荷传递给地基的压力分布较为均匀;

(3)增加基础的稳定性,抗震性能较好,防止由于冲刷、侵蚀、地震等造成环墙内各填料层的流失,保持罐底下填料层基础的稳定;

(4)有利于罐壁的安装,环墙为罐壁底端提供了有利条件;

(5)有利于事故的处理,当罐体出现较大的倾斜时,可用环墙进行顶升调整,或采用半圆周挖沟纠偏;

(6)起防潮的作用,钢筋混凝土环墙顶面不积水,减少罐底的潮气和对罐底板的腐蚀;

(7)比护坡式基础占地面积小。

这种基础的缺点是:

(1)由于环墙的竖向抗力刚度比环墙内填料层高很多,因此,罐壁和罐底的受力状态较外环墙式基础差;

(2)钢筋水泥耗量较多。

为了充分发挥这种基础的优点,在设计混凝土环梁时,要注意梁下面土壤平均单位面积上的载荷与储罐下面同一深度处单位面积上的载荷大致相等。环梁厚度应不小于 300mm,环梁中心线的直径应与储罐直径一致。环梁的深度与地基的状况有关,在确定该深度时,应当注意到储罐基础施工时不致把土壤扰乱。要求环梁能抵抗温度变形及收缩,并能耐回填土的侧向压力。环梁中钢筋的截面积应通过计算求得,但不小于地基平面上环梁截面积的0.2%。

由圈梁所包围的罐基础的中间部分由碎石、细砂、沥青砂三部分组成,必要时在最下部也可垫较大的石子(75mm左右)打底。碎石尺寸以10～20mm为宜,碎石上面铺细砂,细砂上面是沥青砂,沥青砂最小厚度为50mm,我国习惯上常取80～100mm,沥青砂配比各地不同。

11.2.2 外环墙式基础

外环墙式基础如图11.9所示,环墙设置在罐壁以外,罐壁和罐底未直接坐落在环墙上,而是坐落在由砂石土构成的基础上。

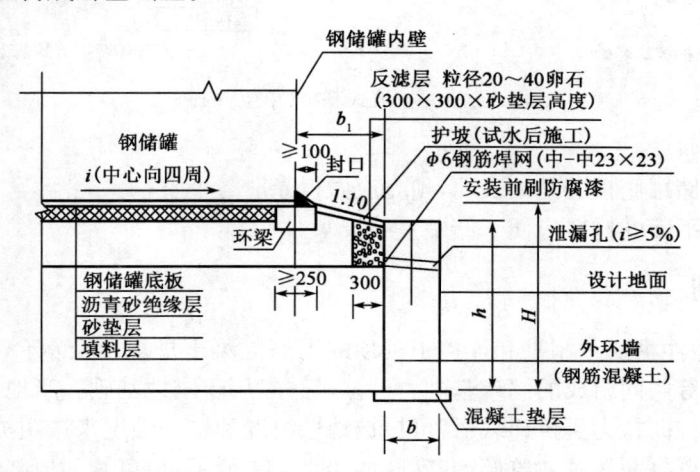

图11.9 外环墙式基础(单位:mm)

这类基础一般用于硬和中硬场地土,它的优点是:

(1)罐体坐落在由砂石土构成的基础上,其竖向刚度相差不大,因此对罐壁和罐底的受力状态较环墙式基础好;

(2)外墙式基础具有一定的稳定性,因此基础的抗震性能较好;

(3)较环墙式基础省钢筋和水泥。

它的缺点是:

(1)外环墙式基础的整体平面抗弯刚度较钢筋混凝土环墙式基础差,因此,调整不均匀沉降的能力较差;

(2)当罐壁下节点处的下沉量低于外环墙顶时,易造成两者之间的凹陷。

11.2.3 护坡式基础

护坡式基础包括素土护坡式基础和碎石环墙护坡式基础,如图11.10所示。碎石环墙护坡式基础是在储罐圈板下用碎石修筑基础,中间填砂,其做法基本上与钢筋混凝土环梁基础的做法相同,不同的只是将钢筋混凝土环梁改为碎石砌体。

这类基础一般用于硬和中硬场地土,多用于固定顶储罐,其优点是省钢材、水泥、工程投资小;缺点是基础的平面抗弯刚度差;因而对调整地基不均匀沉降作用小,效果较差,且占地面积大。

这种基础应注意:

(1)罐基础的外围凸台和护面应用碎石砌筑或用永久性铺面材料敷于表面,以防止受雨水

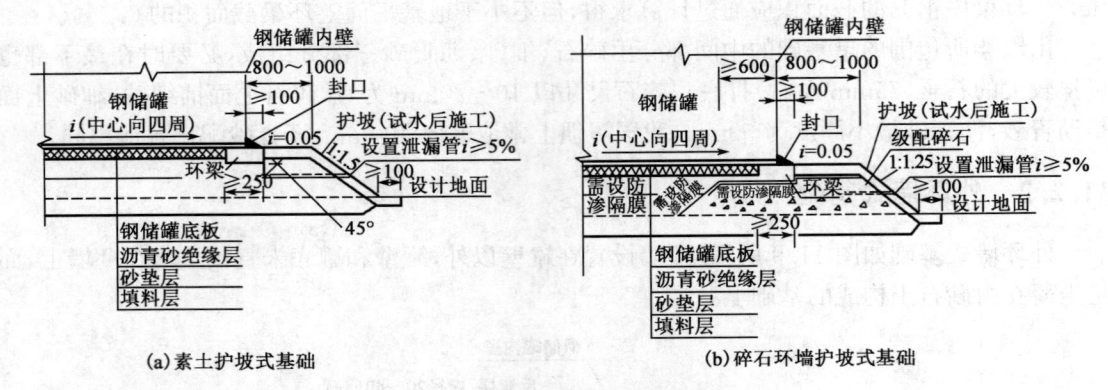

图 11.10 护坡式基础(单位:mm)

和储罐跑液的冲刷;
(2)作为支撑储罐底板的基础表面,预先应做得光滑与平整;
(3)储罐基础平面的构造应便于储罐基础排水。

11.2.4 桩基础

桩基础是由灌注桩或预制桩和连接于桩顶的钢筋混凝土桩承台及承台上的填料层、砂垫层、沥青砂绝缘层等共同组成的储罐基础。桩基础一般用于刚性基础。当地基软弱,不可能作直接基础时,利用桩向持力层传递载荷,可根据地层情况和桩的强度来选用桩的种类。软弱层厚(支持层深)时,可打摩擦桩建筑储罐基础,如图 11.11 所示;也可软弱地基中强制压入砂桩,如图 11.12 所示,以增加地耐压。

桩基础有一定的应用范围,但要注意桩基承台板的设计,缺点是投资规模较大。

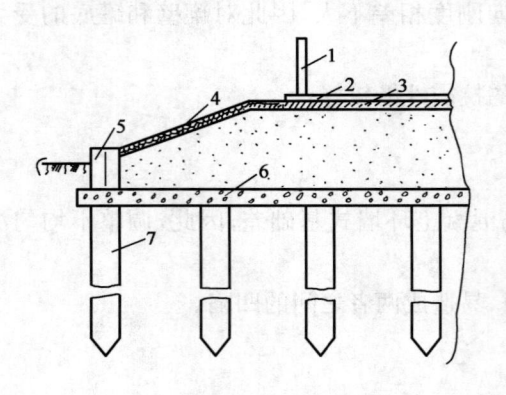

图 11.11 摩擦桩基础
1—罐壁;2—沥青砂;3—卵石护坡;
4—钢筋混凝土环梁;5—粗砂

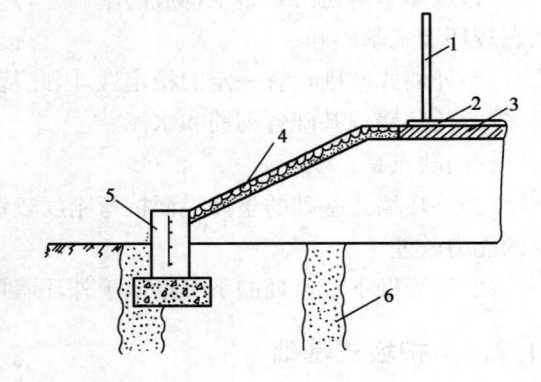

图 11.12 砂桩基础
1—罐壁;2—罐底;3—沥青砂垫层;4—砾石护坡;
5—环梁;6—块石;7—端承桩

11.2.5 储罐基础的设计与施工要求

为了使储罐基础符合使用要求,储罐基础的设计与施工必须满足以下基本要求:
(1)基础中心坐标偏差不应大于 20mm;标高偏差不应大于 20mm。
(2)罐壁处基础顶面的水平度:当为环墙式基础时,环墙上表面任意 10m 弧长上应不超过

±3.5mm,在整个圆圈上,从平均的标高计算不超过±6.5mm;当为护坡式基础时,任意 3m 弧长上不应超过±3mm,从平均的标高计算不超过±12mm。

(3)基础面层为防腐绝缘层。基础表面任意方向上不应有突起的棱角。从中心向周边拉线测量基础表面凹凸度不超过 25mm。

(4)基础锥面坡度:一般地基为 15%;软弱地基应不大于 35%。基础沉降基本稳定后的锥面角度不小于 8%。

(5)基础沉降稳定后,基础边缘上表面应高出地坪不小于 300mm。在地坪以上的基础应设置罐底泄漏信号管,其周向间距不宜大于 20m,每罐最少设 4 个,钢管公称直径不宜小于 50mm,亦不宜大于 70mm。

(6)当储罐的设计温度大于 95℃时,储罐的基础应适应储罐在高温下的工作要求。

(7)储罐有清扫孔时,基础的设计尚应符合清扫孔的要求。

11.3 基础环墙设计

当地基土为软土、地基土不能满足承载力要求,且计算沉降差不能满足规范规定的允许值或地震作用地基土有液化时,宜采用环墙式(钢筋混凝土)基础。环墙可用来抵抗和调节地基局部差异沉降,其能力取决于环墙的刚度大小和地基土的好坏,并同储罐的重要性程度及结构类型等密切相关。基础环墙是储罐基础的主要承载结构,需要进行内力计算,或根据实际地基情况进行整体结构分析。

11.3.1 环墙尺寸

钢筋混凝土环墙尺寸,主要依据场地上地质情况、储罐的结构特征及容积的大小等因素综合来确定。

在确定环墙高度时,除了考虑工艺上安装标高和储罐基础周边高出设计地面至少不小于 300mm,以及根据基础沉降计算,考虑最终沉降量而采取的预抬高安装的高度要求外,环墙的埋置深度还应满足规范的规定。GB 50473《钢制储罐地基基础设计规范》规定,环墙式基础的埋深(以沉降基本稳定为准)不宜小于 0.6m;在地震区,当地基土有液化可能时,埋深不宜小于 1m;在寒冷地区,储罐基础埋深宜满足冻土深度要求,无法满足时,应采取防冻胀措施。

环墙厚度一般依据下列假定来确定。为了使储罐基础不均匀沉降尽可能减少,假定环墙底面 A 点的地基承压力与环墙内侧同一深度储罐底面 B 点的地基承压力相等的条件求得环墙厚度,见图 11.13。

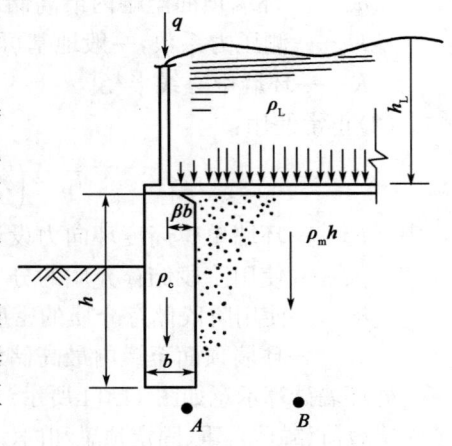

图 11.13 环墙计算示意

假设 A 点和 B 点上的地基承压能力相等:

$$p_A = p_B$$

即:

$$\frac{\rho_L g h_L \beta b + g_k - \rho_c g h b}{b} = \rho_L g h_L + \rho_m g h$$

整理后,得:

$$b = \frac{g_k}{(1-\beta)\rho_L g h_L - (\rho_c - \rho_m)gh} \tag{11.2}$$

式中　b——环墙厚度;
　　　g_k——罐壁底端传至环墙顶端的竖向线分布载荷标准值,当有保温层时,尚应包括保温层的载荷标准值;
　　　β——罐壁伸入环墙顶面宽度系数,可取 0.4~0.6;
　　　ρ_c——环墙的密度;
　　　ρ_L——罐内使用阶段储存介质的密度;
　　　ρ_m——环墙内各层材料的平均密度;
　　　h_L——环墙顶面至罐内最高储液面高度;
　　　h——环墙高度。

关于罐壁底端传给环墙的线分布载荷标准值,当为浮顶罐时,仅为罐壁的重量,包括保温层的重量;当为固定顶罐(包括内浮顶罐)时,应为罐壁和罐顶的重量。

11.3.2　环墙内力

环墙内力是环墙配筋的依据。采用朗金(Rankie)主动土压力公式或根据一定的侧压力系数计算土的侧压力,可以建立环墙环向力的计算公式。

分别考虑充水试压和正常使用两种情况。

(1)充水试压:

$$F_t = \left(\gamma_w \rho_w g h_w + \frac{1}{2}\gamma_m \rho_m g h\right) KR \tag{11.3}$$

式中　F_t——环墙单位高度环向力设计值;
　　　γ_w, γ_m——水、环墙内各层材料自重分项系数,γ_w 可取 1.1,γ_m 可取 1.2;
　　　ρ_w, ρ_m——水、环墙内各层材料的密度,$\rho_w = 1000 \text{kg/m}^3$,$\rho_m = 1800 \text{kg/m}^3$;
　　　h_w——环墙顶面至罐内最高储水面高度;
　　　K——侧压力系数,一般地基可取 0.33,软土地基可取 0.5;
　　　R——环墙中心线半径。

(2)正常使用:

$$F_t = \left(\gamma_L \rho_L g h_L + \frac{1}{2}\gamma_m \rho_m g h\right) KR \tag{11.4}$$

式中　F_t——环墙单位高度环向力设计值;
　　　γ_L——使用阶段储存介质的分项系数,取 1.3;
　　　ρ_L——使用阶段储存介质的密度;
　　　h_L——环墙顶面至罐内最高储水面高度。

外环墙计算示意如图 11.14 所示。外环墙的环向力主要考虑 3 种载荷作用在外环墙上,即填料层载荷、罐体自重、固定顶罐和内浮顶罐除罐壁保温层外还应包括固定顶盖重和充水水重。外环墙式基础,其罐壁和底板均为柔性支承,因此对基础的竖向抗力刚度应有较高的要求。

外环墙单位高度环向力设计值分以下几种情形计算。

(1)当 $b_1 \leqslant H$ 时,按下列公式计算:

在 45°扩散角以下部分:

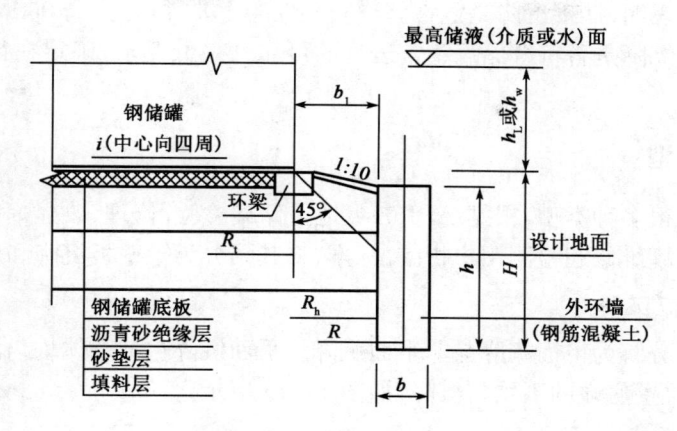

图 11.14 外环墙示意

$$F_t = \left(\frac{1}{2}\gamma_m\rho_m gH + \gamma_g\frac{g_k}{2b_1} + \gamma_w\rho_w gh_w\frac{R_t^2}{R_h^2}\right)KR \quad (充水试压时) \tag{11.5}$$

$$F_t = \left(\frac{1}{2}\gamma_m\rho_m gH + \gamma_g\frac{g_k}{2b_1} + \gamma_L\rho_L gh_L\frac{R_t^2}{R_h^2}\right)KR \quad (正常使用时) \tag{11.6}$$

式中 F_t——外环墙单位高度环向力设计值；

γ_g——罐体自重的分项系数，取 1.2；

b_1——外环墙内侧至罐壁内侧距离；

R_h——外环墙内侧半径；

R_t——储罐底圈内半径；

H——罐底至外环墙底高度；

R——外环墙中心线半径。

在 45°扩散角以上部分：

$$F_t = \frac{1}{2}\gamma_m\rho_m g b_1 KR \tag{11.7}$$

(2) 当 $b_1 > H$ 时，按下式计算：

$$F_t = \frac{1}{2}\gamma_m\rho_m gHKR \tag{11.8}$$

环墙单位高度环向钢筋的截面面积由上述环向力确定，按下式计算：

$$A_s = \frac{\gamma_0 F_t}{[\sigma_b]} \tag{11.9}$$

式中 A_s——环墙单位高度环向钢筋的截面面积，mm；

γ_0——重要性系数，取 1.0；

$[\sigma_b]$——钢筋抗拉强度设计值，kN/mm²；

F_t——环墙单位高度环向力设计值，kN/m。

环墙单位高度环向力设计值 F_t，取式(11.3)和式(11.4)的最大值；外环墙单位高度环向力设计值，当 $b_1 \leqslant H$ 时，在 45°扩散角以下部分取式(11.5)和式(11.6)的最大值。

11.4 储罐沉降评价

储罐有时建在软土上，加上长期受到自身重力和外界载荷的作用，容易产生沉降变形。国内外大量事故资料表明,储罐沉降是危害储罐安全性的主要因素之一。储罐沉降评价的目的,是分析已经发生的沉降是否符合储罐正常运行的可靠性最低要求,确定在役储罐是否需要停产维修。

11.4.1 沉降类型

储罐沉降分为很多种类型,根据 API 653《地上储罐检验、修理、改建》和 EEMUA 159《地上立式圆柱钢制储罐维修和检测用户指南》标准,将其划分为罐壁板沉降和底板沉降。

11.4.1.1 罐壁板沉降

罐壁板沉降可分解为平面沉降与非平面沉降。平面沉降包括整体均匀沉降和整体均匀倾斜,非平面沉降为罐壁底端的不均匀沉降,如图 11.15 所示。

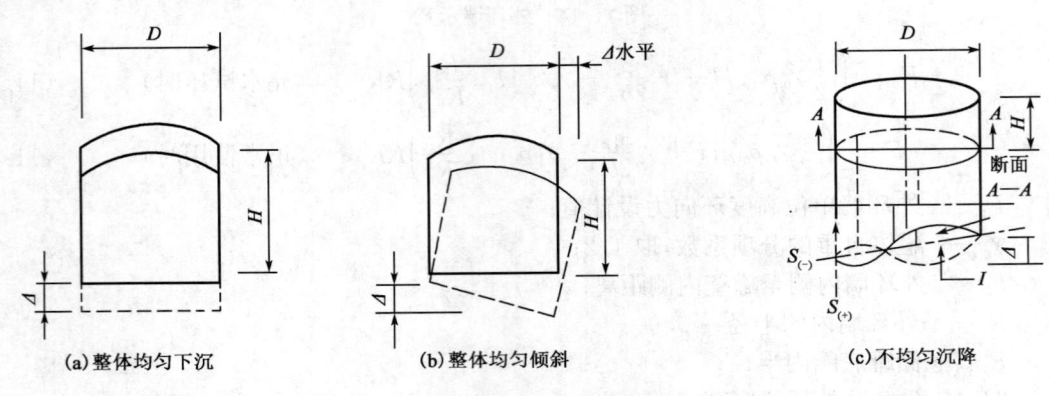

(a) 整体均匀下沉　　(b) 整体均匀倾斜　　(c) 不均匀沉降

图 11.15　储罐沉降示意图

1) 整体均匀沉降

整体均匀沉降是由储罐罐体垂直均匀下沉产生的刚体移动,如图 11.15(a)所示。此种类型的沉降可以根据土壤的特性测试进行提前预测。如果沉降量较大,需要充分考虑其对罐壁的进出油管线等附件位置的影响,如接管与储罐间的位移差引起的局部附加应力和法兰密封失效,但一般不会影响储罐结构的安全和完整性。除此之外,储罐均匀沉降会使罐体接近地下水位,对储罐防腐非常不利。

2) 整体均匀倾斜

整体均匀倾斜如图 11.15(b)所示,是储罐壁板随地基的沉降产生了刚性位移,此时,罐壁底部一圈位于一倾斜的截面上。整体均匀倾斜对罐体产生的影响有:

(1) 致使罐体直径发生变化,引起储罐不规则的椭圆化现象,降低浮盘的密封性能,阻碍浮盘随液位的正常运行,甚至能造成严重的卡盘或翻盘事故。

(2) 使沉降量较大侧液位升高,罐壁的环向应力增大,对称侧压力降低,改变储罐的轴对称应力状态,并引起储罐的整体弯曲。特别是储罐的高径比越小,此种现象越明显。

(3) 同整体均匀沉降类似,导致罐壁接管位置的局部应力集中与变形。

3) 不均匀沉降

罐壁下端的不均匀沉降是最容易发生的沉降类型,如图 11.15(c)所示。由于不均匀沉降在数值上远小于整体均匀沉降和整体均匀倾斜,且不易区分,因而常被忽视,但此种沉降对储罐结构的影响却最大,危害性极高。不均匀沉降会造成罐底板的不规则变形,使壁板与底板连接处的应力重新分布,降低储罐强度及稳定性,引起罐壁大变形,导致浮盘密封失效,严重时可造成储罐的破坏。不均匀沉降量无法通过土力学原理进行预测,只能通过定期的沉降观测试验进行数据分析与安全评价。储罐对不均匀沉降的承受能力受其几何结构、载荷分布、材料特性及沉降幅值等多种因素影响。

11.4.1.2 底板沉降

底板沉降分为边缘沉降和局部凹陷,如图11.16所示。

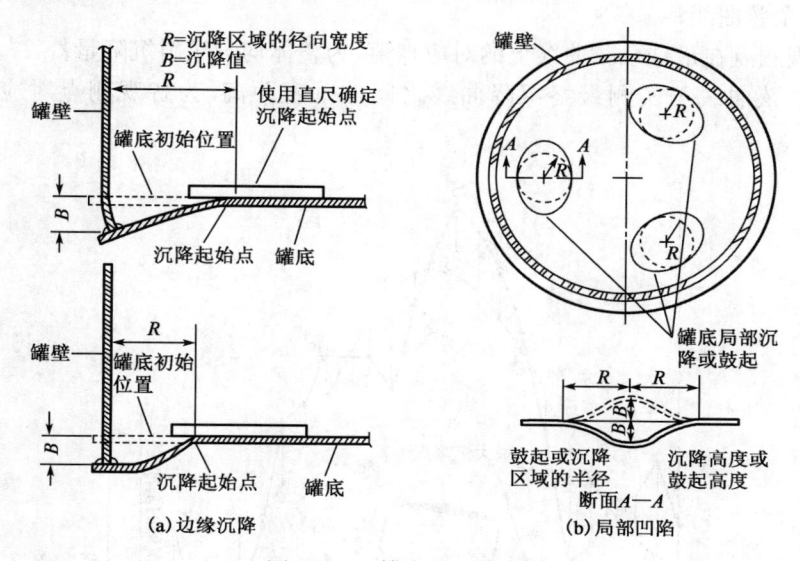

图 11.16 罐底板沉降类型

1）边缘沉降

边缘沉降如图11.16(a)所示。当储罐罐壁沿着环向一圈急剧沉降时,就会发生边缘沉降,此时,靠近罐壁与罐底连接的大角焊缝处的底板将发生较大变形。而储罐底板最初具有一定坡度,呈中间高四周低的锥形,满载后,在液压作用下,底板变为中间低四周高的盆形。因此,边缘沉降一旦发生,将会产生以下影响:

(1) 罐底产生死油区,储罐的有效容量减小;
(2) 罐底沉积的水分及污染物难以排出,加速罐底板腐蚀;
(3) 罐底板及焊缝产生附加应力,激化局部应力状态。

边缘沉降对于大型储罐而言少有发生,因为根据地基结构的设计,钢筋混凝土环墙刚度远大于弹性地基的刚度。

2）局部凹陷

局部凹陷随机发生在距大角焊缝一定距离的位置,是由储罐地基垫层铺筑不均匀或地基的局部沉降引起的,如图11.16(b)所示,会导致底板及焊缝的受力状态复杂化,严重时导致罐底板破裂漏油。

11.4.2 评价方法

储罐沉降评价指标一般有三项,即对径点沉降差、相邻点沉降差和不均匀沉降量。从沉降观测数据中,可以很容易计算对径点沉降差、相邻点沉降差,而不均匀沉降量不能由观测数据直接得到,需要绘制曲线并进行计算,如图11.17所示。计算的方法如下:

(1)将沿罐壁环向的各个观测点依次展开作为横坐标,沉降量为纵坐标建立坐标系,通常将1号观测点作为坐标原点;

(2)根据实测最终沉降量,依次在各个观测点坐标上进行取值描点,将各点连接成一个连续的曲线,即为实测最终沉降曲线;

(3)曲线中最低点与横坐标的垂直距离为最小沉降量,即为整体均匀沉降量;

(4)以各观测点的实测最终沉降量为数据,手绘或者应用计算机程序拟合出与实测沉降曲线贴合最佳的余弦曲线;

(5)各个观测点在最佳余弦曲线上的对应点值,为整体均匀倾斜沉降量;

(6)最佳余弦曲线与实测最终沉降曲线之间的垂直距离,为各观测点对应的不均匀沉降量。

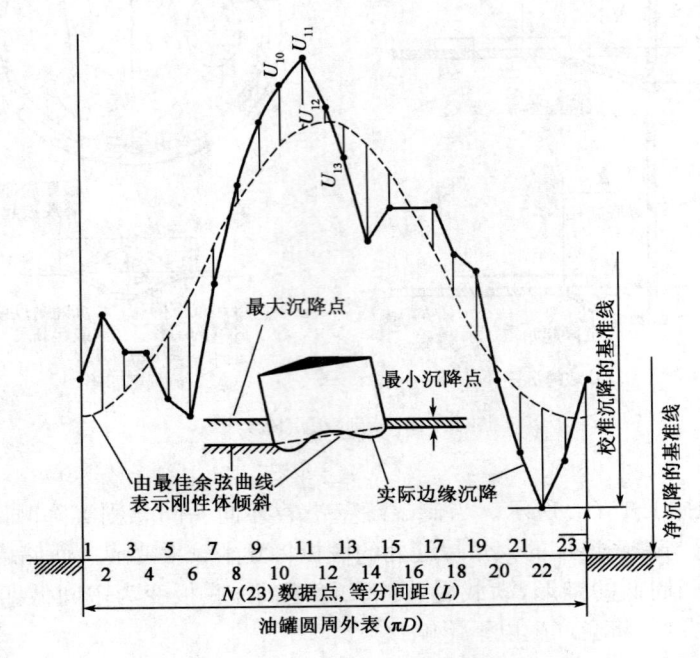

图 11.17 储罐沉降的图解法

对储罐基础沉降的评价,主要依据评价标准,必要时,应对储罐进行受力与变形分析。国内外关于储罐沉降评价的标准较多,不同的评价标准,要求的评价指标不同,沉降指标的允许值也有所不同。

11.4.2.1 GB 50341《立式圆筒形钢制焊接油罐设计规范》

此标准要求储罐基础直径方向上的沉降差不应超过表11.3所列的沉降许可值。沿罐壁圆周方向任意10m弧长内的沉降差应不大于25mm,支承罐壁的基础部分与其内侧的基础之间不应发生沉降突变。

表 11.3 储罐基础沉降差许可值

外浮顶罐与内浮顶罐		固定顶罐	
罐内径 D,m	任意直径方向最终沉降差许可值	罐内径 D,m	任意直径方向最终沉降差许可值
$D \leqslant 22$	$0.007D$	$D \leqslant 22$	$0.015D$
$22 < D \leqslant 30$	$0.006D$	$22 < D \leqslant 40$	$0.010D$

续表

外浮顶罐与内浮顶罐		固定顶罐	
罐内径 D,m	任意直径方向最终沉降差许可值	罐内径 D,m	任意直径方向最终沉降差许可值
$30<D\leqslant40$	$0.005D$	$40<D\leqslant60$	$0.008D$
$40<D\leqslant60$	$0.004D$	—	—
$60<D\leqslant80$	$0.0035D$	—	—
$D>80$	$0.0030D$	—	—

11.4.2.2 API 653《地上储罐检验、修理、改建》

该标准对罐壁板沉降及底板沉降均作出了规定。

(1)对罐壁板沉降,该标准仅规定了不均匀沉降量,要求不均匀沉降量应满足下式:

$$S_i \leqslant 11L^2\sigma_y/(2EH_t) \tag{11.10}$$

$$S_i = U_i - (U_{i-1} + U_{i+1})/2 \tag{11.10a}$$

式中　S_i——相对变形量;

L——相邻观测点之间的圆周弧长;

σ_y——材料屈服强度;

E——弹性模量;

H_t——储罐的高度;

U_i——测点的沉降量。

(2)对底板边缘沉降,边缘沉降区如果包含与罐壁成任意角度的搭接焊缝,则可以在 B_{ew} 和 B_e 之间使用内插法得出最大允许沉降量:

$$B_\alpha = B_e - (B_e - B_{ew}) \times \sin\alpha \tag{11.11}$$

式中　α——底板焊缝与储罐中心线所成的角度;

B_{ew}, B_e——查表获得。

(3)对底板局部凹陷,其最大允许值由下式计算(图11.18为公式图解):

$$B = 0.37R \tag{11.12}$$

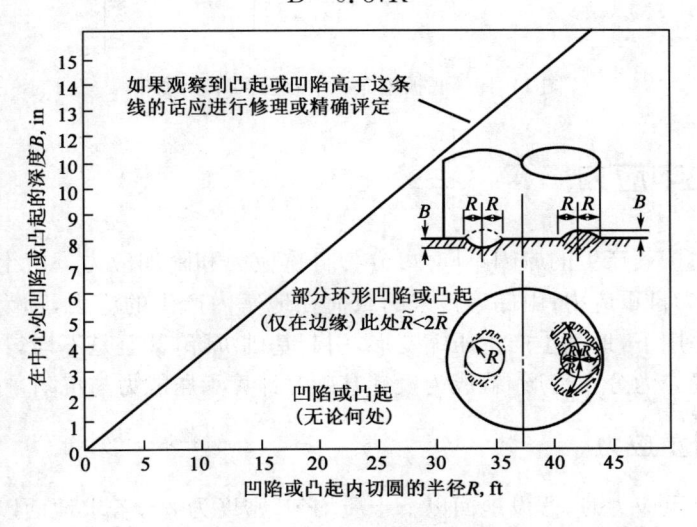

图11.18　局部凹陷公式图解

11.4.2.3 SY/T 5921《立式圆筒形钢制焊接油罐操作维护修理规程》

该标准对储罐基础的对径点沉降差、相邻点沉降差及不均匀沉降量均作出了规定。原油罐直径 80m 时,任意对径点的沉降差最大允许值为 0.0035D,即对径点沉降差最大允许值为 280mm,同时,每 10m 弧长内任意两点的高差不大于 12mm。对不均匀沉降量允许值的要求同 API 653。

11.4.2.4 EEMUA 159:2003《地上立式圆柱钢制储罐维修和检测用户指南》

(1) 对壁板沉降,该标准规定了相邻两点的沉降差值,以及不均匀沉降量,要求沿着储罐圆周任意 10m 两测点上的沉降差不应超过 100mm,不均匀沉降量的要求同 API 653。

(2) 对底板边缘沉降,要求对于如图 11.16(a) 所示的边缘沉降,B 不应超过 125mm,R 不应不超过 750mm。

(3) 对底板边缘到罐中心的凹陷,如图 11.19 所示,罐底边缘板到罐中心可接受的最大值为:

$$\max(100f/d) = \sqrt{(100f_0/d)^2 + 3280K/E} \tag{11.13}$$

式中 f_0——锥形底的初始高度;
E——弹性模量;
K——罐底板的屈服强度;
d——罐直径。

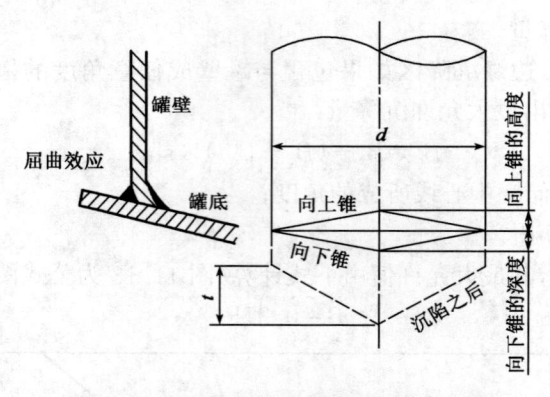

图 11.19 底板边缘到中心的沉降示意图

11.5 地基土中应力

地基土中应力按其产生的原因不同,可分为自重应力和附加应力。由土的自重在地基内所产生的应力,称为自重应力;由储罐传来的载荷在地基内产生的应力,称为附加应力。特别是在附加应力的作用下,地基土产生压缩变形,引起基础沉降,甚至是不均匀沉降。因此,了解载荷在土中产生的应力分布情形,就成为设计基础时计算承压能力与沉陷量的重要问题。

11.5.1 土的自重应力

在计算土中自重应力时,假设地面以下土质均匀,密度为 ρ_{so},若求地面以下深度 z 处的自重应力,可取单位面积的土柱计算,此处的自重应力为:

$$\sigma_{cz} = \rho_{so} g z \tag{11.14}$$

由式(11.14)可见,匀质土的竖向自重应力随深度呈线性增加,应力分布图在竖向为三角形分布;在同一深度处的同一水平面的自重应力呈均匀分布。

根据弹性力学原理可知,地基中除在水平面存在竖向自重应力外,在竖直水平面上还存在着与自重应力 σ_{cz} 成正比的水平方向的应力 σ_{cx} 和 σ_{cy},即:

$$\sigma_{cx} = \sigma_{cy} = K_0 \sigma_{cz} = K_0 \rho_{so} g z, \quad \tau_{xy} = \tau_{yz} = \tau_{zx} = 0 \tag{11.15}$$

式中 K_0——土的静止侧压力系数,其值可以通过试验测得。

11.5.2 地基附加应力

地基附加应力由上部载荷产生。计算地基附加应力时,通常假定地基土是均质的弹性半空间,将上部载荷作为作用在弹性半空间表面的局部载荷,应用弹性力学公式便可求出地基土中的附加应力。

(1)集中载荷下半无限体中(地基中)的应力,如图 11.20 所示,在地基表面 O 点作用一集中载荷 P,则在任一点 m(其深度为 z,水平距离为 r)处的垂直应力为:

$$\sigma_z = \frac{3P}{2\pi} \frac{z^3}{R^5}$$

若将 $R = \sqrt{z^2 + r^2}$ 代入上式,则:

$$\sigma_z = \frac{3}{2\pi} \frac{1}{\left[1+\left(\frac{r}{z}\right)^2\right]^{\frac{5}{2}}} \frac{P}{z^2} = K_P \frac{P}{z^2} \tag{11.16}$$

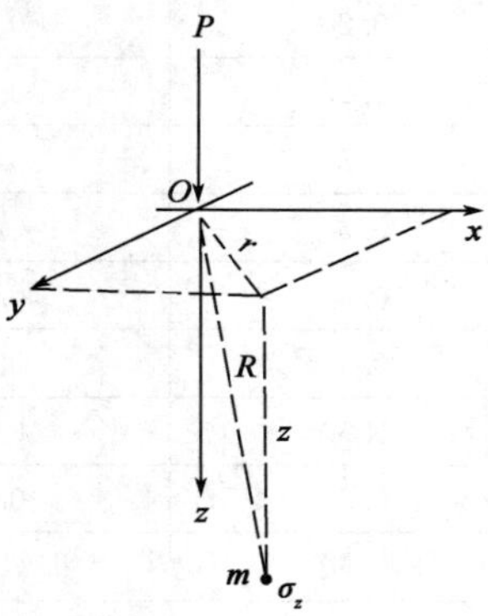

系数 K_P 称为应力系数,可由表 11.4 查得。

图 11.20 集中载荷坐标示意图

表 11.4 集中载荷下土中应力系数 K_P

r/z	K_P	r/z	K_P	r/z	K_P	r/z	K_p
0.00	0.4775	0.90	0.1083	1.80	0.0129	2.70	0.0024
0.10	0.4657	1.00	0.0844	1.90	0.0105	2.80	0.0021
0.20	0.4329	1.10	0.0658	2.00	0.0085	2.91	0.0017
0.30	0.3849	1.20	0.0513	2.10	0.0070	3.08	0.0013
0.40	0.3294	1.30	0.0402	2.20	0.0058	3.31	0.0009
0.50	0.2733	1.40	0.0317	2.30	0.0048	3.50	0.0007
0.60	0.2214	1.50	0.0251	2.40	0.0040	3.75	0.0005
0.70	0.1762	1.60	0.0200	2.50	0.0034	4.13	0.0003
0.80	0.1386	1.70	0.0160	2.60	0.0029	4.91	0.0001

(2)均匀载荷下圆形基础地基中的应力。利用集中载荷的应力公式,通过积分,可以推导出分布载荷下圆形基础中轴线上的应力:

$$\sigma_{z0} = \left\{ 1 - \left[\frac{1}{1+\left(\frac{D}{2z}\right)^2}\right]^{\frac{3}{2}} \right\} q = K_{q0} \cdot q \tag{11.17}$$

式中 σ_{z0}——圆形均布载荷基础中轴上,深度 z 处的应力;
   D——圆形均布载荷的直径;

z——所求应力点的深度；

q——均布载荷。

同样也可求得,离中心轴 $D/4$、$D/2$ 和 D 处,深度 z 处的应力值：$\sigma_{zD/4}=K_{qD/4} \cdot q$；$\sigma_{zD/2}=K_{qD/2} \cdot q$ 和 $\sigma_{zD}=K_{qD} \cdot q$。应力系数 K_{q0}、$K_{qD/4}$、$K_{qD/2}$、K_{qD} 值列于表 11.5。

表 11.5　均布载荷下土中应力系数 K_{q0}、$K_{qD/4}$、$K_{qD/2}$、K_{qD}

$2z/D$	K_{q0}	$K_{qD/4}$	$K_{qD/2}$	K_{qD}
0.00	1.000	1.000	0.500	0.000
0.05	0.999	0.998	0.490	0.000
0.10	0.999	0.995	0.481	0.000
0.15	0.996	0.988	0.472	0.000
0.20	0.992	0.977	0.464	0.001
0.25	0.986	0.960	0.455	0.002
0.30	0.975	0.941	0.447	0.003
0.35	0.962	0.918	0.438	0.004
0.40	0.949	0.894	0.430	0.006
0.45	0.929	0.867	0.421	0.008
0.50	0.910	0.840	0.412	0.100
0.55	0.888	0.810	0.403	0.013
0.60	0.863	0.780	0.395	0.016
0.65	0.836	0.749	0.386	0.019
0.70	0.811	0.718	0.378	0.022
0.75	0.783	0.690	0.370	0.025
0.80	0.756	0.664	0.362	0.028
0.85	0.726	0.638	0.353	0.032
0.90	0.700	0.612	0.346	0.035
0.95	0.672	0.588	0.337	0.038
1.00	0.646	0.565	0.329	0.041
1.05	0.619	0.543	0.321	0.044
1.10	0.595	0.521	0.313	0.047
1.15	0.570	0.500	0.305	0.050
1.20	0.547	0.480	0.298	0.052
1.25	0.524	0.461	0.290	0.055
1.30	0.502	0.443	0.282	0.057
1.35	0.480	0.425	0.275	0.059
1.40	0.461	0.408	0.268	0.061
1.45	0.442	0.393	0.261	0.063
1.50	0.442	0.378	0.254	0.064
1.55	0.406	0.364	0.247	0.066
1.60	0.390	0.351	0.241	0.067

续表

$2z/D$	K_{q0}	$K_{qD/4}$	$K_{qD/2}$	K_{qD}
1.65	0.373	0.338	0.235	0.069
1.70	0.361	0.326	0.229	0.069
1.75	0.344	0.314	0.223	0.070
1.80	0.331	0.303	0.217	0.071
1.85	0.319	0.292	0.211	0.072
1.90	0.310	0.282	0.206	0.072
1.95	0.295	0.272	0.200	0.073
2.00	0.284	0.262	0.195	0.073
2.10	0.26	0.244	0.185	0.073
2.25	0.236	0.221	0.171	0.073
2.50	0.199	0.189	0.150	0.072
2.75	0.175	0.163	0.134	0.070
3.00	0.144	0.141	0.119	0.067
3.50	0.110	0.107	0.096	0.060
4.00	0.087	0.082	0.077	0.052
5.00	0.051		0.052	0.041
6.00	0.039			0.032
7.00	0.029			0.025
10.00	0.015			
20.00	0.004			
50.00	0.001			

如果地基下有基岩存在,与土壤相比,基岩被认为是不可压缩层,这时中心轴下深度 z 的应力为:

$$\sigma_{z0} = K'_{q0} \cdot q \qquad (11.18)$$

K'_{q0} 由表 11.6 查得。

表 11.6 系数 K'_{q0} 值

$2z/D$	0	0.25	0.5	0.75	7	1.5	2	2.5
K'_{q0}	1.000	1.009	1.064	1.072	0.965	0.684	0.473	0.335
$2z/D$	3	4	5	7	10	20	50	∞
K'_{q0}	0.249	0.148	0.098	0.051	0.025	0.006	0.001	0

当预计沉陷量超过允许范围时,必须在建罐之前对地基进行处理。

11.6 地基土的承载能力

地基土的承载能力是指在保证地基稳定的情况下,使建筑物和构筑物的沉降量不超过允许值。影响地基土的承载能力的因素包括地基土的堆积时代、成因、地下水、持力层和下卧层土的性质等。通常把地基土单位面积所能承受的最大载荷称为极限载荷或极限承载能力。如果基底压力超过地基土的极限承载力,地基土就会失稳破坏。

11.6.1 地基土的破坏模式

地基土承载力不足而破坏的根本原因是载荷过大,使地基土中某一面上的剪应力达到或超过了地基土的抗剪强度。

现场载荷试验研究和工程实践表明,建筑地基土在载荷作用下往往由于承载力不足而产生剪切破坏,其破坏形式可以整体剪切破坏、局部剪切破坏和冲剪破坏三种,如图 11.21 所示。

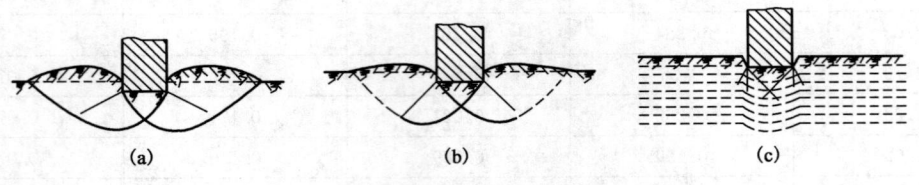

图 11.21 地基破坏形式

11.6.1.1 整体剪切破坏

随着载荷的增加并达到某一数值时,首先在基础边缘开始出现剪切破坏,随着载荷的进一步增大,剪切破坏区也相应地扩大;当载荷达到最大值时,基础急剧下降,并突然向一侧倾倒而破坏。此时,除了出现明显的连续滑动面以外,基础四周地面将向上隆起。密实的砂土和硬黏土较可能发生这种破坏形式。

11.6.1.2 局部剪切破坏

随着载荷的增加,剪切破坏区从基础边缘开始,发展到地基内部某一区域,但滑动面并不延伸到地面,基础四周地面虽有隆起迹象,但不会出现明显的倾斜和倒塌。中等密实砂土、松土和软黏土都可能发生这种破坏形式。

11.6.1.3 冲剪破坏

基础下软弱土发生垂直剪切破坏,使基础连续下沉。破坏时地基土无明显滑动面,基础四周地面无隆起而是下陷,基础无明显倾斜,但发生较大沉降。压缩性较大的松砂和软土地基将可能发生这种破坏形式。

地基土的破坏模式除了与土的性状有关外,还与基础埋深、加载荷率等因素有关。当基础埋深较浅、载荷缓慢施加时,趋向于发生整体剪切破坏;若基础埋深大,快速加荷,则可能形成局部剪切破坏或冲剪破坏。目前的地基土极限承载力的计算公式均按整体剪切破坏导出,然后经过修正或乘上有关系数后用于其他破坏模式。

11.6.2 地基土极限承载力公式

地基土的极限承载力是指地基土发生剪切破坏失去整体稳定时的基底压力。求解整体剪切破坏模式的地基土极限承载力的途径有两个:一是用严密的数学方法求解土中某点达到极限平衡时的静力平衡方程组,以得出地基土承载力,此方法过程较繁,未被广泛使用;二是根据模型试验的滑动面形状,通过简化得到假定的滑动面,然后借助该滑动面上的极限平衡条件求出地基土极限承载力,此类方法是半经验性质的,称为假定滑动面法,由于不同研究者所提出的假设不同,所得结果也不同,以下介绍的是几个常用的公式。

11.6.2.1 普朗德尔—瑞斯纳公式

普朗德尔(Prandtl,1920)根据塑性理论,在研究刚性冲模压入无质量的半无限刚塑性介质时,导出了介质达到破坏时的滑动面形状和极限压应力公式。在推导公式时,普朗德尔作了三个假设:(1)介质是无质量的,也就是忽略基础底面以下土的重量;(2)基础底面完全光滑,忽略摩擦力,所以基底的应力垂直于地面;(3)不考虑基础侧面载荷作用。根据弹塑性极限平衡理论,普朗德尔认为,在极限状态下,地基内出现连续的滑裂面,如图 11.22(a)所示。地基土滑裂面形成了两个对称的被动状态区Ⅲ、一个主动状态区Ⅰ,在中间夹着两个对数螺旋的过渡区Ⅱ。

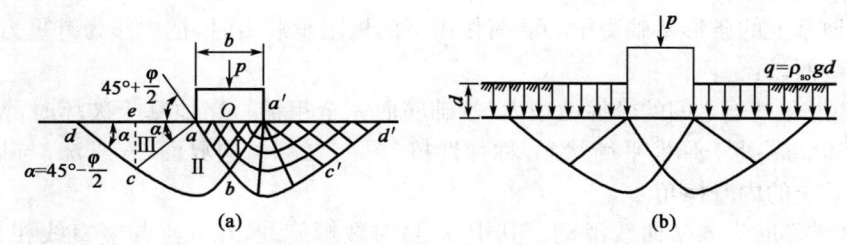

图 11.22 普朗德尔假设的滑移线

按此假定,普朗德尔求得地基中只考虑黏聚力 c 的极限承载力表达式:

$$p_u = cN_c \tag{11.19}$$

其中

$$N_c = \left[e^{\pi\tan\varphi} \tan^2\left(45° + \frac{\varphi}{2}\right) - 1 \right] \cot\varphi$$

式中 N_c——承载力系数,是仅与 φ 有关的无量纲系数;
c——土的黏聚力。

如果考虑到基础有一定的埋置深度 d,如图 11.22(b)所示,将基底以上土的质量用均布超载 $q = \rho_{so}gd$ 代替,瑞斯纳(Reissner,1924)导得了计入基础埋深后的极限承载力表达式:

$$p_u = cN_c + qN_q \tag{11.20}$$

其中

$$N_q = e^{\pi\tan\varphi} \tan^2\left(45° + \frac{\varphi}{2}\right)$$

11.6.2.2 魏锡克公式

实际上,地基土并非无质量介质,考虑土的质量后,得到土的质量引起的极限承载力公式为:

$$p_u = \frac{1}{2}\rho_{so}gbN_\gamma \tag{11.21}$$

式中 N_γ——无量纲的承载力系数。

魏锡克(Vesic,1970)建议 N_γ 表达式为:

$$N_\gamma = 2(N_q + 1)\tan\varphi$$

对于 c、q、ρ_{so} 不等于零的情况,式(11.20)和式(11.21)叠加,合成极限承载力公式的基本形式:

$$p_u = cN_c + qN_q + \frac{1}{2}\rho_{so}gbN_\gamma \tag{11.22}$$

式中,N_c、N_q、N_γ 由表 11.7 确定。

表 11.7 魏锡克公式中的承载力系数

$\varphi,(°)$	N_c	N_q	N_γ	$\varphi,(°)$	N_c	N_q	N_γ
0	5.14	1.00	0.0	25	20.72	10.66	10.88
5	6.49	1.57	0.45	30	30.14	18.40	22.40
10	8.35	2.47	1.22	35	40.72	33.30	48.03
15	10.98	3.94	2.65	40	75.31	64.20	109.41
20	14.83	6.40	5.39				

11.6.2.3 太沙基公式

实际上基础底面并不完全光滑,与地基表面之间存在着摩擦力。太沙基(Terzaghi,1943)在推导均质地基上的条形基础受中心载荷作用下的极限承载力时,把土作为有重力的介质,并进行如下一些假设:

(1)地基土和基础之间的摩擦力很大(基础底面完全粗糙),当地基土破坏时,基础底面下的地基土楔体 aba' 处于弹性平衡状态,称弹性核(图 11.23)。边界面 ab 或 ba' 与基础底面的夹角等于地基土的内摩擦角 φ。

(2)地基破坏时沿 bcd 曲线滑动。其中 bc 是对数螺旋线,在 b 点与竖直线相切;cd 是直线,与水平面的夹角等于 $45°-\varphi/2$,即 acd 区为被动应力状态区。

(3)基础底面以上地基土以均布载荷 $q=\rho_{so}gd$ 代替,即不考虑其强度。

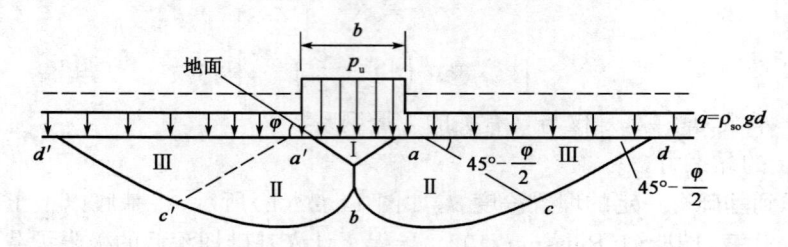

图 11.23 太沙基公式的滑移线

根据上述假设,取弹性核部分为隔离体,由静力平衡条件可求得太沙基极限承载力计算公式:

$$p_u = cN_c + qN_q + \frac{1}{2}\rho_{so}gbN_\gamma \tag{11.23}$$

$$q = \rho_{so}gd$$

式中 q——基底面以上基础两侧超载,kPa;

B,d——基底宽度和埋置深度,m;

N_c, N_q, N_γ——承载力系数,由表 11.8 查取。

表 11.8 太沙基承载力系数

$\varphi,(°)$	N_c	N_q	N_γ	$\varphi,(°)$	N_c	N_q	N_γ
0	5.71	1.0	0	25	25.1	12.7	11.0
5	7.34	1.64	0.51	30	37.2	22.5	21.8
10	9.61	2.69	1.20	35	57.8	41.4	45.4
15	12.9	4.45	1.80	40	95.7	81.3	1245
20	17.7	7.44	4.0				

上述推导适用于条形基础整体剪切破坏的情况,对于局部剪切破坏,太沙基建议将采用经验系数进行修正。对于圆形基础,有:

$$p_u = 1.3cN_c + qN_q + 0.6\rho_{so}gbN_\gamma \quad （地基土压缩性较小） \quad (11.24a)$$

$$p_u = 0.8cN_c + qN_q + 0.6\rho_{so}gbN_\gamma \quad （地基土压缩性较大） \quad (11.24b)$$

11.7 地基土沉陷量的计算

土体在外载荷的作用下产生压缩变形。正常情况下,随着时间的推移,沉降会趋于稳定。地基土层在建筑物载荷的作用下,不断地产生压缩,直到压缩稳定后地基土总的压缩值为地基最终沉降量。计算最终沉降量可以帮助人们预知储罐建成后将使地基产生的总的变形量,以便在储罐的设计、施工时,为采取相应的工程措施提供科学依据。

11.7.1 土的压缩性

地基土在外载荷作用下体积缩小的特性,称为土的压缩性。土的压缩的主要原因是土中孔隙的压缩,土中水和气体受压后从孔隙中被挤出,与此同时,土颗粒相应发生移动,重新排列,靠拢挤紧,从而土孔隙体积减小。由于土的压缩变形主要是由于孔隙比减小,可以用土壤受到的压力与孔隙比的关系来说明土的压缩性。图 11.24 表示用固结仪试验得来的孔隙比 e 与压力 p 的关系曲线,根据 e—p 曲线,可以得到土壤压缩性的两个常用指标——压缩性系数和压缩模量。

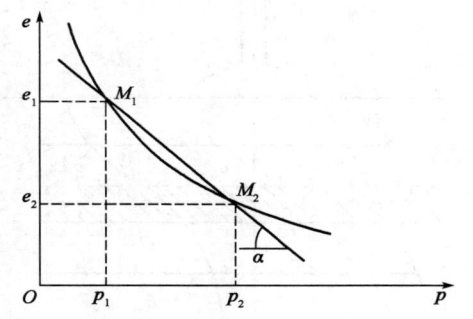

11.7.1.1 压缩系数

图 11.24 孔隙比 e 与压力 p 的关系曲线

e—p 曲线可反映土的压缩性高低,曲线越陡,说明随着压力的升高,土的孔隙比减小越多,则土的压缩性越高;曲线越平缓,则土的压缩性越低。在工程上,图 11.24 中从 p_1 到 p_2 的曲线上相应的 M_1M_2 段可以近似看成直线,即用割线 M_1M_2 代替曲线。该割线的斜率,记为 a_V,就表示在某一压力范围内土壤的压缩性,称为压缩系数,其表达式为:

$$a_V = \frac{e_1 - e_2}{p_1 - p_2} \quad (11.25)$$

由式(11.25)可知,a_V 越大,说明压缩曲线越陡,表明土的压缩性越高;a_V 越小,则曲线越平缓,表明土的压缩性越低。由于压缩曲线并非直线,故同一种土的压缩系数并非常数,它取决于压力间隔($p_2 - p_1$)及起始压力 p_1 的大小,从对土的评价的一致性出发,工程实用上常取土压力 $p_1 = 100$MPa、$p_2 = 200$MPa 对应的压缩系数 $a_{V1.2}$ 作为判别土压缩性的标准。

按照 $a_{V1.2}$ 的大小,将土的压缩性划分如下:$a_{V1.2} < 0.1$MPa,属低压缩性土;0.1MPa $\leqslant a_{V1.2} < 0.5$MPa,属中压缩性土;$a_{V1.2} \geqslant 0.5$MPa,属高压缩性土。

11.7.1.2 压缩模量

根据 e—p 曲线可求出另一个压缩性指标,即压缩模量。它是指土在侧限压缩的条件下,竖向压力增量 $\Delta p = (p_2 - p_1)$ 与相应的应变增量 $\Delta \varepsilon$ 的比值,其表达式为:

$$E_s = \frac{\Delta p}{\Delta \varepsilon} = \frac{\Delta p}{\Delta s/H_1} = \frac{p_2 - p_1}{(e_1 - e_2)/(1+e_1)} = \frac{1+e_1}{a_V} \tag{11.26}$$

E_s 越大，表示土的压缩性越低；反之，E_s 越小，则表示土的压缩性越高。一般情况下，按照 E_s 的大小将土的压缩性划分如下：$E_s<4$MPa，属高压缩性土；$E_s=4\sim15$MPa，属中压缩性土；$E_s>15$MPa，属低压缩性土。

11.7.2 沉降变形计算

我国 GB 50007《建筑地基基础设计规范》给定的地基土沉降的方法，是根据分层总和法导出的一种沉降量的简化计算方法，其实质是在分层总和法的基础上，采用平均附加应力的概念，按天然土层界面分层，并结合大量工程沉降观测值的统计分析，以沉降计算经验系数 ψ_s 对地基最终沉降量计算值加以修正。

分层总和法是把地基土视为直线变形体，在外载荷作用下只发生在有限厚度的范围内，是将地基土这一厚度范围内划分成若干薄层，先求得各个薄层的压缩量，再将各个薄层的压缩量累加起来，即为总的压缩量，也就是基础的沉降量。采用分层总和法计算地基土最终沉降量时，通常假定：(1)地基土压缩时不发生侧向变形，则采用侧限条件下的压缩指标计算最终沉降量；(2)实际上基础底面边缘或中部各点的附加应力不同，中心点下的附加应力最大，当基础倾斜时，要分别以倾斜方向基础两端点下的附加应力进行计算，但在计算时，还是假定基础沉降量按基础底面中心垂线上的附加应力进行计算。

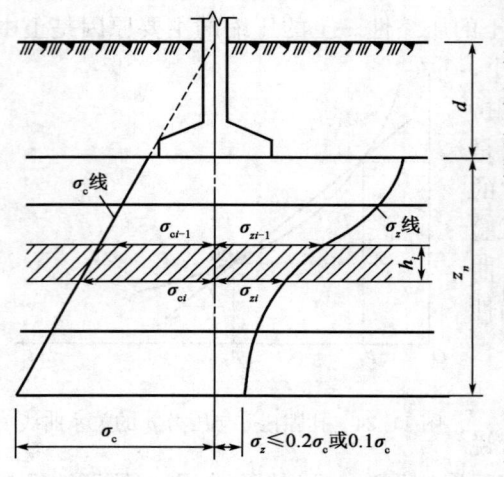

图 11.25 地基沉降量计算的分层

如图 11.25 所示，在地基计算量计算深度范围内取一薄土层，记为 i 层，其厚度为 h_i，在自重应力和附加应力作用下，该土层被压缩了 Δs_i，其应变为 $\Delta \varepsilon_i = \Delta s_i / h_i$。假定土层不发生侧向膨胀，则薄土层的压缩量为：

$$\Delta s_i = \varepsilon_i h_i = \frac{e_{1i} - e_{2i}}{1+e_{1i}} h_i$$

又因为

$$\varepsilon_i = \frac{e_{1i} - e_{2i}}{1+e_{1i}} = \frac{a_{ci}(p_{2i} - p_{1i})}{1+e_{1i}} = \frac{\Delta p_i}{E_{si}}$$

得

$$\Delta s_i = \frac{a_{ci}(p_{2i} - p_{1i})}{1+e_{1i}} h_i = \frac{\Delta p_i}{E_{si}} h_i \tag{11.27}$$

地基土的最终沉降量为：

$$s = \sum_{i=1}^{n} \Delta s_i \tag{11.28}$$

在分层总和法的基础上采用平均附加应力修正系数计算沉降量，如图 11.26 所示，第 i 层的沉降量为：

$$\Delta s_i' = \frac{\Delta p_i}{E_{si}} h_i = \frac{\Delta A_i}{E_{si}} = \frac{A_i - A_{i-1}}{E_{si}}$$

其中，$\Delta A_i = \Delta p_i h_i$ 为第 i 层附加应力图形面积（图中面积 5643），故规范的方法称为应力面积法；A_i 和 A_{i-1} 分别为从基面起至 z_i 和 z_{i-1} 深度处的附加应力图形面积（图中面积 1243 和 1256），将应力面积 A_i 和 A_{i-1} 分别等效成高度仍为 z_i 和 z_{i-1} 的矩形，则该等效面积的宽度用 $\bar{\alpha}_i p_0$ 和 $\bar{\alpha}_{i-1} p_0$ 表示，$\bar{\alpha}_i$ 和 $\bar{\alpha}_{i-1}$ 分别为深度范围 z_i、z_{i-1} 内的竖向附加应力系数。

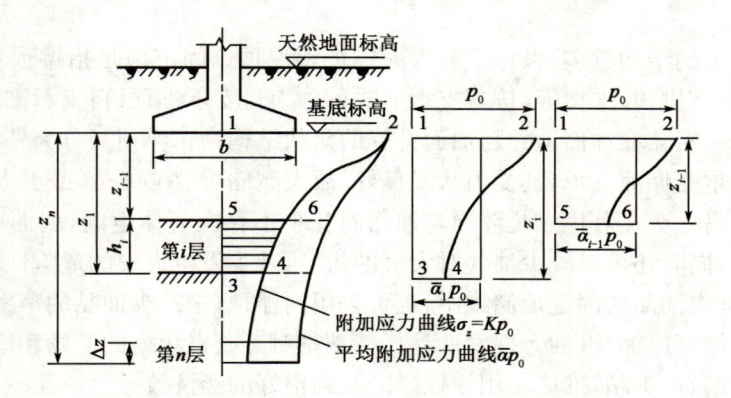

图 11.26 分层的平均附加应力系数的计算示意

第 i 层压缩量为：

$$\Delta s_i' = \frac{p_0}{E_{si}}(z_i \bar{\alpha}_i - z_{i-1} \bar{\alpha}_{i-1}) \tag{11.29}$$

由于采用了一系列计算假定，与工程实际有一定出入，故用经验系数进行修正，最终沉降量按下式计算：

$$s = \psi_s s_i' = \psi_s \sum_{i=1}^{n} \frac{p_0}{E_{si}}(z_i \bar{\alpha}_i - z_{i-1} \bar{\alpha}_{i-1}) \tag{11.30}$$

式中　ψ_s——沉降计算经验系数，根据地区沉降观测资料及经验确定，无地区经验时根据地基变形计算深度范围内的压缩模量的当量值，按表 11.9 取值；

　　　$\bar{\alpha}_i$，$\bar{\alpha}_{i-1}$——基础底面计算点至第 i 层土、第 $i-1$ 层土地面范围内平均附加应力系数。

表 11.9　沉降计算经验系数 ψ_s

E_s，MPa 基底附加压力	2.5	4.0	7.0	15.0	20.0
$p_0 \geq f_{ak}$	1.4	1.3	1.0	0.4	0.2
$p_0 \leq 0.75 f_{ak}$	1.1	1.0	0.7	0.4	0.2

我国规范规定，地基压缩深度 z_n 应符合下述公式要求：

$$\Delta s_n' \leq 0.025 \sum_{i=1}^{n} \Delta s_i' \tag{11.31}$$

式中　$\Delta s_i'$——在计算深度范围内，第 i 层土的计算变形值，mm；

　　　$\Delta s_n'$——由计算深度向上取厚度为 Δz（按表 11.10 确定）的土层计算变形值，mm。

表 11.10　Δz 的取值

D_1，mm	$8 < D_1 \leq 15$	$15 < D_1 \leq 30$	$30 < D_1 \leq 60$	$60 < D_1 \leq 80$	$80 < D_1 \leq 100$	$D_1 > 100$
Δz，m	0.92~1.11	1.11~1.32	1.32~1.53	1.53~1.62	1.62~1.68	1.68

12 立式储罐罐顶

立式储罐罐顶的结构较多,大体上分为固定顶和浮顶。固定顶是指罐顶和罐壁焊接在一起,常见的固定顶有拱顶、锥顶等,按其支承形式可分为自支承拱顶、自支承锥顶和柱支承锥顶等形式。浮顶是一覆盖在油面上并随油面升降的盘状结构物。浮顶又分为外浮顶和内浮顶。

浮顶由于自重受储液支承,其受力状况良好,故大型储罐(10000m³ 或更大的)大多采用浮顶罐。浮顶罐的另一个显著优点是浮顶与油面间几乎不存在气体空间,因而可以极大地减少油品的蒸发损耗,同时还可以减少油气对大气的污染,减少发生火灾的危险性。在储存航空煤油、航空汽油等贵重油品的固定顶储罐中,也可采用内浮顶,来减少油品的蒸发损耗。所以,浮顶罐被广泛用来储存原油、汽油等挥发油品。特别是对于收发频繁的矿场和炼厂油库、中转油库以及长输管道的首、末站,推广使用浮顶罐能收到很好的经济效益。

本章包括拱顶、锥顶以及浮顶罐的结构与强度、稳定性计算等内容。

12.1 固定顶的一般要求

12.1.1 罐顶载荷的计算

罐顶的外荷载由球壳的自重、罐内在操作条件下可能产生的真空度、雪载、活载荷组成。对外载荷估计不足,会使球壳受压失稳,也会使包边角钢被拉坏;估计过高,又会造成材料上的浪费,因而正确估计是很重要的。

$$q_E = q_1 + q_2 + q_3 \tag{12.1}$$

式中 q_E——作用于罐顶上的外载荷,Pa;
  q_1——固定载荷,罐顶板及其加强构件的重力载荷,当有隔热层时,尚需计入隔热层的重力载荷,Pa;
  q_2——在操作条件下,罐内可能产生的最大真空度,Pa;
  q_3——附加载荷,在罐顶水平投影面积上的附加设计载荷值,Pa。

q_2 是由于抽空和储存油品温度变化形成的,可取 1.2 倍呼吸阀的吸阀开启压力,通常取 $q_2 = 500 \text{Pa}$。

附加载荷不应小于 1.2kPa;当雪载荷超过 0.6kPa 时,尚应加上所超过的部分;无密闭要求的内浮顶罐,设置环向通气孔时,附加载荷不应小于 0.7kPa。

12.1.2 罐顶板与罐壁的连接

罐顶板与罐壁的连接宜采用如图 12.1 所示的结构,结构件和壳板自身的拼接焊缝应全焊透。罐顶与罐壁连接处有效截面的大小,需要根据罐顶的结构和外载荷确定。

为了事故状态下储罐能够安全泄放,罐顶板与罐壁可采用弱连接结构,以便内压产生举升力将抬起而尚未抬起罐底时,弱连接处能发生塑性失稳而有效泄压。弱连接处应满足以下要求:

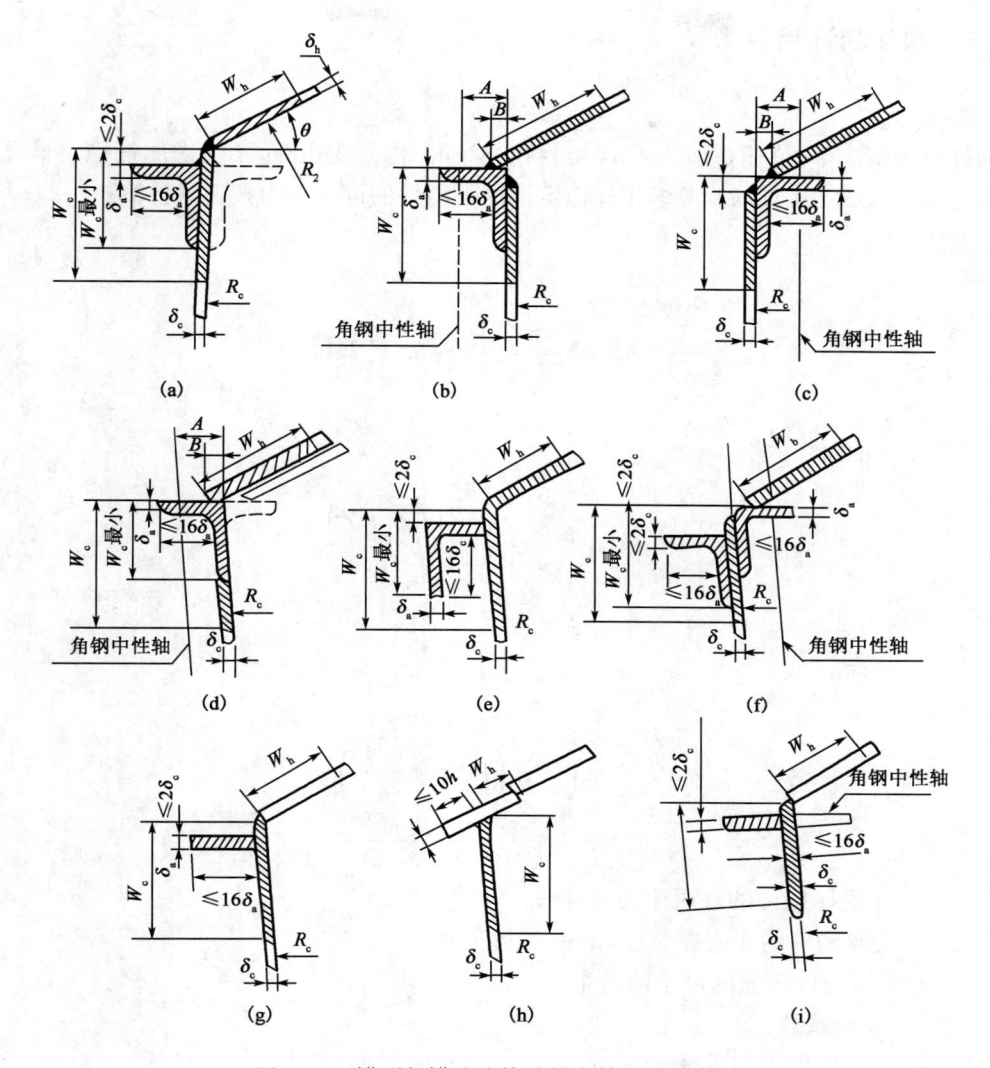

图 12.1 罐顶与罐壁连接处的有效面积示意图

δ_a—角钢水平肢厚度；δ_b—加强扁钢厚度；δ_c—顶部壁板厚度；δ_h—罐顶板的厚度；δ_s—罐壁上端加厚壁板厚度；R_1—顶部罐壁内半径；R_2—罐顶与罐壁连接处罐顶板的曲率半径，$R_2=R_c/\sin\theta$；θ—罐顶与罐壁连接处罐顶与水平面之间的夹角；W_c—罐壁剖面线部分的最大宽度，$W_c=0.6(R_c\delta_c)^{0.5}$；$W_h$—罐顶板剖面线部分的最大宽度，取 $W_h=0.3(R_2\delta_h)^{0.5}$ 与 300 的较小值；W_{h1}—宜取 $0.6(R_2\delta_b)^{0.5}$，但不应大于 $0.9(R_2\delta_b)^{0.5}$；图中长度单位为 mm，角度单位为(°)；承受内压时为抗压环，承受外压时为抗拉环

(1)顶板与包边角钢只在侧连续角焊，焊脚尺寸不大于 4.5mm；
(2)连接处的罐顶坡度不大于 1/6；
(3)连接结构仅限于图 12.1 中(a)、(b)、(c)、(d)四种情况，且应满足下式要求：

$$A_c \leqslant \frac{m_t g}{1415\tan\theta} \tag{12.2}$$

式中 A_c——罐顶与罐壁连接处有效面积，mm^2；
m_t——罐壁和由罐壁、罐顶所支撑构件(不包括罐顶板)的总质量，kg；
θ——罐顶与罐壁连接处，罐顶板与水平面之间的夹角，(°)。

12.1.3 构件的许用应力

12.1.3.1 拉压

构件拉伸情况下,许用拉应力不应大于 140MPa。构件受压时,不考虑压杆稳定情况下的许用应力不应大于 140MPa。考虑压杆稳定情况下构件的许用应力按下式计算:

当 $\dfrac{L}{r} \leqslant 120$ 时,

$$[\sigma]_p = \left[1 - \dfrac{\left(\dfrac{L}{r}\right)^2}{34700}\right]\left(\dfrac{232}{F_s} \cdot Y\right) \tag{12.3}$$

当 $120 < \dfrac{L}{r} \leqslant 130$ 时,

$$[\sigma]_p = \dfrac{\left[1 - \dfrac{\left(\dfrac{L}{r}\right)^2}{34700}\right]\left(\dfrac{232}{F_s} \cdot Y\right)}{1.6 - \dfrac{1}{200}\dfrac{L}{r}} \tag{12.4}$$

当 $\dfrac{L}{r} > 130$ 时,

$$[\sigma]_p = \dfrac{1040000Y}{\left(\dfrac{L}{r}\right)^2 \left(1.6 - \dfrac{1}{200}\dfrac{L}{r}\right)} \tag{12.5}$$

$$F_s = \dfrac{5}{3} + \dfrac{L/r}{350} - \dfrac{(L/r)^3}{18.3 \times 10^6}$$

式中 $[\sigma]_p$——受压构件的许用应力,MPa;
L——受压构件的无支撑长度,mm;
r——受压构件截面的最小回转半径,mm;
F_s——安全系数;
Y——受压构件类型系数。

对于型钢及型钢组合件,$Y = 1.0$。对于钢管,当 $\delta_n/R_0 \geqslant 0.015$ 时,$Y = 1.0$;当 $\delta_n/R_0 < 0.015$ 时,

$$Y = \dfrac{200}{3}\dfrac{\delta_n}{R_0}\left(2 - \dfrac{200}{3}\dfrac{\delta_n}{R_0}\right)$$

式中 δ_n——钢管有效厚度,mm,不应小于 4.5mm,当用作无侧向支撑的重要受压构件时不应小于 6mm;
R_0——钢管外半径,mm。

主要受压构件,L/r 不应大于 150;斜撑等次要受压构件,L/r 不应大于 200。

12.1.3.2 弯曲

(1)荷载作用面内有对称轴的型钢或组合构件(图 12.2),许用弯曲应力不应大于 154MPa,侧向无支撑长度不应大于翼缘宽度 b_a 的 13 倍,并应满足下列公式的要求:

$$\dfrac{b_a}{\delta_a} \leqslant 17$$

$$\frac{h_w}{\delta_w} \leqslant 70$$

式中　b_a——翼缘宽度，mm；

　　　δ_a——翼缘的有效厚度，mm；

　　　h_w——翼缘内侧腹板高度，mm；

　　　δ_w——翼缘内腹板有效厚度，mm。

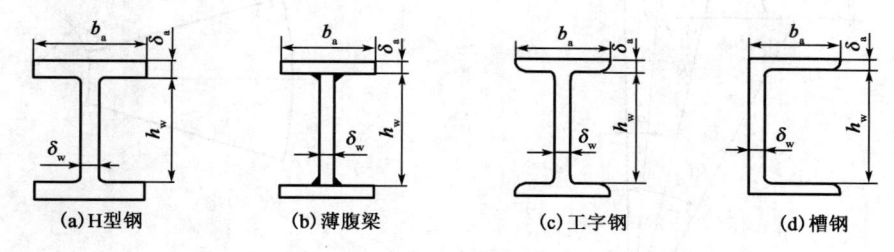

图 12.2　常用抗弯曲构件尺寸示意图

(2)非对称构件(角钢、槽钢)的许用弯曲应力为 140MPa，且侧向无支撑长度不应大于受压翼缘宽度的 13 倍。

12.1.3.3　许用剪应力

(1)当 $h_w \leqslant 60\delta_w$ 或腹板上有加强肋时，许用剪应力不应大于 91MPa。

(2)当 $h_w > 60\delta_w$ 或腹板上无加强肋时，许用剪应力应满足下式要求：

$$\frac{V_s}{A_s} \leqslant \frac{137}{1+\frac{1}{7200}\left(\frac{h_w}{\delta_w}\right)^2} \tag{12.6}$$

式中　V_s——总剪切力，N；

　　　A_s——腹板的总截面积，mm^2。

　　　h_w——翼缘内侧腹板高度，mm；

　　　δ_w——翼缘内侧腹板有效厚度，mm。

12.2　拱顶的设计

拱顶本身是承重构件，有较大的刚性，能承受较高的内压，有利于降低油品蒸发损耗。一般的拱顶储罐可承受 2kPa 压力，最大可至 10kPa。拱顶结构简单，便于备料和施工。当储罐直径大于 15m 时，为了增强拱顶的稳定性，拱顶需要加设肋板。拱顶储罐的最大经济容积为 10000m^3，容积过大，则拱顶矢高较大，单位容积的用钢量反而比其他类型的储罐多，而且不能储油的拱顶部分过大会增加油品的蒸发损耗，因此，一般不推荐建造超过 10000m^3 的拱顶储罐。

12.2.1　拱顶结构

拱顶为球缺形，是一种自支承式的罐顶，靠拱顶周边支承于焊在罐壁上的包边角钢上。球面由中心盖板和瓜皮板组成，见图 12.3。瓜皮板一般做成偶数，对称安排，板与板之间互相搭接，搭接宽度不小于 5 倍板厚，且不小于 25mm，实际搭接宽度多采用 40mm。罐顶的外侧应采用连续焊，内侧间断焊。中心盖板搭载在瓜皮板上，搭接宽度一般取 50mm。

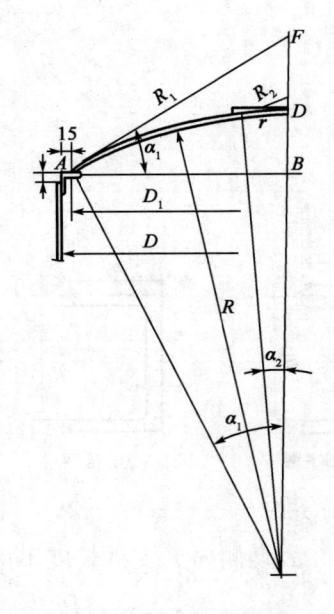

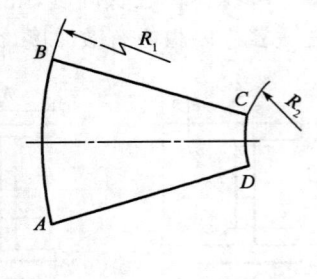

图 12.3　拱顶的几何尺寸　　　　　　　图 12.4　瓜皮板展开

拱顶的球面半径一般可取为：

$$R_s=(0.8\sim 1.2)D \tag{12.7}$$

式中　R_s——拱顶的球面半径，m；

　　　D——储罐内径，如罐壁环焊缝采用搭接时，则 D 为最上一圈壁板的内径。

图中 α_1、α_2 角涉及瓜皮板尺寸的计算，需精确到秒，按下式计算：

$$\sin\alpha_1=\frac{D_1}{2R},\sin\alpha_2=\frac{r}{R} \tag{12.8}$$

式中　r——拱顶中心孔的半径，可参考表 12.1 选取。

表 12.1　拱顶中心孔半径 r

储罐公称容积，m³	r，m
100,200,300,400,500,700	0.75
1000,2000,3000,5000	1
10000	1.05

瓜皮板的展开形状如图 12.4，图中 R_1、R_2 可按下式计算：

$$R_1=R\tan\alpha_1,R_2=R\tan\alpha_2 \tag{12.9}$$

图 12.4 中 AD、AB、DC 弧可分别按下式计算：

$$AD=\frac{2\pi R}{360}(\alpha_1-\alpha_2) \tag{12.10}$$

$$AB=\frac{\pi D_1}{n}+\Delta \tag{12.11}$$

$$CD=\frac{2\pi r}{n}+\Delta \tag{12.12}$$

式中　n——瓜皮板的块数，一般取偶数；

　　　Δ——搭接宽度。

小储罐,如容积在 1000m³ 或更小,可采用光面球壳(不加筋),而较大的罐则采用加筋拱顶比较经济。

12.2.2 包边角钢

罐顶的总垂直载荷可按下式求出:

$$Q = \frac{\pi}{4} D^2 q \tag{12.13}$$

式中　Q——罐顶总垂直载荷,N;
　　　D——罐顶部壁板的内径,m;
　　　q——球壳单位面积上的载荷,Pa。

q 可取 q_E 和 q_1 的较大者;q_E 大时包边角钢受拉应力,q_1 大时包边角钢受压应力。图 12.5 是 $q_E > q_1$ 的情况,即 Q 向下。

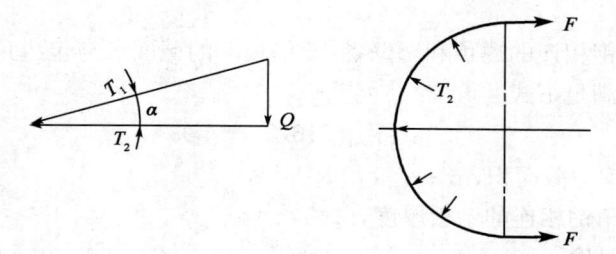

图 12.5　包边角钢受力状态(图中为 $q_E > q_1$)

拱顶单位长度上的力 T_1 可按下式计算:

$$T_1 = \frac{Q}{\pi D \sin\alpha}$$

将(12.13)式中的 Q 代入并化简:

$$T_1 = \frac{qD}{4\sin\alpha}$$

水平分力 T_2 为:

$$T_2 = T_1 \cos\alpha = \frac{qD}{4\tan\alpha}$$

包边角钢横截面中所受的力 F 为:

$$F = \frac{D}{2} T_2 = \frac{qD^2}{8\tan\alpha} \tag{12.14}$$

式中　F——包边角钢横截面上所受的力,N;
　　　T_2——沿包边角钢圆周单位长度上的水平分力,N/m。

所需包边角钢,包括罐壁及罐顶与包边角钢共同作用的部分的最小截面积 $A_{\min}$ 可按下式求得:

$$A_{\min} = \frac{F}{[\sigma]\varphi} \tag{12.15}$$

$$[\sigma] = \frac{2}{3}\sigma_s$$

式中　$A_{\min}$——包边角钢及罐壁、罐顶共同作用的部分的最小截面积,m²;
　　　$[\sigma]$——许用应力,Pa;

σ_s——材料的屈服极限,Pa;
φ——焊缝系数,可取 $\varphi=0.85$。

我国 GB 50341—2014 给出的公式如下:

$$A_{min}=\frac{q_E D^2 \times 10^3}{8[\sigma]\tan\theta} \tag{12.16}$$

式中 A_{min}——罐顶与罐壁连接处的有效面积,m^2;
  $[\sigma]$——材料的许用应力,MPa,取设计温度下 1/1.6 材料标准屈服强度下限值;
  q_E——罐顶荷载组合,kPa,按式(12.1)计算;
  D——油罐内径,m;
  θ——罐顶与罐壁连接处罐顶与水平面的夹角,(°)。

当设计外载荷大于 2.2MPa 时,需要的有效截面积应按式(12.16)计算值乘以 $\frac{设计外载荷}{2.2\text{MPa}}$。

可认为与包边角钢相连的罐顶和罐壁各 16 倍板厚的截面可与包边角钢共同作用,则包边角钢本身的截面积应满足下式:

$$A \geqslant A_{min}-16(\delta_1^2+\delta_2^2) \tag{12.17}$$

式中 A——包边角钢的截面积,m^2;
  δ_1——与包边角钢相连的壁板厚度,m;
  δ_2——罐顶板厚度,m。

12.2.3 稳定性校核

小型储罐,如 1000m^3 以下的储罐,通常做成光球壳的,而更大的储罐则做成加筋的比较经济。无论是光球壳还是加筋的,均应进行在内压作用下所产生的薄膜应力的强度校核和外载荷作用下的稳定性校核。在绝大多数情况下,后者是主要的,故顶板的最小厚度由外载荷作用下的薄板的稳定性控制。

下面分别论述光球壳和加筋球壳稳定性理论和设计校核方法。

12.2.3.1 光球壳

古典球壳临界载荷公式最早于 1915 年就已提出:

$$p_{cr}=\frac{2E\delta^2}{R^2\sqrt{3(1-\nu^2)}} \tag{12.18}$$

式中 p_{cr}——临界载荷,Pa;
  δ——板厚,m;
  E——弹性模量,Pa;
  R——球壳曲率半径,m;
  ν——泊松系数。

如取 $\nu=0.30$,则式(12.18)可化简为:

$$p_{cr}=1.21E\left(\frac{\delta}{R}\right)^2 \tag{12.19}$$

1962 年 Krenzke 做了一系列的试验,发现在 $\delta/R=0.0095\sim0.012$ 范围内时,试验临界载荷只有按式(12.18)算出的临界值的 66%~88%,根据试验结果将公式作了如下修正:

$$p_{cr}=\frac{0.80E}{\sqrt{1-\nu^2}}\left(\frac{\delta}{R}\right)^2 \qquad (12.20)$$

如取 $\nu=0.30$,则式(12.20)可写为:

$$p_{cr}=0.8386E\left(\frac{\delta}{R}\right)^2$$

式(12.20)计算结果为式(12.19)的 69.3%。

1936年卡门和钱学森推荐下列公式:

$$p_{cr}=0.36516E\left(\frac{\delta}{R}\right)^2 \qquad (12.21)$$

后来钱学森又改善了计算的精确度,得到:

$$p_{cr}=0.312E\left(\frac{\delta}{R}\right)^2 \qquad (12.22)$$

基于上述公式,并适当给予安全裕量,SH 3046—92 给出了根据罐顶载荷的壁厚设计公式:

$$\delta=R\left(\frac{10q_E}{E^t}\right)^{\frac{1}{2}} \qquad (12.23)$$

式中 δ——顶板设计厚度,m;
R——顶板曲率半径,m;
E^t——设计温度下钢材的弹性模量,MPa。

我国 GB 50341—2014 规定,球壳板厚不得小于下式计算值,且最大名义厚度不应大于12mm:

$$\delta_{min}=\frac{R_s}{2.4}\sqrt{\frac{q_E}{2.2}} \qquad (12.24)$$

式中 δ_{min}——所需最小板厚,mm;
R_s——罐顶球面的曲率半径,m。

我国近年来所设计的拱顶罐,2000m³ 或更小的罐取球壳厚度 $\delta=4.5$mm,3000m³ 罐取 $\delta=5$mm,5000m³ 罐取 $\delta=6$mm,10000m³ 罐取 $\delta=8$mm。

12.2.3.2 带肋球壳

带肋球壳板如图12.6所示,肋条沿长度方向可拼接。采用对接时,焊缝应焊透。采用搭接时,焊接长度不应小于肋条宽度的2倍,且应双面满角焊,经向肋条与纬向肋条之间的T形接头应采用双面满角焊,顶板与肋条的连接应采用双面间断焊,焊角的尺寸应等于顶板的厚度。

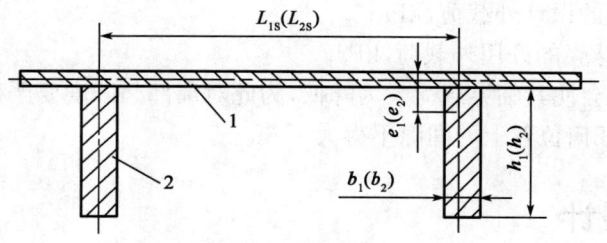

图12.6 带肋球壳板
1—顶板;2—肋条

带肋球壳的许用外载荷压应按下式计算：

$$[p]=0.0001E\left(\frac{\delta_\mathrm{m}}{R_\mathrm{S}}\right)^2\left(\frac{\delta_\mathrm{h}}{t_\mathrm{m}}\right)^{0.5} \tag{12.25}$$

式中 $[p]$——带肋球壳的许用外载荷，kPa；
　　E——设计温度下钢材的弹性模量，MPa；
　　R_S——球壳的曲率半径，m；
　　δ_h——罐顶板的有效厚度，mm；
　　δ_m——带肋球壳的折算厚度，mm。

带肋球壳的折算厚度应按下列公式计算：

$$\delta_\mathrm{m}=\sqrt[3]{\frac{\delta_{1\mathrm{m}}^3+2t_\mathrm{h}^3+\delta_{2\mathrm{m}}^3}{4}} \tag{12.26}$$

$$\delta_{1\mathrm{m}}^3=12\left[\frac{h_1b_1}{L_{1\mathrm{S}}}\left(\frac{h_1^2}{3}+\frac{h_1\delta_\mathrm{h}}{2}+\frac{\delta_\mathrm{h}^2}{4}\right)+\frac{\delta_\mathrm{h}^3}{12}-n_1\delta_\mathrm{h}e_1^2\right]$$

$$\delta_{2\mathrm{m}}^3=12\left[\frac{h_2b_2}{L_{2\mathrm{S}}}\left(\frac{h_2^2}{3}+\frac{h_2\delta_\mathrm{h}}{2}+\frac{\delta_\mathrm{h}^2}{4}\right)+\frac{\delta_\mathrm{h}^3}{12}-n_2\delta_\mathrm{h}e_2^2\right]$$

$$n_1=1+\frac{h_1b_1}{\delta_\mathrm{h}L_{1\mathrm{S}}}$$

$$n_2=1+\frac{h_2b_2}{\delta_\mathrm{h}L_{2\mathrm{S}}}$$

式中 $\delta_{1\mathrm{m}}$——纬向肋与顶板组合截面的折算厚度，mm；
　　h_1——纬向肋宽度，mm；
　　b_1——纬向肋有效厚度，mm；
　　$L_{1\mathrm{S}}$——纬向肋在经向的间距，mm；
　　n_1——纬向肋与顶板在经向的面积折算系数；
　　e_1——纬向肋与顶板在经向的组合截面形心到顶板中面的距离，mm；
　　$\delta_{2\mathrm{m}}$——经向肋与顶板组合截面的折算厚度，mm；
　　h_2——经向肋宽度，mm；
　　b_2——经向肋有效厚度，mm；
　　$L_{2\mathrm{S}}$——经向肋在纬向的间距，mm；
　　n_2——经向肋与顶板在纬向的面积折算系数；
　　e_2——经向肋与顶板在纬向的组合截面形心到顶板中面的距离，mm。

带肋球壳的稳定性验算应满足下式要求：

$$p_\mathrm{L}<[p] \tag{12.27}$$

式中 p_L——固定顶的设计外载荷，kPa；
　　$[p]$——带肋球壳的许用外载荷，kPa。

球壳的局部凸凹会使其临界载荷大为降低，为此对局部凸凹度要严格控制。一般可用1m长弧形样板测量，在任何位置上的间隙不得大于6mm。

12.3 锥顶的设计

锥顶储罐的罐顶为圆锥形。锥顶储罐承受的内压小，从结构上便于做成大容量储罐，因此常将锥顶储罐设计成用来储存挥发性较小油品而容积较大的储罐。根据储罐直径的大小,顶部可设计成自支撑式、梁柱式或桁架式。锥顶罐与拱顶罐相比,有采用型钢种类多、结构比较复杂、施工比较困难等缺点。

12.3.1 自支撑式锥顶

罐顶坡度不应小于 1/6,不应大于 3/4。

罐顶板的计算厚度应按下式计算,且罐顶板的名义厚度不应大于 12mm:

$$\delta_{hs}=\frac{D}{4.8\sin\theta}\sqrt{\frac{q_E}{2.2}} \tag{12.28}$$

式中 δ_{hs}——罐顶板的计算厚度,mm;
q_E——载荷组合,kPa,按式(12.1)计算;
D——油罐内径,m;
θ——罐顶与罐壁连接处罐顶与水平面之间的夹角,(°)。

罐顶与罐壁板连接处有效抗拉或抗压截面积应满足下式要求:

$$A_{min}=\frac{q_E D^2 \times 10^3}{8[\sigma]\tan\theta} \tag{12.29}$$

式中 A_{min}——罐顶与罐壁连接处的有效面积,mm²;
$[\sigma]$——材料许用应力,MPa,应取设计温度下 1/1.6 材料标准屈服强度下限值。

12.3.2 支撑式锥顶

罐顶与一般房屋结构相似,它由顶板、斜椽、横梁和支柱组成。罐顶的坡度不宜过大,只要能顺利排除雨水便符合要求。斜椽、横梁和支柱应按 12.1.3 中的许用应力进行校核。

图 12.7 是梁柱式锥顶的斜椽和横梁的布置示意图。斜椽和横梁的跨度通常限制在 7m 以内,这样可防止斜椽和横梁的截面积过大。梁柱式锥顶的顶板厚度一般为 2.5~4mm,确定顶板厚度后即可进行斜椽间距、斜椽和横梁截面计算。

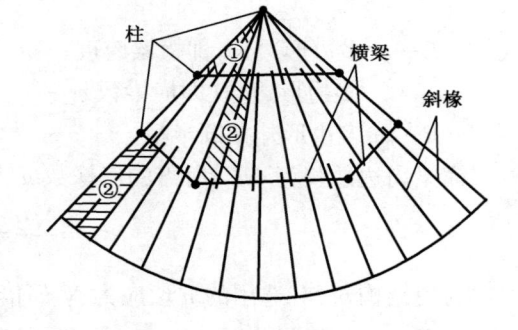

图 12.7 梁柱式锥顶的斜椽和横梁的布置示意图
①—斜椽所受的三角形载荷;②—斜椽所受的矩形载荷

12.3.2.1 斜椽间距

将罐顶板沿斜椽外边缘截出一单位宽度的周向细条,若顶板壳体的支撑作用略去不计,此细条可视为支于斜椽上的受均布载荷的平而直的连续梁。由均布载荷作用的连续梁,其最大弯矩产生在支座处,其值为:

$$M=\frac{ql^2}{12}$$

这个弯矩在板中产生的弯曲应力为:

$$\sigma=\frac{M}{W}$$

式中 W——板的抗弯截面模量。

对于单位宽度的梁,$W=\frac{\delta^2}{6}$,于是

$$\sigma = \frac{ql^2}{2\delta^2}$$

要求 $\sigma \leqslant [\sigma]\eta$,由此便可求得斜椽的最大间距为:

$$l = \delta\sqrt{\frac{2[\sigma]\eta}{q}} \tag{12.30}$$

式中　q——沿连续梁长度的线载荷;

　　　$[\sigma]$——顶板的许用应力;

　　　l——连续梁的跨度,即斜椽间距;

　　　η——焊缝系数;

　　　δ——顶板的厚度。

【例 12.1】 选用顶板厚度为 4mm,材料为 A3;罐顶活载荷 $p_1 = 750\text{N/m}^2$,真空载荷 p_2 为 200N/m^2,钢板自重 $p_3 = 314\text{N/m}^2$,罐顶的总载荷为 $p_1 + p_2 + p_3 = 1264\text{N/m}^2$;单位跨度的线载荷为 $q = 1264\text{N/m}^2$;根据钢结构规范,取 A_3 钢的许用应力 $[\sigma] = 15500\text{N/m}^2$,$\eta = 0.85$,将上述各数值代入式(12.30)得:

$$l = 0.004\sqrt{\frac{2 \times 15500 \times 0.85}{1264}} = 1.83(\text{m})$$

横梁长度 L 可按内接于圆的多边形的边长进行计算,即:

$$L = 2R\sin\frac{360°}{2N}$$

式中　L——多边形边长,即横梁跨度;

　　　N——多边形边数(即横梁数);

　　　R——多边形外接圆半径。

横梁周边总长为 NL,所需的斜椽数 n 为:

$$n = \frac{NL}{l} = \frac{2NR}{l}\sin\frac{360°}{2N} \tag{12.31}$$

为使结构对称,选用的 n 值应为 N 的倍数。

12.3.2.2　斜椽和横梁截面选择

支撑式锥顶的斜椽和横梁,按均布载荷作用下的简支梁计算。虽然横梁实际上承受斜椽传来的集中载荷,但从实用考虑,当 4 个或 4 个以上的集中载荷作用在横梁上时,便可近似地将横梁所受载荷视为均布载荷。

斜椽承受的载荷是所支撑的罐顶板面积上的载荷,顶板面积按相邻的斜椽中心线计算。横梁的载荷是所受的斜椽作用力,横梁的线载荷由横梁上所有斜椽作用力之和除以横梁长度求得。

斜椽承受的载荷不大,为了减轻本身的自重通常采用槽钢。横梁受的载荷较大,由于槽钢的截面不对称,它的稳定性和抗扭性能都比工字钢差,因而横梁多采用工字钢。斜椽和横梁的截面根据抗弯截面系数选取。均布载荷作用下简支梁的最大弯曲力矩为:

$$M = \frac{ql^2}{8}$$

由材料力学可知,承受这个弯曲力矩的梁应有的截面模量为:

$$W = \frac{M}{[\sigma]} = \frac{ql^2}{8[\sigma]}$$

可在有关型钢特性的表格中查得与计算值相当的截面模量的型钢号。

除强度外,还应校核梁的挠度 f。斜椽挠度一般应满足 $f \leqslant l/200$、横梁挠度应满足 $f \leqslant l/250$ 的刚度条件。

简支梁的最大挠度为：

$$f = \frac{5ql^4}{384EI}$$

式中　E——钢材弹性模量；
　　　I——梁的截面惯性矩。

12.3.2.3　支撑的选择

载荷由顶板经斜椽、横梁通过支柱传给基础。支柱的数目根据储罐直径大小决定。较大直径储罐除中心支柱外每一环形横梁都必须有柱支撑。通常采用 5 个或更多的横梁首尾相接组成多边形支架,用以支撑斜椽。储罐支柱的长细比应小于 180,一般采用 120 左右。选择支撑柱的样式和截面时,必须考虑载荷大小、连接形式和钢材规格等因素,并满足经济合理的要求。

支柱多采用钢管、工字钢或槽钢的组合。支柱的截面积 A 按下式计算：

$$A = \frac{N}{[\sigma]}$$

式中　N——作用在支柱上的载荷。

支柱的下端与罐底接触处要做垫板(图 12.8),以便将支柱传来的载荷传给地基,避免产生过大的局部沉陷。为了不使垫板过厚,可在垫板上加肋板,垫板面积由下式决定:

$$A = \frac{N}{[R]}$$

式中　$[R]$——土壤允许承载能力；
　　　N——支柱传来的载荷。

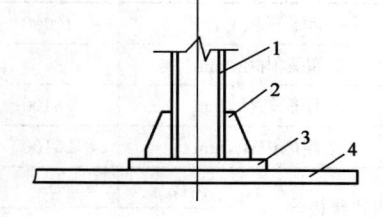

图 12.8　支柱与罐底的连接
1—支柱；2—肋板；3—垫板；4—储罐底板

垫板的厚度按一般的受弯构件计算。无加强肋板时,可将垫板视为单位宽度的悬臂梁,臂长等于柱边到垫板边缘的长度。有加强肋板时,垫板便可视为以肋板为支座的连续梁或简支梁,土壤的反力便是作用在它上面的均布载荷,由此求得弯矩后,便可由下式求得板厚：

$$\delta = \sqrt{\frac{6M}{[\sigma]}}$$

12.4　浮顶的结构

浮顶的结构有双盘式和单盘式两种。单盘式浮顶的周边为环形浮船。环形浮船由隔板将其分隔成若干个互不渗漏的舱室。环形浮船中间为单盘,单盘由钢板搭接而成,与浮船之间由角钢连接。双盘式的有上下两层盖板,两层板之间有边缘环板,径向与环向隔板将浮顶分隔为若干互不渗漏的舱室。双盘式隔热效果好,多用来存放轻质油,常作为炼油厂的成品罐和中间罐,也用作商业油库的中间或发放储罐。这种浮顶耗费金属较多,加工费也较高。

单盘式浮顶罐的结构如图 12.9 所示,常用的浮顶尺寸见表 12.2。

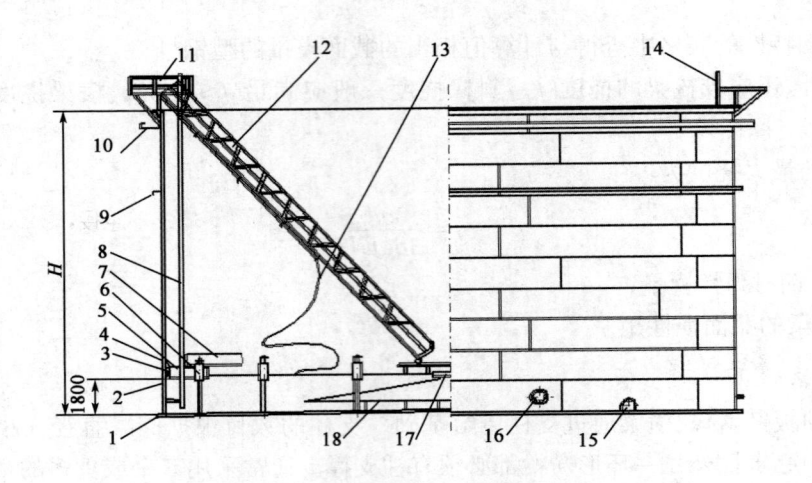

图 12.9 单盘式浮顶罐示意图

1—罐底;2—罐壁;3——次密封及刮蜡器;4—二次密封;5—浮顶;6—浮顶支柱;7—消防挡板;8—量油管;
9—加强圈;10—抗风圈;11—平台盘梯;12—转动扶梯;13—静电导出装置;14—导向管;15—清扫孔;
16—罐壁人孔;17—浮顶集水坑;18—浮顶排水管

表 12.2 我国常用的浮顶尺寸

储罐容积 V,m³		10000	20000	30000	50000	70000	100000
储罐内径,mm		28500	40500	46000	60000	68000	81000
浮船外径,mm		28100	40100	45600	59500	67500	80500
浮船内径,mm		25100	36100	40600	53600	60500	72500
内边缘板,mm	高度	750	740	720	710	690	680
	厚度	8	8	10	10		
外边缘板,mm	高度	800	800	800	800		
	厚度	6	6	8	8		
船舱顶板,mm	高度	1500	2000	2500	3000	3500	4000
	厚度	45	45	45	45	45	45
船舱底板,mm	高度	1500	2000	2500	3000	3500	4000
	厚度	5	5	5	5	5	5
单盘板厚度,mm		5	5	5	5	5	5

单盘钢板的厚度根据强度计算的要求而定,但不得小于最小厚度。我国规定顶板厚度不小于 4.5mm。板与板之间的搭接宽度不应小于 5 倍板厚,且不小于 25mm。单盘的上表面采用连续满角焊,下表面在遇到浮顶支柱或其他刚性较大的构件时,周围 300mm 范围内采用连续满角焊,其余部分可采用间断焊。在搭接缝与环形板相交处,应将搭接改为加垫板的对接。

浮船由顶部看为圆环形。内、外两侧由钢板围成的圈板称为内边缘板和外边缘板,上面称为船舱顶板,下面称为船舱底板。船舱顶板厚度一般不小于 4mm,船舱底板厚度一般不小于 4.5mm。内外边缘板的厚度根据强度需要而定。外边缘板一般不小于 6mm,内边缘板一般不小于 8mm。环形的浮船被等分成若干互不连通的舱室,舱室的数目根据设计需要而定。舱室分得多比较安全,但增加了造价。舱室之间的板称为船舱隔板,船舱隔板与船舱顶板之间可采用间断焊,其余三边接缝应在一侧采用连续焊,另一侧可采用间断焊。如不这样,就会造成窜舱,即一旦有一个舱室泄漏,液体就会窜到其他舱室,最后造成整个浮顶的沉没。

为了方便浮顶罐的生产管理和维修,外浮顶罐上设有下列附件:

(1)中央排水管。外浮顶直接暴露于大气中,落在浮顶上的雨雪不及时被排除就有可能造成浮顶沉没。中央排水管就是为了及时排放汇集于浮顶上的雨水而设置的。中央排水管是由若干段浸没于油品中的 $Dg100$ 钢管组成,管段与管段之间有活动接头连接,可以随浮顶的升降而伸直和折曲,所以又称为排水折管。在国外也有采用耐油橡胶软管的,采用耐油橡胶软管时可避免活动接头长期使用后有时会产生泄漏的缺点,但软管长期浸泡在油内,必须保证其耐油性。排水管上端必须安装单向阀,以免一旦排水管或接头有泄漏时,储液从排水管倒流到浮顶上来。排水管应能在浮顶全行程范围内正常工作。根据储罐直径的大小,每个罐内可以设 1~3 根排水管。

(2)转动扶梯。在罐壁盘梯的顶平台到浮顶之间还应设置一架转动浮梯,作为到达浮顶的通道。在设计时要考虑到当浮顶上升到最高位置时,转动浮梯不会与浮顶上任何附件相碰;当浮顶下降到最低位置时,转动浮梯的仰角不大于 60°。在浮顶升降的全行程中,转动浮梯的踏步应能自动保持水平,梯子下端的滚轮应始终在轨道上滚动。转动浮梯处于任何位置时,都能承受 5kN 集中载荷的作用,同时能在最大风荷下工作。

(3)浮顶立柱。浮顶立柱是环向分布安装于浮顶下部的支柱,其高度一般可在 12~18m 范围内调节。设置浮顶立柱的目的有两个:一是在液面处于较低的位置时,浮顶随之下降并支承在立柱上,以免浮顶与罐内附件(如加热盘管、清扫器等)相碰撞;二是为了检修时浮顶支于立柱上(此时支承高度不低于 1.8m),以便检修人员由人孔进入罐底与浮顶之间的空间内进行检修或清扫罐底上的沉积物。立柱与罐底板接触的部位应设置厚度不小于 5mm 的垫板,垫板直径不小于 500mm,其周边应与底板连续焊。

(4)自动通风阀。在浮顶上设有自动通气阀。当浮顶随液面下降时,在浮顶支承在浮顶立柱上之前,自动通气阀应先行开启。自动通气阀开启后,使罐底与浮顶之间的空间接通大气。自动通气阀有两个作用:一是当浮顶支于立柱上之后继续发油时,不致在浮顶下出现真空,以免将浮顶压坏;二是浮顶在上述位置进油时,避免在浮顶与液面间出现空气层。自动通气阀的截面积应按最大进出油量来确定。

(5)紧急排水口。在单盘边缘处(具体位置通过计算确定)有时还设置紧急排水口。当中央排水管失效(如堵塞或下雨时下面阀门未打开)或因雨量过大中央排水管来不及排水而造成单盘积水时,使水由紧急排水口直接排入罐内,以防浮顶沉没。近年来,有些设计,尤其是成品油储罐不再开设紧急排水口。

(6)舱室人孔。每个舱室应设置船舱人孔,人孔直径不小于 500mm。在正常操作情况下,应定期进行舱室检查有无泄漏或渗油处,并应及时检修。人孔应设有不会被大风吹开的轻型防雨盖,人孔接管上端应高出浮顶的允许积水高度。

浮顶上至少应设置一个最小公称直径为 600mm 的人孔,以便储罐排空后在检修时进行通风、透光和便于检修人员的出入。

(7)密封装置。浮船外径比储罐内径小 400~600mm,即储罐内壁与浮船外边缘板之间有 200~300mm 的环形间隙,这一空间由密封结构来填充,密封间隙见表 12.3。密封装置固定于浮船的外边缘板上,并与浮船共同上下移动。密封装置既要压紧罐壁,以减少油品蒸发损耗,又不能影响浮顶随油面上下移动。密封装置的优劣对浮顶罐工作的可靠性和降耗效果有重大影响。

表 12.3 密 封 间 隙

储罐容积 V, m³	5000～30000	30000～100000	>100000
密封间隙,mm	200	250	300

密封装置的形式很多,以下仅介绍常用的几种:

①机械密封。机械密封有许多种,我国常用的为重锤式的,如图 12.10 所示。对机械密封有两个基本要求,一是把滑板紧密地推在罐壁上;二是可以调心,即浮顶由于外力向一边偏移时,机械密封可以产生相反的力,使浮顶回到中心位置。

机械密封的一个缺点是密封间隙处仍存在油气空间,其大小呼吸损耗虽远比拱顶罐的小,但与其他密封结构相比,其损耗仍较大。机械密封的另一个缺点是适应性差,它对罐壁的不圆度、局部凹凸等十分敏感。罐壁的这些缺陷都会造成密封不严。由于这些缺点,近年来我国新建的储罐已很少采用这种密封。

②软泡沫塑料密封。这种密封结构是靠经常处于压缩状态的聚氨酯软泡沫塑料的回弹力来实现密封的。这种密封的油气损耗较机械密封小,且适应性好。其缺点是由于泡沫塑料长期处于压缩状态,从而产生塑性变形,使其密封力逐渐减弱,最终造成失效。其结构见图 12.11。

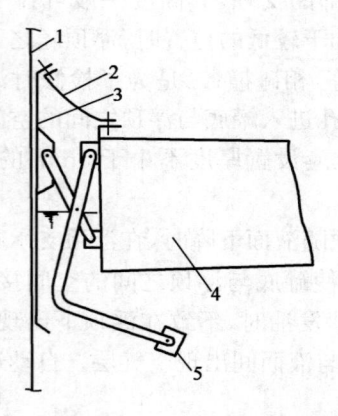

图 12.10 重锤式机械密封
1—罐壁;2—橡胶板;3—滑板;
4—浮船;5—重锤

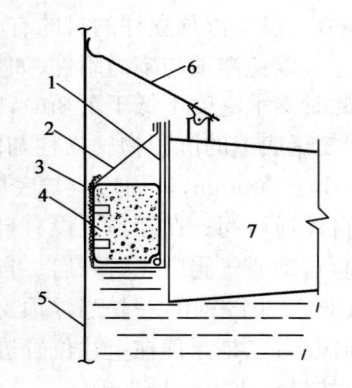

图 12.11 软泡沫塑料密封
1—固定板;2—密封胶袋;3—锯齿;4—泡沫塑料;
5—罐壁;6—防护板;7—浮船

③管式密封。管式密封是依靠橡胶管内液体的侧压力实现密封的。这种密封的优点是液体能在密封管内流动,对罐壁的压紧力比较均匀,它不会因为罐壁的局部凸起而使密封压力骤增,也不会因为罐壁与浮船的间隙局部过大而压力骤减。其结构见图 12.12。橡胶管内一般充柴油,在不冻地区也可以充水。由于管的下部浸入油中,故要求橡胶管有良好的耐油性能。目前多用丁氰-40 橡胶内夹一层尼龙布,管径一般为 ϕ300mm,壁厚(两胶一布)约为 1.2mm。

④唇式密封。除了以上几种常见的密封形式外,还有唇式密封。唇式密封与软泡沫塑料密封相似,只是外形做成唇形,见图 12.13。这种密封在上下唇处有两道密封线,故气密性较一般软泡沫塑料密封好,而且没有一般软泡沫塑料密封在浮船上下移动时易产生滚动、扭转的

现象。唇形密封的标准宽度为260mm,最大可胀至390mm,最小可压至130mm。其缺点是结构复杂、难以加工、价格较贵。

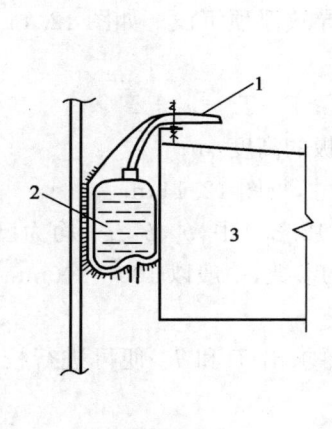

图 12.12　管式密封
1—充液软管;2—液体;3—浮船

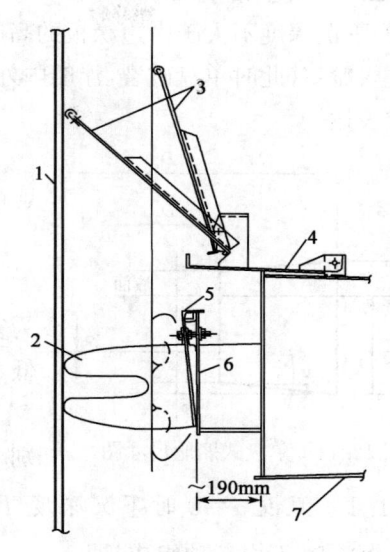

图 12.13　唇形密封
1—罐壁;2—唇形密封体;3—挡雨板;4—挡雨板床;
5—芯板;6—密封支座;7—浮船

12.5　浮顶不沉没的设计计算

由于浮顶是浮在液面上,为了其使用上的安全可靠性,浮顶在下述两种情况下不应发生沉没:

(1)对于单盘式浮顶,设计时应做到单盘板和任意两个舱室同时破裂时浮顶不沉没;对于双盘式浮顶,设计应做到任意两个舱室同时破裂时浮顶不沉没。

(2)在整个罐顶面积上有250mm降雨量的水积存在单盘上时浮顶不沉没。

12.5.1　浮舱破裂时不沉没

浮船断面为梯形,船舱顶板及底板均应有一定的坡度。顶板的坡度是为了便于排除雨水。底板的坡度是为了使储存油品挥发的气泡汇聚于单盘的边缘,待压力达到一定数值后,由盘边的透气阀排出。

如前所述,要求单盘板和任意两个相邻舱室同时破裂或泄漏时浮顶不沉没。为满足这一条件,则要求:

(1)下沉深度不大于外边缘板的高度,且有一定裕量,以免油品由浮顶外侧经过外边缘板流入浮顶并灌进舱室内,如图12.14所示,可用下式表达:

$$b_3 \geqslant T + T_a + \Delta \tag{12.32}$$

式中　b_3——外边缘板的高度,m;
　　　T——当$\alpha=0$时的下沉深度,m;

T_α——由 $\alpha \neq 0$ 引起的浸没深度的增加量,m;

Δ——安全裕量,m。

(2)下沉深度不大于内边缘板的高度,且应留有一定裕量,以免油品由浮船内侧漫过内边缘板进入舱室(此时单盘破裂,浮船内外两侧均有油),并导致浮顶沉没。如图 12.14 所示,可用下式表达:

$$b_1 \geqslant T + T_\alpha - g_1 + \Delta \tag{12.33}$$

式中 b_1——内边缘板的高度,m;

g_1——浮船尺寸,见图 12.14,m。

式(12.32)和式(12.33)中,b_1、b_3、g_1 均为已知数;Δ 为安全裕量,系控制的参数,一般以 100～200mm 为宜,最低不得小于 50mm。

由以上看出,只要求出 T 和 T_α 便可进行校核,现分别求 T 和 T_α。

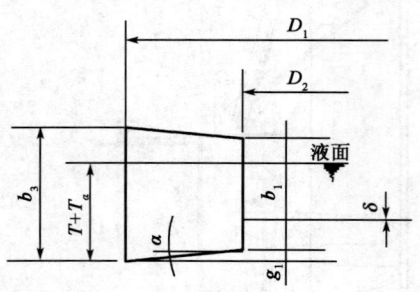

图 12.14 单盘式船舱尺寸图

12.5.1.1 假设 $\alpha=0$ 时下沉深度 T 的计算

下沉深度 T 由三项组成,即:

$$T = T_0' + T_1 + \Delta T_0 \tag{12.34}$$

式中 T_0'——浮船本身的沉没深度(假设 $\alpha=0$),m;

T_1——破坏的单盘使浮船下沉深度的增加量,m;

ΔT_0——由于两个舱室泄漏而使浮船下沉深度的增加量,m。

1)T_0' 的计算

假设 $\alpha=0$,则浮船本身的沉没深度:

$$T_0' = \frac{Q_0}{\frac{\pi}{4}(D_1^2 - D_2^2)\rho_L g} \tag{12.35}$$

式中 Q_0——浮船的重量,N;

D_1——浮船的外径,m;

D_2——浮船的内径,m;

ρ_L——储液的密度,kg/m³;

g——重力加速度,取 9.8m/s²。

API 650 和 JIS 8501 均规定,当储液密度在 700kg/m³ 以下时,ρ_L 按 700kg/m³ 计算;储液密度在 700kg/m³ 以上时,ρ_L 按实际密度计算。我国过去对一些浮顶的设计曾按以下方法选取:对于原油,取 $\rho_L=840$kg/m³;对于成品油,取 $\rho_L=700$kg/m³。

为简化计算,令 $\tau = D_2/D_1$,则式(12.35)可改写为:

$$T_0' = \frac{Q_0}{\frac{\pi}{4}D_1^2(1-\tau^2)\rho_L g} \tag{12.36}$$

2)T_1 的计算

单盘破裂以后浸泡于油品中,此时单盘除其自身的体积所排开的储液能提供微小的浮力外,不再提供任何浮力。把破裂的单盘连接到浮船上将使浮船下沉量增加 T_1 值。按平衡条件可列出：

$$\frac{\pi}{4}D_1^2(1-\tau^2)T_1\rho_L g = \frac{\pi}{4}D_2^2 p_d - \frac{\pi}{4}D_2^2 \delta\rho_L g \tag{12.37}$$

$$p_d = \frac{单盘总重}{\frac{\pi}{4}D_2^2} \tag{12.38}$$

式中　δ——单盘板厚度，m；

　　　p_d——单盘单位面积的重量，Pa。

单盘总重除单盘本身的重量外，还应包括单盘上的配件重及中央排水管重量的一半。将式(12.37)化简、整理可得：

$$T_1 = \frac{\tau^2}{1-\tau^2}\left(\frac{p_d}{\rho_L g} - \delta\right) \tag{12.39}$$

3) ΔT_0 的计算

两个舱室泄漏将使船下沉深度增加 ΔT_0。在计算 ΔT_0 时，可把舱室看成未泄漏，但在两个舱室的浮力中心增加重量 G，而 G 与泄漏前这两个舱室所排开的液体重量相等，即：

$$G = \frac{2}{m}\frac{\pi}{4}D_1^2(1-\tau^2)T\rho_L g \tag{12.40}$$

式中　m——舱室总数。

加上重量 G 以后，有两个后果：(1)把 G 加在中部，使浮船下沉 $\Delta T_0'$；(2)把 G 移至两个舱室的浮力中心处，浮船倾斜，边缘下沉量增加 $\Delta T_0''$。于是：

$$\Delta T_0 = \Delta T_0' + \Delta T_0'' \tag{12.41}$$

$\Delta T_0'$ 可根据平衡条件按下式求出：

$$\Delta T_0' = \frac{G}{\frac{\pi}{4}D_1^2(1-\tau^2)\rho_L g} \tag{12.42}$$

将式(12.40)中的 G 代入式(12.42)，并化简，得：

$$\Delta T_0' = \frac{2T}{m} \tag{12.43}$$

$\Delta T_0''$ 可根据船舶静力学的一般原理求出：

$$\Delta T_0'' = \frac{8}{3}\frac{1-\tau^3}{1-\tau^4}\frac{\sin\varphi}{\pi}T \tag{12.44}$$

$$\varphi = \frac{2\pi}{m} \tag{12.45}$$

式中　φ——每个舱室所对应的圆心角。

将式(12.43)、式(12.44)代入式(12.41)，可得：

$$\Delta T_0 = \left(\frac{2}{m} + \frac{8}{3}\frac{1-\tau^3}{1-\tau^4}\frac{\sin\varphi}{\pi}\right)T \tag{12.46}$$

令：

$$a = \frac{2}{m} + \frac{8}{3}\frac{1-\tau^3}{1-\tau^4}\frac{\sin\varphi}{\pi} \tag{12.47}$$

则：

$$\Delta T_0 = aT \tag{12.48}$$

式中　a——两个舱室泄漏使浮船下沉的影响系数。

将式(12.48)代入式(12.34)，整理得：

$$T=\frac{T_0'+T_1}{1-a} \tag{12.49}$$

12.5.1.2 T_α 的计算

浮船底是斜的而不是平的,这给计算带来很多麻烦。为了解决这个问题,可先把船底按平的考虑,然后再加上由于这样考虑带来的下沉量的误差 T_α 值。

图 12.15 中,虚线 $x'-x'$ 是把倾角为 α 的底板折算为平底的线。

三角形截面积 $a'b'c'$ 所围成的环形体积 $V_{a'b'c'}$ 为:

$$V_{a'b'c'}=\frac{\pi}{2}\overline{a'c'}\cdot\overline{a'c'}\tan\left(D_2+\frac{2}{3}\overline{a'c'}\right)$$

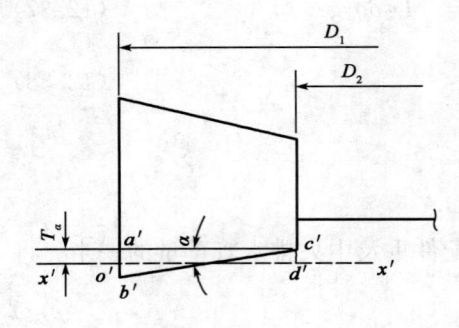

图 12.15 船舱尺寸

将 $\overline{a'c'}=\frac{1-\tau}{24}D_1$ 和 $D_2=D_1\tau$ 代入上式,经整理得:

$$V_{a'b'c'}=\frac{\pi}{24}D_1^3(1-\tau)^2(1+2\tau)\tan\alpha$$

矩形截面 $a'o'd'c'$ 所围成的环形体积为:

$$V_{a'o'd'c'}=\frac{\pi}{4}D_1^2(1-\tau^2)T_\alpha$$

因为浮力相等,即二者排开的液体的体积相等,故:

$$V_{a'b'c'}=V_{a'o'd'c'}$$

由此求出:

$$T_\alpha=\frac{(1-\tau)(1+2\tau)}{6(1+\tau)}D_1\tan\alpha \tag{12.50}$$

由式(12.50)可以看出,T_α 为浮船几何形状的函数。几何形状确定后,T_α 便可求出。

经校核,如不满足第一准则的要求,可增加舱室数目 m 或增大内、外边缘板高度 b_1、b_3。

12.5.2 浮顶积水时不沉没

在下暴雨时,由于雨量过大或中央排水管不畅甚至堵塞,则单盘上将出现积水。要求在整个罐顶面积上有 250mm 降雨量的水积存在单盘上时浮顶不沉没。

设计允许的积水重量为:

$$Q=\frac{\pi}{4}D^2h_0\rho_w g \tag{12.51}$$

式中 Q——单盘上允许的最大积水重量,N;
D——储罐内径,m;
ρ_w——水的密度,kg/m³;
h_0——允许的降雨量,m,取 $h_0=0.25$m。

在 Q 的作用下,浮顶的下沉量(吃水量)增加。但设计要求,即使在这种情况下,罐内的油品也不得越过浮船的外边缘板,且应留有一定裕量。否则,油品就会经外边缘板流入浮顶,灌进舱室,最终导致浮顶沉没。

以上的校核条件可用下式表达:

$$b_3\geqslant T_0+\Delta T_1+T_2+\Delta \tag{12.52}$$

式中　T_0——浮船本身的沉没深度($\alpha \neq 0$),m;
　　　ΔT_1——加上上单盘以后浮船下沉增加量,m;
　　　T_2——由积水重量 Q 引起的浮船下沉增加量,m;
　　　Δ——安全裕量,一般取 $\Delta = 100 \sim 200$mm,最小不得低于 50mm。
在式(12.52)中,T_0 为已知值:
$$T_0 = T_0' + T_\alpha \qquad (12.53)$$
T_0' 按式(12.35)或式(12.36)计算,T_α 按式(12.50)计算。

式(12.52)中的 ΔT_1、T_2 均与载荷(单盘自重、积水重)作用下单盘的挠度有关。因为挠度越大,则向下挠凸部分的体积越大,排水量越多,即浮力越大,从而使 ΔT_1 和 T_2 减小,故在下面先讨论单盘和浮船的力学特性。

12.5.2.1　单盘挠度

单盘板与焊在浮船上的连接角钢是角焊连接的,再加上单盘板很薄,其抗拉刚性强,抗弯刚性差,此时完全可以把边界条件看成是铰支的。板的挠度越大,板中的张力越大,而弯曲应力相对减小。当挠度比厚度大许多倍时(例如,浮顶的单盘中心挠度 f_m 值可达数百毫米,比厚度大两个数量级),板中的弯曲应力可以忽略不计,薄板问题就变成薄膜问题了。

如图 12.16 所示,单盘是一个大挠度圆形薄板,其中心的挠度可按下式计算:
$$f_m = K_1 \sqrt[3]{\frac{qR^4}{E\delta}} \qquad (12.54)$$
$$R = \frac{D_2}{2}$$

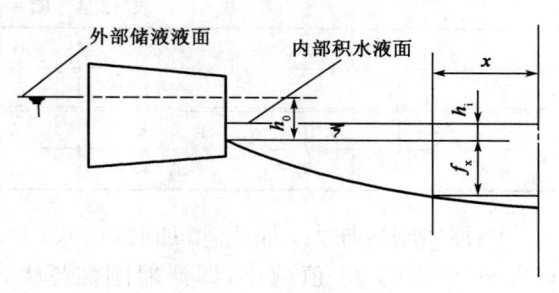

图 12.16　罐顶上有积水时的状况

式中　f_m——单盘在内部积水情况下的中心挠度,m;
　　　K_1——与浮船径向刚性有关的系数;
　　　q——单盘上所受的当量均布载荷,Pa;
　　　R——单盘的半径,m;
　　　E——钢材的弹性模量,Pa;
　　　δ——单盘板的厚度,m;
　　　D_2——单盘直径,m,见图 12.14。

单盘上任意点的挠度 f_x 可按下式计算:
$$f_x = f_m \left(1 - 0.9 \frac{x^2}{R^2} - 0.1 \frac{x^5}{R^5} \right) \qquad (12.55)$$

式中　x——从单盘中心至计算点的距离,m。

由式(12.55)看出,当 $x = 0$ 时,在单盘的中心,$f_x = f_m$;当 $x = R$ 时,在单盘的边缘,$f_x = 0$。

式(12.54)中的 K_1 是一个与浮船径向刚性有关的系数。可以把浮船看成是一个受径向力(力的方向指向圆心)的受压圆环。在此力作用下,受压环产生径向位移,而这一位移将会造成单盘挠度的增加。

K_1 值由无量纲参数 λ 计算。λ 的定义为:

$$\lambda = \frac{R_3 \delta}{A_e} \tag{12.56}$$

$$R_3 = \frac{1+\tau}{4}D_1 \tag{12.57}$$

$$A_e = \eta_1 b_1 \delta_1 + \eta_2 b_2 \delta_2 + \eta_3 b_3 \delta_3 + \eta_4 b_4 \delta_4 + A_L \tag{12.58}$$

式中　λ——无量纲参数；
　　　R_3——浮船的平均半径，m；
　　　A_e——用于刚度计算的浮船有效截面积，m^2；
　　　$\eta_1, \eta_2, \eta_3, \eta_4$——折减系数，$\eta_1 = \eta_3 = 1, \eta_2 = \eta_4 = 0.4$；
　　　A_L——浮船上加强圈的截面积，如连接角钢等均可作为加强角钢看待，m^2。

将式(12.57)代入式(12.56)，得：

$$\lambda = \frac{(1+\tau)\delta}{4A_e}D_1 \tag{12.59}$$

求出 λ 后，按表 12.4 求出 K_1 值。中间值可用线性插入法求得。

表 12.4　$K_1 = \varphi_1(\lambda)$ 的函数值

λ	0	0.256	0.706	1.122	2.08	3.12
K_1	0.654	0.712	0.783	0.842	0.931	1.0125
λ	4.10	5.28	6.19	7.21	8.34	9.6
K_1	1.078	1.145	1.194	1.239	1.286	1.336

当浮船刚性加大，即 A_e 增加时，由式(12.59)知 λ 减小，从而 K_1 减小(表 12.4)，由式(12.54)求出的 f_m 值减小，即浮船刚性越大，则单盘的挠度越小，这一结论完全为试验所证实。

当 A_e 趋近于无穷大时，则浮船为刚性环，此时 $\lambda = 0, K_1 = 0.654$。国外有些公司在储罐的计算中取 $K_1 = 0.662$，这实际上把浮船近似地看成刚性环。当浮船的半径小而断面较大时，例如，10000m^3 和 20000m^3 储罐的浮船，若把浮船看成是刚性环，其误差不大；相反，当直径较大而断面较小时，如 50000m^3 储罐的浮船，若按刚性环考虑则会有很大误差。

12.5.2.2　ΔT_1 的计算

式(12.52)中的 ΔT_1 为加上单盘以后浮船下沉深度的增加量。

加上单盘以后，由于下沉深度增加 ΔT_1，使排水体积增加 V_1、V_2 和 V_3 三个部分，如图 12.17 所示。V_1 为加上单盘以后浮船排水体积的增加量，V_2 为加上单盘以后单盘部分(不计单盘挠度，即把单盘假设成平的)的排水体积，V_3 为因单盘有自然下挠而增加的排水体积：

$$\begin{cases} V_1 = \dfrac{\pi}{4}D_1^2(1-\tau^2)\Delta T_1 \\ V_2 = \dfrac{\pi}{4}D_2^2(\Delta T_1 + T_0 - C) \\ V_3 = \displaystyle\int_0^{\frac{D_2}{2}} 2\pi x f_x \, \mathrm{d}x \end{cases} \tag{12.60}$$

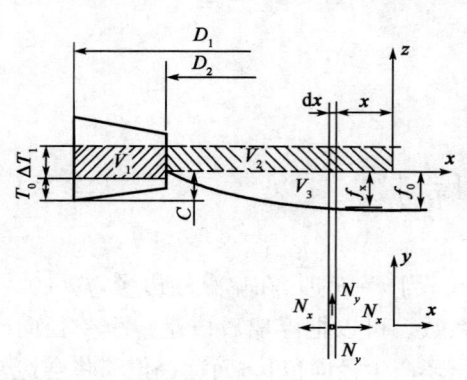

图 12.17　加上单盘后的状况

式(12.60)中的 f_x 为距单盘中心 x 处的自然下挠，可参照单盘的挠度曲线式(12.55)写出，即：

$$f_x = f_0 \left(1 - 0.9\frac{x^2}{R^2} - 0.1\frac{x^5}{R^5}\right)$$

式中 f_0——单盘中心的自然下垂挠度。

将式(12.60)积分后，求出：

$$V_3 = \frac{\pi}{4}D_2^2 \cdot 0.521 f_0$$

根据平衡条件得出：

$$\rho_L g \left[\frac{\pi}{4}D_1^2(1-\tau^2)\Delta T_1 + \frac{\pi}{4}D_2^2(\Delta T_1 + T_0 - C) + \frac{\pi}{4}D_2^2 \cdot 0.521 f_0\right] = \frac{\pi}{4}D_2^2 p_d$$

化简得出：

$$\frac{\Delta T_1}{\tau^2} + T_0 - C + 0.521 f_0 = \frac{p_d}{\rho_L g} \tag{12.61}$$

式(12.61)中有两个未知数 ΔT_1 和 f_0，故需找另一个关系式才能求解。

在单盘上任一点 x 处的平衡条件可用下式表达：

$$\sum Z = 0$$

$$(\Delta T_1 + T_0 - C + f_x)\rho_L g + \left(\frac{N_x}{\rho_x} + \frac{N_y}{\rho_y}\right) = p_d \tag{12.62}$$

式中 N_x, N_y——单盘在 x、y 方向单位长度上所受的力；
ρ_x, ρ_y——该点在 x、y 方向的曲率半径。

在中点处，$\rho_x = \rho_y = \infty$，$\frac{N_x}{\rho_x} + \frac{N_y}{\rho_y} \to 0$，故在中点处可得出下式：

$$\Delta T_1 + T_0 - C + f_0 = \frac{p_d}{\rho_L g} \tag{12.63}$$

将式(12.61)，式(12.62)联立，消去 f_0，可得：

$$\Delta T_1 = \frac{0.479\tau^2}{1 - 0.521\tau^2}\left(\frac{p_d}{\rho_L g} + C - T_0\right) \tag{12.64}$$

12.5.2.3 T_2 的计算

T_2 为整个浮顶面积上有 250mm 降雨量的水积存在单盘上时浮船下沉的增加量。

在整个浮顶面积上有 250mm 降雨量的积水时，积水的重量 Q 可按式(12.51)计算。把重量为 Q 的水加到单盘上以后，一方面浮船下沉 T_2，从而使排水体积增加 V_1；另一方面，单盘的挠度由 f_0 增至 f_m，从而使排水体积增加了 V_2。由平衡条件可知：

$$Q = (V_1 + V_2)\rho_L g \tag{12.65}$$

$$V_1 = \frac{\pi}{4}D_1^2 T_2 \tag{12.66}$$

$$V_2 = \frac{\pi}{4}D_2^2 \cdot 0.521 f_m \tag{12.67}$$

V_2 的计算参阅式(12.60)。

把式(12.51)、式(12.66)、式(12.67)代入式(12.65)，化简可得：

$$T_2 + 0.521\tau^2 f_m = \frac{D^2}{D_1^2}\frac{\rho_w}{\rho_L}h_0 \tag{12.68}$$

式(12.68)为 T_2 与 f_m 的关系式，该式右侧为常数。由式中可以看出，f_m 增加则 T_2 减小。式(12.41)中含有两个未知数,为求解还需找另外的关系式。

由图 12.18 看出,单盘所受向下的力为积水重量 Q 和单盘自身的重量 Q_1,向上的力为浮船通过连接角钢给予单盘的向上分力 $\sum N_z$,以及储液对单盘的浮力 P。由单盘的平衡条件可以得出:

$$Q+Q_1=\sum N_z+P \tag{12.69}$$

其中
$$\sum N_z=\frac{\pi}{4}D_2^2 q \tag{12.70}$$

$$P=\int_0^{\frac{D_2}{2}} p_x \cdot 2\pi x \mathrm{d}x \tag{12.71}$$

$$p_x=(\Delta T_1+T_0+T_2-C+f_x)\rho_L g$$

$$f_x=(f_0+f_m)\left(1-0.9\frac{x^2}{R^2}-0.1\frac{x^5}{R^5}\right)$$

式中 q——单盘上的当量载荷,可按式(12.54)计算;
P——储液对单盘浮力的总和,N。

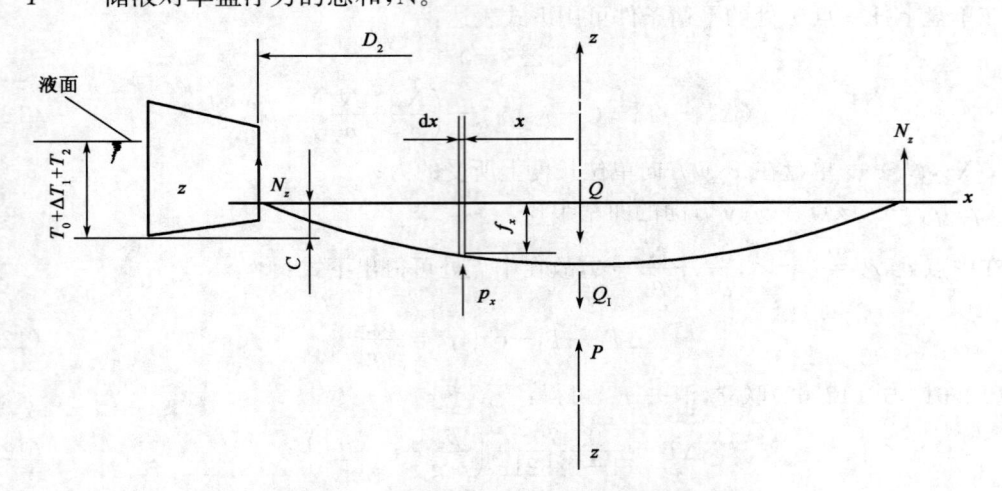

图 12.18 单盘上有积水时的受力状况简图

将式(12.71)积分,并注意到 $R=\dfrac{D_2}{2}$,可得:

$$P=\frac{\pi}{4}D_2^2 \rho_L g[\Delta T_1+T_0+T_2-C+0.521(f_0+f_m)] \tag{12.72}$$

在式(12.69)中,将 $\sum N_z$ 用式(12.70)代入,P 用式(12.72)代入,Q 用式(12.51)代入,$Q_1=\dfrac{\pi}{4}D_2^2 p_d$,而 p_d 可由式(12.61)求出,代入后化简,可得:

$$\frac{D^2}{D_1^2}\frac{\rho_w}{\rho_L}h_0+(1-\tau^2)\Delta T_1=\tau^2\left(T_2+0.521f_m+\frac{q}{\rho_L g}\right) \tag{12.73}$$

式(12.73)为 f_m、q、T_2 的关系式,与式(12.68)联立,消去 T_2,可得:

$$\frac{q}{\rho_L g}+0.521(1-\tau^2)f_m=\frac{1-\tau^2}{\tau^2}\left(\frac{D^2}{D_1^2}\frac{\rho_w}{\rho_L}h_0+\Delta T_1\right) \tag{12.74}$$

式(12.74)为 f_m 与 q 的关系式,将式(12.54)中的 f_m 代入并化简,可得 q 的方程式:

$$q=q_0-q_1 e q^{\frac{1}{3}} \tag{12.75}$$

其中
$$q_0 = \frac{1-\tau^2}{\tau^2}\left(\frac{D^2}{D_1^2}\frac{\rho_w}{\rho_L}h_0 + \Delta T_1\right)\rho_L g \tag{12.76}$$

$$q_1 = 0.521(1-\tau^2)\rho_L g \tag{12.77}$$

$$e = 0.391 \times 10^{-2} K_1 (\tau D_1)^{\frac{3}{4}} \tag{12.78}$$

式(12.75)为一个三次方程,解出 q 后,由式(12.54)求出 f_m,由式(12.68)求出 T_2,然后按式(12.52)进行校核,如不满足则应对浮船尺寸进行调整。

12.6 浮顶的强度

在浮船舱室破裂、浮顶积水等条件下,浮顶能保持结构的完整性,不产生强度或失稳性破坏。

12.6.1 单盘的强度验算

在单盘中心的应力和在边缘上的应力,可按下式计算:

$$\sigma_r = K_2 \sqrt[3]{\frac{Eq^2 R^2}{\delta^2}} \tag{12.79}$$

$$\sigma_m = K_3 \sqrt[3]{\frac{Eq^2 R^2}{\delta^2}} \tag{12.80}$$

式中 σ_r——单盘边缘上的拉应力,Pa;
σ_m——单盘中心处的拉应力,Pa;
K_2, K_3——与浮船径向刚性有关的系数,由无量纲参数 λ 计算,见表 12.5 和表 12.6。

表 12.5 $K_2 = \varphi_2(\lambda)$ 的函数值

λ	0	0.256	0.706	1.122	2.08	3.12
K_2	0.334	0.296	0.254	0.236	0.202	0.182
λ	4.10	5.28	6.19	7.2	8.34	9.60
K_2	0.169	0.158	0.151	0.144	0.136	0.132

表 12.6 $K_3 = \varphi_3(\lambda)$ 的函数值

λ	0	0.548	1.11	1.61	1.94	2.34	2.82	3.42	4.20	5.21
K_3	0.432	0.392	0.374	0.364	0.360	0.354	0.351	0.347	0.343	0.340

由表 12.5 和表 12.6 可以看出,对应于同一 λ 值,$K_3 > K_2$,故在校核单盘的强度时,只求出 σ_m 便可。

在式(12.79)和式(12.80)的计算中,q 值应选取第一准则和第二准则两种不同工作情况下 q 值的较大者。

如按第一准则,q 值可按下式计算:

$$q = \delta(\rho - \rho_L)g \tag{12.81}$$

式中 δ——单盘板的厚度,m;
ρ——钢板的密度,取 7850kg/m³;
ρ_L——储存介质的密度,kg/m³。

我国通常取单盘板的厚度为 5mm,考虑到单盘上一些配件的影响后,可取 $q = 400\text{N/m}^2$。
如按第二准则,q 值可按式(12.75)计算。

取以上两种工况下 q 的较大值,并按式(12.80)进行计算,求出 σ_m 后按下式进行校核:

$$\sigma_m \leqslant [\sigma]\eta \tag{12.82}$$

式中　η ——焊缝系数,单面搭接焊取 $\eta=0.45$,双面搭接焊取 $\eta=0.55$,上面连续焊、下面间断焊取 $\eta=0.50$;

$[\sigma]$ ——许用应力,取为材料屈服极限的 $\frac{2}{3}$,Pa。

应当指出,理论分析及应力实测表明:在单盘的边缘,应力值颇高,但向中心移动时,应力迅速衰减。可按二次应力考虑,从保证安定性的条件出发,可用二倍屈服应力进行校核。

12.6.2　浮船的强度校核

由单盘边缘传来的径向应力 σ_r 使浮船成为一个受压的圆环,由平衡条件可得出浮船断面所受的压应力为:

$$\sigma = \frac{\sigma_r \delta D_2}{2A} \tag{12.83}$$

式中　σ_r ——单盘边缘的径向应力,Pa;
　　　δ ——单盘板的厚度,m;
　　　D_2 ——浮船内径,m;
　　　A ——用于强度计算的浮船有效截面积,m²。

σ_r 可按式(12.79)计算。计算时,q 值应取船舱破裂、浮盘积水两种情形中较大者。

浮船顶板和底板既宽且薄,其临界稳定应力很低,故浮船断面压应力校核时往往把这部分忽略不计,于是:

$$A = b_1\delta_1 + b_3\delta_3 + A_L \tag{12.84}$$

其中,b_1、δ_1、b_3、δ_3 见图 12.19,A_L 为连接角钢的面积。

计算出的 σ 值通常不得大于 $0.8\sigma_s$,近年来有许多设计工作者主张放宽这一条件,因为少量的永久变形(浮船直径减小)不会影响浮顶的正常工作,何况出现不满足船舱破裂、浮盘积水时浮盘下沉的概率是很小的。

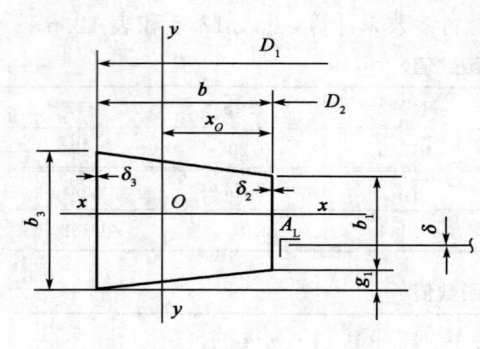

图 12.19　船舱简图

12.7　浮船稳定性

如前所述,浮船是一个受压圆环。此圆环可能产生平面内失稳或平面外失稳。如图 12.19 所示,如对 y 轴的惯性矩 I_y 不够大,则会产生平面内失稳,这种失稳可使圆环变成椭圆形或梅花形;如对 x 轴的惯性矩 I_x 不够大,则会产生平面外失稳,即侧向失稳,这种失稳可使圆环翘曲。这两种情况均使浮船无法继续工作,因而要分别进行校核。

12.7.1　浮船平面内稳定校核

浮船在平面内单位长度上的临界压力可按下式计算:

$$p_{cr1} = \frac{3EI_y}{R_0^3} \tag{12.85}$$

$$R_0 = \frac{1}{4}(D_1 + D_2)$$

式中 p_{cr1}——浮船在圆环平面内的临界失稳载荷,N/m²;
  R_0——浮船的平均半径,m;
  I_y——浮船截面对 y 轴的惯性矩,m⁴。

如图 12.19 所示,若 O 为截面重心,则:

$$I_y = b_1 \delta_1 x_O^2 + \frac{b_2^3 \delta_2}{12}\eta_2 + b_3\delta_3(b-x_O)^2 + \frac{b_4^3 \delta_4}{12}\eta_4 \tag{12.86}$$

式中,可取 $\eta_2 = \eta_4 = 0.40$,在近似计算时,可把浮船重心 O 假设在 $\frac{b}{2}$ 处,则 $x_O = \frac{1}{2}b$。

p_{cr1} 求出后,按下式校核稳定性:

$$N_r \leqslant \frac{p_{cr1}}{n} \tag{12.87}$$

$$N_r = \sigma_r \delta$$

式中 n——稳定安全系数,一般取 $n=1.3$。

和以前计算一样,在计算 σ_r 时,应取第一、二准则中 q 的较大值。

12.7.2 浮船平面外稳定性校核

浮船平面外也就是侧向临界失稳载荷可按下式计算:

$$p_{cr2} = \frac{3EI_x}{R_0^3}\frac{9}{4+\frac{EI_x}{GI_z}} + \frac{bR_0\rho_L g}{4} \tag{12.88}$$

$$G = \frac{E}{2(1+\nu)}$$

式中 p_{cr2}——浮船在圆环平面外的临界失稳载荷,N/m²;
  I_x——浮船截面对 x 轴的惯性矩,m⁴;
  G——材料的剪切模量,Pa;
  I_z——浮船截面对 z 轴的惯性矩,m⁴。

I_x 和 I_z 可按下式计算:

$$I_x = \frac{\delta_1 b_1^3}{12} + \delta_2 b_2 \eta_2 \left(\frac{b_1+g}{2}\right)^2 + \frac{\delta_3 b_3^3}{12} + \delta_4 b_4 \eta_4 \left(\frac{b_3+g_1}{2}\right)^2 \tag{12.89}$$

$$I_z = \frac{(b_1+b_3)^2 b_2^2}{\frac{b_1}{\eta_1 \delta_1} + \frac{b_2}{\eta_2}\left(\frac{1}{\delta_2}+\frac{1}{\delta_4}\right) + \frac{b_3}{\eta_3 \delta_3}} \tag{12.90}$$

式中,$\eta_2 = \eta_4 = 0.40$;$\eta_1 = \eta_3 = 1.00$。

式(12.88)中后面一项 $\frac{bR_0\rho_L g}{4}$ 系考虑到浮船底板下面储液的支撑作用对稳定的有利条件。当 $\rho_L = 0$ 即无支撑时,则为一般圆环平面外失稳临界载荷公式。

12.7.3 有效截面积验算

在前面通过无量纲参数 λ 求 K_1、K_2、K_3 时,在式(12.56)中曾引用了浮船用于刚度计算

的有效截面积 A_e 的概念。A_e 是按式(12.58)计算的。在式(12.58)中又引用了 η_1、η_2、η_3、η_4 等折减系数,并取 $\eta_1=\eta_3=1.00$,$\eta_2=\eta_4=0.40$。

以上对于 A_e 的假设与实际有效截面积 A_e' 是否相符?在计算的最后还需进行验算,验算结果应满足以下条件:

$$\left|\frac{A_e'-A_e}{A_e}\right|\leqslant 0.10 \tag{12.91}$$

$$A_e'=\sum_{i=1}^{4}A_i\eta_i' \tag{12.92}$$

其中

$$A_i=b_i\delta_i,\quad \eta_i'=\sqrt{\frac{\varepsilon_{cri}}{\varepsilon}}$$

$$\varepsilon_{cri}=3.62\frac{\delta_i^2}{b_i^2} \quad (i=1,2,3,4) \tag{12.93}$$

$$\varepsilon=\frac{\Delta}{R_3} \tag{12.94}$$

$$\Delta=\frac{\lambda}{\frac{D_2}{2}}=\frac{f_m^2}{1.22\lambda+1.87} \tag{12.95}$$

式中 A_e——用于刚度计算的浮船有效截面积,m^2,按式(12.58)计算;

A_e'——用于刚度计算的浮船实际有效截面积,m^2,按式(12.92)计算;

A_i——浮船各壁板的截面积,m^2;

b_i——浮船各壁板的宽度,m;

δ_i——浮船各壁板的厚度,m;

ε_{cri}——浮船各壁板的临界应变;

ε——浮船壁板的实际环向应变;

Δ——单盘边缘径向位移,m。

在式(12.94)和式(12.95)中,R_3 为浮船的平均半径,由式(12.57)求得;λ 由式(12.59)求得;f_m 在第二准则验算时求出。

以上计算,若 $\varepsilon\leqslant\varepsilon_{cri}$,表明壁板还未屈曲,此时取 $\eta_i'=1$。

一般情况下,式(12.91)均能得到满足,在个别情况下不满足时,则需重新假设 η,计算 A_e,求 λ,并重新求 K_1、K_2、K_3。

13 立式储罐的抗风和抗震

风吹在罐壁上,相当于对储罐的筒形罐壁施加了外压,如果罐壁的刚度不足,可引发储罐的壳体失稳,在国内外都曾发生过在风力作用下罐壁产生局部失稳的事例。而储罐在地震作用下,由于地震的激励及其导致的储液的晃动,对储罐造成的倾覆作用,可导致储罐底部的象足凸鼓或菱形褶皱,因此抗震计算的重点是防止罐壁发生轴压失稳。此外,地震时浮顶与固定顶发生撞击、罐顶附件脱落等也是储罐抗震设计中需要考虑的。由于储罐内部储存大量易燃液体,如设计时未充分考虑抗风和抗震要求,则在风载荷的作用下或在地震过程中往往会引发严重灾害。近年来,由于储罐大型化和采用高强度钢而使罐壁减薄,从而使罐壁的稳定性较差,这就要求对储罐的抗风和抗震能力应更加予以关注。

13.1 储罐风载荷

风以一定速度吹在构筑物或设备上,产生风压。立式储罐所受风压的实际情况较为复杂,风压在罐外壁的分布大致如图 13.1 所示。由图可以看出,在罐的外壁,在迎风面上只有大约 60°范围是受压的,而其他部分是吸力。在受压的 60°范围内,大约有 20°范围的一段弧长受压近似为常数。其值近似为 w_0,而整个 60°范围的风压图形近似为正弦曲线,正对着的风一点称为驻点。由图 13.1 还可看出,在驻点处所受的风压值是最高的,为当地的基本风压。

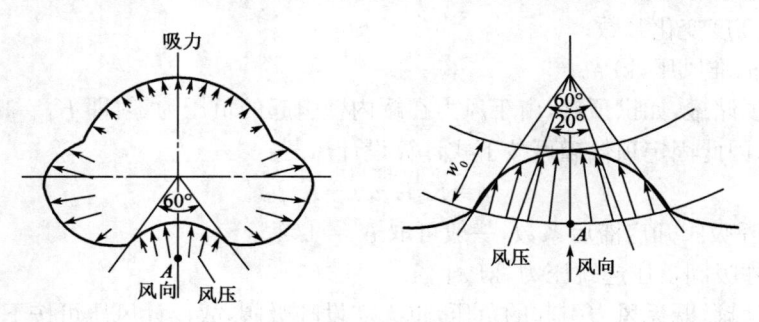

图 13.1 罐壁上风压分布图

13.1.1 基本风压

风压是根据风速进行计算的。根据流体力学原理,风速与风压的关系可按牛顿公式计算:

$$w_0 = \frac{\rho_a v^2}{2} \tag{13.1}$$

式中 w_0——标准风压(又称基本风压),Pa;
ρ_a——空气密度,如以大气压为 0.1MPa,气温为 15℃,绝对干燥时的数值为准,此时 $\rho_a=1.225\text{kg/m}^3$;
v——标准风速,m/s。

将 $\rho_a=1.225\text{kg/m}^3$ 代入式(13.1),则得:

$$w_0 = 0.6125v^2 \tag{13.2}$$

由式(13.1)可以看出,当气温下降时,空气密度 ρ_a 增加,从而 w_0 也随之增加,即在同样风速情况下,冬季的风压较夏季大;在高原地区空气稀薄,空气密度 ρ_a 小,从而在同样风速情况下,高原地区的风压较小。为计算方便,一般可采用式(13.2)。而风速的资料系根据气象部门多年的测量和统计得出的。根据我国《工业与民用建筑结构荷载规范》规定,我国的标准风速是以一般平坦地区离地面 10m 高、10min 平均最大风速为依据的。

我国根据气象资料的调查与统计,已有全国各地的基本风压值。基本风压应按现行国家标准 GB 50009—2012《建筑结构荷载规范》附录 D.4 中给出的 50 年一遇的风压采用,但不得小于 0.3kPa。除此之外,还应考虑建罐地区的地理位置和当地气象条件的影响。当地没有风速资料时,应根据附近地区规定的基本风压或长期资料,通过气象和地形条件的对比分析确定。当所设计储罐由于前排储罐有可能形成狭管效应而导致风力增强时,应将基本风压再乘以 1.2~1.5 的调整系数。

13.1.2 设计风压

由图 13.1 可以看出,立式储罐罐壁受到的风压极不均匀,这样的压力分布形式,使罐壁更容易失稳,所以,设计上考虑的风压要比标准风压大。

对于敞口储罐,如浮顶罐,设计风压可按下式计算:

$$p = K_1 K_2 K_z w_0 \tag{13.3}$$

式中 p——设计风压,kPa;
K_1——体型系数,可取 $K_1 = 1.5$;
K_2——转换系数,可取 $K_2 = 2.25$;
K_z——高度变化系数;
w_0——标准风压,kPa。

对于固定顶储罐,如拱顶罐,由于风力在罐内壁引起的负压为零,即 $K_1 = 1$,但应考虑呼吸阀引起的负压,因此固定顶储罐可按下式计算设计风压:

$$p = K_2 K_z w_0 + K_s p_0 \tag{13.4}$$

式中 K_s——呼吸阀开启滞后系数,一般可取 $K_s = 1.2$;
p_0——呼吸阀负压起跳压力,kPa。

对于内浮顶罐,既无风力引起的负压,也无需设呼吸阀,故设计风压可按下式计算:

$$p = K_2 K_z w_0 \tag{13.5}$$

体型系数、转换系数、高度变化系数等各项参数说明如下:

(1)体型系数 K_1:对于敞口储罐(如浮顶罐)来说,试验表明,罐内壁全部为负压,驻点内侧的负压值为 $0.5w_0$,其余部分的负压值与驻点相近似。实际压力为外压 w_0 加上内壁的吸力 $0.5w_0$,二者之和为 $1.5w_0$,即驻点处实际所受的压力为 $1.5w_0$。1.5 称为体型系数,用 K_1 表示。对于闭口储罐,$K_1 = 1$,但拱顶罐要考虑呼吸阀可能产生的负压。

(2)转换系数 K_2:风速或风压时刻在变化着,测量时如取某一时间间隔内的最大平均风压值,这一时间间隔称为时距。时距越小,最大平均风压值越高。目前世界上采用的时距有 5 种:60min,20min,10min,5min,1min,我国采用的时距为 10min。

但储罐在实际使用时,有可能在某一瞬间当风压达到临界值时就能被吹瘪。因此,在设计储罐时不能以 10min 最大平均风速为依据,而是以瞬时风速或风压为依据。瞬时风速是指时距为 3s 的最大平均风速。

由 10min 最大平均风压折合成瞬时风压要乘以转换系数 K_2，$K_2=2.25$。

(3)高度变化系数 K_z。基本风压是以离地面 10m 高为基准的。离地面越高，风压越大，因此在设计时要乘以高度变化系数 K_z。

对于平坦或稍有起伏的地形，风压高度变化系数应根据储罐高度及地面粗糙度类别按表 13.1 确定，中间采用插值法计算。

表 13.1　风压高度变化系数 K_z

离地面或海平面高度，m	地面粗糙度类别			
	A	B	C	D
5	1.17	1.00	0.74	0.62
10	1.38	1.00	0.74	0.62
15	1.52	1.14	0.74	0.62
20	1.63	1.25	0.84	0.62
30	1.80	1.42	1.00	0.62
40	1.92	1.56	1.13	0.73
50	2.03	1.67	1.25	0.84
60	2.12	1.77	1.35	0.93

地面粗糙度可分为 A、B、C、D 四类：A 类指近海海面和海岛、海岸、湖岸及沙漠地区；B 类指田野、乡村、丛林、丘陵以及房屋比较稀疏的乡镇和城市郊区；C 类指有密集建筑群的城市市区；D 类指有密集建筑群且房屋较高的城市市区。

对于建在山区的储罐，风压高度变化系数可按平坦地面的粗糙度类别，由表 13.1 确定后，再乘以修正系数 η。

对于山峰和山坡，其顶部 B 处的修正系数可按下述公式采用：

$$\eta_B = \left[1+k\tan\alpha\left(1-\frac{z}{2.5H_2}\right)\right]^2 \tag{13.6}$$

式中　α——山峰或山坡在迎风面一侧的坡角；当 $\tan\alpha>0.3$ 时，取 $\tan\alpha=0.3$；

k——系数，山峰取 3.2，山坡取 1.4；

H_2——山顶或山坡全高，m；

z——储罐计算位置离地面的高度，m，当 $z>2.5H_2$ 时，取 $z=2.5H_2$。

对于山峰和山坡的其他部位，可如图 13.2 所示，取 A、C 处的修正系数 η_A、η_C 为 1，AB 间和 BC 间的修正系数按 η 的线性插值确定；山间盆地、谷地等闭塞地形 $\eta=0.75\sim0.85$；与风向一致的谷口、山口 $\eta=1.20\sim1.50$。

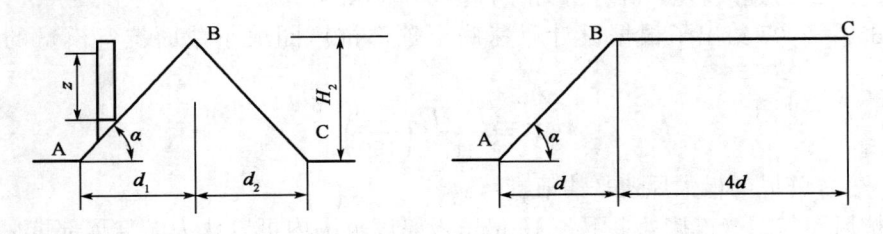

图 13.2　山峰和山坡的示意图

对于远海海面和海岛的储罐,风压高度变化系数除可按 A 类粗糙度类别由表 13.1 确定外,还应考虑表 13.2 中给出的修正系数。

表 13.2　远海海面和海岛的修正系数

距海岸距离,km	<40	40～60	60～100
η	1.0	1.0～1.1	1.1～1.2

13.2　顶部抗风圈

对于储罐的薄壁特性,在大风下罐壁迎风面大面积向内凹陷的事故时有发生,图 13.3 是固定顶储罐和浮顶罐在大风中的顶部失稳及整体坍塌的情况。

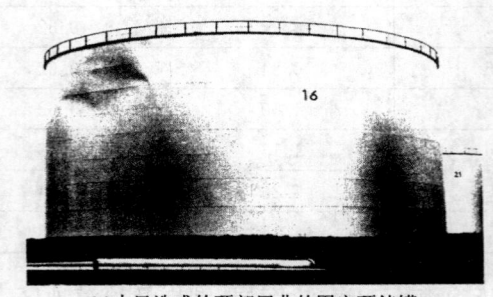

(a)大风造成的顶部屈曲的固定顶储罐　　　　(b)飓风中的空罐坍塌

图 13.3　储罐在风载荷作用下的顶部失稳

特别是浮顶罐,由于上部因敞口而缺乏足够强的加强构件,为了增加罐壁上口的强度和刚度,在储罐顶部设置抗风圈以保持储罐经受风载荷时的圆度。通常将顶部抗风圈置于包边角钢以下 1m 的位置。

根据图 13.1 中的储罐筒体的风压分布,假设迎风面风压分布范围所对应的抗风圈区段为两端铰支的圆拱,沿拱轴线的风呈正弦曲线分布,圆拱所对应的圆心角为 60°,并假设罐壁上半部分的迎风面风压由抗风圈承担。我国 GB 50341—2014《立式圆筒形钢制焊接油罐设计规范》规定顶部抗风圈面风压由抗风圈承担,据此,可以确定抗风圈的抗弯刚度。我国 GB 50341 中规定的抗风圈所需最小截面抗弯模量 W_z 按下式计算:

$$W_z = 0.083 D^2 H w_0' \tag{13.7}$$

式中　W_z——顶部抗风圈所需最小截面模量,cm³;
　　　D——油罐内径,m;
　　　H——罐壁全高,m;
　　　w_0'——经过速度转换和高度修正的基本风压,kPa。

API 650—2007 给出了根据设计风速确定顶部抗风圈最小截面抗弯模量的设计公式如下:

$$W_z = \frac{D^2 H_1}{17} \left(\frac{v}{190}\right)^2 \tag{13.8}$$

式中　v——3s 阵风的最大风速平均值。

顶部抗风圈与罐壁连接处上下各 16 倍壁板厚度范围内可以认为能与顶部抗风圈同时工作,因而在计算顶部抗风圈的实际截面模数时应计入此部分面积。当罐壁有厚度附加量时,计算应扣除厚度附加量。

顶部抗风圈是由钢板和型钢拼装的组合断面结构,其外形可以是圆的,也可以是多边形的。当抗风圈兼作走道时,其最小净宽度不应小于 650mm,抗风圈的上表面不得存在任何影响行走的障碍物。抗风圈的结构形式可采用钢板、型钢或两者组合焊接而成;钢板最小厚度为 5mm,角钢的最小规格为 63mm×6mm,槽钢的最小规格为 160mm×60mm×6.5mm。抗风圈水平铺板上应设排液孔,孔径宜为 16～20mm。如有可能积存雨水时,则应开设适当数量的排液孔。顶部抗风圈或其一部分通常可作为走廊用,此时最小宽度为 600mm,并在外侧设置栏杆,且顶部抗风圈装在距顶部包边角钢 1000mm 处。

当顶部抗风圈开有扶梯孔时,即盘梯穿过顶部抗风圈处的洞口,位于开洞外侧的顶部抗风圈部分的截面模数 W_z,即图 13.4 中 $A—A$、$B—B$、$C—C$ 各截面均应满足式(13.7)的要求。盘梯洞口处的罐壁应采用角钢加强,角钢两端伸出洞外的距离不应小于顶部抗风圈的最小宽度;加强用角钢的尺寸不应小于罐壁包边角钢的尺寸。抗风圈腹板开洞边缘应进行加强。加强件有效截面积不应小于所在位置 32 倍罐壁厚度范围内的截面积,加强件之间及加强件与罐壁之间应采用双面满角焊,并与罐壁加强件焊接成整体。

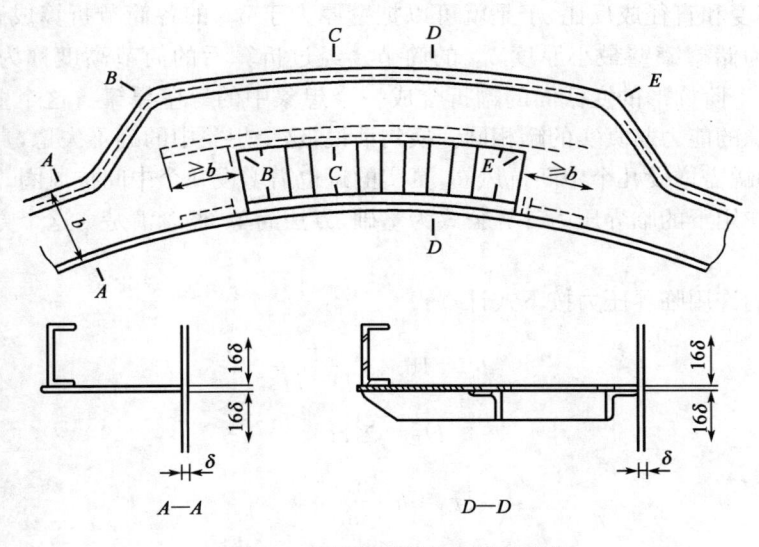

图 13.4 顶部抗风圈的扶梯穿过孔

顶部抗风圈本身的对接焊缝应全部焊透,必要时在焊缝的下面可加设垫板。顶部抗风圈与罐壁间在上部应采取连续满角焊,以避免雨水由罐壁与顶部抗风圈的间隙处流至保温层内,下部可采用间断焊。用型钢或型钢与钢板的组合体制造的顶部抗风圈,当型钢的水平肢式腹板的宽度超过其自身厚度的 16 倍时,均应在顶部抗风圈下面设支承构件。支承构件的间距不应超过型钢垂直肢或顶部抗风圈边缘构件竖向尺寸的 24 倍,且必须与顶部抗风圈和罐壁焊接牢固,其焊接强度应能承受顶部抗风圈自重等垂直载荷。

13.3 中间抗风圈

设置了顶部抗风圈以后,罐体的上部保持了圆度,但顶部抗风圈下面的筒体仍有可能局部被吹瘪。为解决这个问题,需在下部适当的位置设置中间抗风圈。对于设有固定顶的储罐,应将罐壁全高作为风力稳定性核算区间。对于敞口储罐,应将顶部抗风圈以下罐壁作为核算区间。

中间抗风圈的设计与计算存在着两方面问题:第一,如前所述,罐外壁风压分布很不均匀,实际上只有在约 60°范围内受压力,其他部分受吸力,见图 13.1,而在这种局部外压作用下圆筒形壳体的屈曲问题至今还无很好的方法解决;第二,储罐为阶梯形变截面圆筒。筒体母线无法用一个单一的方程式来表达,这给计算上也带来一定困难。

第一个问题在前面已经谈及,中国科学院力学研究所在 1965 年做了敞口圆筒壳体在风压下失稳的模型试验,为了与在均匀外压下失稳的情况相比较,力学研究所还做了若干个受均匀外压圆筒壳体的失稳试验。经比较发现,虽然风压失稳是由不均匀分布的压力所造成,但失稳现象与受均匀外压时的现象相似,从两者的临界压力看,不均匀外压情况下,风压的临界压力值高 13.6%,因此可以将风压稳定问题简化为均匀外压问题来处理,这样处理的结果是比较偏于安全的。

等壁厚圆筒形壳体均匀外压稳定问题早已解决了,但储罐是阶梯形变断面圆筒。为解决此问题,英国 BS2654 标准首先提出,引入"当量高度"的概念。因为外压圆筒的临界压力与壁厚成正比,与高度和直径成反比,于是就可以把壁厚大于 δ_{min} 的各筒节折算成直径相同、稳定性相同但壁厚为储罐罐壁最小厚度 δ_{min} 的筒节。经过折算后的筒节高度称为当量高度。这样,就可以把一个阶梯形的变截面的罐折合成一个想象中的等壁厚罐。这个壁厚为 δ_{min} 的等壁厚罐抵抗失稳的能力与真实的罐相同。换句话说,这个想象中的罐不失稳,真实的罐也不会失稳;想象中的罐需增设几个中间抗风圈,真实的罐也需增设几个中间抗风圈。该方法以薄壁短圆筒在外压作用下的临界压力计算公式为基础,方法简单,概念清楚。这个方法已为多国规范所采用。

当量圆筒的许用临界压力按下式计算:

$$p_{cr} = 16.48 \frac{\delta_{min}^{2.5}}{D^{1.5} H_E} \tag{13.9}$$

$$H_E = \sum H_{ei} \tag{13.10}$$

$$H_{ei} = h_i \left(\frac{\delta_{min}}{\delta_i}\right)^{2.5} \tag{13.11}$$

式中 $[p_{cr}]$ ——罐壁许用临界压力,kPa;

δ_{min} ——罐壁最薄壁板厚度,mm;

D ——储罐内径,m;

H_E ——当量高度,m,见式(13.10),对于浮顶罐,H_E 为顶部抗风圈以下罐壁筒体的当量高度,对于内浮顶罐和固定顶罐,H_E 为罐壁筒体的当量高度;

H_{ei} ——第 i 圈罐壁板的当量高度,m,对于浮顶罐,顶圈罐壁只计入顶部抗风圈以下的部分;

h_i ——第 i 圈罐壁板的实际高度,m,对于浮顶罐,只计入顶部抗风圈以下的部分;

δ_i ——第 i 圈罐壁板的规格高度。

如果设计内压低于式(13.9)所得出的临界压力,罐壁筒体可不设中间抗风圈;如果储罐设计内压高于式(13.11)所要求的临界压力,罐壁筒体上应设置中间抗风圈,中间抗风圈的数量及位置如下:

当 $p>[p_{cr}]\geqslant\dfrac{p}{2}$ 时,应设 1 个中间抗风圈,中间抗风圈的位置在 $\dfrac{1}{2}H_E$ 处;

当 $\dfrac{p}{2}>[p_{cr}]\geqslant\dfrac{p}{3}$ 时,应设 2 个中间抗风圈,中间抗风圈的位置分别在 $\dfrac{1}{3}H_E$ 与 $\dfrac{2}{3}H_E$ 处;

当 $\dfrac{p}{3}>[p_{cr}]\geqslant\dfrac{p}{4}$ 时,应设 3 个中间抗风圈,中间抗风圈的位置分别在 $\dfrac{1}{4}H_E$、$\dfrac{1}{2}H_E$ 和 $\dfrac{3}{4}H_E$ 处,以此类推。

上述是中间抗风圈在当量筒体上的位置,需换算到罐壁上实际位置。当中间抗风圈位于筒体上部最薄罐壁上时,它离上面顶部抗风圈或中间抗风圈的实际距离,不需要换算;当该顶部抗风圈不在最薄罐壁板上时,它到上面一个顶部抗风圈或中间抗风圈的实际距离,需要按 $h_i=H_{ei}\left(\dfrac{\delta_i}{\delta_{min}}\right)^{2.5}$ 进行换算。中间抗风圈离罐壁环焊缝的距离不应小于 150mm。

中间抗风圈的最小截面尺寸应符合表 13.3 的规定,也可采用与表中最小截面尺寸的截面模量相同的型钢或组合件。

表 13.3 中间抗风圈最小截面尺寸

储罐内径 D,m	$D\leqslant 20$	$20<D\leqslant 36$	$36<D\leqslant 48$	$48<D\leqslant 60$	$D>60$
最小截面尺寸,mm	L100×63×8	L125×80×8	L160×100×10	L200×150×12	L200×200×14

中间抗风圈与罐壁的连接应使角钢的长肢保持水平,短肢朝下,长肢端与罐壁相焊。上面采用连续角焊,下面采用间断焊,中间抗风圈本身的接头应焊透、全熔合。

【例 13.1】 一台浮顶罐内径 60m,高 18m,罐壁由 9 层 2m 宽的圈板组成,抗风圈设在离上口 1m 处,壁板自上而下的厚度分别为主 10mm、10mm、10mm、12mm、14mm、16mm、18mm、20mm、23mm。建罐地区基本风压 $w_0=0.7$ kPa,求中间抗风圈的个数、位置及尺寸。

解:

(1)求设计压力 p。

由式(13.3)可知 $p=K_1K_2K_zw_0$,$K_1=1.5$,$K_2=2.25$,K_z 查表 13.1,并用线性插入法:

$$K_z=\dfrac{1.25-1.15}{20-15}\times(18-15)+1.15=1.21$$

$$p=1.5\times 2.25\times 1.21\times 0.7=2.86\text{(kPa)}$$

(2)求 $[p_{cr}]$。

由式(13.9)知:

$$p_{cr}=16.48\dfrac{\delta_{min}^{2.5}}{D^{1.5}H_E}$$

其中

$$\delta_{min}=10\text{mm}$$
$$D=60\text{m}$$
$$H_E=\sum H_{ei}$$

按式(10.14)求各圈的 H_e 值,见表 13.4。

表 13.4 例 13.1 各圈 H_e 数据

圈板层次	h_i,m	δ,mm	H_e,m
1	1	10	1
2	2	10	2

续表

圈板层次	h_i, m	δ, mm	H_e, m
3	2	10	2
4	2	12	1.268
5	2	14	0.862
6	2	16	0.618
7	2	18	0.460
8	2	20	0.354
9	2	23	0.249

$$H_E = 1+2+2+1.268+0.862+0.618+0.460+0.354+0.249 = 8.811(\text{m})$$

$$p_{cr} = 16.48 \frac{\delta_{\min}^{2.5}}{D^{1.5} H_E} = 16.48 \times \frac{10^{2.5}}{60^{1.5} \times 8.11} = 1.3(\text{kPa})$$

(3)确定中间抗风圈的个数与位置：

$$\frac{p}{3} = 0.95\text{kPa} < p_{cr} < \frac{p}{2} = 1.43\text{kPa}$$

故需设 2 个中间抗风圈。

第一个中间抗风圈：在当量筒体上离顶部抗风圈 $H_E/3$ 处；$H_E/3 = 8.811/3 = 2.937(\text{m})$，因位于 $\delta_{\min}$ 处，故无需折算。

第二个中间抗风圈：在当量筒体上离顶部抗风圈 $\frac{2}{3} H_E$ 处，$\frac{2}{3} \times 8.811 = 5.874(\text{m})$，因不在 $\delta_{\min}$ 上，故需折算，其距顶部抗风圈的实际距离为：

$$5 + (5.874 - 5) \times \left(\frac{12}{10}\right)^{2.5} = 6.379(\text{m})$$

(4)中间抗风圈尺寸，参阅表 13.3，取中间抗风圈角钢为 200mm×150mm×12mm。

13.4 地震作用

地震作用，是地震时地面运动对结构物所产生的动态作用。所谓地震反应谱，就是不同固有周期的地层或结构物对于地震加速度的最大反应(可以是加速度、速度和位移)和体系的自振特性(周期或频率和阻尼比)之间的函数关系，用作计算在地震作用下结构的内力和变形。反应谱理论考虑了结构动力特性与地震动特性之间的动力关系，通过反应谱来计算由自振周期、振型和阻尼等结构动力特性所产生的共振效应，但其计算公式仍保留了早期静力理论的形式，较为简单实用。

一般来讲，抗震设计常用的是加速度反应谱，加速度反应谱在周期很短时有一个上升段，当建筑物周期与场地的特征周期接近时，出现峰值，随后逐渐下降，出现峰值的周期与建筑物或场地类型有关。储罐的地震影响系数根据建罐地区的抗震设防烈度、设计地震分组、场地类别和储罐基本周期，按图 13.5 采用。图中，T_g 为反应谱特征周期，根据场地类别和设计地震分组按表 13.5 选取。而 $\alpha_{\max}$ 为水平地震影响系数最大值，按表 13.6 选取。T 为储罐基本周期，当计算罐壁底部水平地震剪力及弯矩时，采用储液耦连振动基本周期，当计算罐内液面晃动液高时，为储液晃动基本周期。

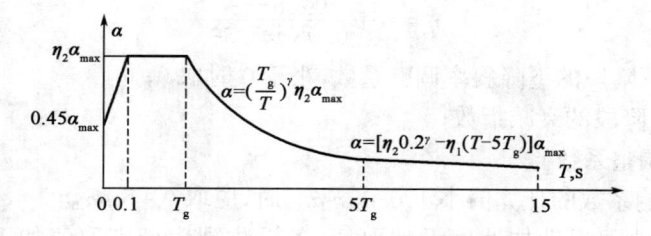

图 13.5　地震影响系数 α 曲线

α—水平地震影响系数；$α_{max}$—水平地震影响系数最大值；$η_1$—直线下降段的下降斜率调整系数；γ—曲线下降段衰减指数；T_g—特征周期；$η_2$—阻尼调整系数；T—油罐自振周期

表 13.5　特征周期 T_g 值　　　　　　　　　　　　　　　　　　　　　　　　单位：s

设计地震分组	场地类别			
	Ⅰ	Ⅱ	Ⅲ	Ⅳ
第一组	0.25	0.35	0.45	0.65
第二组	0.30	0.40	0.55	0.75
第三组	0.35	0.45	0.65	0.90

表 13.6　地震影响系数最大值

设防烈度	7		8		9
设计基本地震加速度	0.1g	0.15g	0.2g	0.3g	0.4g
$α_{max}$	0.23	0.345	0.45	0.675	0.9

在地震影响系数 α 曲线图中，反应谱的高频段（T＝0 到 T＝T_g）主要决定于地震最大加速度，其形状为由 T＝0 的 α＝$0.45α_{max}$ 按直线变化到 T＝0.1s 处达 $η_2α_{max}$，然后保持此值到了 T_g。在中频段（由 T_g 到 T＝$5T_g$）主要决定于地震动最大速度，此段按 $\left(\dfrac{T_g}{T}\right)^γ η_2 α_{max}$ 衰减直到 T＝$5T_g$。在低频段（由 T＝$5T_g$～15s），决定于地震最大位移，此段反应谱按 $η_2 0.2^γ - η_1(T-5T_g)α_{max}$ 规律衰减。所采用的反应谱是按阻尼比 ξ＝0.05 来确定的，其周期小于 $5T_g$ 的曲线与现行国家标准 GB 50191—2012《构筑物抗震设计规范》中采用的相应阻尼比的反应谱曲线相一致。至于大于 $5T_g$ 的长周期分量的反应谱曲线，参考国内外资料，规定了 T＝$5T_g$ 至 T＝15s 段的长周期反应谱曲线，用以计算液体晃动反应。

图 13.5 中地震影响系数 α 曲线的阻尼调整和形状参数应按如下方法确定。

（1）曲线下降段的衰减指数按下式确定：

$$γ = 0.9 + \frac{0.05-ξ}{0.3+6ξ} \tag{13.12}$$

式中　γ——曲线段的衰减指数；

　　　ξ——储罐的阻尼比，应按实测取值，当无实测值时，应取 0.05；储液晃动时的阻尼比取 0.005。

（2）直线下降段的下降斜率调整系数计算：

$$η_1 = \begin{cases} 0.02 + \dfrac{0.05-ξ}{4+32ξ} & T \leqslant 6.0s \\ \dfrac{η_2 \cdot 0.2^γ - 0.03}{14} & T > 6.0s \end{cases} \tag{13.13}$$

$$\eta_2 = 1 + \frac{0.05 - \xi}{0.08 + 1.6\xi} \tag{13.14}$$

式中 η_1——直线下降段的下降斜率调整系数,小于 0 时取 0;
γ——曲线下降段的衰减指数;
η_2——阻尼调整系数。

当水平地震影响系数的计算值小于 $0.05\eta_2\alpha_{max}$ 时,应取 $0.05\eta_2\alpha_{max}$。

关于抗震设计地面运动加速度设计取值,各设防烈度分别取值如下:Ⅶ度 $0.1g$、Ⅷ度 $0.20g$、Ⅸ度 $0.40g$。又根据《中国地震动区划图 A1》规定,在设防烈度Ⅶ度时增加一个设计基本加速度 $0.15g$;在设防烈度Ⅷ度时增加一个设计基本加速度 $0.3g$。对应地震系数 $k=0.10,0.15,0.20,0.30,0.40$。

13.5 储罐振动周期

地震对储罐的载荷作用主要包含两部分:第一部分为储液和储罐的耦连振动作用,即罐壳、罐顶及与其共同运动的一部分储液在地震时产生的冲击载荷;第二部分为储液晃动作用即在地震时地震波中的长周期成分与储液产生共振而引起的晃动载荷,但只考虑第一振型。

13.5.1 罐液耦连振动周期

罐液耦连振动基本周期计算公式由项忠权教授等导出,采用梁式振动基本周期的近似公式简化而来,假设条件是充液高度 H_w 为罐壁高度的 80% 以上。公式如下:

$$T_c = 4K_c' H_w \sqrt{\frac{K'\rho}{G}} \sqrt{1 + 0.345 \frac{\rho_L}{\rho_w} \frac{R\rho_w}{\delta_3 \rho}} \tag{13.15}$$

$$K_c' = \xi_1 \xi_2$$

$$\xi_1 = \begin{cases} \dfrac{1}{1 - \dfrac{\pi^2}{256}(1-\nu)\left(\dfrac{D}{H_w}\right)^2} & \left(\dfrac{D}{H_w} < \dfrac{8}{\pi\sqrt{1-\nu}}\right) \\ \dfrac{1}{\dfrac{8}{\pi\sqrt{1-\nu}} \dfrac{H_w}{D}\left[1 - \dfrac{1}{4}\left(\dfrac{8}{\pi\sqrt{1-\nu}} \dfrac{H_w}{D}\right)^2\right]} & \left(\dfrac{D}{H_w} \geq \dfrac{8}{\pi\sqrt{1-\nu}}\right) \end{cases} \tag{13.16}$$

$$\xi_2 = \sqrt{1 + \frac{0.4}{1+\nu}\left(\frac{H_w}{D}\right)^2} \tag{13.17}$$

式中 G——钢材剪切模量,$G = 7.92 \times 10^{10}$ Pa;
ρ——钢材密度,$\rho = 7850$ kg/m³;
ρ_L——储液密度,kg/m³;
ρ_w——水的密度,1000 kg/m³;
k'——截面剪切系数,$k=2$;
δ_3——储液 1/3 高度处的壁厚,m;
R——储罐内半径,m;
K_c'——截面系数;
ξ_1——截面变形影响系数;
ξ_2——弯曲变形影响系数。

将 $\nu=0.3$ 代入并化简，得出：

$$K_c' = \begin{cases} \dfrac{\sqrt{1+0.308\left(\dfrac{H_w}{D}\right)^2}}{1-0.027\left(\dfrac{D}{H_w}\right)^2} & \left(\dfrac{D}{H_w}\leqslant 3.044\right) \\ \dfrac{\sqrt{1+0.308\left(\dfrac{H_w}{D}\right)^2}}{3.044\dfrac{H_w}{D}\left[1-2.316\left(\dfrac{H_w}{D}\right)^2\right]} & \left(\dfrac{D}{H_w}\geqslant 3.044\right) \end{cases} \quad (13.18)$$

在式(13.15)中，$4K_c'H_w\sqrt{\dfrac{K'\rho}{G}}$ 为空罐的振动周期；$\sqrt{1+0.345\dfrac{\rho_L R\rho_w}{\rho_w \delta_3 \rho}}$ 为充液影响系数。

对于储罐当 $\dfrac{R}{\delta_3}\geqslant 1000$ 时，上述根号中的第二项远大于1，因而可忽略第一项，并将水的密度 ρ_w 和 G、K' 值代入，则可将式(13.15)简化为：

$$T_c = 0.374\times 10^{-3}\, K_c' H_w \left(\dfrac{R}{\delta_3}\right)^{1/2}\left(\dfrac{\rho_L}{\rho_w}\right)^{1/2} \quad (13.19)$$

为简化计算，用 K_c 代替式(13.19)中的 $0.374\times 10^{-3} K_c'$，即：

$$K_c = 0.374\times 10^{-3} K_c' \quad (13.20)$$

并偏于安全地取消了 $\left(\dfrac{\rho_L}{\rho_w}\right)^{1/2}$ 项后，得出：

$$T_c = K_c H_w \left(\dfrac{R}{\delta_3}\right)^{1/2} \quad (13.21)$$

13.5.2 液体晃动周期

液体晃动周期如式(13.22)，系由 Housner 根据储罐底部固定的条件导出的近似解。

$$T_w = K_s \sqrt{D} \quad (13.22)$$

其中 K_s 值由下式求得：

$$K_s = \dfrac{2\pi}{\sqrt{3.67g\tanh\dfrac{3.67}{D/H_w}}}$$

g 取 9.81m/s^2 代入，则：

$$K_s = \dfrac{1.047}{\sqrt{\tanh\dfrac{3.67}{D/H_w}}} \quad (13.23)$$

据式(13.21)可得出表13.7。试验结果表明，虽然储罐在振动时发生翘离、弹性变形和多波变形，但试验得出的晃动周期仍与按式(13.22)计算的结果非常近似。

表13.7 储罐模型晃动周期 T_c

模拟原型	模拟尺寸 $D\times H$,mm×mm	充液高度 $H_w=0.85H$ mm	有无浮顶	模型晃动周期,s	按 $T=KD^{\frac{1}{2}}$ 计算值,s	误差,%
50000m³ 钢罐	$\phi 3750\times 1210$	1029	无	2.43	2.31	5
			有	2.30	2.31	—

续表

模拟原型	模拟尺寸 $D\times H$,mm×mm	充液高度 $H_w=0.85H$ mm	有无浮顶	模型晃动周期,s	按 $T=KD^{\frac{1}{2}}$ 计算值,s	误差,%
30000m³ 钢罐	φ2750×2380	2023	无	1.785	1.17	4
			有	1.739	1.17	—
塑料模型罐	φ400×400	240	无	0.71	0.67	6

注:3000m³ 及 50000m³ 模型罐试验表明,有浮顶覆盖较无浮顶覆盖时的自由液晃动周期下降3%~5%。

13.6 储罐倾覆弯矩

地震发生时,储罐受到水平地震载荷,将使储罐倾覆,需要确定总水平地震力的作用高度,才能求出地震作用弯矩。美国石油学会标准 API 650 采用 Housner 刚性壁理论,分别计算晃动和脉冲两种等价质量的作用高度。储罐的脉冲动液压力重心对于国内大部分储罐在 $H_w/D<1$ 时接近于 $0.375H_w$,日本 JIS B8501 中将该重心提高到 $(0.42\sim0.46H_w)$ 之间,我国《工业设备抗震鉴定标准》由于规定动液压力在罐壁沿液面高度均匀分布,合力作用点于 1/2 液面高度即 $H_w/2$。按壳、液耦合振动理论,根据有限元法计算的脉冲动液压力沿高度近似于高次抛物线分布,重心位置距底为 $0.44H_w$。按梁的理论用解析法得出各种罐的动液压力合力点在 $(0.44\sim0.5)H_w$ 之间,与模型试验结果极接近。为了简化计算,采用 $0.45H_w$ 作为总水平地震作用的合力点高度。

确定了总水平地震作用的合力点高度后,可以得到罐壁倾覆弯矩:

$$M_1=0.45Q_0H_w$$

式中 Q_0——储罐受到的水平地震剪力。

储罐所受的地震水平剪力包括罐体重量产生的惯性力和储液的动液压力两部分作用。而动液压力又可分短周期的脉冲压力和长周期的液体晃动的对流压力。罐液耦联振动(产生脉冲压力)的基本周期在 0.1~0.5s 之间;由加速度型地震所激发,液面晃动(产生对流压力)的基本周期在 3~13s 之间,系由远震的位移型地震所激发。两种地震反应不会同时发生,故分别计算脉冲压力与对流压力,各自与罐体惯性力叠加后分别进行抗震强度验算。

由大量计算结果统计得出的罐体自重惯性力仅为动液压力的 1%~5%。为简化计算,可以忽略罐体自重惯性力。又因地震加速度的卓越周期在 1s 以内,经试验证明在现有记录的地震条件下所激发的液面晃动对流压力极小,故仅计算脉冲压力,而不计算晃动压力。这样,总的水平地震剪力按下式计算:

$$Q_0=10^6C_Z\alpha Ymg \tag{13.24}$$

$$m=m_1F_r \tag{13.24a}$$

式中 m_1——储液的总质量。

其余各项系数的确定原则分析如下。

(1)地震影响系数 α。地震影响系数 α 为动力系数 β 与地震系数 k 的乘积。储罐的地震动力系数只在底部固定的时候才有理论解,而且只对应于 $n=1$ 的梁式振动。加州大学 Clough 等对 0.02 阻尼比采用实际反应谱计算时动力系数 β 取为 4.3,而日本抗震规范取 β 为 3。对于自由搁置的储罐在地震作用下的运输系数采用上述数值是否合适，目前只有通过试验得出。在 5m×5m 的振动台上进行了 50000m³ 和 3000m³ 两个储罐模型振动试验，分别输入 El Centro 地震波、人工模拟地震波和正弦共振波。试验综合反映了罐壁多波变形、水的阻尼、环梁及地基、翘离等因素的影响。试验得出的动液压力大体为刚性壁理论的动液压力的 2 倍（即 $\beta=2$），因此，用刚性壁动液压力作为基准应该乘上 2。因为储罐耦联振动周期为 0.3s 左右，不同场地的相应动力系数 β 为 2～2.25，推荐的反应谱动力系数最大值 β_{max} 为 2.25，与试验结果接近，考虑到与原储罐抗震标准的延续性，所以仍借用反应谱概念取 $\beta_{max}=2.25$。又因为试验结果 $\beta=2$ 已包括水的阻尼影响在内，所以反应谱中小于 3.5s 短周期部分不再进行阻尼修正。

（2）罐体影响系数 Y。引入 Y 是考虑罐壁惯性力的影响。罐壁质量约为罐内储液质量的 1%～5%，平均为 2.5%。试验结果表明，罐壁顶部的反应加速度常为地面加速度的 8～10 倍，即动力系数比储液动力系数 $\beta=2$ 大 3～4 倍，使罐体惯性力影响为 4×0.025 即可达动液压力的 10% 左右，故取 Y 为 1.1。

（3）综合影响系数 C_z。从小模型罐的屈曲试验中发现罐的失稳主要是由 $n=1$ 梁式分量控制。在大振动台试验中得出动液压力虽然为 2 倍的刚性壁动液压力，但其中 $n=1$ 的梁式分量约占总量的 30%～50%，即 $n=1$ 的分量为 0.6～1 倍的刚性壁动液压力。所以式（13.24）中应使 $C_z Y \beta=1$，即设计动液压力不宜小于刚性的动液压力，故 $C_z=\dfrac{1}{Y\beta}=\dfrac{1}{1.1\times 2.25}=0.4$，取 C_z 为 0.4。

（4）动液系数 F_r。工程上刚性壁动液压力计算一般均采用 Housner 近似理论公式。该方法考虑到储罐及其储液的两种反应形式：①罐壁和罐顶加上一部分储液与罐壁一起做一致的运动，通常称为脉冲压力；②储液自身的晃动，称为对流压力。F_r 曲线是根据 Housner 推导并被 API 650 等规范广泛采用的，即参加脉冲作用的罐内储液等效质量 m，在各种罐体直径 D 与最大充液高度 H_w 的不同比值（D/H_w）情况下，和罐内储液总质量 m 的比值。

F_r 值是按下列公式确定的：
① 当充液高度 H_w 和半径的比值小于 1.5（D/H_w 大于 1.33）时：

$$F_r=\frac{\tanh 0.866 D/H_w}{0.866 D/H_w} \tag{13.25}$$

② 当充液高度 H_w 与半径的比值大于 1.5 倍（$D/H_w<1.33$）时，就脉冲压力而言，Housner 方法是将罐体下部深度低于 1.5 倍半径的储液当作刚体来考虑，即设想从储液上表面到深度为 1.5 倍半径处有一刚性水平薄膜把储液分成上下两部分，液体的运动只限于上部分，而下部分液体如刚体一样固定在罐壁上，不发生流动。此时：

$$F_r=1-0.218 D/H_w \tag{13.26}$$

13.7　储罐轴向压力验算

1990 年，Rammerstorfer 和 Scharf 全面调查了地震对储罐破坏的相关研究，发现地震对储罐造成的最为广泛的屈曲形式为罐壁的象足屈曲和菱形屈曲，如图 13.6 所示。1982 年，Niwa 和 Clough 通过试验研究发现，当储罐的轴向压应力超过屈曲临界应力。环向应力接近材料的屈曲极限时，象足屈曲便会发生。菱形屈曲的形成原因与象足屈曲近似，只不过形成条件更特殊，出现次数不如象足屈曲多。

(a) 象足屈曲　　　　　　　　　(b) 菱形屈曲

图 13.6　储罐底部的轴压破坏

可以认为,地震时,储罐由于总体弯曲或结构的梁式作用产生的过大轴向压力是引起壳体失稳的主要原因。因此,罐底部产生的最大轴向压应力按下式计算:

$$\sigma_1 = \frac{C_v N_1}{A_1} + \frac{C_L M_1}{W_1} \tag{13.27}$$

式中　σ_1——罐壁底部的最大轴向压应力,MPa;

C_v——竖向地震影响系数,Ⅶ度及Ⅷ度地震区 $C_v=1$,Ⅸ度地震区 $C_v=1.45$;

N_1——罐壁底部垂直载荷,MN;

A_1——罐壁横截面积,m²,$A_1=\pi D t$;

C_L——翘离影响系数,$C_L=1.4$;

W_1——底圈罐壁截面抗弯模量,$W_1=0.785 D^2 \delta$。

罐壁轴向应力校核应满足下式要求:

$$\sigma_1 \leqslant [\sigma_{cr}] \tag{13.28}$$

罐壁临界轴向应力按下式计算:

$$[\sigma_{cr}] = 0.15 \frac{E\delta}{D} \tag{13.29}$$

式(13.27)中,罐壁底部的最大压应力 σ_1 由两部分组成,即 $\frac{C_v N_1}{A_1}$ 和 $\frac{C_L M_1}{W_1}$,其中 $\frac{N_1}{A_1}$ 为由罐体自重产生的轴向压应力,但在Ⅸ度设防烈度区需考虑垂直地震的影响,故乘以垂直地震影响系数 C_v,垂直地震影响为 $\frac{1}{2}\alpha_{max}$,对Ⅸ度区则为 $\frac{1}{2} \times 0.9 = 0.45$,加上本身自重影响,故 $C_v=1.45$。对Ⅶ度和Ⅷ度设防烈度区,不考虑垂直地震的影响,故 $C_v=1$。

第二项 $\frac{M_1}{W_1}$ 为由地震弯矩引起的弯曲应力,使储罐一侧产生压应力,应为固定罐的弯曲应力,但储罐实际是浮放于环梁基础上的,在地震作用下,会产生翘离,从而使另一侧罐壁产生更大的压应力。如图 13.7 所示,在倾覆力矩的作用下,罐壁一侧受拉,一侧受压,受压侧受力的大小主要取决于受拉侧是否会被抬起。当受拉侧被抬起时,储液倒向受压侧,使该侧的压应力迅速增加。在计算罐壁受压侧压应力的大小时,首先要判断受拉侧是否会被抬起。

关于翘离的计算方法,国内外资料中提出了不少数学模型,但其假设条件均有不足之处,存在不少值得商榷的问题,且其计算结果和实际震害及振动试验也有矛盾,其主要问题如下:

(1)用现有各种数学模型计算在地震作用下各种储罐的翘离深度均较振动试验结果小,仅为试验结果的 1/4~1/3,因此低估了被翘离的储液质量对储罐产生的压力。

（2）各种数学模型计算的翘离深度非常接近，但不同假设的翘离角度差别很大（由接近 0°到接近 180°），因此作为平衡反力的分布区不等，而导致罐壁的计算压应力不等，且差异较大。

（3）各种模型假设的压应力在罐壁上的分布及罐底地基反力分布形状不同，如假设有三角形分布或曲线分布，导致同一平衡总力产生的罐壁翘离压应力不等。

（4）各种数学模型仅考虑了静力平衡条件，但忽略了动态非线性效应。

（5）API 650 抗倾覆计算是按小挠度理论，并假设储罐底板存在两个塑性铰，一个塑性铰在与罐壁的连接点，另一个在罐内离罐壁的某一距离。这种假设使位于"倾覆区"附近储罐的计算罐壁压应力过大。问题在于罐底板的双铰梁假设与振动台试验结果不符；人们对储液的有利作用估计不足。

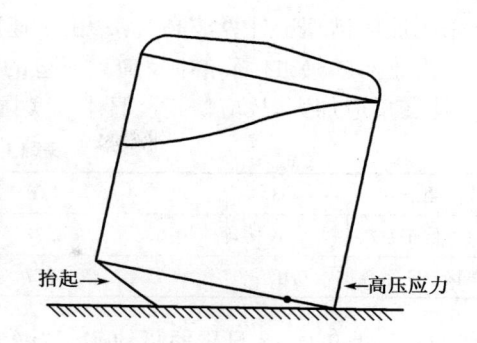

图 13.7 储罐在倾覆力矩的作用下一侧抬起

由于储罐动态翘离现象的复杂性，至今尚无一种理论能够理想地表达翘离储罐实际的动力反应；故运用已经发生过的大批储罐震害记录，用统计归纳法得出翘离影响系数 $C_L=1.4$，以表达储罐发生的翘离对弯曲应力的影响程度，从而达到计算的结果符合震害实际情况的目的。此种方法突出的优点在于计算简单，切合实际。

13.8 储液晃动高度

液面晃动会引起罐壁附近的液面升高，导致油液翻过罐壁顶部而外溢。在地震频率与液面的自由晃动频率一致或接近、发生共振时，液面晃动问题就会变得更严重。另外，部分处于较长时间晃动的液体对罐壁具有较大的冲击力，将破坏储液罐的顶部和罐壁的上部。

根据储液晃动波高，设计合理的结构尺寸，可以避免储罐在地震期间的损坏。导向管与导向管套管上的钢盖板之间的允许最小间隙应按下式计算：

$$\Delta F > 2(\sqrt{R^2+h_v^2}-R) \tag{13.30}$$

式中 ΔF——允许最小间隙，m；

R——储罐内半径，m；

h_v——液面晃动波高，m。

Housner 根据理想流体的条件导出了晃动波高 h_v 的公式，经 Clough 修正为：

$$h_v=0.343\alpha_1 T_s^2 \tanh\left(4.77\sqrt{\frac{H}{D}}\right) \tag{13.31}$$

式中 h_v——液面晃动波高，m；

α_1——地震影响系数；

H——储液高度，m；

D——罐直径，m；

T_s——储液晃动基本周期，s。

我国 GB 50341 采用势流理论并考虑流体黏性影响后导出液面晃动波高：

$$h_v=0.837R\alpha_1 \tag{13.32}$$

当采用反应谱理论计算波高时，α_1 由加速度反应谱查出。

由于 GB 50341 标准中反应谱对应的阻尼比为 5%，而晃动阻尼比为 0.5%，随着阻尼减少，地震反应加大，故应修正。日本及美国的设备抗震标准中规定的修正系数见表 13.8。

表 13.8 阻尼修正系数

阻尼	0.3	0.2	0.1	0.05	0.03	0.02	0.01	0.005
日本修正系数	0.44	0.56	0.78	1.00	1.18	1.32	1.53	1.79
美国修正系数	0.40	0.54	0.77	1.00	1.17	1.31	1.54	1.77

1985 年 9 月 18 日墨西哥地震记录分析，随不同土壤而异的阻尼修正系数在 1.7~2.3 之间。所以，在计算储液晃动波高时，随着阻尼减少至 0.005 而乘以系数 1.79，即：

$$h_v = 1.79 \times 0.837 R\alpha = 1.5 R\alpha_1 \tag{13.33}$$

附录 符号说明

所有量的单位采用国际单位制,非国际单位制的量在出现之处单独说明。

A——管道、储罐及其附件的横截面面积;
A——振幅;
A——地面运动的位移振幅;
A_0——被选为标准的某一特定地震的最大振幅;
A_1——在有效补强区内,主管受内压所需设计壁厚外的多余厚度形成的面积;
A_2——在有效补强区内,支管受内压所需设计壁厚外的多余厚度形成的面积;
A_3——在有效补强区内,另加补强元件的面积;
A_e——固定顶罐罐顶与罐壁连接处有效截面积;
A_R——主管开孔所需补强的面积;
A_s——垂直于管道的有效加速度;
a——固定墩宽度;
a——波动方程中的常数;
a_{max}——地震最大地面加速度;
B——常数;
B——管沟沟底宽度;
B——坑道跨度;
B_1——安全长度,m;
B_e——土压力埋深影响系数;
b——固定墩长度(沿管轴方向);
b_p——管道在水中的静水浮力;
b_1——纬向肋有效厚度;
b_2——经向肋有效厚度;
b_a——翼缘宽度;
C——海底液化土的剪切力;
C——材料常数;
C_i——积分常数($i=1,2,3,4\cdots$);
C_L——升力系数;
C_D——阻力系数;
C_I——惯性力系数;
C_R——广义强度的变异系数;
C_S——广义应力的变异系数;
C——厚度附加量;
C_1——厚度负偏差;
C_2——腐蚀裕量;
C_L——翘离影响系数;
C_V——竖向地震影响系数;
C_Z——综合影响系数;
CTOD——裂纹尖端张开位移;
c——土壤内聚力;
c——阻尼系数;
c_c——临界阻尼系数;
D——管道外径;
D——储罐内径;
D_0——海底管道的管身外径;
DN——管道公称直径;
$\{D\}$——位移向量;
D_e——当量直径,当管口直径小于等于 200mm 时取管口公称直径,当接管直径大于 200mm 时取(400+管口公称直径)/3;
$D_{ce}=\sqrt{\Sigma D_{ic}^2}$——按公称直径计算各管口面积之和得到的当量直径;
D_i——第 i 个接管的直径,m;
D_c——接管直径小于等于 230mm 时,取接管的公称直径,接管直径大于 230mm 时,取(460+接管公称直径)/3;
D_s——用石块体积换算为圆球体积的折算直径;
D_w——不依赖于频率的余弦幂函数;

d——海水深度；
d——缺陷深度；
d_i——海底管道屈曲起始深度；
d_p——海底管道屈曲起始深度；
d_u——上覆非液化土层厚度，m，计算时宜将淤泥和淤泥质土扣除；
d_w——地下水位深度，m，按年平均最高水位采用，也可按近期内最高水位采用；
d_b——基础埋置深度，不超过 2m 时应采用 2m；
d_0——液化土特征深度，m；
d_i——i 点所代表的土层厚度，m，可采用与该标准贯入试验点相邻的上下两标准贯入试验点深度差的一半，但上界不小于地下水位深度，下界不大于液化深度，中间的液化土层应扣除；
E——弹性模量；
E_{so}——土壤弹性模量；
E_e——土载荷挖掘系数；
e——偏心距；
e——孔隙比；
e_1——纬向肋与顶板组合截面形心到顶板中面的距离；
e_2——经向肋与顶板组合截面形心到顶板中面的距离；
e_c——清扫孔法兰螺栓孔中心至法兰外缘的距离；
F——设计系数；
F_i——冲击系数；
F——力；
F_i——滑坡体第 i 土条的地震水平力；
$F(t)$——随时间变化的外力；
F_0——外力幅值；
$\{F\}$——力向量；
$\{F_0\}$——激振力的幅值向量；
$\{F_S\}$——振弦函数的幅值向量；
$\{F_C\}$——余弦函数的幅值向量；
F_R——作用在单个管口上的合力；

F_C——作用在汽轮机上所有管口上的力合成到矩心的组合力；
FR_{SA}——吸入口的合力；
FR_{DA}——排出口的合力；
FR_{ST2}——吸入口允许合力值；
FR_{DT2}——排出口允许合力值；
F_r——动液系数；
f——管道受到的轴向摩擦力；
f_c——悬索的矢高；
f_p——管道的自振频率；
f_v——涡流频率；
f_{SE}——调整后的地基抗震承载力设计值；
f_s——地基土静承载力值，见 GB 50007—2011《建筑地基基础设计规范》；
f_n——固有频率；
G——管材剪切弹性模量；
G——重力；
G_B——固定墩作用在地基上的垂直总载荷；
G_{Hh}——车辆载荷产生的环向循环应力的几何因素；
G_{Lh}——车辆载荷产生的轴向循环应力的几何因素；
g——重力加速度；
H——管顶（或支墩顶）至地表的距离；
H——悬索张力的水平分量；
H_0——管道轴线至地表的距离；
H_s——波高；
H——计算液位高度；
H_1——罐壁高度；
H_2——山顶或山坡全高；
H_{ei}——第 i 圈罐壁板的当量高度；
H_E——核算区间罐壁筒体的当量高度；
H_N——接管中心至罐底高度；
H_w——设计最高液位；
h——梁截面高度；
h——固定墩高度；
h——下沉管道的深度；
$h_{\Delta x}$——防护深度；
h_1——纬向肋宽度；

h_2——经向肋宽度；

h_i——第 i 圈罐壁板的实际高度；

h_v——液面晃动波高；

I——管道横截面或储罐横截面单位长度轴惯性矩；

I'——弯头横截面的轴惯性矩；

I_p——绕圆心的极惯性矩；

I_x, I_y, I_z——绕 x, y, z 轴惯性矩；

I_{1E}——液化指数；

$[I]_0$——单位矩阵；

i_i, i_o——面内、面外应力增强系数；

K——安全系数；

K——滑坡体稳定系数；

K——地震系数；

K——风载体型系数；

K——管道基床系数；

$[K]$——刚度矩阵；

K_A——主动横向土压力系数；

K_R——柔性节点的弹簧系数；

K_φ——静土压力系数；

K_C——柯立根—卡本特（Keulegan-Carpenter）数；

K_Z——风压高度变化系数；

K_{he}——钻孔方式土载荷产生管道环向应力的刚度系数；

K_{Hh}——公路车辆载荷产生环向循环应力的刚度系数；

K_{Lh}——车辆载荷产生的管道轴向循环应力的刚度系数；

K_R——管拱半径系数；

K_f——管拱矢高系数；

K_r——韧性比；

K_φ——管拱弧长系数；

K_c——耦连振动周期系数；

K_S——晃动周期系数；

k——系数；

k——弯管的柔性系数；

k——弹簧系数；

k——柔性系数；

k——波数；

k——黏合系数；

k'——未知常数；

L——管道（包括弯管段）长度、跨长；

L——地震波的波长，m；

L——滑坡体每条土的滑动弧的长度，m；

L——受压构件的无支撑长度；

L_m——罐壁内表面至环形边缘板与中幅板连接焊缝的最小径向距离；

L_0——弯曲管段的弦长；

L_c——柔性混凝土板的护底平铺长度；

L_{cr}——管道临界长度；

L_i——公路车辆车轴类型系数；

L_r——载荷比；

L_t——断层两侧的过渡段长度；

L_y——管道在液化土中的长度，m，当 $30m \leqslant L_y \leqslant 180m$ 时，管道一端或两端与建筑物相连接时，应将实际管道长度（至外墙皮）分别乘以修正系数 0.9 或 0.8；

l——缺陷长度；

l_1——悬空段管道跨长；

l_2——悬空段管道跨长；

M——弯矩；

M——流速与波速之比；

M——鼓胀系数；

M——质量；

M_1——总水平地震作用在储罐底部所产生的地震弯矩；

$[M]$——质量矩阵；

M_{cr}——无外压时管道弹性失稳弯矩；

M_t——扭矩；

M_i, M_o——面内、面外弯矩；

M_g——震级；

M_R——作用在单个管口上的合力矩；

M_C——作用在汽轮机上所有管口上的力和力矩合成到矩心的组合力矩；

MR_{SA}——吸入口的合力矩；

MR_{DA}——排出口的合力矩；

MR_{ST2}——表 4.2 规定的吸入口允许合力矩值；

MR_{DT2}——表 4.2 规定的排出口允许合力矩值；

M_n——功率谱的 n 阶矩；

m——单位长度质量；

m——边坡系数，按 1～0.5 取用；

m——产生地震作用的储液等效质量；

m_1——储罐内储液总质量；

m_1——弯管的应力放大系数；

m_2——弯管的应力减小系数；

m_t——罐壁和由罐壁及罐顶所支撑构件（不包括罐顶板）的总质量；

N——材料失效时的循环次数；

N——正压力；

N——滑坡体每条土的法向重力，kN/m；

N_1——罐壁底部垂直载荷；

N_{635}——饱和土标准贯入锤击数实测值（未经杆长修正）；

N_c, N_q, N_r——抗压能力因子；

N_{ch}——黏土水平抗压能力因子；

N_{qh}——砂土水平抗压能力因子；

N_{cv}——黏土竖向升举因子；

N_{cr}——液化判别标准贯入锤击数临界值；

N_0——液化判别标准贯入锤击数基准值；

N_i, N_{cri}——i 点标准贯入锤击数的实测值和临界值，当实测值大于临界值时，应取临界值的数值；

n——7m 深度范围内各钻孔标准贯入试验点的总数；

n——正整数；

n——管材硬化参数；

n——材料的 Paris 常数；

n_1——纬向肋与顶板的面积折算系数；

n_2——经向肋与顶板的面积折算系数；

P——管道受到的轴向力或管道对锚固墩的推力；

P_r——可靠度；

P——管道轴向力；

P_{cr}——临界压力；

P_0——嵌固段管道的轴向力；

P_f——失效概率；

p——设计压力；

p_f——计算破坏压力；

p_{cr}——管道/储罐屈曲临界压力；

p_{max}——罐壁底部不被抬起的最大内压；

p_0——罐壁筒体的设计外压；

p_L——固定顶的设计外载荷；

p_e——海底管道受到的外压；

p_i——屈曲起始压力；

p_p——屈曲传播压力；

p_r——压力行波幅值；

p_s——动水作用于护坡的上举力，浆砌护坡只考虑静浮力 p_{sj1}，干砌护坡还应考虑脉动上举力 p_{sj2}，故 $p_s = p_{sj1} + p_{sj2}$；

p_{sj1}——动水作用于护坡的静浮力，按 $p_{sj1} = \eta \mu \rho_w v^2$ 计算；

p_{sj2}——动水作用于干砌护坡上的脉动上举力，按 $p_{sj2} = \xi \rho_w v^2$ 计算；

p_{yp}——穿越管段所能承受的极限外压力；

p_s——定向钻泥浆压力，可按 1.5 倍的泥浆静压力或实际工作压力选取；

q——管道或悬索受到的均布载荷；

q_d——垂直向上弹簧；

q_h——土壤对管道的横向阻力；

q_u——土壤对管道向上运动的阻力；

q_u——垂直向下土弹簧；

Q——管道出土处的土壤反力；

Q——罐顶总垂直载荷；

Q_0——在水平地震作用下，罐壁底部的水平地震剪力；

q——单位长度管道受到的垂直载荷；

q——罐顶呼吸阀负压设定压力的1.2倍；

R——弯管曲率半径或管道轴线弯曲半径；

R——储罐内半径；

R——管道连接设备的半径；

R——广义应力；

R——反力；

R_0——计算管道弯曲半径；

R_V——单位体积管体沉浮时的土壤阻力；

R_i——公路路面类型系数；

R_D——折减系数;
Re——雷诺数;
R_s——球壳的曲率半径;
r——受压构件截面的最小回转半径;
r——管道外半径;
r_{se}——单位体积管体所受浮力;
r_p——单位体积管体重量;
r_s——土壤的饱和容重;
S——广义强度;
S——悬索、管拱的弧长;
Sr——斯特劳哈尔(Strouhal)数;
$S_\eta(\omega)$——波浪谱密度函数;
$S_{UU}(\omega)$——在海底波的诱发速度谱;
$\{s_g\}$——支座运动向量;
T——储罐基本周期;
T——力;
T——滑坡体每条土的切向重力(滑动方向与滑动力方向相反时,取负值),kN/m;
T——悬索或管道张力;
T_c——储罐与储液耦连振动基本周期;
T_g——反应谱特征周期;
T_w——罐内储液晃动基本自振周期;
T_g——地面振动反应谱特征周期,s;
T_n——悬索任意截面的拉力;
T_2——管道运行后的最高温度;
T_1——管道安装施工时的环境温度;
T_c——储罐与储液耦连振动基本周期;
T_g——反应谱特征周期;
T_w——罐内储液晃动基本自振周期;
T_p——波峰周期;
T_u——振荡水流的平均跨零周期;
T_n——参考周期;
T_n——固有周期;
$[T]$——转换矩阵;
t——时间,s;
U——河水的平均流速;
U_c——海流的有效速度;
U_s——管道处的有效流速;
u——锚固墩之间的距离;
u——拱形管道的矢跨比;
u——纵向位移;
V——剪力;
v_c——垂直于管道的平均海流速度;
v——地震波的传播速度;
v——标准风速;
v_s——土层剪切波速;
W——截面模量;
W_z——储罐顶部抗风圈截面模量;
W_i——滑坡体第 i 土条的重量;
w——横向位移;
w——绕壳体圆周单位长度的载荷;
w_0——基本风压;
w_k——风载荷标准值;
w_p——单位长度管道总重量,包括管身结构、加重层重量,但不含内容物总重量;
w_1——单位长度管段总重量以及设计洪水冲刷线至管顶的土重;
w_i——i 土层考虑单位土层厚度的层位影响权函数,m^{-1},当该层中点深度不大于 5m 时应采用 $10m^{-1}$,等于 15m 时应采用零值,5~15m 应按线性内插法取值;
w_s——单位长度土壤对管道的阻力;
w_e——单位长度管道管顶土压力;
w_t——车辆载荷均布标准值;
$\{x\}$——位移向量;
x_u——轴向屈服位移;
Y——受压构件类型系数;
Y_1——罐体影响系数;
$y(x,t)$——地震时地基土体的位移量,m;
y_u——横向屈服位移;
y_0——初始位移;
y_{st}——静位移;
z——储罐计算位置离地面的高度;
z——距海平面的高度;
z_0——海底粗糙度参数;
z_d——竖向向上弹簧屈服位移;
z_u——竖向向下弹簧屈服位移;

α——护面斜坡与坡脚水平线的夹角;
α——山峰或山坡在迎风面一侧的坡角;
α——材料热膨胀系数;
α——地震影响系数;
α_{max}——地震影响系数最大值;
β——弹性地基梁的柔度指数;
β_r——可靠性指数;
β_z——高度 z 处风振系数;
γ——剪应变;
γ_{so}——固体土壤颗粒的相对密度;
γ_L——储液的相对密度;
γ_w——安全系数;
Δ——挠度、位移;
Δ——管道在液化土层中最大上浮位移;
Δx——x 方向的伸长;
Δy——y 方向的伸长;
ΔH——断层错动总位移;
$[\Delta\sigma]$——允许应力变化范围;
δ_{ij}——柔度系数$(i, j=x,y,M)$;
δ——管道、储罐厚度;
δ_{1m}——纬向肋与顶板组合截面的折算厚度;
δ_{2m}——经向肋与顶板组合截面的折算厚度;
δ_a——翼缘有效厚度;
δ_b——罐底环形边缘板的最小公称厚度(不包括腐蚀裕量);
δ_c——顶部罐壁板的有效厚度;
δ_d——储存介质条件下罐壁板的计算厚度;
δ_{hs}——罐顶板的计算厚度;
δ_t——试水条件下罐壁板的计算厚度;
δ_M——主管公称壁厚;
δ_{mm}——按强度条件确定的主管壁厚;
δ_B——支管公称壁厚;
δ_b——按强度条件确定的支管壁厚;
δ_s——浆砌片石(混凝土块)护坡厚度;
ε——应变;
ε_a——管道轴向应变;
ε_b——管道轴向压缩应变;

ε_{ij}——标量系数;
ε_t——温度变化产生的轴向应变;
ε_p——泊松效应产生的轴向应变;
ε_{max}——地震引起的最大轴向应变;
ε_{pt}——由内压和温度变化产生的管道轴向应变;
$[\varepsilon_c]$——埋地管道抗震设计轴向容许压缩应变;
$[\varepsilon_t]$——埋地管道抗震设计轴向容许拉伸应变。
ζ_c——临界阻尼比;
ζ_d——阻尼比;
ζ_s——地基土承载力调整系数;
η——管道位移应力范围的减小系数;
η——与护面结构有关的系数,浆砌护面取 1.1~1.2,干砌护面取1.5~1.6;
θ——角度、转角;
θ_w——波的传播方向与管道之间的夹角;
Θ——振动 ξ 放大系数;
κ——折减系数;
κ——土壤的含水量;
κ_0——钢管椭圆度;
λ——弯管的特征值;
λ——屈曲特征值;
λ——模量系数;
μ——摩擦系数;
μ——与护面透水性有关的系数,浆砌护面取 0.3,干砌护面取 0.1;
μ'——与防腐层有关的系数;
μ_y——随机变量 y 的平均值;
μ_R——广义强度的平均值;
μ_S——广义应力的平均值;
ν——泊松比;
ξ——脉动压力系数,可按现场的实测值取用,或取用水利部门护坦脉动压力试验所得最大值 0.4;
ξ_i——振动的广义坐标;
ρ——钢材的密度,一般取 7800kg/m³;
ρ_c——固定墩或海底管道加重层混凝土材料的密度;

ρ_L——储液密度;

ρ_{so}——土壤密度;

ρ_s——砌石的密度;

ρ_w——河水或海水的密度;

σ——应力;

σ_a——轴向应力;

σ_w——弯曲应力;

σ_{PW}——内压和重力等产生的持续应力;

σ_h——管道环向应力;

σ_{He}——土压力下的管道环向应力;

σ_{Hh}——车辆载荷产生的管道环向循环应力;

σ_{Lh}——车辆载荷产生的管道轴向循环应力;

σ_b——材料拉伸强度,一般为材料规定最低强度强度;

σ_s——材料屈服强度,一般为材料规定最小屈服强度;

σ_{sc}——材料冷态屈服强度;

σ_{yhx}——材料热态屈服强度与运行温度下1000h产生0.01%蠕变的应力的160%中的较小者;

σ_t——管道由温度变化引起的初始轴向压应力,MPa;

$[\sigma]$——许用应力;

$[\sigma]^c$——冷态许用应力;

$[\sigma]^h$——热态许用应力;

$[\sigma]^d$——设计温度下钢板的许用应力;

$[\sigma]^p$——受压构件的许用压应力;

$[\sigma]^t$——常温下钢板的许用应力;

$[\sigma_{cr}]$——底圈罐壁的许用临界压应力;

τ——剪应力;

τ——管道内表面的剪切阻力;

$[\Phi]$——振动特征向量矩阵;

φ——土壤摩擦角;

φ——焊缝系数;

φ_t——温度系数;

χ——黏粒含量百分率,当小于3或为砂土时,应采用3;

ψ——截面摩擦角;

ω——频率;

ω_d——阻尼系统的固有频率;

ω_n——固有频率。

参 考 文 献

[1] 潘家华,郭光臣,高锡祺. 油罐及管道强度设计. 北京:石油工业出版社,1986.
[2] 帅健. 管线力学. 北京:科学出版社,2010.
[3] 帅健,于桂杰. 管道及储罐强度设计. 北京:石油工业出版社,2006.
[4] Peng L C,Peng T L. Pipe Stress Engineering. New York:ASME Press,2009.
[5] 宋岢岢. 工业管道应力分析与工程应用. 北京:中国石化出版社,2011.
[6] 唐永进. 压力管道应力分析. 2版. 北京:中国石化出版社,2010.
[7] Mohitpour M,Golshan M,Murray A. 管道设计与施工实用方法. 北京:石油工业出版社,2004.
[8] 何水清,王善. 结构可靠性分析与设计. 北京:国防工业出版社,1993.
[9] 阿英宾杰尔 A Б,卡麦什捷英 A г. 干线管道强度及稳定性计算. 北京:石油工业出版社,1988.
[10] 《油田油气集输设计技术手册》编写组. 油田油气集输设计技术手册. 上册. 北京:石油工业出版社,1994.
[11] 柳金海. 不良条件管道工程设计与施工手册. 北京:中国物价出版社,1992.
[12] 张德姜,赵勇. 石油化工工艺管道设计与安装. 北京:中国石化出版社,2002.
[13] 海洋石油勘探指挥部海洋石油研究所. 海底管线设计与施工. 天津:海洋石油勘探指挥部海洋石油研究所,1977.
[14] 马良. 海底油气管道工程. 北京:海洋出版社,1987.
[15] Mousseli A H. Offshore Pipeline Design,Analysis and Methods. Oklahoma:PennWell Books,1981.
[16] Palmer A C,King R A. Subsea Pipeline Engineering. Oklahoma:PennWell Books,2008.
[17] CEGB R/H/R6-Revision 3. Assessment of the integrity of structures containing defects,1988.
[18] 周新年. 工程索道与悬索桥. 北京:人民交通出版社,2013.
[19] 詹胜文,王卫国. 大跨度管道悬索跨越设计与施工. 北京:石油工业出版社,2013.
[20] Leis B N,Eiber R J. Fracture Propagation Control in Onshore Transmission Pipeline. Onshore Pipeline Technology Conference,Istanbul,Dec 1998.
[21] 范天佑. 断裂力学基础. 南京:江苏科学技术出版社,1978.
[22] 陈篪,蔡其巩,王仁智. 工程断裂力学. 北京:国防工业出版社,1977.
[23] 潘家华. 圆柱形金属油罐设计. 烃加工出版社,1986.
[24] 徐至钧,许朝铨,沈珠江. 大型储罐基础设计与地基处理. 北京:中国石化出版社,1999.
[25] 高大钊. 土力学与基础工程. 北京:中国建筑工业出版社,1998.
[26] 李镜培,赵春风. 土力学. 2版. 北京:高等教育出版社,2008.
[27] GB 50251—2015 输气管道工程设计规范.

[28] GB 50253—2014 输油管道工程设计规范.
[29] GB 50423—2013 油气输送管道穿越工程设计规范.
[30] SY/T 0015.2—1998 原油和天然气输送管道穿跨越工程设计规范 跨越工程.
[31] GB 50316—2000 工业金属管道设计规范.
[32] GB 150—2011 压力容器.
[33] SY/T 10037—2010 海底管道系统规范.
[34] SY/T 0305—2012 滩海管道系统技术规范.
[35] GB 50470—2008 油气输送管道线路工程抗震技术规范.
[36] SY/T 0450—2004 输油(气)钢质管道抗震设计规范.
[37] GB 17740—1999 地震震级的规定.
[38] GB 50009—2012 建筑结构荷载设计规范.
[39] ASME B31G—2009 Manual for assessing remaining strength of corroded pipes.
[40] GB 50341—2014 立式圆筒形钢制焊接油罐设计规范.
[41] GB 50473—2008 钢制储罐地基基础设计规范.
[42] SH3046—1992 石油化工立式圆筒形钢制焊接储罐设计规范(附条文说明).
[43] API 653—2009 Tank Inspection, Repair, Alteration, and Reconstruction.
[44] API 650—2011 Welded Tanks for Oil Storage.